U0269372

高等学校新金融系列教材

GAODENG XUEXIAO XINJINRONG XILIE JIAOCAI

系列主编◎杨华

家庭金融理财

JIATING JINRONG LICAI

主 编 王桂堂　　副主编 赵紫剑

中国金融出版社

责任编辑：王素娟
责任校对：潘　洁
责任印制：陈晓川

图书在版编目（CIP）数据

家庭金融理财（Jiating Jinrong Licai）/王桂堂主编. —北京：中国金融出版社，2013.1
ISBN 978 - 7 - 5049 - 6717 - 6

Ⅰ. ①家…　Ⅱ. ①王…　Ⅲ. ①家庭管理—财务管理—通俗读物
Ⅳ. ①TS976. 15 - 49

中国版本图书馆 CIP 数据核字（2012）第 316092 号

出版
发行　　中国金融出版社

社址　北京市丰台区益泽路 2 号
市场开发部　（010）63266347，63805472，63439533（传真）
网 上 书 店　http://www.chinafph.com
　　　　　　（010）63286832，63365686（传真）
读者服务部　（010）66070833，62568380
邮编　100071
经销　新华书店
印刷　保利达印务有限公司
尺寸　185 毫米×260 毫米
印张　19
字数　442 千
版次　2013 年 1 月第 1 版
印次　2013 年 1 月第 1 次印刷
定价　38.00 元
ISBN 978 - 7 - 5049 - 6717 - 6/F. 6277
如出现印装错误本社负责调换　联系电话（010）63263947

前　　言

理财，对于很多人来说，并不是一个陌生的概念。中国有句老话："吃不穷，穿不穷，算计不到要受穷。"这里的"算计"说的就是理财。这句俗语很有哲理，其含义是，各种开销并不是导致一些家庭生活"穷"的缘故，而没有打理好家庭财富才是导致生活窘迫的原因；同理，勤劳可以致富，但并不是让家庭生活持续"富"下去的充分条件，要保证家庭生活质量随着社会发展而不断提升，善于管理好家庭财富是不可或缺的环节。

市场经济的发展使得我国人民生活水平不断提高，由此引发家庭理财的需求日趋高涨。据一些专业机构的调查，在城市中，70%的家庭对理财服务表示出浓厚的兴趣，而在农村也有超过50%的家庭希望学会一些与市场经济接轨的理财方式与理财思路。正是在这样一个背景之下，金融机构将市场拓展的重点之一放在了个人理财方面，各种理财产品应运而生，各类理财规划师的资格考试方兴未艾。

也正是在这样一个背景之下，理财课程登上了大学讲堂。目前，在大学课程中，"家庭理财"或"个人理财"的课程大致分为两类：一类是结合金融机构的职业资格考试，如 AFP、CFP、CFA 等设置的课程，其培养目标就是"理财规划师"或者"财富管理师"；另一类是教会大学生一些理财的知识与技能，使每个人都能根据自己的具体条件、自己的家庭状况来自主理财。当然，这两类课程有很多内容是交叉的，但学习与训练的重点有很多显然是不同的。在大学教育已大众化、走向普及，不再是针对少数群体的"精英教育"的条件下，后者与大学的整体教学培养目标更加贴切一些。在新时期，大学生特别是财经院校的大学生，不仅仅需要懂得宏观经济理论，懂得国民经济运行机理，懂得财政、金融、企业管理等方方面面的理论前沿与学术热点，同时还要具备处理好家政管理、就业福利、住房养老、子女生育教育等一系列日常生活的基本技能，只有这一系列的"家务事"都处理好了之后，才能在市场经济中大显身手，才能在社会经济领域中挑大梁，才能成为各种各样的所谓"大师"。故我们不应仅仅将这类课程视为是讲授"雕虫小技"的"非主流"与"非主干"课程，事实上，培养大学生的基本生存能力也是大学课程体系当中不可或缺的组成部分。

随着"金融深化[①]"程度的增加，针对家庭和个人的理财活动已日益成为金融理论界和金融实务界讨论的热门话题，也是社会经济活动中受到关注的热点问题。但对此理论系统的探讨与实践操作层面的研究却远远滞后，这一点在大学课程体系当中的设置表现得尤为突出。金融经济不仅仅要关注国计，也应当关注民生。同理，大学课程体系的设置，不仅仅是对理论知识体系深层次的探讨，也应该是普及使用技能的致用之学。正是在此思想的指导之下，我们结合一个时期以来的教学实践，结合特色专业建设的任

---

① E. A. Shaw：《经济发展中的金融深化》，上海，三联书店，1973。

务，编纂了这本教材。

本书采用"家庭金融理财"这个名称是基于这样一些考虑：第一，家庭是社会的细胞，每个人实际上都是不同家庭当中的一分子，每个人的理财活动都是离不开"家"的支撑与依托的。第二，如果将家庭也视为一个经济单位，它与企业这样的经济单位是有很多差异的，这些差异自然会体现在理财活动的各个环节，通过对这些差异的分析，更能体现出家庭理财的特殊规律与特殊方式。第三，在人类社会发展的过程中，家庭规模有越来越小的趋势，家庭的寿命周期也在不断变化，这些变化影响着人们对各种各样的金融产品的需求。故站在"家"这个立足点上，也能对金融机构开发各种新的理财产品提供一些有益的探索。第四，家庭既是两性生活、繁衍后代的人口生产单位，又是父母子女之间、兄弟姐妹之间特殊精神文化生活的组织，也是赡老抚幼、夫妻相互支持与帮助的生活保障单位[①]。这些实际上就是家庭的社会功能。家庭的社会功能要得以实现，必须以家庭所拥有的财力、物力为前提条件。可见，家庭的社会功能与家庭金融理财之间是相辅相成的，故我们选择"家庭金融理财"这一名称。

本书涉及的教学内容与财经领域相对定型的货币金融学、投资学、公司理财等课程相比较，还属于新课程，特别是在我们国家，这类课程引入课堂的时间还不长，其理论体系与基本框架还没有定型，正因为如此，编写本书也是做一个探索与尝试。在此，希望得到同行的批评指正。

本书的编写分工为：王桂堂编写第一章、第二章、第三章、第四章和第五章，赵紫剑编写第六章，马改云编写第七章，焦继军编写第八章，于娟编写第九章，李莉莉编写第十章，高鹏编写第十一章和第十二章。全书由王桂堂和赵紫剑统稿，王桂堂最后定稿。

本书在编写过程中借鉴了他人众多的研究资料、思路、观点、方法、案例等，在此向原作者表示诚挚的谢意。

本书可供高校的学生学习理财知识与技能，同时也可用于对社会公众普及理财知识，还可作为专业培训机构的辅助教材。

---

① 贝克尔：《家庭论》，北京，商务印书馆，2005。

目　录

第一章　家庭金融理财概述 ·· 1

第一节　家庭金融理财的内涵与外延 ································· 1

第二节　专业家庭金融理财的产生及其职业化发展 ············· 6

第三节　家庭金融理财在我国兴起的经济背景 ·················· 13

第四节　家庭金融理财的理论基础 ································· 17

第五节　家庭因素对理财的影响 ··································· 23

第二章　家庭财务与家庭预算 ·· 32

第一节　家庭会计 ·· 32

第二节　家庭资产 ·· 39

第三节　家庭财务记录与报表 ······································ 43

第四节　家庭预算 ·· 48

第三章　家庭金融理财的程序 ·· 55

第一节　家庭理财的内容 ·· 55

第二节　理财规划的基本流程（上） ······························ 60

第三节　理财规划的基本流程（下） ······························ 68

第四章　家庭现金、储蓄与消费规划 ·································· 94

第一节　家庭收入与支出 ·· 94

第二节　家庭消费 ··· 101

第三节　现金管理 ··· 103

第四节　储蓄管理 ··· 106

第五节　消费信贷管理 ·· 119

第五章　家庭保险规划 ·· 129

第一节　家庭风险管理 ·· 129

第二节　家庭保险的基本原理 ····································· 136

第三节　家庭保险规划的具体内容 ································ 142

第六章　家庭投资规划 ·· 147

第一节　家庭投资概述 ·· 147

第二节　股票投资 ··· 151

第三节　债券投资 ··· 157

第四节　基金投资 ··· 166

第五节　期货投资……………………………………………………… 173

第六节　外汇投资……………………………………………………… 176

第七节　黄金投资……………………………………………………… 179

第八节　银行理财产品投资…………………………………………… 181

第七章　家庭房产规划………………………………………………… 188

第一节　家庭房产基础知识…………………………………………… 188

第二节　家庭房地产投资策略………………………………………… 194

第三节　家庭住房规划………………………………………………… 196

第八章　家庭税收规划………………………………………………… 204

第一节　个人所得税基础知识………………………………………… 204

第二节　税收筹划……………………………………………………… 208

第三节　税收筹划策略………………………………………………… 211

第九章　择业与家庭福利规划………………………………………… 225

第一节　职业生涯规划………………………………………………… 225

第二节　员工薪酬……………………………………………………… 230

第三节　员工福利与福利规划………………………………………… 231

第十章　婚姻、生育与家庭教育规划………………………………… 240

第一节　婚姻规划与结婚预算………………………………………… 240

第二节　生育子女规划………………………………………………… 242

第三节　家庭教育投资………………………………………………… 247

第四节　家庭教育规划………………………………………………… 250

第十一章　退休与养老规划…………………………………………… 258

第一节　退休规划……………………………………………………… 258

第二节　养老规划……………………………………………………… 264

第三节　养老保险……………………………………………………… 268

第十二章　遗产规划…………………………………………………… 275

第一节　遗产概述……………………………………………………… 275

第二节　遗产规划工具………………………………………………… 277

第三节　遗产规划及程序……………………………………………… 282

参考文献………………………………………………………………… 291

后　　记………………………………………………………………… 296

第一章 家庭金融理财概述

学习要点

1. 认识家庭金融理财的含义、内容。
2. 了解家庭理财、个人理财职业化发展的背景、过程。
3. 了解理财规划师及其相关职业、任职资格产生的程序、认证机构、适用范围。
4. 认识家庭理财在我国兴起的社会经济基础与背景。
5. 了解家庭金融理财的有关理论基础。

基本概念

家庭金融理财 个人理财 理财规划师 注册金融分析师 财富管理师 需求层次论
家庭生命周期

自从有了家庭，就产生了家庭理财问题。常言道："穷日子穷过，富日子富过。"
这话道出了不同类型家庭不同的理财思路和方式；常言又道："富日子穷过，穷日子富
过。"这话又蕴涵着在不同的背景下、不同的条件下，家庭理财不拘一格的理念与决策
方法。

《红楼梦》中的王熙凤，是个大户人家的理财好手；而传说中的牛郎织女，也不乏
小户人家的理财技能。家庭理财，看似是小事，其实是大事：恋爱、出国留学、婚姻、
养儿育女、事业发展进步，这一系列的计划，离开了相应家庭的资金支持都是无从谈
起的。

大学生从离开校园、走向社会的第一天开始，所遇到的一个最现实的问题，莫过于
通过制定一个切实可行的理财规划来实现自己的人生规划。

第一节 家庭金融理财的内涵与外延

一、家庭金融理财的含义

家庭金融理财，通常是指根据家庭所确定的财务目标，考虑家庭的收入和消费水
平、风险承受能力、预期实现目标形成的一整套以收益最大、风险与之相匹配为原则的
财务安排。用通俗的语言表述，就是家庭赚钱、用钱、存钱、借钱、省钱、护钱的一系
列方法技术及运作过程。

家庭金融理财的程序与整体框架如图 1－1 所示。

这里有以下几点需要说明：

第一，家庭金融理财首先是指以家庭为对象，在家庭范围展开的理财活动。

图 1 - 1　家庭金融理财程序与整体框架

　　第二，金融理财并不是单纯指这种理财仅仅以家庭的金融资产或金融负债为对象，还涉及家庭的其他财产以及与家庭财富积累与管理有关的一系列活动，之所以强调金融理财，是因为其中牵涉一系列当代金融理论、范畴与原则、方式的运用。

　　第三，家庭金融理财是远比家庭金融投资范围要大得多的概念。这在以后的各个章节逐步展开介绍。

二、几个相关概念

（一）个人理财

　　个人理财通常是指如何制定合理利用财务资源、实现个人人生目标的程序；个人理财规划的核心是根据个人自身的资产状况与风险偏好来实现个人的需求与目标；个人理财规划的根本目的是实现人生目标基础即经济目标，同时降低人们对于未来财务状况的风险和焦虑[①]。

　　在当代社会中，社会最基本的细胞是家庭，家庭是从事社会经济活动的基本主体之一。在部分情况下，家是以个人的形式出现的，例如单身家庭。此时，家庭理财与个人理财完全重合。在另一部分情况下，个人理财只是家庭理财的一个组成部分。但从整体上来讲，个人理财与家庭理财在多数情况下是一致的概念。以夫妻双方构成的家庭为例，倘若双方的理财目标相悖，这样的个人理财规划通常是无法实施的。现实情况通常是由夫妻双方的一人掌控家庭的理财。这种"独揽大权"式的个人理财实际上也是家庭理财。

（二）个人金融理财

　　个人金融理财是指由一个训练有素的个人银行家、专业金融个人理财师、个人专家团队，向个人或者机构提供包括银行业务、资产管理、保险以及税收计划等全套服务，提供专业的理财建议咨询（理财计划、投资建议、税收安排、资产组合安排等）或者直接受客户委托管理资产投资，并按照所提供的服务收取一定的理财费用[②]。

　　这是站在金融机构给个人理财下的定义，特别是从银行及第三方理财机构的角度，向个人客户提供各种金融理财服务来看待个人理财。这个意义上的理财，与前面所说的家庭金融理财含义有交叉的部分，它既是整个社会家庭金融理财活动的有机组成部分，又是金融机构一种以盈利为目的的职业活动。

（三）家庭金融

　　家庭金融通常是指对家庭资金、储蓄、信用、保险、投资等金融活动的状况、特

①　美国金融个人理财师资格鉴定委员会对个人理财所下的定义。
②　普华永道会计师事务所对个人金融理财的定义。

性、内容构成、表现形式的探讨，家庭金融资产的界定、计量、形成的途径与运用，家庭债务的形成与清偿，人身保险、财产保险的活动运用与技术，家庭金融意识培养、金融技术的学习，参与金融活动的技能、理念、才干的研究等。这是一个偏学术的概念，讨论范围通常大于理财，其中的一些基本原理、思路、方法等构成了家庭理财的基础。

（四）理财与投资

现代意义的理财，不同于单纯的储蓄或投资，它不仅包括财富的积累，而且还囊括了财富的保障和安排①。财富保障的核心是对风险的管理和控制，也就是当自己的生命和健康出现了意外，或个人所处的经济环境发生了重大不利变化，如遇到恶性通货膨胀、汇率大幅降低等问题时，自己和家人的生活水平不至于受到严重的影响。

理财和投资的关系是：理财活动包括投资行为，投资是理财的一个组成部分。理财的内容要广泛得多。在理财规划中，不仅要考虑财富的积累，还要考虑财富的保障，即对风险的管理和控制。人生的旅途上要面临各种各样的风险和意外，在我们的经济生活中也存在各种系统性风险。根据经济学上的定义，投资是指牺牲或放弃现在可用于消费的价值以获取未来更大价值的一种经济活动。投资活动主体与范畴非常广泛，但一般意义上所描述的投资主要是家庭投资，或叫个人投资。所谓投资，从通俗意义上讲，就是放弃现在的消费，以获得以后更多的资金回报，这就是投资。再进一步解释，本金在未来能增值或获得收益的所有活动都可叫投资。投资与消费是一个相对的概念。消费是现在享受，放弃未来的收益；投资是放弃现在的享受，获得未来更大的收益。

投资的资本既可以是通过节俭的手段增加，如每个月工资收入中除去日常消费等支出后的节余；也可以是通过负债的方式获得，如借入货款等方式；还可以采用保证金的交易方式以小博大，放大自己的投资额度。从理论上来说，其投资额度的放大是以风险程度提高为代价的，它们遵循"风险与收益平衡"的原则，即收益越高的投资则风险也越大。所以，任何投资都是有风险的，只是大小程度不同而已。

具体来说，家庭投资的主要成分包括金融市场上买卖的各种资产，如存款、债券、股票、基金、外汇、期货等；以及在实物市场上买卖的资产，如房地产、金银珠宝、邮票、古玩收藏等；或者实业投资，如个人店铺、小型企业等（参见以后相关章节）。

所以，理财和投资的关系是：理财活动包括投资行为，投资是理财的一个组成部分。

三、理财的分支及其与家庭理财的关系

家庭金融理财是理财学的一个分支，如图 1－2 所示。

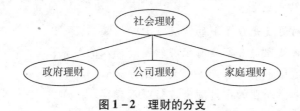

图 1－2　理财的分支

---

① 刘彦斌：《理财有道》，20～33 页，北京，中信出版社，2010。

社会理财活动包含三个层面①,范围最大的是宏观层面的政府理财,或称社会公共理财,其内容是对数以万亿元计的国有资产、财政收入与支出、外汇储备、国家预算等进行管理,其管理水平直接牵涉国家机器的运行效率、政府的公信力与社会的稳定。第二个层面是中观层面的单位理财,其中最典型最突出的表现就是公司理财。其内容是运用各种理财工具规避财务风险,实现企业价值的最大化。其管理水平直接决定一个单位、一个企业能否实现预期发展目标,能否承受市场变化对企业的各种挑战与考验。第三个层面是微观层面的家庭金融理财。从理财作为一种专业技能产生与发展的过程看,是先有微观层面的家庭理财,然后逐步才有公司理财和公共理财,这是由家庭、企业、国家三者的发展演进顺序决定的。理财被引入企业和国家层面后,得到迅速发展,成为企业管理和国家管理当中不可或缺的重要组成部分,其完整的理论体系与方法论也很快建立健全,这是由国家管理与企业管理的复杂性以及在整个社会经济体系当中的地位所决定的。而理财的最早发源领域——家庭理财却一度沉寂下来,逐渐成为家庭当中一种自发的本能行为,而非一定理论及其方法论指导之下的主动性活动。直到20世纪30年代的大危机来临②,家庭财产安全性受到金融危机严重影响,家庭理财又开始受到广泛的关注,此后逐渐演变成为一种专业化理论体系和技能,并被引入到高等院校的讲堂。目前,从理论体系及技术技能来看,家庭理财尽管复杂程度远不能与公司理财和公共理财相比较,但依然是社会理财的微观基础,家庭理财活动仍旧是社会理财的有机组成部分。

小资料 1-1

从《尼罗河上的惨案》谈家庭理财

《尼罗河上的惨案》这部电影之所以风靡全球,原因有二:一是当中的演员有多位是大腕级人物;二是情节曲折,引人入胜。

该故事是围绕一个凶杀案展开的,但实际上与一个家族的财产继承以及财产管理有内在联系。

故事情节:女主人公林内特继承父亲一笔巨额财产之后,与年轻小伙子西蒙坠入爱河,闪电般结婚,在蜜月旅游途中,莫名其妙被谋杀。凶手竟然是观众认为最不可能杀死她的丈夫——西蒙。

换个角度分析问题:林内特离奇被害,实际上与她本人不善于打理家产有关,影片虽然没有直接描述她的这种能力,但从很多情节我们可以由推理得知她在这方面有缺陷,以致死于非命:

第一,在没有对男友充分了解的情况下匆忙结婚;

第二,不能妥善处理与其家庭有经济纠葛的佣人的关系;

第三,对父亲遗留下来的家产了解太不充分;

第四,对参与家产处理的人员没有进行深入考察。

---

① 王健朴:《理财学》,广州,暨南大学出版社,2005。
② 后面将具体讨论这个问题。

注意影片中的一个细节，邮轮的酒吧当中，号称是林内特"叔叔"的家庭律师安德鲁拿来一大摞文件让其签署，并告诉她文件中的所有数字是反复核算过的，只需林内特在最后一页空白处签名就可以。实际上，这个家庭律师同时也是林内特家族的理财顾问。他的做法引起了船上另一名游客雷思上校的注意，雷思上校过去打断了文件签字的过程，告诫林内特，一定要仔细读完所有文件之后再签名。

通过对以上故事的分析，我们可以得出这样一个初步判断：一个人理财的能力、处理财产关系的技巧，对其一生会产生决定性的影响。特别是当家庭出现重大变故的时候，管理财产的水平与能力，往往会决定一个人未来的成败。

四、家庭理财的具体形式

个人家庭拥有各类资产的运作，涉及运作主体的问题。一般认为，作为个人家庭拥有的资产，自然是由该家庭成员，尤其是家中的主要成员，如家庭管理者、家政主持人来运作的，也可以委托专业的第三方理财机构运作，具体有以下几种形式。

（一）自主理财

自主理财是指个人家庭对自己的财务状况组织分析判断，并作出决策，这是目前绝大多数家庭的理财方式。当个人理财师还不能大量出现并实际发挥作用之时，个人家庭的自主理财就是非常必要的。即使在个人理财师大量出现后，在现实的市场经济的社会活动中，个人仍应具备有一定的金融理财知识，不可能将各种事项事无巨细都委托给个人理财师来操作。即使是日常的消费购买活动，也有个选择与比较、成本与效用评价的问题，这同样是大家自主理财的重要内容。

（二）帮客理财

帮客理财是指银行、保险公司、信托投资、证券交易等各类金融保险机构为客户开办的各种咨询、宣传、介绍、参谋业务，这种业务免费进行，不向客户收费。这种理财方式还不是真正意义上的委托理财，而只是帮助客户了解熟悉有关金融保险业务，对客户不够明了的理财业务知识、技巧予以宣传介绍，对理财中的疑难问题予以解答，既方便客户，也有利于对金融保险的关注，但这类行为又因附带大量推销自身的金融产品而备受公众指责。

金融保险部门的"帮客理财"只起到参谋咨询、建议、辅导客户理财的功用，金融资产的支配权和真正决策权仍旧操控在客户手中，客户对来自机构的建议可以听取也可以不予听取，由此而来的收益和风险也完全由客户享有并承担。金融保险部门不从中分享收益，也不承担相应风险。

（三）代客理财

代客理财是指社会上出现的各种投资理财的专业组织，如理财工作室、基金会、投资基金管理公司等机构派专家代客户打理钱财，理财权在机构手中，机构的意见客户必须听从，事实上客户已经将自己的账户、密码全部交出，丧失了理财权。委托理财的风险和收益承担机制包括多种形式，理财收益由机构与客户分享，发生亏损由双方共同分担，分享与分担的比例方式又分多种情况。

（四）理财事务所

理财事务所是社会中专门以帮助客户打理钱财为己任的经营组织。这种专门职业型的委托理财是以营利性组织的形式出现的，属于第三方机构理财。理财事务所向客户提供服务要收取若干费用，如咨询费、设立俱乐部缴纳会费等固定或不固定收费等，来弥补自身的经营成本并获取盈利。

这类号称理财事务所的组织，目前在我国仍只是初露端倪，但最终会像目前已经大量存在的律师事务所、会计师事务所一样，随着社会理财需求的不断增加而大量出现，并发挥其独特的理财功用。

第二节 专业家庭金融理财的产生及其职业化发展

从广义的角度讲，自从有了家庭，就必然伴随家庭财富的管理。[①] 因此，家庭理财的历史与家庭的历史一样久远。但家庭理财作为一种专门的技术，特别是由专业理财规划师运用现代金融学及其财务管理技术对家庭或个人财产进行管理，则是近现代以来才产生的事情。

一、美国家庭理财业的历史发展

（一）第一阶段，初创期

美国最早提供个人财务规划服务的是 20 世纪 30 年代的保险营销人员。1929—1933年的经济危机，使人们普遍丧失了对银行和证券商的信赖，加上严重经济危机给人们的生活带来的不确定性，保险公司提供的可以满足不同需求、为客户量身定做的保险产品逐渐得到人们的认可。随着业务规模的扩大和广度的延伸，这部分从业人员开始对客户进行一些简单的个人生活和资产规划。这部分保险销售代表后来被人们称为经济理财师，也就是今天的财务规划师的前身。

（二）第二阶段，扩张期

第二次世界大战后，经济的复苏和社会财富的积累使美国的个人财务规划进入了起飞阶段。社会经济环境的变化逐渐使富裕阶层和普通消费者无法凭借个人的知识和技能，通过运用各种财务资源实现自己短期和长期的生活、财务目标，具体原因包括：第一，超前消费观念的流行使得人们的负债比率日益提高，个人财务安全性受到挑战；第二，政府社会保障和公共福利政策的改变，使得消费者难以在复杂的管理体系中寻找到适合自己的方案；第三，有关税收和遗产继承的复杂规定，使得人们开始寻求专业人士的建议和帮助；第四，金融工具的创新和复杂化趋势，对人们综合素质的要求日益提高。

为了解决这些问题，社会上开始出现了专业化的个人财务规划人员，以满足消费者对个人财务管理的需求。美国 CFP 标准委员会的一份报告详细罗列了在美国提供与个人理财相关或类似服务的专业人员的主要种类及其特征：

第一类，专业的个人财务咨询员。这类从业人员一般都获得了专业机构颁发的财务规划师类的资格证书，例如由 CFP 标准委员会颁发的注册金融策划师证书（CFP）、由美利坚学院（American College）颁发的特许金融顾问证书（CHFC）等。

---

① 王淑娴：《家庭金融理论与实务》，26～300 页，北京，经济管理出版社，2003。

第二类，保险专业人员。根据美国的法律，无论销售任何险种产品给消费者的人员都必须经过联邦或州的注册许可。

第三类，证券和投资咨询业专业人员。这类人员包括专门向客户推销各种证券产品的注册销售代表，帮助客户提供投资建议、构建投资组合的投资咨询商以及证券经纪人等。关于这类人群的从业资格，美国政府以及各州管理机构都出台了相应的管理办法和规定。这些人有的是在获得专业认证后，独立向客户提供各种专业咨询服务，也有些人依附在一些相应的金融机构下面，从事相应业务。

第四类，不动产经纪人。其主要职责是为客户安排不动产的购买或出售，通常通过与银行、储蓄和贷款协会、抵押银行签约，帮助客户筹措资金，并据此获取佣金。

第五类，遗产规划师。其主要职责是为客户制定其临终时财产的系统处理、部署和管理计划。

第六类，会计师和律师。近年来，会计师的业务范围大有拓展，除了提供传统的使用会计、审计技能的相关服务外，也提供很多与个人理财相关的业务，如出具个人的财务报告、准备个人纳税申报单、个人所得税规划等。一些律师也受到规划师的邀请参与到遗产规划、税务规划等个人理财活动中来。

（三）第三阶段，稳定发展期

随着个人理财业务范围和规模的扩大，个人理财业也获得了快速的发展。目前，在个人理财的不同业务方面都具有专门的机构颁发的从业资格证书，这些证书一方面规范和发展了个人理财业务，另一方面也使得个人理财业的从业资格变得过于复杂化。根据统计，97% 左右的从事个人理财业务的人员拥有两个或两个以上的相关证书。这说明，随着人们财富的快速积累和金融工具的不断创新，个人理财市场的空间正在不断拓展，人们对个人财务管理的需求正在不断提高，对个人财务规划师的要求也在不断提高。今后的个人理财规划师将不仅仅是一个人的服务，而是汇集了不同精英的团队服务。

二、理财规划师及其资格认证

（一）注册金融规划师（Certified Financial Planner，CFP）

1. 认证单位。注册金融规划师证书由 CFP 标准委员会考试认证，是目前国际上金融领域最权威和最流行的个人理财职业资格认证。[①] CFP 通过不断调整存款、股票、债券、资金、保险和不动产等各种金融产品组成的投资组合，设计合理的税务规划，来保障客户的财务独立和金融安全。

2. 职业前景。国外的 CFP 年收入都在 10 万美元以上。有专家预言，CFP 会继注册会计师、注册资产评估师和注册税务师之后成为新一代职场新贵。

3. 进入中国的时间。目前，中国并不是美国理财规划协会会员，因而并不能举行 CFP 的考试及注册程序等，但是，中国香港地区的香港理工大学与中国人民大学已经合作开展了 CFP 的资格考试。

4. 培训和考试。CFP 专业知识涵盖财务规划过程、客户需求分析、职业道德及法律监管、保险、投资、税务及财产规划等方面的基本知识和综合应用。以美国 CFP 考

---

① 北京金融培训中心：《金融理财原理》，北京，中信出版社，2009。

试为例，涉及 12 大类共 106 个子课题，其中最核心的内容是学习一个完整的财务规划过程，占 60% 以上比例，这部分内容要求有服务客户的实践经验。此外，其余不到 40% 的内容涵盖了保险、投资、财务、会计等基本原理、政策法规及市场投资品种等方方面面的知识，内容广，难度大，即使是已经获得注册会计师或证券分析师的专业人员，也需要系统地学习其他领域的大量知识。

5. 适合对象。在国外，获得 CFP 证书的人中，有 70% 以上同时持有证券经纪人和保险经纪人资格证书，这清晰地显示了金融策划师的来源。CFP 考试比较适合来自销售一线的考生，实践重于理论。

小资料 1 - 2

美国 CFP 执照持有者的从业情况

（一）美国 CFP 的行业分布

美国 CFP 的行业分布情况如表 1 - 1 所示。

表 1 - 1　　　　　　　　美国 CFP 的行业分布

美国 CFP 执业者所处的行业	百分比（%）
个人财务规划业	56
证券业	16
会计业	9
税务准备	5
保险业	5
银行业	2
其他	3
没有行业	4

（二）美国 CFP 执业者拥有的其他证书

美国 CFP 执业者拥有其他证书的情况如表 1 - 2 所示。

表 1 - 2　　　　　　　美国 CFP 执业者拥有的其他证书

证书种类	百分比（%）
除 CFP 证书之外，还持有其他证书	91
证券业证书	74
保险业证书	73
注册会计师证书	16
投资咨询代表证书	8
房地产证书	5
律师证书	2
不持有任何证书	9

（三）美国 CFP 执业者各种收入来源所占比例

美国 CFP 执业者各种收入来源所占比例情况如表 1 - 3 所示。

表1-3　　　　　　　　美国 CFP 执业者各种收入来源所占比例

主要收入来源	百分比（%）
交易佣金加服务费	41
纯交易佣金	25
纯服务费	23
金融服务企业提供的薪酬	9
其他	2

（四）美国 CFP 执业者客户年龄的分布状况

美国 CFP 执业者客户年龄的分布状况如表1-4所示。

表1-4　　　　　　　美国 CFP 执业者客户年龄的分布状况

个人客户的年龄	百分比（%）
45 岁以下	14
45~54 岁	44
55~64 岁	36
65 岁以上	6

（五）美国 CFP 执业者客户财务分布状况

美国 CFP 执业者客户财务分布状况如表1-5所示。

表1-5　　　　　　　美国 CFP 执业者客户财务分布状况

客户平均财富净值	比例（数额）
低于 25 万美元	26%
25 万~50 万美元	42%
50 万美元以上	30%
均值	1 300 万美元
中位数	39 万美元

（六）美国 CFP 执业者客户收入分布状况

美国 CFP 执业者客户收入分布状况如表1-6所示。

表1-6　　　　　　　美国 CFP 执业者客户收入分布状况

客户年均收入	比例（数额）
低于 5 万美元	20%
5 万~10 万美元	58%
10 万美元	21%
均值	13.1 万美元
中位数	7.5 万美元

（二）特许金融分析师（Chartered Financial Analyst，CFA）

1. 认证单位。有"全球金融第一考"之称的特许金融分析师证书是由美国投资管理与研究协会于 1963 年设立的，是目前世界上规模最大的职业考试，是美国以及全世界公认的金融证券业的最高认证书，也是全美重量级财务金融分析从业人员必备的证书。

2. 职业前景。统计数据显示，美国 CFA 的平均年薪是 18 万美元，中国香港为 13.6 万美元，新加坡为 11.3 万美元。这一证书引入我国之后，考试也日趋升温。据保守估计，京、沪、深的 CFA 早已晋升到百万元年薪之列。我国目前获得 CFA 证书的人屈指可数，仅以上海为例，预计未来 3 年对 CFA 的需求量是 3 000 人，但目前只有 30 余人；2001 年在整个上海考点只有两人最终取得资格证书。

3. 进入中国的时间。CFA 进入中国的时间为 1999 年，目前已经成为我国金融从业人员考试的热点。

4. 培训和考试。申请者除了需要通过 3 个等级全英文的资格认证考试（每年每人只能报考 1 个等级，而且 3 年至 7 年内必须通过全部 3 个级别的考试）之外，还必须具有 3 年或 3 年以上的被美国投资管理与研究协会所认可的从业经验，遵守该协会公布的职业操守和道德准则，并申请成为一名该协会的成员，具备这些条件后申请者才可获得 CFA 资格证书。目前我国北京、上海、香港均有 CFA 资格认证机构。

5. 适合对象。相比较而言，CFA 考试侧重于投资和财务分析理论，参加考试者大多是金融机构研究和投资管理人员、金融专业的博士或硕士。

（三）中国香港注册财务策划师

1. 认证单位。中国香港注册财务策划师证书的认证单位为中国香港注册财务策划师协会。

2. 进入内地的时间。2003 年 12 月由中国香港和上海交大合作推出，该证书已被列入上海市紧缺人才培训工程项目之一。

3. 培训和考试。这一培训全部按照中国香港注册财务策划师协会的要求设置，课程的师资来自中国香港注册财务策划师协会资深的理财专家和顾问，全英文授课。通过考试者可获得上海市紧缺人才培训工程联席会议办公室颁发的注册财务策划师岗位资格证书和中国香港注册财务策划师协会颁发的注册财务策划师证书，成为其正式会员。获得注册财务策划师证书后，学员提出申请，由中国香港注册财务策划师协会负责申报，通过两门课程学习，取得英国财务会计师公会会员（IFA）资格。持有 IFA 证书的人可从事财务会计、管理会计、会计经理及税务等工作。

4. 适合对象。该认证考试适合从事金融、保险、证券、投资、财务、银行、律师、房地产等行业或对个人理财有兴趣的人士。

（四）国际认证财务顾问师（Registered Financial Consultant，RFC）

1. 认证单位。国际认证财务顾问师证书由美国国际认证财务顾问师协会颁发。

2. 进入中国的时间。RFC 进入中国的时间为 2003 年，2003 年 12 月来自国内 5 家人寿险公司的 40 位寿险代理人首批获得这一证书。

3. 培训和考试。RFC 的课程教育共计需耗费 96 个小时，主要分为基础理论和实务操作课程两部分。协会对会员的要求有 7 项标准：教育、考试、工作经验、工作执照、商业道德、遵循严格的品德操守、维持每年至少 40 个小时与财务规划相关的继续教育。通过这 7 关，考证者才能如愿以偿，成为国际认证财务顾问师。

4. 适合对象。该资格认证考试适合从事金融理财相关职业并希望提升自我价值的人员。。

（五）特许财富管理师（Chartered Wealth Manager，CWM）

1. 认证单位。特许财富管理师证书的认证单位是美国金融管理学会，它是美国三大理财规划证书之一。

2. 进入中国的时间。CWM 资格考试于 2004 年 2 月 11 日进入我国，2004 年 7 月 17 日至 18 日，北京中央财经大学举办了为期两天的中国首次特许财富管理师资格考试。

3. 培训和考试。CWM 课程围绕保险计划、投资计划、退休计划、地产计划、税务计划和财务规划基本原则这 6 个方面的理财师核心知识内容而设置。中央财经大学在 2004 年 4 月开设首期以国外资深专家为主要授课阵容的 CWM 培训班，学习结束，考试合格并通过资历审核者可以获得由美国金融管理学会颁发的 CWM 证书。

4. 适合对象。美国金融管理学会全球高级副总裁 Brett King 指出，CWM 强调的是营销实用技能、信息交流、全球的沟通、注重实务，所以，CWM 更加大众化。

小资料 1-3

首份《中国家庭金融调查报告》（摘要）

西南财经大学中国家庭金融调查与研究中心与中国人民银行联手，基于全国 25 个省、80 个县、320 个社区共 8 438 个家庭的抽样调查数据汇总分析形成，涉及家庭资产、负债、收入、消费、保险、保障等各个方面数据的首份《中国家庭金融调查报告》于 2012 年 5 月 13 日在北京发布。

此次《中国家庭金融调查报告》的问世，共历时三年，其权威性和翔实的内容填补了行业空白。中国人民银行研究局局长张健华表示："此次《中国家庭金融调查报告》调研数据的出炉，不仅为目前对家庭消费金融行为的了解提供有价值的补充，还将为政府和监管层制定重要政策提供有益参考。"

报告显示，中国家庭年均可支配收入均值是 51 569 元，城市 70 876 元，农村 22 278 元。

从数据中发现有占 0.5% 的 150 万个中国家庭年可支配收入超过 100 万元，10% 的收入最高的家庭收入占整个社会总收入的 57%，说明中国家庭收入不均等的现象已经较为严重。

报告还显示了中国家庭人情往来的收支情况：在中国家庭人情支出方面，全国平均水平为 6 051 元，占总收入的 22.1%。城市平均为 7 837 元，占总收入的 25.5%。在中国家庭人情收入方面，全国平均水平为 1 944 元，占总收入的 7.1%。城市平均为 2 305 元，占总收入的 7.5%。

● **城市家庭资产远高于农村**
10% 家庭储蓄占总额的 74.9%

报告显示，截至 2011 年 8 月，中国家庭平均资产为 121.69 万元，城市家庭平均为 247.60 万元，农村家庭平均为 37.70 万元。城市家庭中，金融资产 11.2 万元、其他非金融资产 145.7 万元、住房资产 93 万元、负债 10.1 万元、净资产 237.5 万元。相应的农村家庭数据为 3.1 万元、12.3 万元、22.3 万元、3.7 万元、34 万元。

报告显示，中国家庭负债平均为6.26万元，总体资产负债率为4.76%。其中，城市家庭平均负债100 815元，农村家庭平均负债36 504元。

从全国平均水平看，在家庭资产中，金融资产为6.37万元，仅仅只占总资产的8.76%，而非金融资产为66.40万元，占91.24%。

报告还显示，家庭金融资产中，银行存款比例最高，为57.75%；现金其次，占17.93%；股票第三，占15.45%；基金占4.09%，银行理财产品占2.43%。银行存款和现金等无风险资产占比高。

报告还显示，资产最多的10%家庭占全部家庭总资产的比例高达84.6%，其金融资产占家庭金融资产总额的比例也有61.01%，非金融资产占家庭非金融资产总额的比例更高，达88.7%。还有，中国收入最高10%的家庭，其储蓄率为60.6%，其储蓄占当年总储蓄的74.9%。大量低收入家庭在调查年份的支出大于或等于收入，没有或几乎没有储蓄。而中国较高储蓄的根本原因，不在于广大民众没有足够的消费动机，而在于没有足够的收入。

- **我国家庭自有住房率近90%**
  城市首套房收益率超过300%

中国家庭的非金融资产以住房为主。《中国家庭金融调查报告》显示，中国家庭自有住房拥有率为89.68%，远高于世界平均水平。据资料，世界平均住房拥有率为63%，美国为65%，日本为60%，我国自有住房拥有率处于世界前列。报告还指出，城市家庭拥有两套以上住房的占19.07%，其第一套房平均收益率在300%以上。

报告显示，在受访的3 996个城市户籍家庭中，有3 412.36个家庭拥有各种类型的自有住房，自有住房拥有率为85.39%。这一比率在农村显然更高一些，为94.60%。

2011年中国城市户均拥有住房已经超过1套，为1.22套。这一数值与2010年中金公司发布的0.74套住房相比有大幅提高。

此外，报告显示，在城市中，第一套住房平均收益率均值为340.31%，第二套为143.25%，第三套为96.70%。

住房贷款方面，非农家庭购房贷款总额平均为28.39万元，占家庭总债务的47%；农业家庭购房贷款总额平均为12.22万元，占家庭总债务的32%。住房贷款总额远远大于家庭年收入，户主年龄在30~40岁的家庭负担最重，贷款总额平均为家庭年收入的11倍之多。

- **77%家庭没有从股市赚过钱**
  赚得多的学历不高年龄不小

报告称，股票投资盈利的家庭占22.27%，盈亏平衡的家庭占21.82%，亏损的家庭比例达56.01%。也就是说，高达77%的炒股家庭没有从股市赚过钱，这与人们说的"二八"法则比较接近。

值得注意的是，炒股的盈亏水平与学历的高低并不成正比，反而是小学学历水平炒股盈利得更多。报告显示，没上过学炒股盈利的股民占33.33%，小学占37.04%，初中占9.84%，中专/职高占20.59%，大专占25.4%，大学本科占19.31%，硕士研究生占22.22%，高学历与炒股赚钱之间并没有必然关系。

报告还显示，在户主为青年的家庭中，炒股盈利占16.14%；在中年家庭中，炒股盈利的占 23.71%；在老年家庭中，炒股盈利的占 30.30%；总体来看，随着年龄的增加，炒股赚钱的比例呈增加的态势。

- **中国家庭办企业比例高于美国**

  至少 33% 的家庭介入过民间金融

报告显示，中国家庭投资意愿大大强于美国家庭。

在美国，拥有工商业项目的家庭只有 7.1%。而在中国，总体 14.06% 的家庭拥有工商业项目，这一比例是美国的一倍。具体看，在城市该数据为 12.44%，在农村该数据为 15.16%。

中国人的投资兴业意愿还不光表现在办企业的数量上，民间金融的相关数据也能间接说明问题。报告显示，有借出资金的家庭比例为 11.9%，有借入资金的家庭比例为 33%。

- **读硕士回报比读博士高**

  海外留学比例接近 10%

报告显示，九年制义务教育和高考扩招效果明显，"80 后"初中以下比例仅为 7.5%，而大学毕业比例则稳定在 19% 的较高水平。

大学教育及硕士生教育回报显著。数据显示，本科学历收入是大专或高职学历的 1.75 倍，硕士学历收入则为本科学历的 1.73 倍，而博士学历收入则只有硕士学历的 70%。

另外，到海外接受高等教育已经成为中国公民的重要选择之一。中国家庭中 9.78% 在校大学生（含研究生）留学海外。在有 15 岁以下小孩家庭中，8.31% 打算送小孩出国，29.43% 将看情况决定是否送小孩出国。

第三节 家庭金融理财在我国兴起的经济背景

家庭理财规划在今日广泛兴起并成为社会的热点话题，有着深刻的社会经济背景。在某种程度上，人生在世的过程就是个人运用支配所拥有的各类资源，以实现资源的合理配置和效用最大化的过程。这一过程的实现并非只靠天赋，还必须具备相应的社会经济环境。[①]

一、我国国民经济的持续高速增长

自 1978 年经济体制改革开放以来，我国的国民经济持续 30 年高速增长，已成为世界上经济增长最快的国家，城乡居民的收入水平不断提高。据世界银行 2012 年统计，中国目前的经济总量已高居世界第二位，并即将超越日本，成为仅次于美国的第二大经济实体。

国内生产总值及其增长状况，是衡量一个国家和地区经济社会发展状况的重要指标。我国 2000—2011 年国内生产总值及增长率如图 1-3 所示。

---

① 柴效武、孟晓苏：《个人理财规划》，6~10 页，北京，清华大学出版社，2009。

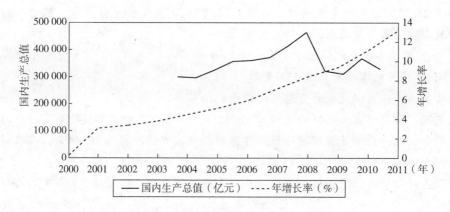

图 1-3　2000—2011 年国内生产总值及增长率

二、家庭拥有金融资源快速扩张

个人或家庭拥有丰厚的经济金融资源并较快增长，是个人理财事业迅速兴起并较快增进的重要理由。随着社会的全面整体进步和经济快速发展，我国城乡居民生活水平大幅度提高，居民的私人财富不断积累，一大批新富阶层迅速出现，对个人及家庭财富的筹划与管理，就成为新富阶层乃至整个家庭群体的迫切需求。

（一）居民收入总量迅速增长

家庭理财得以广泛兴起，首先与居民部门拥有的经济资源的急剧增长是分不开的。随着国民收入的快速增长，居民拥有的财富迅速积累，越来越多的人走向富裕或小康，已是不可争辩的事实。我国个人收入分配的格局和对金融活动的需求，也发生了很大的变化。公众拥有的各项资源逐步增长，且种类增多，内容丰富，有了经济意识赖以存在并充分发挥功用的物质基础。从长远发展趋势看，个人拥有的各类经济资源，不只是在绝对数而且在相对数上都有了大幅增长。这些资源除可以满足最低限度的生存需要外，还有着较多的剩余财力供大家自主选择并决策，这就为发展我国的个人理财业务奠定了雄厚的物质基础。

2000—2011 年，我国农村与城市居民人均纯收入及其增长的状况如图 1-4 所示。

（二）家庭金融资产规模快速扩张

居民个人拥有经济金融资源的急剧增长，是我国改革开放 30 年来经济社会生活中的一件不容忽视的大事。市场经济是以市场作为资源配置基础的经济形式，这一资源不仅包括企业、国家乃至社会公共拥有的资源，也必然包括居民个人拥有的家庭经济资源。居民个人拥有资源的配置及抉择导向，也必然对经济社会生活发生重大而基础的影响。

改革开放以来，我国的经济在持续增长，城乡居民货币收入大幅度增长，个人金融资产在全社会金融资产中的占比增速迅猛，保有量大。截至 2008 年年末，我国城乡居民个人拥有金融资产已高达 28 万亿元，从占据 20 世纪 90 年代的 40% 左右上升到目前的 60% 之多，并还在不断地快速升高。在国内个人金融资产这块大"蛋糕"中，资产集中化和多元化的趋势也愈加明显。这都表明，个人家庭拥有的金融资产正在急剧增长，传统的储蓄种类已远远不能满足客户保值增值的要求和资金使用日益多样化的

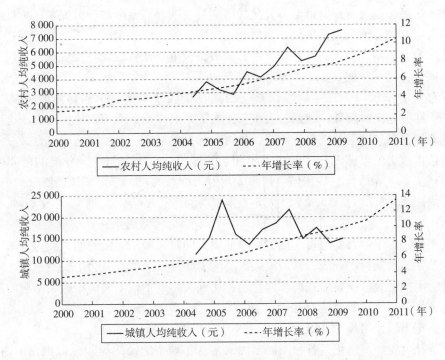

图1-4 2000—2011年我国农村与城市居民人均纯收入及年增长率

需要。

（三）家庭财产结构需要优化

随着市场经济的发展，居民收入明显提高，并直接表现为居民金融资产数量的持续上升及金融服务需求的增加，金融资产的形态也渐渐趋于多元化。居民家庭手中富余资金的增多，特别是中高级收入阶层财富的积累，必然会引起财富观念的变革和投资理财意识的逐步增强。居民对投资工具的要求越来越高，客观上需要金融部门提供个人理财规划的多方面服务。

目前，国内可供居民选择的投资工具主要有储蓄、债券、储蓄性保险、股票和基金、房地产、外汇、字画等，但最大量的资产仍然集中于稳定而低效的储蓄存款上，占到全部金融资产总量的80%之多。这同美国等金融发达国家的居民金融资产结构是完全不同的。

目前，我国居民的个人资产正在加速向股票、债券和基金等投资领域转移。以国债为例，个人拥有国债余额与储蓄存款余额的比值，从1994年的5%上升到2008年的16%左右。另外，银行存款比重下降，投资性资产增长快于金融资产的增长速度。这表明个人家庭对各种投资的风险、收益和利率水平越来越敏感，他们渴望银行提供流动性、安全性和盈利性俱佳的金融产品，以及形式多样、方便灵活的金融服务。

三、金融理财观念不断增强

随着市场经济体制的建立与完善，我国城市居民收入水平稳步提高，生活质量逐步改善，投资理财意愿趋强，居民用于股票、基金、房产、捐赠、保险、彩票等非消费支出和借贷支出的投入逐年增长。

　　城市居民家庭投资理财资金多元化的倾向日益明显。金融市场的完善，为保障居民家庭闲置资金的保值、增值提供了多样化的投资方式，很多居民已不满足于银行存款和购买国库券，而纷纷加入到各种投资中，如股票投资、储蓄性保险投资、购置房屋出租等。国家统计局城市调查队 2011 年抽样调查结果显示，当年前三个季度城镇居民人均储蓄性存款增长 36.5%，储蓄性保险支出同比增长 3.5 倍，出租房屋收入同比增长 13.5%。部分居民对字画、邮票、古董、工艺美术品以及店面等其他投资支出也成倍增长。随着居民参与金融投资渠道增多，投资行为日趋活跃，居民家庭来自金融投资方面的收入已由过去的寥寥无几一跃占据了相当的地位，成为参与收入分配的重要因素之一。2011 年前三个季度，我国城市居民人均财产性收入 85.5 元，同比增长 68.4%。其中，人均股息收入增长 55.4%，人均保险收益增长 8 倍，人均其他投资收入达到 28.3 元。

　　近年来，由于彩票发行单位设置巨额奖项，同时又根据居民的购买能力，采取小额买入，常年多次发行的方法，营造了人人有能力参与、次次有机会中奖的氛围，吸引了部分社会闲散资金。彩票形式的多元化使彩民购买热度不减。居民中购买彩票的群体相对固定，部分市民对彩票情有独钟。据抽样调查，2011 年前三个季度，城市居民人均购买彩票支出同比增长 3.1 倍。

　　由于社会发展多元化，各种不确定因素增加，城市居民的风险意识也在不断增强。为"防病"、"养老"、"平安"，人们舍得花钱。随着城市居民生活水平的不断提高，人们理财观念不断变化，储蓄性保险作为一种新兴金融投资手段正在被人们所接受，并成为继银行储蓄、证券投资后，百姓在金融领域的又一种投资方式。购买一份保险，给自己和家人寻求一份平安，给未来生活寻求一份保障，成为居民投保的直接原因。此外，保险公司推出一些定期分红的险种，寻求资产升值也成为部分居民投保的动力。其中，到期能归还保险本金并能获得增值的储蓄性保险备受参保人的认可。

　　当前，我国的市场经济在快速发展，社会家庭的经济结构随之发生了根本性的变化。家庭收支结构的变化、居民生活质量的提高和生活方式的改变，都对多元化的金融服务提出了需求。亿万客户的金融理财需求是一大商机，金融保险机构必须把握这种商机，尽快设计出各类个人金融产品及相关服务，来满足居民丰富多样的理财要求，从而达到提高自身盈利水平、强化竞争实力的目的。

　　过去 30 年中，在各项金融指标中增长最快的是城乡居民储蓄存款。目前，个人正逐渐成为社会经济活动的主要力量之一，成为社会财富的重要支配者和金融服务的对象。开拓个人金融业务不是可有可无，而是具有巨大的社会需要。鼓励居民家庭将间接投资转化为直接投资，是向市场经济转变的必然要求，已成为当前经济金融体制改革的基本目标之一。可以断言，个人家庭将成为未来银行最重要的客户，个人金融业务将成为银行的主要业务，对个人金融服务的要求将更趋于迫切与多元化。

　　从目前国内银行本身来看，各商业银行发展个人金融业务可谓不遗余力。中国银行曾提出发展大公司批发业务和个人金融业务齐头并进的战略，各非国有商业银行也凭借自身"船小好调头"的优势，有计划、有步骤、有目的地向个人金融业务领域倾斜。

小资料1-4

调查显示中国65%家庭存在"啃老"现象

中国社会科学院社会学研究所前所长景天魁做了一份调查，结果显示，中国有65%以上的家庭存在"啃老"现象，并有不断扩大之势，已从一种家庭现象演化成社会问题。

"我们小两口每个月有5 000多元的收入，平时就是吃、穿、住、行方面的生活开销，但都是不到一个月就花没了，要不是双方父母的经济条件还不错，经常地帮助一下，这日子还真难过。"董先生介绍，结婚三年了，他们的家庭一直没有积蓄，每月连基本的收支平衡都保证不了。"就这事，我曾跟身边的朋友探讨过，可结果发现，他们不少人也存在着同样问题。"

专家认为，现在的一些年轻人从小生长环境比较优越，又受到父母的宠爱，养成了高消费、攀比消费的习惯，在理财观念缺乏的情况下，很难合理地支配收入和支出。总之，从小养成的无克制消费习惯，造成了年轻人普遍"啃老"的社会现象。

挣钱不够花的"啃老族"，可以经过基金定投克制自己的日常开支。近年来股市振荡幅度较大，2012年，指数已回落到较低点，但长期而言，中国经济进展向好。据此，"啃老族"可进行基金定期定额投资，选择最近两年表现较好的混合型基金或股票型基金，每月定投金额可定为几百元。基金定投的优势在于每月本钱平摊，风险分散，积少成多，复利效应明显，长期坚持下来，能积存一笔较可观的财富。更关键的是，基金定投可以帮助年轻人逐渐形成节俭习惯和理财意识。

第四节　家庭金融理财的理论基础

一、莫迪利安尼的生命周期假说

20世纪30年代，西方国家出现经济大萧条，凯恩斯（John Maynard Keynes，1936）的宏观经济理论对当时的经济状况作出了解释，提出政府应采用扩张政策进行宏观调控。在经济萧条的情况下，储蓄、节约的思想开始受到质疑，进而被视为不利于经济增长，对社会福利有害的行为。1953年，F. 莫迪利安尼（Franco Modigliani）和R. 布伦伯格（Richard Brumberg）合写了《效用分析与消费函数：横截面数据的一种解释》，1954年他们又合写了《效用分析与消费函数：统一的释义》，这两篇文章奠定了储蓄的生命周期假说（LCH）的基础，调和了消费函数理论和消费资料研究的矛盾。同时，该理论也成为西方经济学中研究养老金问题的出发点之一。

生命周期假说，又被称为消费与储蓄的生命周期假说。这一理论假定人是理性的消费者，在追求其个人效用最大化的同时，追求其生命周期内的收入和财富效用的最大化，而其约束条件就是生命周期内的收入与消费支出的平衡。经济行为人（个人或家庭）根据其一生的全部预期收入来安排其消费储蓄活动，其在每一时点的消费和储蓄决策都反映了该行为人谋求在生命周期内达到消费的理想分布的过程——在收入高于其终生平均收入时储蓄较多，而在收入低于其终生平均收入时进行反储蓄，消费多一些。一般而言，未成年与年老时收入很低，因此消费多、储蓄少，而成年时期收入高于预期的生命周期平均收入，因此储蓄率会提高。

二、投资组合理论

投资理论（Theory of Portfolio）的产生以 1952 年 3 月 H. 马柯维茨发表的《投资组合选择》为标志，马柯维茨也因此获得了诺贝尔经济学奖。该理论包括两个重要内容：均值—方差分析方法和投资组合有效边界模型。此处讨论的投资组合限于股票和无风险资产，例如由国债构成的投资组合。人们进行投资，本质上是在不确定性的收益和风险中进行选择。投资组合理论用均值—方差来刻画这两个关键因素，股票或者投资组合的收益以均值来刻画。所谓均值，是指投资组合的期望收益率，它是单只证券的期望收益率的加权平均，权重为相应的投资比例。当然，股票的收益包括经常收益（如股票的分红派息）及资本利得（主要体现为股票的买卖差价）两部分。股票或者投资组合的风险以方差来表示。所谓方差，是指投资组合的收益率的方差。

马柯维茨的投资组合理论有两个基本前提：首先，投资者仅仅以期望收益率和方差（标准差）来评价资产组合（Portfolio）；其次，投资者是不知足的和风险厌恶的，即投资者是理性的。因此，理性投资者在选择投资组合的时候，遵循均值—方差准则：在给定风险水平下（即方差相等）对期望收益进行最大化，或者在给定期望收益水平下（即均值相同）对风险进行最小化。由此将会在均值—方差平面上形成一条呈抛物线的曲线（曲线的上半部分）。这条曲线在最小方差点以上的部分就是著名的（马柯维茨）投资组合有效边界，对应的投资组合称为有效投资组合。

这一理论对个人投资决策具有重要启示：个人进行任何投资都存在一定风险，在投资过程中应通过投资组合来分散风险（此处的风险为非系统风险）。而分散风险的有效手段，就是将一些负相关的投资产品作为投资组合，风险水平将会因此降低。相反，如果将一些正相关的投资产品作为投资组合，风险水平将会增加。

三、资本资产定价理论

资本资产定价模型（Capital Asset Pricing Model，CAPM）是由威廉·夏普（William Sharpe）和约翰·林特（John Linter）、简·莫森（Jan Mossin）等人创立的。该模型是在马柯维茨的投资组合理论的基础上发展起来的，该模型与公司甚至个人的金融问题，尤其是资本市场理论联系在一起，实证地将投资风险与收益的关系定量化，论证了在给定的证券投资条件下损益是如何均衡的，证券市场中均衡价格是怎样形成的，以此来对证券市场中的证券进行定价。

具体而言，资本资产定价模型是基于风险资产的期望收益均衡基础上的预测模型，它所表明的是单只证券的合理风险溢价，取决于单只证券的风险对投资者整个资产组合风险的贡献程度，而单只证券的风险是由系统风险和非系统风险组成的。系统风险是与整体经济运行（如通货膨胀、经济危机等）相关的风险，非系统风险是与资产自身特性相关的风险。多样化的投资可以降低直至消除资产组合的非系统风险，而系统风险因与整体经济运行有关，是不能通过多样化的投资消除的。资本资产定价模型对资产的定价，是对该资产的系统风险的定价（非系统风险是得不到市场回报的）。

四、套利定价理论

套利定价理论（Arbitrage Pricing Theory）是由斯蒂芬·罗斯在 1976 年提出的。该理论表明，资本的收益率是各种因素，诸如 GDP 的消长、通货膨胀的高低等综合作用的结果，并不仅仅只受证券组合内部风险因素的影响。套利定价理论是作为资本资产定价模型的替代物而问世的。资本资产定价模型有多项假设，涉及对市场组合是否有效的验证，但是这在实际上是不可行的。于是，罗斯针对资本资产定价模型的单因素模型，提出用目前被统称为套利定价理论的多因素模型来取代它。

套利定价理论导出了与资本资产定价模型相似的一种市场关系。该理论以收益率形成过程的多因子模型为基础，认为证券收益率与一组因子线性相关，这组因子代表证券收益率的一些基本因素。事实上，当收益率通过单一因子（市场组合）形成时，套利定价理论形成了一种与资本资产定价模型相同的关系。因此，套利定价理论为投资者提供了一种替代性的方法，以此来理解市场中的风险与收益率间的均衡关系。套利定价理论认为，在给定资产收益率计算公式的条件下，根据套利原理可推导出资产的价格和均衡关系式。在均衡市场上，两种性质相同的商品不能以不同的价格出售。套利定价理论是一种均衡模型，用来研究证券价格是如何决定的。它假设证券的收益是由一系列产业和市场方面的因素确定的。当两只证券的收益受到某种或某些因素的影响时，两只证券之间就存在相关性。

但是，资本资产定价模型和套利定价理论还是存在较大差异的。首先，假设条件不完全相同。资本资产定价模型是马柯维茨投资组合理论的发展，接受马柯维茨组合理论的所有假设，其中最关键的假设是同质性假设，而且该模型的假设条件很多，而套利定价理论的假设较少，且不包括单一投资期、不存在税收、投资者能以无风险利率自由借贷等假设条件。其次，理论基础不同。资本资产定价模型，是建立在均值—方差分析基础上的，假设投资者以收益率的均值和方差为基础选择投资组合，而套利定价模型则是以无套利均衡为基础的。

五、财务管理理论

财务管理理论是根据财务管理假设所进行的科学推理或对财务管理实践的科学总结而建立的概念体系，其目的是用来解释、评价、指导、完善和开拓财务管理实践。

财务管理是一项综合性的价值管理。财务管理理论是人类在长期财务管理实践的基础上，通过思维活动所产生的关于财务管理的系统化的理性认识，是一般理论在财务管理这一具体领域里的体现。系统化的认识要求有一定内在结构，结构是系统的"部分的秩"，是系统保持整体性及具有一定功能的内在依据。财务管理理论结构是指财务管理理论系统内部各组成要素之间相互联系、相互作用的方式或程序，或者说是财务管理理论体系内部各要素之间的排列和组合形式。同其他系统的结构一样，财务管理理论系统结构也具有稳定性、层次性（包括等级性和多侧面性）、可变性、相对性等特性。

财务管理理论结构是人们基于对财务管理实践活动的认识，通过思维活动对财务管理理论系统的构成要素及其排列和组合方式所作的界定，其功能在于：

第一，界定财务管理理论体系覆盖的内容与容量，展示其整体框架，使财务管理理论系统的构成要素科学化、规范化、有序化和层次化。

第二，揭示财务管理理论体系内部各要素之间的内在逻辑结构与层次关系，指明其在体系中的地位和作用，使之成为首尾一贯、结构严谨的有机整体。

第三，梳理财务管理理论研究的基本脉络，指导和促进财务管理学的建设与发展，为构建科学、合理的财务管理学科体系提供理论指南。

第四，有助于推演出更加合理的财务管理原则、程序和方法，有效地改进财务管理实务，促进财务管理实践的发展。

六、马斯洛的需求层次论

美国心理学家马斯洛在 1934 年和 1954 年先后发表了《人类动机的理论》和《动机和人》等著作，系统地提出了需求层次理论。他认为人们的行为都有一定的动机，而动机又是由需求决定的，需求是人类行为的原动力。如果人们某种需求得到满足，这种需求就会消失，同时，另一种需求又出现了，人们就会继续采取行动来满足新的需求。[①]

马斯洛把人的需求描述成具有五个层次的"金字塔"，按照这种描述，满足的需求达到了什么层次，与人的心理健康程度是有关联的。人的基本需求按优势或力量的强弱排成等级，优势需求一得到满足，原来相对弱势的需求就变成优势需求，从而主宰机体，以便尽可能达到最高效率。他的这个理论被学术界称为"需求层次理论"。马斯洛认为，人都潜藏着这五种不同层次的需求，但在不同的时期表现出来的各种需求的迫切程度是不同的，人的最迫切的需求才是激励人行动的主要原因和动力。人的需求是从外部得来的满足逐渐向内在得到的满足转化。在高层次的需求充分出现之前，低层次的需求必须得到适当的满足。

（一）生理需求

生理上的需求是人们最原始、最基本的需求，如吃饭、穿衣、居住、医疗等等。这些需求处于"金字塔"的最底层，是最强烈的、不可避免的，也是推动人们行动的强大动力。若不满足这些基本需求，则有生命危险。这就是说，假如一个人缺乏食物（通常人们对食物的需求量是最强烈的），此时对他而言，其他需求则显得不那么重要，人的意识几乎全被饥饿所占据，所有能量都被用来获取食物。在这种极端情况下，人生的全部意义就是吃，其他什么都不重要。只有人从生理需求的控制下解放出来时，才可能出现更高级的、社会化程度更高的需求——安全需求。个人理财，无疑应该从满足人的最基本需求出发，首先安排好日常开支，进而考虑居住策划、保险策划、退休的财务安排等。

（二）安全需求

安全需求包括心理上与物质上的安全保障，要求劳动安全、职业安全、生活稳定，希望免予灾难、未来有保障等。以儿童为例：当孩子面临奇特、陌生而充满压力的事物或环境时，就表现出恐惧。例如，与父母分离一段时间、玩耍时迷路了、家庭中父母的

---

①　马斯洛：《动机与人格》（中译本），北京，华夏出版社，1987。

激烈争吵甚至离婚、对孩子的粗暴惩罚等都会使孩子产生焦虑，表现出强烈的安全需求。每一个在现实生活中生活的人，都会产生安全感的欲望、自由的欲望、防御的实力的欲望。个人理财中，风险管理、日常备用金的安排等属于安全需求。

（三）社交需求

社交需求也叫归属与爱的需求，是指个人渴望得到家庭、团体、朋友、同事的关怀、爱护和理解，是对友情、信任、温暖、爱情的需求。人是社会的一员，需要友谊和群体的归属感，人际交往需要彼此同情、互助和赞许。当生理需求和安全需求得到某种程度的满足时，归属与爱的需求就产生了。这时，人会强烈地渴望亲情、友谊，渴望与他人建立一种深厚的情感联系、隶属于某个团体并在团体中占有一席之地。他将尽一切努力去获得他的团体或家庭的接纳和认可，并对其他成员付出爱与关怀。社交的需求比生理和安全需求更细微、更难捉摸，它与个人性格、经历、生活区域、民族、生活习惯、宗教信仰等都有关系。这种需求是难以察悟，无法度量的。社交需求是一种高级的心理需求，在个人理财业务中也有体现。汽车购买、居住条件的改善等，也可以被认为属于满足这方面的需求。

（四）尊重需求

尊重需求可分为自尊、他尊和权力欲三类。这种需求得到满足，会使人充满信心，相信自己的价值和能力，也使生活更充实，更有效率。反之，这种需求受挫时，人会感到自卑、弱小、无能，并可能进一步演变为神经症行为。尊重的需求很少能够得到完全的满足，但基本上的满足就可产生推动力。尊重需求，也可以在个人理财中获得满足，主要通过投资策划、教育策划、税务策划等方面的业务，及增加自己的财富、提升自己的教育层次等来实现。应该看到，财富是一种权利。

（五）自我实现需求

这是最高等级的需求。马斯洛认为，这是人类生存的最高层次的需求，是成长、发展、发挥潜能，即自我实现的需求。自我实现需求是指通过自己的努力，实现自己对生活的期望，从而对生活和工作感到很有意义。满足这种需求要求完成与自己能力相称的工作，最充分地发挥自己的潜在能力，成为自己所期望的人物。这是一种创造的需求。有自我实现需求的人，似乎在竭尽所能，使自己趋于完美。自我实现意味着充分地、活跃地、忘我地、集中全力全神贯注地体验生活。人群中能够真正自我实现的人很少，可能只占总体的1%，而且由于能力、个性特点、人生观、价值观的不同，每个人满足这一需求的方式也不相同，有的人想在艺术方面有所成就，有的人更倾向于在科学研究领域出成果，而有的人只希望做一位成功的母亲。毫无疑问，成功的理财规划，一方面能给自身带来财富，另一方面也是一种自我实现需求的满足。

七、资金时间价值理论

资金时间价值亦称为货币时间价值，是指货币随着时间的推移而发生的增值。亦即当前所持有的一定量货币比未来获得的等量货币具有更高的价值。

从经济学的角度而言，现在的一单位货币与未来的一单位货币的购买力之所以不同，是因为要节省现在的一单位货币不消费而改在未来消费，则在未来必须有大于一单位的货币可供消费，作为弥补延迟消费的贴水。

货币之所以会产生时间价值，原因是：

首先，货币时间价值是资源稀缺性的体现。经济和社会的发展要消耗社会资源，现有的社会资源构成现存社会财富，利用这些社会资源创造出来的物质和文化产品构成了将来的社会财富，由于社会资源具有稀缺性特征，又能够带来更多社会产品，所以现在物品的效用要高于未来物品的效用。在货币经济条件下，货币是商品的价值体现，现在的货币用于支配现在的商品，将来的货币用于支配将来的商品，所以现在货币的价值自然高于未来货币的价值。市场利息率是对平均经济增长和社会资源稀缺性的反映，也是衡量货币时间价值的标准。

其次，货币时间价值是信用货币制度下流通中货币的固有特征。在目前的信用货币制度下，流通中的货币是由中央银行基础货币和商业银行体系派生存款共同构成的，由于信用货币有增加的趋势，所以货币贬值、通货膨胀成为一种普遍现象，现有货币也总是在价值上高于未来货币。市场利息率是可贷资金状况和通货膨胀水平的反映，反映了货币价值随时间的推移而不断降低的程度。

最后，货币时间价值是人们认知心理的反映。由于在认识上的局限性，人们总是对现存事物的感知能力较强，而对未来事物的认识较模糊，结果人们存在一种普遍的心理就是比较重视现在而忽视未来。现在的货币能够支配现在的商品以满足人们的现实需要，而未来的货币只能支配未来的商品，满足人们未来的不确定需要，所以现在单位货币价值要高于未来单位货币的价值，为使人们放弃现在货币及其价值，必须付出一定代价，利息率便是这一代价。

由于货币时间价值是客观存在的，因此，企业在各项经营活动中，就应充分考虑到货币时间价值。前面谈到，货币如果闲置不用是不会产生时间价值的，同样，一个家庭或者企业在经过一段时间的发展后，肯定会获得比原始资金更多的回报，但闲置的资金并不会增值，而且还可能随着通货膨胀贬值。所以，无论家庭还是企业，必须好好地利用这笔资金，最好的方法就是找一个好的方式，合理运用这部分资金，让它进入实体经济或虚拟经济领域来增值。投资需要占用企业的一部分资金，这部分资金是否应被占用，可以被占用多长时间，均是决策者需要运用科学方法确定的问题，因为一项投资虽然有利益，但伴随着它的还有风险，如果决策失误，将会给投资者带来很大的损失。投资的最主要动机是取得投资收益，投资决策就是要在若干待选方案中，选择投资小、收益大的方案。如何进行投资决策，一般有两大类决策方法：一类是非贴现法，在不考虑货币时间价值的情况下进行决策；另一类是贴现法，考虑到货币时间价值的影响而进行决策。

回收期法和会计收益率法属于非贴现法。回收期法是根据重新收回某项投资所需时间来判断投资是否可行的方法。它将计算出的回收期与预定回收期比较，如果前者大于后者，则方案可行，否则不可行，回收期越短越好。会计收益率法是将投资项目的会计收益率与该项投资的资本成本加以比较，进而判断投资是否可行的方法。如果会计收益率大于资本成本，方案可行，否则不可行，会计收益率越大越好。

贴现法包括现值法、净现值法、获利指数法、内含报酬率法四种方法。现值法是将项目投产到报废的各年净现金流量折算成的总现值与投资总额进行比较，若大于投资总额，可行，否则不可行，而且差额越大越好。净现值法是现值法的变化形式，它直接根据净现值的正、负来判断（净现值＝总现值－投资总额），净现值为正，方案可行，越大越好，否则不可行。获利指数法则是根据获利指数大小来进行判断，大于1可行，越大越好，否则不可行。内含报酬率法将内含报酬率与资本成本比较，前者大于后者，方案可行，否则不可行，内含报酬率越大越好。经济主体在进行投资时，可采取上述方法中的任何一种方法进行决策。

运用的方法不同，可能会得到不同结果，哪种结果更准确呢？回收期法通俗易懂，大致能反映投资回收速度，而且计算简便，但是，它夸大了投资的回收速度，忽略了回收期后的收益，容易造成严重的退缩不前。另外，决策者以回收期作参数，往往会导致企业优先考虑急功近利的方案，导致放弃长期成功的方案。回收期法最重要的一个缺陷是，它忽视了时间价值，认为不同时点的资金价值相同，将不同时点的资金直接代入进行有关计算，这是不符合金融原理的。会计收益率法比较通俗易懂，计算也不复杂，但它没有采用现金流量观，并与回收期法一样，未考虑货币时间价值，把第一年的现金流量与最后一年的现金流量看做具有相同的价值，其决策可能不正确。

贴现法下的各种方法则考虑了时间价值，将投资项目每年净现金流量按资本成本（折现率）进行折现，使不同时点的资金具有可比性，较真实地反映出不同时期的现金流入对投资盈利的不同作用。财务管理最基本的观念就是货币时间价值，运用货币时间价值观念要把项目未来的成本和收益都以现值表示，如果收益现值大于成本现值则项目应予接受，反之则应拒绝。因此，我们在进行投资决策时应多采用考虑了货币时间价值的贴现法，以贴现法为主，以非贴现法为辅。

此外，现值法、净现值法与获利指数法的结果有时会有所不同，其原因在于投资额不同，投资收益的绝对数与相对数之间有差异。在对几个独立方案进行评价时，我们多采用获利指数法，运用它对独立方案的投资效率进行排序，弥补净现值法不能在几个独立方案之间评价优劣的缺点，而在互斥方案的选择中，则应以净现值为准。

通过上面的论述，可以清楚地看到，货币时间价值是一个重要的经济概念，不管是涉及个人投资决策，还是涉及企业的投资决策，都会产生重要的影响，在进行投资决策时，一定要考虑到货币时间价值，重视货币时间价值，作出科学的投资决策。当然，企业的投资决策不能只考虑到货币时间价值，还有项目自身的一些因素以及政府的政策等因素，这些都要有相应的考虑。

以上理论，作为金融学专业及其相关专业的大学生，在过去专业课程当中应当学习过或者接触过，这些先修课程的知识可以有机地运用到本课程的学习当中去。

第五节　家庭因素对理财的影响

家庭是社会生活的细胞，是一种由具体婚姻关系、血缘关系乃至收养关系维系起来的人们，基于共同的物质、情感基础而建立的一种社会生活的基本组织。家庭作为社会生活的细胞单位，作为存在于一定亲属关系范围内的人们的生活共同体，有着经济、政治、法律、情感、文化等多功能活动，是具备多种社会关系规定性的综合性社会单位。[①]

在确定个人家庭金融理财的各种模式时，必须要考虑家庭因素的种种影响，包括家庭规模和家庭结构、家庭权利支配模式、家庭财力支配模式等。这也是家庭理财与公共理财及企事业单位理财最大的差别之一。

一、家庭规模和家庭结构

家庭规模通常是指家庭的人口规模。按家庭拥有人口数的多少，可将众多的家庭分为单身家庭、小家庭、中等家庭和大家庭。一般情况下，家庭规模对其支出消费事项会有一定的规模效应，大家庭相对小家庭要节约一些。某经济学家甚至指出，人们为什么要结婚成家，原因就在于"两个人在一起过日子，会比一个人的花费要节约得多"。

家庭结构主要是家庭人际关系的结构。家庭结构也就是家庭中各个成员不同位次和序列的组合。家庭的形式结构如何，对其组织开展经济金融活动有着直接的影响。

1. 夫妻两人之家。这种家庭可以是新婚尚未生育、婚后不育，或是儿女婚后独立居住，只剩老年夫妇的家庭。

2. 父母和未婚儿女的核心小家庭。这种家庭规模小，关系简单，夫妻是婚姻关系，父母与子女是血缘关系，构成一个稳定的三角形，在我国分布最为普遍。

3. 父母和已婚子女的三代同堂家庭。这是典型的三代同堂家庭，人数多，代际稍显复杂，符合中国家庭的传统模式和父母扶助子女、子女赡养父母的实际需求。

4. 父母和多对已婚儿女组成的"联合制"大家庭。这种家庭规模大，人口多，关系复杂，人际关系较难协调。这种家庭形式在目前农村还有少量出现，城市则近乎绝迹。

5. 单身之家、残缺家庭、祖孙家庭等。这是几种较为特殊的家庭形式，在社会中也有一定数量的出现。

二、家庭财权支配模式

（一）家庭财权支配的一般模式

一个家庭中是由谁当家理财，是丈夫当家还是妻子当家，是父辈掌管家政大权还是子辈掌管家庭经济，这些事项同家庭资产形成的额度没有太多的必然联系，却同家庭资产的支配模式等有密切联系。

在家庭的收入支出、财物支配、家计安排方面，各成员既有参与经济决策、管理家政的权利，又负有为搞好家庭经济文化建设作贡献，将自己的收入自觉上缴家庭财政的义务和责任。家庭的经济矛盾一般集中反映在理财上，即夫妻间对家庭经济收入的集权与分权、信任与不信任、控制与反控制、花钱"民主"与"独裁"、"量体裁衣"与大手大脚、合理积累与适当消费等的矛盾。为缓解这些矛盾，人们提出了诸如夫妻间沟通思想、以诚相待、相互信任、经济公开、民主花钱、计划安排等好主张。

（二）家庭财权支配的各种类型

家庭财权支配模式需要予以关注，即家中的财物归谁所有，由谁支配。如将家中共

---

① 贝克尔：《家庭论》（中译本），北京，商务印书馆，2005。

同的经济生活喻为"煮大锅饭"，所有制形式就是分析每个人向锅里投入多少米，即家庭的钱由谁供应，开支由谁掌握。通常可将家庭财力支配状况区分为如下类型：

1. 绝对集中型。这是一种封建家长式的管理经济方式，家庭的财政大权绝对集中于所谓的家长，实行独裁管制。家长负有完全的权力，主持家中的一切财产，家长对家中的一切事务可以仅凭自己的意志、经验和喜好全权处理，而不必考虑其他成员的意愿如何，也不给其他成员一点权力。这种管理方式可能会提高办事效率，但却会极大地挫伤和压抑各家庭成员的个性，更难调动大家参与家庭事务的积极主动性，是家庭理财方式中最糟糕的一种。

2. 大集中、小分散型。家庭主要财产、主要收入来源交由家庭管理者全权支配，少部分资产、收入则由其他成员自主掌握，根据个人需要自行使用。依其上缴及留用比例，又可分为"大集中、小分散"，"集中分散各半"或"小集中、大分散"几种方法。"大集中、小分散"的理财方式值得提倡，它既有"统"，也有"放"，既照顾家庭整体生活的需要，又照顾了各成员的个人特殊需要。

3. 大分散、小集中型。即家中的收入除少部分留作公用外，其余部分完全由各成员自行支配、自主使用、自我满足个人的各项消费需求。这种家庭可能是家长对搞好家庭没有信心，放弃对家庭的经济支配权，其成员也无愿主事者，对家庭建设不愿负应有的责任。

4. AA 制。这是指虽然生活在同一个屋檐下，但却自己挣钱自己花，各人互不干涉，家中共同花费各人分摊，即家庭财务的完全独立制。家中储蓄存款等金融资产，也是各成员自行存储、自行购买，互不干涉。倾向于 AA 制的家庭主要见之于两地分居型的家庭，或目前的某些"新潮"家庭。一般来说，这是一种过渡性理财模式，不可能永远保持分居或财权完全独立的状态。

5. 合作制。在这种家庭中，夫妻两人共同工作挣工资，共同生活过日子，两人把每月的经济收入都纳入家庭总预算，按生活需要民主协商，共同使用支配，个人不搞"小金库"。家庭是家人共同的家庭，家庭生活是全家共同组织的生活，关系到每个成员的切身利益。家庭理财也应采取家人合作的方式，共同参与，实行民主化理财。

合作管理家庭经济，并非是一切事务都要事无巨细地通过大家讨论，而是实行"大集中、小自由"的原则，小事情各人自行决定，大事情大家协商决定。分配谁做的事，由他全权处理，对家庭负责，以避免统得太死，反而不好。

6. 盘剥型。这种状况是指家中某些有劳动收入的成员整日"只吃饭，不添米"，剥削其他家庭成员的现象。比如，子女参加工作后同父母住在一起，每个月的工资收入全盘由自己经管开销，平时的生活费、房费、水电费等分文不上缴，反要父母完全供养。再如，儿女结婚的费用完全靠父母资助、亲友救济，自己贪图小家庭提前实现现代化，却又不为此添砖加瓦，婚后建立了小家庭，仍要经常"盘剥"父母。这就是今日常常见到的"啃老一族"。或如夫妻某一方获取收入后，只顾自己享用，而不管对方、儿女及家中共同生活开销的需要，都属于这种盘剥型。

无劳动能力、无收入、需要抚养或赡养扶助的未成年人、老人、残疾人等，当不在此例。

三、家庭理财管理模式

（一）民主协商制

民主协商制的主要做法是，夫妻双方根据各自的收入多少，通过民主协商，确定一个双方都能接受的比例，提取家庭公积金、公益金和固定日用消费基金，提供公用后的剩余部分原则上归各自支配。如丈夫买酒、买烟，妻子买服饰品、化妆品及双方各自的社交交往等，在经济条件许可的范围内互不干涉。这种办法责权分明，比较公道，大家习以为常，经济矛盾自然会大大减少。它适用于年轻人组成的各类小家庭。

（二）轮流"执政"制

轮流"执政"的主要做法是，夫妻双方的收入集中起来，按月轮流掌管使用。这种办法的好处是双方可各显其能、取长补短，都能体验当家的艰辛。这种情况往往发生在小家庭初始建立阶段，双方的实际情形包括理财持家的能力如何，尚在发现探索之中，双方的关系，究竟是"东风压倒西风"，还是"西风压倒东风"，或是双方平等、平安过日子等，此时都还是未知数，故此轮流"执政"。经过一段磨合期后，自然就会转移到其他更适合的形态。

（三）集权制

这在夫妻有子女的家中实行较好，但怎样集权应仔细探讨。一般的做法是，夫妻一方如妻子集中掌管全家的所有收入，并在民主原则下使用，缘由是女性一般"手紧"，善于积攒和精打细算，从而使家庭收支能在适度的范围内运营，不致出现大起大落或严重亏空。但如掌权者不民主，争夺自主权和支配权的矛盾是很容易发生的。

（四）分权制

这在两地分居的小家庭中实行较合适。其基本做法是双方商定，各自拿出共同接受的数目存入银行，剩余部分各自留用，待有孩子或生活在一起时再采取相应的办法。之所以采用这种制度，是因为双方都为了家庭组建和巩固，实行对对方有效的控制。这种分权制适应分居的实际情形，有利于促进夫妻双方对家庭的责任感，保持亲密的感情。

小资料 1-5

美国家庭理财模式介绍

美国的三位家庭社会学家大卫·舒尔茨、斯坦利·罗杰与福雷斯·罗杰合著了一本《婚姻与自我完善》，这本书提出了家庭中的以下几种理财模式。[①]

1. 施舍制。在这种体制中，某一方每次拿出少量的钱分配给伴侣另一方和其他家庭成员使用。

2. 家庭司库制。在这种体制中，每个成员都允许花费一定数目的他本人认为该花的钱；其中一个成员最后决定允许花销的数目，并且掌握家庭收入的其余部分，以便清付账单及购买大多数家庭成员所需要的商品。

3. 花销分割制。在这种体制下，不同的花销职能以比较合适的比例分配给伴侣双

---

① 大卫·舒尔茨等:《婚姻与自我完善》，北京，中国妇女出版社，1989。

方。比如，丈夫负责抵押、保险和汽车，妻子则负责食物、衣服和娱乐活动，其他一切开销都在联合决定后进行。

4. 统一收入制。所有挣来的钱都存放在一起，每个伴侣都可以随意取出以满足自己的需要。

四、家庭生命周期与金融理财

（一）家庭生命周期概念

家庭生命周期（Family Life Cycle）指的是一个家庭诞生、发展直至死亡的运动过程，它反映了家庭从形成到解体呈循环运动的变化规律。家庭随着家庭组织者的年龄增长表现出明显的阶段性，并随着家庭组织者的寿命终止而消亡。

美国学者 P. C. 格里克最早于 1947 年从人口学角度提出比较完整的家庭生命周期概念，并对一个家庭所经历的各个阶段作了划分。

一般把家庭生命周期划分为形成、扩展、稳定、收缩、空巢与解体 6 个阶段，如表 1 - 7 所示。

表 1 - 7　　　　　　　　家庭生命周期（一般理论周期）

阶段	起始	结束
1. 形成	结婚	第一个孩子的出生
2. 扩展	第一个孩子的出生	最后一个孩子的出生
3. 稳定	最后一个孩子的出生	第一个孩子离开父母家
4. 收缩	第一个孩子离开父母家	最后一个孩子离开父母家
5. 空巢	最后一个孩子离开父母家	配偶一方死亡
6. 解体	配偶一方死亡	配偶另一方死亡

6 个阶段的起始与结束，一般以相应人口事件发生时丈夫（或妻子）的均值年龄或中值年龄来表示，各段的时间长度为结束与起始均值或中值年龄之差。例如，如果一批妇女在最后一个孩子离家时（空巢阶段的起始）平均年龄为 55 岁，而她们在丈夫死亡时（空巢阶段的结束）平均年龄为 65 岁，那么这批妇女的空巢阶段为 10 年。

家庭生命周期这个概念综合了人口学中占中心地位的婚姻、生育、死亡等研究课题。由于婚姻、生育、死亡等人口过程都是发生在家庭里的，对家庭生命周期的研究可以对这些人口过程的机制进行更深入的认识与剖析，避免传统的人口学把婚姻、生育、死亡等人口过程分离开来孤立地进行研究的弊端。家庭生命周期的概念在社会学、人类学、心理学乃至与家庭有关的法学研究中都很有意义。例如，对家庭生命周期的分析，可以更好地解释家庭产权、家庭与家庭成员的收入、妇女就业、家庭成员之间的关系、家庭耐用消费品的需求、处于不同家庭生命周期的人们心理状态的变化等。

传统的家庭生命周期概念反映的是一种理想的道德化的模式，与社会的现实状况有较大出入。有不少学者已认识到这一概念的局限性。他们认为把家庭生命周期分为 6 个阶段，只适用于核心家庭，而不适用于许多亚洲国家及其他发展中国家中普遍存在的核心家庭与三代家庭或与其他形式的扩大家庭并存的情况；传统的家庭生命周期概念也忽略了离婚以及在孩子成年之前丧偶的可能性，即未包括残缺家庭；还忽略了无生育能力或其他原因造成的"无后代家庭"；对于有不同孩子数量的家庭，含有再婚与前夫或前妻所生子女的家庭的差异也未予以反映。从家庭理财的角度，通常需要对上述 6 个阶段再加以细分。

家庭从结婚形成、子女养育教育到最终的解体、消亡等，都是由不同的阶段所组成，每个阶段都有自己特殊的财务需求特性。理财是人们一生都在进行的活动，伴随人生的每个阶段。而在每个阶段，家庭的财物状况、获取收入的能力、财务需求与生活重心等都会不同，理财目标也会有所差异，个人理财师针对不同阶段的客户，需采用不同的理财策略。

家庭生命周期的一般状况如表 1 - 8 所示。

表 1 - 8　　　　家庭生命周期表（根据我国情况细分之后）

阶段	出生→	上小学→	上中学→	上大学→	毕业→	就业→	结婚→	生育→
年龄	0 岁	7 岁	13 岁	19 岁	23 岁	23 岁	25 岁	27 岁
阶段	孩子上学受教育→	子女上大学→	子女就业→	子女婚嫁成家→	子女生育孙子女→	退休照管孙辈→	配偶死亡	本人死亡
年龄	34 岁	46 岁	50 岁	52 岁	55 岁	60 岁	75 岁	78 岁

（二）个人生命阶段及其理财产品需求

在人生的整个发展过程中，不同生命阶段有着不同的需求。就家庭与金融的联系而言，人们从就职、结婚、购房、儿女的培养教育及年老退休后的生活安排，都和银行有着千丝万缕的联系。作为银行来说，如何有的放矢，针对不同顾客的年龄阶段和生活方式设计、开发出独具特色的金融产品，提供各种优质的金融服务，使客户切身体会到银行是他们整个生命活动中不可缺少的支持力量，以此确保争取到长期稳定的客户，将成为个人金融理财领域成败的关键。为此，有的银行设计出系列化服务种类，它们针对顾客不同的年龄阶段、不同生活需求，开发出相应的金融产品。

一些学者借鉴发达国家的商业银行，如日本的朝日银行金融市场细分的经验，并结合我国的经济环境，采用家庭生命周期标准，将市场分为 6 个阶段[①]，如表 1 - 9 所示。

表 1 - 9　　　　　　　　生涯规划与理财活动

阶段	学业/事业	家庭形态	理财活动	投资工具	保险购买
探索期（15 ~ 24 岁）	升学、就业、转业	以大家庭为生活重心	提升专业、收入水平	活期存折、信用卡	定期寿险、意外保险，以父母为受益人
建立期（15 ~ 34 岁）	经济上独立，加强在职培训	择偶结婚、学前子女	量入为出，储蓄首付房款	定期存款、共同基金	定期寿险，银行为受益人；残疾收入保险
稳定期（35 ~ 44 岁）	初级管理者，初步创业	子女上小学、中学	偿还房贷，筹集教育金	住房、国债、股票、基金	房贷信用寿险，银行为受益人；残疾收入保险
维持期·（45 ~ 54 岁）	中级管理者，建立专业声誉	子女上大学或研究生	收入增加，准备退休金	建立多元化投资组合	养老保险、医疗保险，以自己为受益人

---

① 殷孟波、贺向明：《金融产品的个人需求及其市场细分》，载《财经科学》，2004（1）。

续表

阶段	学业/事业	家庭形态	理财活动	投资工具	保险购买
空巢期（55~64岁）	高级管理者，战略规划决策	子女已就业，单住或合住	负担减轻，准备退休	降低投资组合风险	为节税购买终身寿险，以子女为受益人
养老期（65岁以后）	名誉顾问，传授经验技能	子女成家，天伦之乐	享受生活，规划遗产	以固定收益投资为主	趸缴退休年险，以自己为受益人

（三）生命周期理论在理财规划中的应用

生命周期理论假定一个典型的理性消费者，以整个生命周期为单位计划自己和家庭的消费和储蓄行为，实现家庭拥有资源的最佳配置。它需要综合考虑过去积蓄的财富、现在的收入、将来的收入及可预期的支出、工作时间、退休时间等诸多因素，然后来决定一生中的消费和储蓄，以使消费水平在一生中保持在一个相当平稳的状态而不致出现大的波动。

生命周期理论是个人理财的思想基础，金融机构应在此基础之上，以客户的财富和闲暇的终身消费为出发点，关注客户的生命周期来设计产品和提供服务。金融机构应以客户为中心，明确客户的需求和愿望，实施客户关系管理，加强产品创新和服务创新；并针对客户的年龄、职业、受教育程度、收入、资产、风险偏好和风险承受能力等，为客户量身定做，提供个性化服务。

莫迪利安尼作为生命周期理论的创始人，据此分析出某人一生劳动收入和消费的关系：人在工作期间每年获取的收入（YL），不是全部用于消费，总有一部分要用于储蓄，从参加工作起到退休止，储蓄一直增长，到工作期最后一年时总储蓄达到最大；从退休开始，储蓄一直在减少，到生命结束时，储蓄几乎为零。莫迪利安尼分析了消费和财产的关系，认为取得财富的年龄越早，拥有财富越多，其消费水平也越高。

莫迪利安尼认为人们的消费不仅取决于现期收入，还取决于一生的收入和财产性投资收入。

消费函数公式为

$$C = a \times WR + b \times YL$$

式中：

WR——财产收入；

YL——劳动收入；

a、b——财产收入、劳动收入的边际消费倾向。

根据莫迪利安尼的生命周期理论，我们可以发现围绕生命周期的理财行为有一些基本特点：

1. 在人的一生中消费相对稳定，没有特别的大起大落。

2. 刚开始工作时收入相对较低，在中年（45~50岁）时达到高峰，退休前逐步下降，并在退休期间保持相对稳定。

3. 家庭新建初期，储蓄实际上为一个负数，随着收入增长、财富积累逐渐为正（30~35岁），退休后可能又成为负数，此时消费要从投资积累中取回甚至支用本金。

小资料1-6

家庭生命周期对购买支出的影响（以购买汽车为例）

理论研究表明，消费者还根据家庭生命周期阶段来安排商品的消费。同样，一个人一生中的心理生命周期，也会对其购买行为产生一定的影响。

对北京地区的106个已经购买家用轿车家庭的调查表明，有54位购买者家庭的"提议购买"行为由20～34岁的男性完成，占样本总量的50.9%；另有25位受访者家庭买车是由20岁以下的男性首先提议的，占已购车家庭数的23.6%，前两者合计达74.5%。由此可见，青年男性在家庭购车中担任着一个非常重要的角色。另外，单身阶段与有年幼子女阶段的购买行为就会有显著的不同。单身的青年时尚一族，追求的是轿车的前卫外观、低廉价格和强劲功率；而在结婚后、有年幼的孩子的情况下，对轿车的购买欲望有很大的加强，并且是以价格适度和舒适宽敞为主要甄选指标。作为年龄较大的成功人士来说，购车时品牌的知名度可能就成为主要的考量因素了。随着收入的增加以及地位和文化水平的提高，轿车的购买能力和更换频率是会有所提高的。

20岁至29岁区间的人与年龄在30岁至39岁之间的人购车考虑因素比较相似。他们购车的时候更多地考虑汽车品牌、价格以及质量，确保其购车的实用性。同时此年龄段的人对汽车的安全性以及用车成本有一定要求，他们不再像20岁以下的人那样对汽车的操控性以及外观有较高的需求。由此可以发现，厂商所针对的目标消费群体越是年轻，其相应的产品就越是要突出其产品的时尚外观以及良好的操控性。

40岁至49岁之间的人与20岁至39岁的人相比，购车时安全性是其仅次于品牌的第二重点考量因素，再次考虑的因素则是汽车的质量。此年龄段的购车者在经济实力上相对来说比前面几个年龄阶段的购车者更加雄厚，所以价格在他们考虑时被放在较次要的位置上。汽车厂商在面向40岁至49岁的消费人群时，除了重点打造产品品牌，汽车的安全性以及质量也是需要重点突出的特性。

据美国《汽车周刊》报道，一项研究结果表明，女性喜欢小型车和跨界车，而男性喜欢诸如法拉利等车辆。这种结果在预料之中，没有任何惊喜可言。TrueCar就这一主题的年度报告也得出同样的结果。宝马Mini、日产汽车、起亚及本田的购买者近45%是女性，而男性作为车辆最大的购买群体，购买这些车款的比例却不足50%。法拉利、宾利、玛莎拉蒂及保时捷等车辆的购买者通常是男性。92%的法拉利买主为男性，宾利、玛莎拉蒂和保时捷的这一数据分别为83.4%、82.8%和76.5%。

理财小贴士

关于理财的常见误区

1. 理财就是赚钱

理财是要赚钱，但赚钱首先要建立在防范风险的基础之上。没有防范风险措施的赚钱之道，财富将会是来也匆匆、去也匆匆。因此，有人认为家庭理财首先是对家庭风险的管理。

2. 理财就是对家庭拥有的货币资金的组织打理

家庭拥有的"财"不仅仅是钱财，还包括更为广泛的家庭人力资源与物质资源，这些资源既可以是有形的，也可是以是无形的。故家庭理财规划与婚姻、生育、教育乃至职业规划是密切相关的，甚至这些规划同样是家庭理财规划内在组成部分。

3. 理财是富人的专利，我家很穷所以不用理财

富人财富多，为了使已经积累的财富保值增值，当然需要理财；穷人更需要理财，通过恰当的理财方式，能够使家庭尽快摆脱贫困的窘境。要知道，理财本身就是从普通人致富之道发展起来的一门学科与技术。

4. 理财是上了年纪才需考虑的事情

凡事都要趁早，既然知道理财是一件对每个人都很有帮助的事情，何必要等？越早开始理财，越会让今后的生活更加轻松。比如购房计划、子女教育计划、养老计划等一系列大额刚性支出，若临到支出发生时才去准备资金，就会十分仓促，甚至会造成理财目标无法实现。以子女教育为例，如果能在小孩刚出生的时候，每个月固定用一部分资金开始准备子女教育基金，完全可以避免将来子女成年后需要一次性大笔支出教育费用而对家庭财务造成过大的冲击。

思考题与课下学习任务

1. 谈谈家庭金融理财在社会理财中的地位与作用。

2. 描述世界范围内家庭理财发展的基本线索与脉络。

3. 查阅相关资料后作出归纳，目前在我国已开办的与理财有关职业资格考试哪些适合于在校大学生与刚刚进入工作岗位的大学毕业生？

4. 查阅我国现行法律法规中与家庭金融理财有关的内容、条款。

第二章 家庭财务与家庭预算

学习要点

1. 了解家庭会计的含义。
2. 学会根据不同家庭情况设计简单实用的家庭会计账簿。
3. 了解家庭资产的基本计量方法和计量原则。
4. 了解各种家庭会计报表的类型及其相关财务指标。

基本概念

家庭会计　家庭资产　家庭财务报表　家庭财务预算

第一节　家庭会计

从会计的起源来看，当今会计的"祖先"实际上就是家庭会计或者家庭簿记。家庭作为经济生活基本单位出现后，为了核算家庭生产经营、生活消费中的种种事项，就产生了家庭会计，因为以家庭为基础的簿记核算是社会经济核算的前提。然而，当会计发展成为一门专门的学科与技术之后，会计似乎又远离了家庭，成为国家、企事业机关单位的"专利"。当家庭金融理财活动逐渐专业化之后，家庭会计的重要性又彰显出来。随着社会经济活动的日趋复杂化，家庭经济不仅要考虑每月现金的收支、存储，还增加了证券投资、保险等事项。正是家庭经济事项的复杂性与内容的广泛，从理财的角度看，建立健全家庭会计账簿是很有必要的。

一、家庭会计的内容体系

家庭会计核算的对象，是以货币反映的家庭经济活动资金或资金运动，及其由此体现的家庭会计要素及要素的增减变动情况。

（一）家庭会计核算的内容

家庭会计大致包括如下内容：（1）家庭资产、负债、权益、收入、费用、利润等会计要素的计量、记录、确认与报告的核算；（2）家庭经营、投资、消费等行为的记账核算；（3）家庭组建、子女抚养教育、旅游观光、社会交往乃至家庭离异解体等事项的专门费用计算；（4）家务劳动的费用与成本核算。

家庭会计核算还涉及家庭各项功能的实际履行状况，各种钱财花费的情况在一定程度上可资证明功能履行状况的优劣。依通常情形而言，某项功能上花费越多，则该功能履行的状况就越好。在某项功能履行上若完全没有任何花费，或花费很少，可从两个方面说明：（1）家庭尚不存在该项功能，如新婚家庭自然不会发生子女的抚养教育费用；（2）该项家庭功能履行很差，或完全未予履行，比如，将尚未成人的儿女提前送去做童工，而非去接受义务教育等。

总之，家庭中发生的一切经济活动及非经济活动中涉及的若干经济事项，或经济活动对家庭其他各项功能活动的渗透和融入，都是家庭会计核算应予包括的内容。

（二）家庭财务报表

常用的家庭财务指标有：

1. 家庭收入、支出、财产、消费的绝对值指标，增长率指标等，这是最常用的家庭财务指标；

2. 收支消费、财产、储蓄等比率指标，如收入支出系数、家庭储蓄率、消费率等；

3. 资产负债权益间的指标，如资产负债率、资产权益率、资产流动率等；

4. 收入支出利润指标，如收入利润率、成本费用利润率、资产周转率、净资产收益率等；

5. 家庭特有的财务指标，如家庭支出费用中各功能活动履行费用占据的比例、结构及增减情况，家庭各成员拥有、支配、享用家庭资源占全部家庭资源的比例、结构及增减情况等。

二、家庭会计账簿

家庭账户信息核算中最主要的工作，是日常收支事项的一一记账。虽然记账核算的过程比较枯燥，但只有做好日常功课，才能在关键时候作出正确的决策。实际上，通过日常的收支记账，也能培养成功理财的重要素质——耐心和细心。

家庭记账需要遵循以下三大原则。

（一）分账户原则

分账户就是所有收支记录必须对应到相应账户之下。一般家庭的日常收入、支出的现金流动，在记账前须把这些现金活期存款等按照一定的方式建立相应的账户，记账时才能区分该笔收入或支出引致的现金流入或流出到了哪个具体的账户。分账户核算方便监控账户余额及分账户进行财务分析，清楚了解资金流动的明细情况。由于家庭经济活动远比企业经济活动简单，故分账户没有必要像企业那么细致，分账户还要考虑效率原则。

（二）按类目原则

按类目就是所有收支必须分门别类地进行记录。在审视财务状况的步骤中，需建立家庭的收支分类并在记账时按此标准记账。只有这样，才能方便收支汇总及组织相应分析，否则就只有一笔糊涂的流水账，时间长了无从记起，更不可能统计分析，失去了记账的意义。

（三）及时性、准确性、连续性原则

记账操作应保证及时性、准确性、连续性。及时性是在收支发生后及时进行记账，避免遗漏，提高记账的准确性，及时反映理财的效果。准确性是保证账簿记录正确。连续性是保证记账行为连续不断地进行。理财是一项长久的活动，必须要有长远打算和坚持的信心，作为理财基础的记账核算更应如此。

家庭会计核算中，如生活消费、收支购买、成本费用、财产折旧摊销、资源优化配置等内容，都需要组织相应的核算。例如，在农户、个体户的生产经营、生活消费和其他事项的全面核算中，既要保持相对独立，不能完全混淆在一起，又应考虑它毕竟是同一个家庭中发生的事项，相互间有着异常密切的联系，必须给予一定的衔接。可考虑设置经营、消费两本账，分别对各自内容以核算，再将经营账中的经营纯收入转移至生活消费账中。

家庭记账应注意的事项有：（1）由专人负责；（2）及时，不耽误时日，日清月结；（3）记账内容完整，摘要、名称、金额、数量等都予以反映；（4）数字真实、计算准确、不错账漏账，不造虚账假账，不记重账；（5）记账全面完整，家中所有收支事项都应分类入账；（6）不同性质的经济事项不混合在一起记账；（7）字迹、金额清楚；（8）日清月结；（9）要学会用账，对账项资料做分析，如收支是否平衡，开支是否合理，总结收支消费中有何规律性可循，并在记账算账、分析评价的基础上对未来之经济生活作出总体设计。

当然，以上要求都是部分或全部引用了企事业单位会计的规范。作为家庭成员，因为没有受过专业会计技术训练，一下子全部遵循以上要求，有一定难度。但是，万事开头难，如果养成认真记账的好习惯，就是为成功的理财规划打下了坚实的基础。现在很多软件公司开发出不少以家庭为对象的记账软件，使用这些软件，对我们学习记账，提高家庭会计的核算能力与水准有很大帮助。

我们在这里简略地提供几种家庭会计账簿的格式，从日记账到专门账，包含了收入支出财产投资等种种内容，以供读者参考，具体形式如表 2 - 1 至表 2 - 13 所示。

表 2 - 1　　　　　　　　　　家庭流水日记账　　　　　　　　　　单位：元

月	日	摘要	收入	支出	结余
9	1	期初结余			150
9	2	购物		80	70
			……	……	……
9	30	发生额合计及余额	3 200	2 800	550

公式：期初余额 + 本期收入小计 - 本期支出小计 = 期末余额

表 2 - 2　　　　　　　　　　家庭简要分类日记账　　　　　　　　　　单位：元

年		收入		支出											储蓄			余额
				吃		穿		用		住		其他		非商品支出		支出小计	定期存款	活期存款	债券、股票	
月	日	摘要	金额	摘要	金额	摘要	金额	摘要	金额	摘要	金额	摘要	金额	摘要	金额					

表 2 - 3　　　　　　　　　　　　　**家庭详细分类日记账**　　　　　　　　　　　单位：元

年		收入							支出														投资				余额
月	日	摘要	工资收入	奖金收入	津贴收入	经营收入	其他收入	小计	摘要	食品支出	衣着支出	日用品支出	耐用品支出	居住类支出	燃料类支出	文娱支出	医药保健支出	服务修理支出	学习教育支出	赡养捐赠费	其他支出	小计	定期存款	活期存款	国库券、债券	股票基金	其他金融资产

表 2 - 4　　　　　　　　　　　　**家庭物料用品登记账**　　　　　　　　　　単位：元

月	日	摘要	收入			支出		结存	
			数量	单价	金额	数量	金额	数量	金额

表 2 - 5　　　　　　　　　　　　　**家庭财产登记账**

种类：耐用消费品　　　　　　　　　　　年　月　日　　　　　　　　　　単位：元

品名	规格	购入日期	数量	价格	来源方式	备注

表 2 - 6　　　　　　　　　　　　　**证券投资一览表**　　　　　　　　　　単位：元

账户	证券名称	持仓量（股）	持仓成本	成本均价	最新市价	当前市值	除费浮盈	出售单价	出售总价	盈亏

表 2 - 7　　　　　　　　　　　　　**债券记录**　　　　　　　　　　単位：元

账户名称	债务人	币种	未还余额	借出日期	借出人	担保人	年利率（%）	借出金额	归还记录

表 2 - 8　　　　　　　　　　　　　**债务记录**　　　　　　　　　　単位：元

账户名称	债权人	币种	未还余额	借入日期	借入人	担保人	年利率（%）	借入金额	归还记录

表 2 - 9　　　　　　　　　　　　　**保险投保记录**　　　　　　　　　　単位：元

保单名称	险种	币种	保险金额	开始日期	有效到期	投保人	被保人	受益人	保险公司	已缴保费

表 2－10   储蓄存款记录   单位：元

存单名称	种类	币种	当前金额	开户日期	开户银行	姓名	账号	年期	利率（%）	到期本息

表 2－11   债券投资记录   单位：元

账户名称	债券名称	币种	持有额	购买日期	年期	年利率（%）	到期日期	到期本息

表 2－12   外汇投资记录   单位：元

账户	外汇名称	余额	日期	汇率	折算金额	备注

表 2－13   交税记录   单位：元

日期	税种	交易事项	纳税人	收入或利润	税率（%）	应纳税额	已缴税额	备注

由于各种类型的家庭具体情况有所不同，收入支出的项目也会大相径庭。不同的家庭可根据自己的情况，删繁就简，设计出更加实用的各种记录表格和账户。熟悉 Excel 等软件的家庭与个人，也可设计出易用的电子账簿。一些网上流行的记录软件也可根据实际情况选用，这样可以提高记账的效率。

小资料 2－1

中国古代簿记的起源与演进①

会计是一门关于计量的科学。数量观念是原始思维活动中的基本逻辑观念之一，人类原始计量、记录思想萌生于当时的客观实践，并随即在这种思想的支配下产生了人类最早的会计行为——原始计量、记录行为，也萌生了人类最早的会计记账方法。人类最为古老的记账方法并不像我们今天所运用的会计记账方法这样具有鲜明的专业特性，它具有史前文化的基本特点，即会计记账方法在其产生之初，兼具人类原始的语言、文字、绘画、数学及统计各方面的内容。中国古代记账方法的发展经历了史前时期的原始计量和记录方法、单式记账方法、复式记账方法三个阶段。

一、旧石器时代的计量、记录方法

在距今约十万至两三万年前的旧石器时代中晚期，由于生产力水平的提高和生产剩余物品的出现，人类自身的生产发展得到了相对充足的物质保障，原始部落里的经济关

---

① 王光远：《会计历史与理论研究》，福州，福建教育出版社，2004。

系随之复杂起来。这时，单凭头脑记数、记事以及默算已无法组织生产活动与合理地分配、储备物品。客观现实迫使人们不得不在头脑之外的自然界去寻找帮助进行记事的载体，以及进行计量、记录的方法。

人类在旧石器时代中晚期所采用的计量、记录方式与方法一般有两种：一是简单刻记方式或方法，二是直观绘图记数、记事方式或方法。

简单刻记是原始人最初采用的一种计量、记录方法。原始人通常以坚硬的石器作为刻画的工具，在石片、骨片等载体之上刻画出一排排单线条的浅纹道，或者是在树木或木板上刻出若干重复的缺口，形成通常只有刻画者自己才可以体会到代表一定数量的标记，或是记载某种事物的标记。在中国山西峙峪人（距今约 28 000 多年）遗址，发现了几百件有刻纹的骨片，有的刻着直道，数目多寡不一，历史学家认为那可能是用来表示数目的。而在同一时期的甘肃刘家岔遗址、北京山顶洞人遗址都发现有"刻纹的鹿角"。大量的考古发现已经证实，大多数刻画线条与所刻缺口都含有一种具体数的概念。

直观绘图记数、记事方式则是与简单刻记并存的一种计量、记录方法。原始人的抽象思维活动能力还较为低级，他们在绘图表现方式上反映出一种顽固忠实于自然原型的写实性。通常他们面对所要表现的事物，绘形绘色，不厌其烦，一丝不苟，力尽其详。如果一个部落的原始人当天捉住了四头牛，便会在手边可以取得的骨片或穴居的山洞的岩壁上尽其所能、仔细地绘画出四头牛的完整图形。在中国山西峙峪人遗址中，就发现既有反映人们捕获羚羊的绘图骨片，也有反映人们捕获落网的鸵鸟的绘图骨片。

二、新石器时代计量、记录方法的发展

随着生产力的发展，人类在进入新石器时代（距今大约 10 000 年）之后，经济关系日渐复杂，原始的计量、记录方法也有了新的发展。

（一）新石器时代刻画符号的演进

考古发现，在新石器时代早期有相当一部分刻画符号在一个较大的地域范围内具有普遍性，其中一部分作为计量、记录符号较以往进步明显。到新石器时代中晚期，母系氏族社会经济高度发展，人们开始创造并广泛采用成套的刻画符号。现今考古发现的最具代表性、较为完整的成套刻画符号，是西安半坡村人（距今 6 000 年左右）与临潼姜寨村人所应用的刻画符号。

考古发现，以上两种陕西关中地区仰韶文化区内所使用的刻画符号具有共性。这些符号中既有数字刻符，又有模仿事物形态的象形刻符。其中一些数字刻符成为当时关中 3 万平方公里范围内通用的数字，在刻画与摆列上几乎是一致的，并且这些数字还为后世所沿用。这是人类的原始计量、记录时代在计量、记录方法应用方面所发生的一个具有重大突破意义的历史性进步，它为人类萌芽时期会计的演进创造了最基本的条件。

（二）新石器时代的刻木记事

考古发现中最早的刻木记事类型文物是青海乐都柳湾马厂类型墓葬（距今 4 500～3 500 年）遗址中的骨片，这些相对而言易于保存的骨片是新石器时代中期的产物，距今约有 4 000 多年的历史。这些骨片上的刻记大体上有一定规格，缺口大都刻在骨片中部的两边，在四十片骨片上所刻下的缺口数量都在 1 至 3 之间。类似的刻骨在西宁朱家寨考古发掘中也曾有过，都是为记数与记事所用，这些发现都证实了中国历史上的"刻木为契"传说。刻木记事在我国史书中多有记载。《隋书·突厥传》记载了北方突

厥人刻木记事的情况,《旧唐书·西南夷传》也记载了当时我国南方边远地带一些少数民族采用刻木记事的事实。在中国近代,云南的独龙族、怒族、基诺族、布朗族、佤族和景颇族都曾用过刻木或刻竹记事方法,其中的一部分人用于记数、记事的木片或竹片,其方式与柳湾出土的刻骨类同。如独龙族用刻木的办法登记借贷账目,凡借钱于人,按所借钱数的多少,在木版上刻上相应的缺口;归还多少,便削去多少缺口。此外,四川木里县的摩梭人进行刻木记数、记事所采用的刻画符号看起来同我国新石器时代的仰韶人、柳湾人的数字符号及刻写方法如出一辙。

(三) 新石器时代的绘图计量、记录法

绘图计量、记录法是在旧石器时代中晚期人们所应用的直观绘图记事法的基础上产生的,这种方法的历史性进步在于,为了计量、记录的简便易行与易懂便认,将复杂具体事物的形象抽象为简明扼要的图画符号,并最终以图画符号表现经济事项的数量关系,显示计量、记录的结果。

旧石器时代的猎人的绘画都是非常具体的。然而,到旧石器时代后期,猎人已经开始改变旧日习惯化的写画方法,他们只想尽可能用少许几笔就表示出可被认识为一头野牛的主要特征来,比如,用一对牛角代指一头完整的野牛。当然,这种绘图计量、记录方法也经历了一个漫长的历史渐进过程,与后来图画文字切近的抽象绘图记数、记事法主要产生、应用于新石器时代。人类所创造的萌芽形态的文字,相当大一部分起始于绘画,在经历了直观绘图记事阶段之后,便因陆续采用抽象的图画符号,从而形成进一步的象形符号,而这种象形符号便为后世象形文字的产生奠定了基础。

三、原始社会末期的结绳计量、记录法

在原始社会末期,人类原始的会计计量、记录方法有了质的飞跃。结绳计量、记录法是原始人通过结绳记数的方式对经济事项进行计量、记录的一种方法,它是人类会计起源的重要标志之一。

我国结绳记事法应用的历史十分悠久。中国史书上对结绳记事的记载可谓屡见不鲜,其研究结论也基本上一致。在东汉武梁祠浮雕上有"伏羲仓精,初造王业,画卦结绳,以理海内"的记载,也就是说伏羲氏在做部落首领时,借助八卦及结绳记数、记事等方法管理部落生产活动及日常生活,并具体描绘了结绳的情形。伏羲氏是我国父系氏族时代初期活动在淮河流域一带的一个部落里的首领,他所领导的部落生活地域濒临淮河,水域宽广,渔业相当发达。根据考古发现的陶、石网坠分析,那时凡是大一些的渔网,通常采用石质网坠,由于负荷较重,网上绳结相应要大一些;而凡是小一些的渔网,一般则采用陶质网坠,因负荷较轻,网上绳结相应要小一些。人们正是在经年累月的结网捕鱼生涯中,从中领悟到结绳可以记事记数的道理。这种分析与历史书记载上的结绳记事所产生的年代、地域具有一致性。至于如何结绳记事、记数,后世史书中也有较为具体的记载。《周易正义》中讲"事大,大结其绳;事小,小结其绳,结之多少,随物众寡",即要记录重要的事情,便在绳子上打一个较大的绳结,如果记录不重要的事情,则在绳子上打一个较小的绳结,绳结的多少依据所要记录事情的多少而定。南宋《路史》一书中也有类似记载。

四、汉代复式记账的出现

复式记账法产生的标志应是采用复式会计记录,一笔业务等额记入对应账簿,从而

能够反映经济业务的来龙去脉，便于检查记录的正确性。

"悬泉汉简"发掘于20世纪90年代初期的甘肃敦煌，前后共出土简牍两万余枚，其中不乏极具历史价值的会计类简牍，文字如下："效谷移建昭二年十月传马簿，出悬泉马五匹，病死，卖骨肉，直钱二千七百，校钱簿不入，解口？"（《泉汉简释萃》）

这是一枚审计简牍，"传马簿"是用来记录马匹进出的账簿。该简牍大意说的是审计人员检查马匹账时发现传马簿上列示5匹马病死，遂将马肉卖了2 740钱的记录，但是回过头来看"钱簿"却没有记录这项收入。审计人员提出质疑："这是为什么？"

该简牍给了我们一条很清晰的信息：在我国西汉时期，马匹的买卖不光应该记录在"传马簿"上，同时其伴随产生的现金流动也应该记录在"钱簿"上。这是很明显的复式簿记的标志，物品的流动不光记录在该物品的账簿上，也记录在对应的账簿上。

汉简中的复式簿记还具有记账完整的凭证这一特有之处，从"悬泉汉简"中我们完全有理由得出这样的观点：在公元前的西汉时期，已经产生了复式簿记。虽然这种复式簿记与现代科学的复式簿记存在一些差别，但是在当时来说，已经是相当先进的了。同时，随着探索力度的加深，越来越多的简牍都显示出"从哪里来，到哪里去"，偶然变为必然。在此，众多的证据材料都显示出我国西汉时期的简牍中已经产生了复式簿记。

第二节　家庭资产

家庭资产包括实物资产和金融资产，实物资产从其使用期长短及与费用的相关性而言，又可分为固定资产、低值易耗品、物料用品等。现金分为家庭共用的现金（备用金），各家庭成员手上的现金、活期存款、信用卡、个人支票等。

一、家庭资产的计量计价

为对家庭资产进行确切计量，需要严格划分家庭资产的类型，并施以不同的计量方法和标准。[①] 家庭拥有资产的额度为多少，应通过计量计价的方式予以确定，首先需要考虑家庭资产计量的范围和计价方法。这类事项目前还较少出现，随着时间的推移，将来会有较大的发展前景和应用价值。

在家庭各会计要素的计量计价中，资产与费用的计量计价最难界定，这里试图给予相应的介绍。

（一）家庭资产计量的范围

家庭资产计量的范围，应该包括家庭拥有或控制的全部资产。但需要指出，家庭生活中的低值易耗品和一般物料用品，如炊具、生活用具、图书、衣物等，因项目繁多、价值不高、使用期限短等原因，不应全部详细计入家庭资产范围，只要匡算大致情形即可。另外，担负有生产经营职能的个体工商户、农户会拥有较多的经营性资产，发明家、作家也会拥有某些专有权利，这都会带来不确定的收益。对这类权利类的无形资产，也有价值计量、评定的需要。

（二）家庭资产计价的方法

家庭资产的计量是容易的，点数过磅均可，资产计价却颇为麻烦，应当从中选择真实可靠、核算简单、能够反映实际财务和经营业绩的计价方式，并在不同场合使用不同的计价方式。目前，一般可考虑使用以下三种方法来进行家庭资产计价。

1. 成本法。资产成本即购买或建造该项资产时所花费的代价，同取得该项资产直接或间接相关的花费，都可以称为该项资产的成本。如家庭购买小轿车的计价中，小轿车的买价、相关税费、牌照费、车辆购置税及其他附加费用等，都应计入小轿车的价格。

2. 收益法。收益法即预期该项资产将来可能为家庭带来收益额的大小，并以此为据计量该资产的价值，主要用于一切生息类资产的计价。但这种计量方法的缺陷有三：一是没有原始凭据可资证明作为记账的依据；二是只是将来可能实现的收益，而非真实或已获取的收益；三是以未来收益为据有相当的不确定性，不符合谨慎性原则的要求。

3. 市价法。市价法即以该项资产的现行市价为据，重新调整账面已登载的资产价值，保证账实相符。对现行市价与账面成本价的差额，即资产随着时间推移而发生的增值或减值，则应调整账面记录。同时视该项资产的性质为投资型还是消费型，还可将该项差额作为家庭的投资损益或视为生活费用。

此外，作为家庭资产的计量、计价，又有自己的特殊方法，或说各种方法在家庭资产的计量中，也会发生某种变形，以适应家庭的特殊环境。企业中一切行之有效的资产计量评估方法，可转移于家庭资产的计量中使用。但应注意，家庭作为一个消费单位，资产具有耗费性，耗费状况及额度等需要予以特别考虑。

（三）非现金资产的价值计量

非现金资产的成本价值，通常通过购入时所支付的现金来计算，但在每个结算期如有必要确定该资产的确切价值时，要考虑该项资产当时的市场价值。成本价与市场价之间的差异，就是账面上的资产损益。

编制资产负债表时，最好将成本计价与市值计价的指标并列反映，既可看出该项资产的当前价值与过去价值的演变，又可以看出两者间的投资损益。两个指标各有含义，以成本计价的资产负债项目，可以反映家庭资产获得当时花费的代价，并检查记账是否有误；而以市值计价的资产负债项目，则可以正确显示家庭净财富的现实确切价值。计算市值时，除公开的股票、债券或基金价格可供计算外，个人使用的实物资产如房屋、汽车或收藏品也要定期估价，以反映其变现价值。

（四）家庭资产增值贬值的计价

家庭实物资产包括动产和不动产。生活消费品、家用电器等可称为动产，在使用过程中会因磨损而价值减少，如汽车的价值会因磨损降低；房地产属于不动产，地价上涨会引起房屋价值上升。资产价值的贬低需要通过折旧和价值摊销的方式予以解决。这一工作涉及折旧摊销的年限、方法确定等内容，具体实施有相当难度。对资产价值的增值，则应分别视具体情形予以不同处理，衡量该项资产的市场价值同账面价值的背离，并对账面价值予以调整。

当持有资产的市价发生较大变动时，或有形资产随时间逝去出现损耗时，可视个人金融理财的目的或资产持有的期限做弹性调整。评估市价困难，流动性较差的房地产、汽车、古董或未上市股票等资产，可依成本价入账。资产重估增减值列入净资产变动项目，但处理资产时，其损益要以最近年度重估后的价值为成本来计算。对市价变动频繁，且有客观价格可资评判的股票、债券等，应于每期编制资产负债表时，将未实现资本利得或损失反映在当期净资产的变动上，资产负债表应忠实反映个人资产的账面价值，并使账面价值尽可能地符合实际价值。

（五）家庭资产计价的程序

家庭拥有财产状况及额度的计算，可以采取的方法是：（1）首先对各项财产归类整理；（2）对各类财产计量点数；（3）对财产的成新与磨损情况予以核定；（4）计算各项财产的市场重置价（即该项财产在全新状况下可在市场中出售的价格）；（5）计算该财产的现行价（重置价×成新＝现行价）；（6）对计量的结果加总，得到家庭财产的总额度。

二、家庭生活费用的计算

（一）家庭生活费用的一般状况

家庭生活费用的项目及内容构成，体现了家庭消费项目、消费内容和质量是否丰富多彩；其间反映的物质生活与文化生活费用，生存消费、享受消费与发展性消费的状况、占据比例及其增长状况，则表现了家庭消费生活的档次与质量。[①]

家庭应当对一定会计期间发生的生活费用的状况予以详细记载，并据此编制生活费用表。家庭生活费用计算与家庭购买性支出的总额计算，如计量口径、包括范围等都有较大不同。计算家庭生活费用的目的，在于得出各会计期间家庭拥有资源因生活消费而实际消耗的情况。

（二）货币支出数与实际生活费用数的差异

家庭用于纳税、缴费、参与社会交际的费用，不形成家庭财产，也非本家庭生活所消费，只是家庭对社会、对其他家庭应尽义务、责任或保持联系的一种手段。

家庭的生活费支出，除了用于食品、劳务服务、文娱教育的花费外，大都不是一次性全部消费，都有或长或短的消费过程，长则数年、数十年，短则数天或数十天，以财产积累的方式逐步用于生活消费。

支出一般指商品和劳务的货币支出，消费还包括了家中自给品和自我服务的消费。

（三）家庭生活费用计算的方法

家庭生活费用的计算涉及内容较多，可按照各种费用的性质不同分别处置。

1. 劳务费支出。此类支出应全部计入当期生活费用，包括水电费、通信费、交通费、保险费（非还本保险的缴费）等。

2. 购买食品、菜蔬肉蛋等主副食品的费用。这类物品价值较低，使用期特短，无法将其归结为一种资产，全部计入当期生活费用即可。

3. 衣物、床上用品等类支出。一般情况下计入当期生活费，只是对某些较高档（如价值为 500 元以上）、穿着期限较长（如 1 年或 2 年以上）的衣物及床上用品等单独计列，并在一个规定的时限内予以摊销，将摊销额计入当期生活费用。

---

① 李新家：《消费经济学》，105～108 页，北京，社会科学出版社，2007。

4. 日常生活用具用品，如洗涤用品、炊事用具、医疗保健用品等的购买费用。一般应全部计入当期生活费用，对其中价值较高、使用期限较长的生活用具，可考虑在实际使用年限内予以分摊。

5. 家具设备、家用机械电器、家用车辆等。这些物品使用年限较长、单向价值较大，可称为家庭的固定资产和低值易耗品，可用计提折旧和价值摊销等形式，逐期逐批地计入家庭生活费用总额。

6. 家用住宅。住宅价值高、使用期限长，且在居住使用期内还会发生资产增值事项。[①] 住宅会随着居住使用发生相应的磨损，应通过计提折旧的形式计入生活费用；住宅资产的增值事项可通过资产定期重估价的形式，将估价后的增值收益增加住宅资产的价值，同时增加房产投资收益，如系租用住宅，则将每期交付的租金和房屋使用维修的其他费用全部计入当期的生活费总额。

（四）生活费用计算不应包括的指标

计算家庭生活费用指标，应当注意有如下指标不应计入：

1. 家庭的实业投资、证券投资及其他投资的资本性支出，家庭储蓄存款。

2. 家庭投资中发生的损失。

3. 家庭资产因被窃、损毁、自然灾害等受到的各项损失。

4. 交付保险费（还本性的养老保险）支出。投保期相当长时，可视为家中的一项金融资产，是投资而非费用；若系一般的财产保险、人身意外伤害保险等非还本保险事项，可视为家中的一项费用发生，计入当期的生活费。这笔金融资产既因每期不间断地投保而增值，又因已缴纳保费随着时间推移而发生价值增加。

5. 缴纳个人所得税及其他税金支出等，应视为家庭可支配收入的减少，而非生活费用增加，不必计入生活费用。

6. 家庭赡老抚幼支出方面，若老人和幼小子女是和家庭成员共同生活在一起，这笔费用自然计入生活费用总额，如并非在一起生活，则需要将其赡老抚幼开支冲减家庭收入总额，得到可支配收入的指标。

三、个人财务状况评定

每年个人财务状况的评定，可考虑用下列简便公式加以衡量：

年初投资额×年收益率＋年工资收入－年生活费支出＝当年盈余

"当年盈余"这个数字应该是正的，且每年获得盈余占年初投资额的比例越大越好，说明当年的投资收益和工资收入的比率很高。

上式最理想的状况就是工资收入等于 0 时，当年投资盈余仍然足以满足生活费支出的种种需要，这一状态可称为财务自由，即投资理财的终极目标和最高标准。

仔细展开这个公式，会发现一些有趣的东西，有助于更好地分析目标。

1. 真正盈余还应扣除通货膨胀部分，否则账面上钱是增加了，可实际购买力却在下降。

2. 支出项计入的应是仅归于当年分摊的部分。如购买的衣物一般能穿数年不等，

---

① 陈镇、赵敏捷：《家庭理财》，79～80 页，北京，清华大学出版社，2009。

汽车也不会只用一年。但分摊时要注意，绝大多数的消费品不应该均摊到其全部使用年限上去，开始时折旧应计提较多，然后逐年减少。如仅是大略计算，也可以把那些使用年限不长的东西在一年内摊销掉。

3. 就短期而言，增加年初投资额、年收益率、年工资收入或压缩年支出，都会提高年收益。就长期来看，只有提高年投资收益率才是可行并最有效的。

4. 年初投资额是在投资起步阶段条件很差时就应具备的，且难以因人的主观意愿而改变。

5. 年工资收入会随着由青年步入中年而上涨，但一般到了 45～50 岁就步入顶峰，随后会呈下降趋势。

6. 年支出会随着家庭规模的扩大、对生活质量要求的提高而上涨。一味地压缩支出同理财的初衷是背道而驰的，大家毕竟不是仅仅为了攒钱而做守财奴。

7. 年收益率一般会随着投资理财经验的增长而提高，这种技能能够受用终生，不会像体力劳动那样受身体和年龄的限制。

经过上述修正后的公式为：

年初投资额 × （年收益率 – 通货膨胀指数） + 年工资收入 – 年生活费支出 = 当年盈余

工资基本上是按月支付，受通货膨胀的影响较小，为计算简便，一般可将通货膨胀的影响忽略不计。但当年盈余在第二年进入当年"年初投资额"时，就会受到通货膨胀的影响。

第三节　家庭财务记录与报表

一、家庭财务报表

（一）家庭财务报表的含义

家庭财务报表是用来反映个人或家庭财务状况和财富增加变动的会计报表，主要有财务状况表和净财富变动表两种，又称为资产负债表和收入支出表。[①] 编制财务报表的目的较多，主要用于家庭财务规划、公开个人财务情况等。向银行贷款、取得分期付款购货优惠、缴纳个人所得税、申办信用贷款上学等，也需要用到这些报表。

美国注册会计师协会发布的《与个人财务报表有关的会计和财务报告》中确定了个人财务报表的标准，认为"个人财务报表是对个人的资产和负债所作的总结。它提供了关于收入、支出、或有负债、资产所有权和价值、所欠负债的信息及相关的说明和保证"。该会计师协会已经围绕家庭财务报表制定了专门的制度和标准，说明美国的会计学界及广大社会公众对个人家庭经营、消费、投资事项进行会计核算及财务报表编制的理念，已是深入人心，并已有了较深入的研究。我国的经济社会发展，个人家庭经济运营、核算等，要达到这一步尚有较遥远距离。但为达到这一步作出相当的努力，还是非常有必要的。

---

① 柴效武、孟晓苏：《个人理财规划》，144～145 页，北京，清华大学出版社，2009。

（二）家庭财务报表的内容

家庭财务报表的编制中，首先应当有一些基本报表。

1. 根据家庭在某一时间的资产负债和资产净值的基本状况，编制资产负债表。

2. 根据家庭收入、支出、费用状况，编制收入支出表。

3. 根据家庭日常消费生活的状况，编制生活费用表。

4. 根据家庭拥有现金的流入、流出及存量状况，编制现金流量表。

5. 农户、个体户家庭还有相当的生产经营活动，会发生相应的经营收入、支出、费用成本等事项，为此应当专门编制生产经营状况表。

6. 如有证券投资及其他投资事项，可为此专门编制投资状况及收益表。

7. 对家中发生的许多专门事项，为能更具体明细地做专题反映，可以编制专项报表，如旅游、结婚费用、交际往来费用等报表，以促使各功能活动的顺利履行。每个报表都有其特定用途，相互间不能完全取代。

家庭报表的功用很多，它首先是为家庭的经济运行、财务处理提供可依据的财务文件，为家庭资源的优化配置，家庭运营、投资、消费活动的开展顺利，家庭人际关系的协调美满等，发挥应有功用。

（三）家庭财务报表的特殊格式

1. 个人家庭在向银行申请各种消费贷款及其他贷款时，需要按相关法规的要求，编制并报送个人家庭的收入、财产状况的报表。这一格式完全依照银行的相关制度规定办理。个人财务报表提交银行时，最好在银行准备的专用表格上填写，并按要求填写收入来源、负债情况及其他可能影响信用的具体信息。

2. 家庭可能根据国家统计局调查总队的某项安排，担负家庭收支记账的特别任务。家庭财务报表的编制应根据专门下发固定格式的报表编制。

3. 农户、个体工商户因组织生产经营事项而发生的生产经营所得和经营收入等，需要按税法规定向国家缴纳流转税和个人所得税。在此状况下，财务报表的格式应依据税法规定执行。

4. 从某种意义上讲，家庭财务报表的编制还便于家庭成员身故或残疾时的身份确认，如资产清单对保险理赔就有一定帮助。每个家庭都应保留一份这样的清单，并定期更新内容。家庭律师或家庭个人理财师也应保留清单副本，以备不时之需。

二、家庭会计报表设计

设置家庭会计报表，以综合反映家庭在一定会计期间的财务状况和收支、经营活动的成果，是很有必要的，具体来说，包括家庭资产负债表、经营损益表（生产经营型家庭）、收入支出表（生活消费型家庭）、现金流量表、生活费用表、财产登记表等内容。

（一）家庭资产负债表

家庭资产负债表是根据家庭在某一时点的资产负债和资产净值的基本状况编制的，是家庭会计报表中最为重要的报表。它清晰地反映了家庭拥有资产的状况，这些资产又是从哪些方面而来，其间的比例关系如何等内容。资产负债表如表 2 - 14 所示。

表2-14　　　　　　　　　　　　　家庭资产负债表

资产	金额	负债权益	金额
现金、银行存款 应收款 物料用品、低值易耗品		银行借款 其他借款 应付款项	
流动资产合计		负债合计	
房屋建筑物、家具用具、家用设备、家用电器、金银制品、图书 生产经营型固定资产 无形资产、其他资产		家庭净资产	
资产合计		负债权益合计	

这里需要说明的是，资产负债表是家庭向银行申请贷款时，按照银行的要求予以编制的。[1] 贷款银行考察的家庭资产，只能是可以变现也能交易变现，且有偿还能力的资产。尽管一名申请借款者可能拥有较高的资产净值，但若该项净资产主要是由不可上市交易的证券和不动产构成，便可能无法顺利折现以偿还贷款，对银行来说就不具有较高价值。

（二）家庭收入支出表

家庭收入支出表是反映一段时间内家庭收入、支出及余额的财务状况的报表。尤其对一般的工薪家庭而言，只有劳动而来的收入和花钱消费而来的支出购买，没有经营投资事项，更谈不到可从中得到的损益。

家庭资产负债表主要反映了家庭在某个时间点上的财务状况，是静态的财务报表。若要了解在一段时间内家庭现金的流入和流出情况，就需要编制家庭收入支出表并由此得到这段时间的理财成果，作为收支预算的基础。

收入和支出是个人或家庭经济活动的基本内容，收入支出表在这里也被区分为经营型和消费型两种，后一种不妨直接称为收入支出表。家庭损益表和家庭收入支出表分别如表2-15和表2-16所示。

表2-15　　　　　　　　　　　　家庭损益表（经营型）

项目	金额	项目	金额
加：经营收入		减：其他经营性支出	
加：其他经营收入		加：经营利润	
减：经营成本		加：非营业收入	
减：经营费用		减：非营业支出	
减：工资费用		加：利润总额	
减：税金支出			

注：经营费用包括经营过程中所发生的管理费用、销售费用、财务费用和其他费用等。

---

① 北京金融培训中心：《金融理财原理》，北京，中信出版社，2009。

表 2 – 16 家庭收入支出表（消费型）

项目	金额	项目	金额
工薪收入		饮食支出	
附：丈夫收入		衣物支出	
妻子收入		床上用品支出	
孩子收入		家庭物料用品支出	
其他人员收入		家具设备、机械、电器支出	
劳务收入		其他商品支出	
资本收入		文化教育支出、文娱体育支出	
经营收入		水电交通费支出、通信支出、房租支出	
投资收益		其他劳务支出	
其他收入		借贷支出、储蓄保险支出、证券投资支出	
收入合计		支出合计	

（三）家庭现金流量表

现金流量表是分析反映家庭的现金流量及财务状况的重要报表。家庭的经济活动一般都直接体现为现金的流入与流出，现金流量表的编制及分析可以体现家庭经济运行的基本状况。家庭经济活动通常表现为劳动、经营、投资与消费四大活动，其间都可能发生某种现金流入流出的情形，故对个人家庭现金流量表的设计，也应包括这四方面活动体现的现金流入与现金流出。家庭现金流量表的格式如表 2 – 17 所示。

表 2 – 17 家庭现金流量表

项目	金额	项目	金额
期初现金结存量		本期家庭借贷活动中的现金净流量	
本期家庭经营活动中现金净流量		本期家庭借贷活动中的现金流入合计	
经营活动中现金流入合计		对外借出款项收回的现金流入	
销售商品、提供劳务的现金流入		对外借入款项的现金流入	
其他经营活动中现金流入		对外借出款项的现金流出	
购买材料、发放工资的现金流出		对外借入款项归还的现金流出	
支付各种经营管理费用的现金流出		本期家庭借贷活动中的现金流出合计	
经营活动中的其他现金流出		本期家庭消费活动中的现金净流量	
经营活动中现金流出合计		劳动及消费活动中的现金流入合计	
本期家庭投资活动中的现金净流量		家庭各项职业劳动与非职业劳动的现金流入	
投资活动中的现金流入合计		
股票、债券投资售出的现金流入		家庭其他活动的现金流入	
投资活动盈利的现金流入		日常生活消费的现金流入	
其他投资活动收回的现金流入		文化教育、文体活动的现金流出	
储蓄存款支取的现金流入		社会人际交往的现金流出	
购买股票、债券和储蓄存款的现金流出		赡老抚幼的现金流出	
投资活动发生亏损的现金流出		家庭其他消费活动的现金流出	
其他投资活动的现金流出		劳动及消费活动中的现金流出合计	
投资活动的现金流出合计		期末现金结存量	

需要说明，表2－17记录了家庭借贷活动中的现金流入与流出，而非一般企业现金流量表反映的筹资活动。后者一般包括股权资本筹资和借贷资本筹资两方面内容，个人家庭的一般经营投资活动中，不存在发行股票、招商引资等股权类筹资内容，故这里直接用更为直观的借贷活动作替代。

（四）家庭财产表

家庭财产内容多样，种类繁杂。通过财产表的形式予以登记反映，对加强财产管理，维护财产运用，提升家庭财产的价值，都有相当的功用。家庭财产表如表2－18所示。

表2－18　　　　　　　　　　　　　　家庭财产表

项目	金额	项目	金额
一、实物资产		二、金融资产	
1. 住宅		1. 金银制品	
2. 家用车辆		2. 股票	
3. 家用机械		3. 债券	
4. 家用电器		4. 储蓄存款	
5. 低值易耗品		5. 外汇存款	
6. 家具用具		6. 还本保险	
7. 衣物用品		7. 持有现金	
8. 炊事用具		8. 其他有价证券	
9. 文体用具			
10. 物料用品			
合计		合计	
家庭财产总计			

家庭财务报表与企业财务报表的区别包括：

1. 家庭财务报表的隐私性和企业财务报表的公开性。企业财务报表的编制除了要满足企业内部经营管理者的需求之外，还要满足债权人、股东、政府管理部门等相关主体的财务信息需求。对于一些上市公司而言，为了改善市场的信息状况，其信息披露，尤其是财务信息的披露，监管部门都作出了严格的规定。但是，对于家庭财务报表信息来说，它是属于居民个人的隐私，除了在应对一些必要的情况，如金融机构授信的信用评估、财务规划师的信息需求、个人纳税规定之外，不需要向社会进行公示。此外，家庭财务报表的编制也不受严格的会计准则或国家会计、财务制度的约束。

2. 家庭财务报表与企业财务报表在记账方式上的差异。两者的差异主要体现在减值准备和折旧计提两个科目上。在企业的会计和财务管理中，为了审慎地计量企业的资产，会计的谨慎原则要求对各个资产项目计提减值准备，如短期投资跌价准备、应收账款坏账计提、存货跌价准备、长期投资减值准备等。这些减值或跌价准备作为对相应资产项目的备抵科目，必须列在资产负债表中，作为相应资产的减项。而对于家庭资产负债表来说，就没有这么严格的要求。此外，在折旧方面，尽管家庭的自用住宅、汽车等资产也有折旧问题，但是很多时候，也不一定要把折旧列入家庭的资产负债表。

3. 在家庭的财务管理中，更注重现金的管理。家庭的财务管理几乎不进行收入或费用的资本化。如个人投资于某学历或职业培训会有利于增加其人力资本，从而增加其未来收入。企业可以将这项支出资本化，从而递延到未来分期摊销，而家庭的财务管理一般就只把它视为一项生活开支，而不是投资性支出。

第四节　家庭预算

一、家庭财务预算

（一）家庭财务预算的制订与执行

凡事预则立，不预则废。理财计划是实现个人理财目标的过程，预算能为客户提供理财的方向，使一切财务活动皆为了达成一些特定的目标进行，而不会完全无意识地赚钱与用钱。预算同时又对每个重要的财务环节加以控制，并掌握在我们的视线之内。预算其实好似一张地图，一旦我们知道自己要去哪里，它就指示我们如何到达目的地。

个人理财计划中，预算大多是以月为基础，以现金形式来显示每个月的收入和支出。[①] 预算的本质属于短期理财预测，用以监测并控制购物等支出。预算还是个人的理财路径，能提供一个机制，有利于我们实现目标，完成理财目的。要做好收支预算，需要准备好预算资料。

预算编制既联系了短线收支和长远理财计划，又显示了家庭理财的实际营运结果，可为订立方向、控制和反馈提供帮助，还有助于预计未来可能产生的问题并及时更正，在个人理财规划中扮演着重要的角色（见图 2－1）。

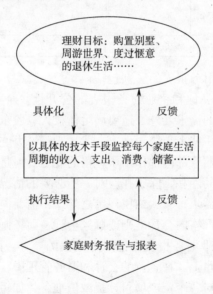

图 2－1　家庭理财、家庭预算及财务报告的关系

（二）家庭财务预算的含义与方法

家庭财务预算是用于预测个人收入、支出与未来盈余或赤字的一种计划性文件。编制个人预算时，应记住个人的理财目标，将计划支出与未来个人净值增加、满足难以预

---

① 韦耀莹：《个人理财》，26～32 页，大连，东北财经大学出版社，2007。

料事件发生所需的各种支出、长期负债偿还等因素综合考虑。正常的预算期为1年。

预算编制过程一般要遵循以下几个步骤：（1）确定每年或每月的收入；（2）确定每年或每月的支出；（3）确定现金短缺或盈余部分如何进行管理等。

预算工作表是一种常用的预算手段，常用的预算工作表一般列有收入与支出的实际数、预算数与预算差异数三个栏目。通过预算工作表的差异数，人们可以发现实际收支数与预算数不相符的情形，从而寻找其间的原因，调整原预算数，或对未来个人收支进行有效的管理，以实现个人的理财目标。

（三）成功的家庭财务预算的特点

制订财务预算并不能一举消除所有的经济问题，预算确定后必须认真实施才能发挥作用。收入、开支及目标变化后，消费规划也应作相应改变。资金管理专家认为成功的预算必须具备以下特点。

1. 计划合理。好的预算需要花时间和精力准备，预算规划应覆盖所有家庭成员。孩子在帮助家人设计并实施家庭预算计划时，能学习到非常重要的资金管理的经验。

2. 切合实际。如果你的收入中等，不要期望立刻就能积存足够的钱来购买昂贵的轿车或度过豪华假期。预算的目的不是阻止大家享受生活，而是帮助达到期望的目标。

3. 灵活机动。意料外的开支和生活成本的变化，需要通过预算作出修订完善。某些特殊情况，如子女的未曾预料的突然出生等，会导致相关费用的长期大幅度增加。

4. 沟通清晰。预算必须形成书面材料，让所有家庭成员了解。有关人员必须了解消费规划，否则无法奏效。书面预算材料的形式有很多，如记事本或计算机软件等。

（四）预算表的编制

预算表具体编制时，可仿照表2-19所示的格式在练习簿上打上表格，填上收支项目的名称。家庭收入可分为工资、奖金、津贴、经营收入、其他收入、借贷收入等科目。家庭支出有商品支出和劳务支出两大类。

表2-19　　　　　　　　　　　　家庭收支预算表

年　月　日　　　　　　　　　　　　　　单位：元

家庭收入		家庭支出			
项目	金额	项目	金额	项目	金额
工资收入		食品费		医药保健费	
……		主食品		文化娱乐费	
……		副食品		通信交通费	
奖金收入		着装费			
……		耐用品购置费		房租水电费	
津贴收入		日用品购置费		社会交际费	
经营收入		燃料费		赠送赡养费	
其他收入		借贷支出		托育服务费	
借贷收入		储蓄		什物修理费	
期初持有现金		期末持有现金		纳税	
总收入额		总支出额		其他费用	

小资料 2-2

家庭记账技巧与经验

　　理财已渐成时尚，怎样理财，每个家庭各有各的招数，但整体来说，家庭理财可分为"三步走"。

　　第一步，做好日常开支账。

　　日常开支账是家庭理财中的第一本账，也是最关键的一本账。好的开始是成功的一半，所以，应在这个账本上投入更多的时间和精力。第一件事情是设立适合自己家庭状况的账户。一般来讲，一个家庭的日常收支可以用以下账户来统筹：家庭共用的现金（备用金）、各个家庭成员持有的现金、活期存款、信用卡、个人支票等。

　　为了防止记下一笔糊涂的流水账，在记账时应注意划分收入和支出，区分是流入或流出哪个具体账户的。还要对综合收支事项进行分解，如将一笔支出分拆为生活费、休闲费用、利息支出。这样，可方便地查看账户余额，以及对不同账户进行统计汇总及分析，以清楚地了解家庭详细的资金流动明细状况。

　　在做日常开支账时，切忌拖沓延迟，最好在收支发生后及时进行记账。这样可以防止遗漏，因为时间久了，很可能就忘了此笔收支，就算能想起，也容易产生金额的误差。这种不准确的账目记录就失去了记账的意义。另外，及时记账可保证实时监视账户余额，如信用卡透支额。如发现账户透支或余额不够，及时处理可以减少不必要的利息支出或罚款。

　　第二步，做好交易账。

　　做好了日常收支账后，就要开始关注其他投资交易情况了，如基金账户、国债账户等等。不同类型的交易要对应不同的账户，这与日常开支的记账原则完全一致。所有投资的交易记录都要载入这本账目中。比如，定期存款要载入存取款记录，保险则要说明缴纳保费、理赔给付、退返保费、分红等。

　　第三步，做好预算账。

　　家庭记账的最高境界就是做家庭预算了。家庭预算是对家庭未来一定时期收入和支出的计划。做好这本账的前提是已经有了日常开支账和交易账，并且记账时间已经超过3个月。可参考过去收支和投资情况，定期（如月底、季度底、年底）比较每项支出的实际与预算，找出那些超标支出项目和结余项目，然后，据此作出或调整下一期的预算，从而保证家庭理财目标的实现。

二、财务比率分析

（一）财务比率分析的一般状况

　　财务比率分析是通过对客户的资产负债表和现金流量表（收入支出表）中若干专项的数值比进行分析，找出改善客户财务状况的方法和措施，以实现客户的理财目标。理财专家要计算各种财务比率，对客户的资产负债表和现金流量表作进一步分析，找出改善财务状况的方法，保证财务建议的客观性和科学性。

（二）常见的财务比率分析

个人资产负债表和现金流量表能够充分揭示个人的财务状况，通过对两种报表的财务比率分析，可找出改善财务状况、实现财务目标的方法。

1. 净资产偿付比率。净资产偿付比率是客户净资产与总资产的比值，或可称为资产权益率，反映了客户综合还债能力的高低，并能够帮助个人理财师判断客户面临破产的可能性。其计算公式如下：

$$偿付比率 = 净资产/总资产$$

理论上，偿付比率的变化范围在 0～1。一般客户的该项数值以 0.7～0.8 较为适宜。随着客户年龄的变化，偿付比率的数值也应发生相应的变化，如年轻人可以负债消费，多向银行贷款；老年人则应当偿还完全部贷款，"轻装上阵"。

2. 资产负债率。资产负债率是客户负债和总资产的比值，同样可以用来衡量客户的综合还债能力。其计算公式如下：

$$资产负债率 = 负债/总资产$$

客户的负债与其净资产之和等于总资产，资产负债率和偿付比率之和为 1，即

$$资产负债率 + 偿付比率（资产权益率） = 负债/总资产 + 净资产/总资产 = 1$$

相应地，资产负债率的数值在 0～1。个人理财师建议客户依照年龄状况将该数值控制在 0.2～0.7，以减少因流动性不足而出现财务危机的可能。

3. 负债收入比率。负债收入比率又称为负债偿还收入比率，是个人理财师衡量客户财务状况是否良好的重要指标。该比率是客户某一时期到期财务本息和当期收入的比值。计算公式如下：

$$负债收入比率 = 当期偿还负债/当期收入$$

从财务安全的角度看，个人的负债比率数值如在 0.4 以下，其财务状况可认为属于良好状况。如客户的负债收入比率高于 0.4，则继续借贷融资会出现一定的困难。

4. 流动比率。资产流动性是指资产在未来可能发生价值损失的状况下迅速变现的能力，在这里，是指家庭拥有的货币流动资产，如持有现金、活期储蓄存款、随时可以交易的证券等。在理财规划中，流动比率反映了客户拥有货币流动资产的数额与每月各项支出的比率。其计算公式如下：

$$流动比率 = 货币流动性资产/每月支出$$

按国际上通用的经验标准，流动比率至少要大于 3，在 3～6 是比较合理的。也就是通常所说的，一个家庭中需要保留月支出 3～6 倍的现金存款，才能保证在遇到突发的失业、残疾等变故时，至少能有维持 3～6 个月生活开支的现金。

5. 储蓄比率。这是客户现金流量表中当期储蓄存款和当期收入的比率，它反映了客户控制开支和增加净资产的能力。为了更准确地反映客户的财务状况，这里一般采用客户的税后收入。其计算公式如下：

$$储蓄比率 = 当期储蓄存款/当期税后收入$$

我国的客户储蓄都是为了实现某种财务目标，该比率较高，通常都达到了 30% 左右。

6. 投资与净资产比率。这是将客户的投资资产除以净资产的数值，得出投资资产在家庭扣除负债后的全部资产中占据的比例。这一比率反映了客户通过投资增加财富来

实现财务目标的能力。其计算公式如下：

$$投资与净资产比率 = 投资资产 / 净资产$$

专家认为，客户应将投资资产与净资产的比率保持在 0.5 左右，才能保证净资产有较为合适的增长率。年轻客户的财富积累年限较短，或者因买房按揭贷款等，投资在整个资产中占据的比率不高，投资比率也会较低，一般在 0.2 ~ 0.3。处于贫困阶层的穷人也不会有太高的投资比率。

（三）综合性财务利率分析

1. 理财成就率。理财成就率的计算公式为

$$理财成就率 = 目前的净资产 / （目前的年储蓄 × 已工作年数）$$

理财成就率与家庭的积累消费的比例有较大关系，在收入一定的状况下，家庭积累的资产越多、积累的效益越好，理财成就率的指标值就越高，表示过去理财的成绩越好。但需要提醒的是，家庭赚取财富的最终目标是为了消费，而非单单追求财富积累数额的最大化。

2. 资产成长率。储蓄额与投资收益之和等于资产成长额。资产成长率，顾名思义就是资产成长额与期初总资产的比率，它表示家庭财富增加的速度。资产成长率较高，是家庭得以快速致富的财务原因。其计算公式如下：

$$资产成长率 = 资产变动额 / 期初资产额 = （年储蓄 + 年投资收益）/ 期初总资产$$
$$= 年储蓄 / 年收入 × 年收入 / 期初总资产$$
$$+ 金融资产额或生息资产额 / 期初总资产 × 投资报酬率$$
$$= 储蓄率 × 收入周转率 + 金融资产额或生息资产比重 × 投资报酬率$$

根据这个公式，可知家庭有多种提高资产成长率的方式，如提高储蓄率、加快收入周转率、提升金融资产或生息资产占总资产的比重、提升投资报酬率等。

3. 财务自由度。一般意义上的财务自由，是指在尚未取得或无须取得劳动收入，单靠投资理财所取得的收益，就可以维持较好的财务状况。其计算公式如下：

$$财务自由度 = 目前的净资产 × 投资报酬率 / 目前的年支出$$

客户的理想目标是退休之际，财务自由度等于 1，也即如果将包括退休金在内的资产放在银行生息的话，仅靠利息就可以维持自己的基本生存。如果利率一直走低或处于低水平，即使积累了大笔存款，财务自由度也会很低。每个人估计的投资报酬率都不同，因此，可拟定一个较客观的标准，即每个客户都可以采用相同且合理的投资报酬率，然后根据各自的净资产与年支出状况，计算的财务自由度。如果为客户计算出的财务自由度远低于应有标准，应建议他更积极地进行储蓄投资计划。当整体投资报酬率随存款利率的降低而日渐走低时，即使净资产没有减少，财务自由度也会降低。此时，应设法以其他理财手段来积累净资产，否则就只能降低年支出的水平，才可能在退休时实现财务独立的目标。

小资料 2 – 3

负利率凸显理财的现实意义

据国家统计局报告，2011 年全年，我国 CPI 比上年上涨 5.4%；而最新调整的银行

一年定期存款利率为 3.5%，百姓实际存款利息收益率为 −1.9%。也就是说，把钱存一年定期，1 万元会缩水 190 元。

根据中央银行数据，截至 2011 年年底，金融机构居民存款余额达到 35.2 万亿元，如果按照这个规模计算，全国居民一年存款财富缩水达 6 600 多亿元，相当于全国居民人均财富缩水了 500 余元。

泰康资产公司首席分析师研究发现，1980 年以后的 30 年中，一年期名义存款利率年均为 5.8%，而年均 CPI 涨幅为 6%，实际存款利率为 −0.2%。30 年中有 14 年实际存款利率水平为负。然而，在 1997 年以前中国实行储蓄存款保值政策，当存款利率低于通胀率时，商业银行要对储户贴补存款利率低于 CPI 涨幅的差额部分，即实际存款利率至少为 0 而不会是负数。2003 年再次出现负利率后，我国储蓄存款保值政策并未恢复实施，这几年我国居民实际利率水平为历史低点。由此，凸显出家庭及个人主动理财的现实意义。

理财小贴士

为什么每个家庭、每个人都需要重视理财？

从最朴素、最务实的角度看，理财的作用体现在三个方面：

第一，让一个家庭任何时候都能有钱花。

平均而言，一个人的一生中只有不到一半的时间有赚取收入的能力，其他时间皆为支出。而且，不同的生命周期的收入与支出也极为不均衡。为此，要让有限时间里的现金流入完全覆盖一生的现金流出，就要通过运用不同的理财手段来满足不同阶段的支付需要。

第二，让家庭过上更加幸福的日子。

过上更加幸福而舒心的日子是每个家庭所追求的，这需要更多收入来支撑。然而，个人通过工作获取的收入是有上限的。因此，当财富积累到一定限度后，理财的重点便在于资产存量的配置，通过有效地运用财富，使已有的财富不断增值，从而满足自己和家人过上更好生活的愿望。

第三，构筑家庭的"防御工事"。

生活本身就蕴涵着许多危机，有些危机应付起来比较容易，而有些危机一旦发生，如果没有事先的防御措施，很可能会使一个好端端的家庭面临崩溃。例如家庭的主要工作者亡故、失去工作能力，从而使家庭的主要经济来源中断；家庭某成员患重大疾病，巨额医疗支出使整个家庭难以承担；受他人连累而负债，如替人担保，加入合伙项目等。如果未雨绸缪，在收入相对宽裕的时候事先预备了足够的紧急备用金，并做好一揽子保险规划，当各种危机来临时，便可以从容应对，至少也不至于影响家庭的正常生活。

思考题与课下学习任务

1. 家庭记账需要遵循哪些原则？

2. 家庭资产计价需要注意哪些问题？

3. 根据你本人家庭的具体情况，设计一套简明实用的家庭会计账簿与家庭财务报表。

4. 通过观察身边某个家庭的具体财务状况，对其作出财务指标的定量分析。

5. 熟悉一种或几种适用于家庭的记账软件，并根据你使用的体会，提出改进意见和建议。

第三章　家庭金融理财的程序

学习要点

1. 理解家庭理财规划的含义。
2. 了解家庭理财的基本原则。
3. 认识理财规划的内容及其组成。
4. 熟悉两类理财规划的基本程序。

基本概念

理财规划方案　资金增值规划　风险管理规划　风险偏好　理财目标　家庭财务信息
非财务信息　理财报告

第一节　家庭理财的内容

一、理财规划方案

理财规划方案亦简称为理财方案或理财规划，是指针对个人在人生发展的不同时期，依据其收入、支出状况的变化，制订个人财务规划的具体方案，也是家庭理财活动的具体实施规划。理财规划方案可以由专业的理财规划师根据一个家庭的具体情况来制订，也可由家庭成员作出。

二、理财规划的基本原则

一个人、一个家庭每天乃至每时每刻都要作出各种各样的决定。对一些简单的决定，可以凭借经验的积累直接作出，但在进行理财规划的时候，必须先经过缜密的思考与分析，因为理财规划在人生规划中对家庭和个人影响较大。在进行理财规划的时候，需要坚持一些原则。

家庭理财原则，俗谓"持家之道"，是指在组织理财活动时应遵循的若干准则、规范要求和指导思想。家庭理财原则要能体现家庭理财活动的特点，并且反映社会家庭对其理财活动的根本要求，根本要求包括的内容广泛，主要有合法性原则、伦理道德原则、民主平等原则、计划性原则、量入为出和量出为入原则、核算与效益原则、现代化原则等。

（一）合法性原则

这是社会生活的一切方面都应遵循的首要原则，家庭理财生活也同样要将其作为基本原则。在社会主义国家里，人们拥有共同的利益追求和奋斗目标，为合法性原则的确立提供了坚实可靠的基础。在这一原则下，家庭和个人的利益应遵从社会和国家的利益，遵从国家法令和计划安排；在家庭事务处理中，当家庭和个人的利益同国家和社会的利益发生矛盾时，应首先自觉地服从国家利益和社会整体利益的需要。同时，社会也应尽可能地照顾和满足各个家庭的正当利益和要求。另外，在家庭的收支和消费活动中，应严格遵守国家法令政策和社会道德规范的要求。

（二）伦理道德原则

理财行为往往同时又是道德行为，理财关系也大都体现着一定的伦理关系。因此，伦理道德原则反映了家庭伦理关系对其理财活动的支配制约性和特殊要求。

要遵循这一原则，首先，要求各家庭成员在家庭内部理财关系处理上，能从维护与发展家庭整体利益出发，自觉遵从家庭伦理道德规范的支配。其次，当家庭成员的个人利益同家庭利益冲突时，要首先服从家庭整体利益的需要。当然，家庭利益应符合社会整体利益，不违背社会道德规范。同时，家庭也应最大限度地满足和照顾各成员的正当利益和特殊需要。最后，遵循这一原则，要求家庭成员应积极发挥赡老抚幼的职能作用，自觉担负起赡养老人、抚养教育子女的神圣职责，从物质生活、精神文化生活上关心老人的晚年幸福和子女的健康成长。

（三）民主平等原则

这一原则包括家庭理财的民主和各成员经济地位平等两方面内容。地位平等才可能实现理财民主，理财民主则是各成员地位平等的客观反映。家庭理财计划的制订与执行，都应是民主协商、平等自主的，要遵从各成员的意愿。民主理财能够提高家庭财务管理的透明度，能够增强全体家庭成员的责任心和相互信任感，增强家庭的整体凝聚力。

（四）计划性原则

计划性是一切理财活动的客观要求。要科学地进行家庭理财，就要有相当的计划性。家庭理财的计划性原则，需要家庭内部根据客观理财状况和实际需求进行计划编制并实施管理，同时，又会受到社会理财机制的影响。

（五）量入为出和量出为入原则

所谓量入为出，就是要根据收支财产状况进行投资，不能好高骛远地盲目投资，不能进行超出家庭理财承受能力的投资。把握量入为出原则，要根据自己的收入水平、财产拥有量、消费基准以及对各类消费品的需求迫切程度，分清轻重缓急，确定同家庭财务状况相应的消费水平和财产结构。该原则要求收支相符、收支平衡，不能使消费和支出高于收入，更不能寅吃卯粮、举债消费；还要求审时度势，有计划、有顺序地添置家庭财物，如生活必需品优先购买，一般品按需购置，耐用品计划购买，享受品酌情添置。

坚持量入为出原则的同时，量出为入原则也同样需要加以考虑。许多人推崇"用明天的钱圆今天的梦"，在许多状况下，负债经营、负债投资、负债消费未尝不是好的选择。

（六）核算与效益原则

核算与效益原则贯穿于家庭理财的全过程，而不仅限于通常意义的收支后的记账核算。如怎样才能积极组织收入，增加收入的途径为何；如何合理运用支出，实现货币在各项商品劳务上的最佳分配；科学处理家务，减轻家务负担，实现家务劳动的社会化、现代化和合理分工；如何管理好家庭财产，使之发挥最佳效用，延长寿命期，提高使用值；以及科学地指导消费，提高消费的理财效益，等等，都需要精打细算巧安排。

（七）现代化原则

家庭理财管理的观念、方法与技术手段都需要与时俱进，这就是所谓理财的现代化原则。其中，管理思想观念的现代化是主要的。现代化的管理技术方法，在家庭理财生活中也能派上大用场。如运用电视、广告、网络等现代化的信息传递技术来获取市场情报，据此决定购买商品的方式、路线、数量和品种，以得到最佳的时间利用率和理财效益。再如，将 ABC 管理法、运筹法、财产折旧法、价格功能分析法、生命周期法等科学方法运用于家务管理、时间运筹、物资调配、商品选购等，都可取得令人满意的效果。要用现代化的思想观念和生活方式来考察以往的家庭管理思想，确定哪些应继承发扬，哪些应革新摒弃，能够促进人的现代化、家庭现代化和社会现代化的进程。

三、理财规划内容及其构成

理财规划根据实施的时间，可分为长期规划、中期规划和近期规划；根据所涉及的内容项目，可分为一揽子综合规划与单项规划；根据所涉及的对象，可分为自我规划与其他家庭成员规划。一般而言，理财规划是按照理财目标的范围进行细分的，如图 3 - 1 所示。

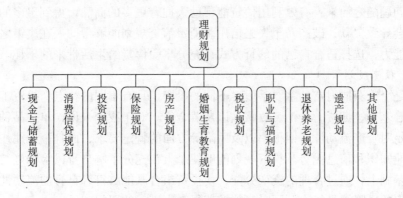

图 3 - 1　理财规划的内容细分

其中，现金与储蓄规划和消费信贷规划属于资金管理规划的内容，投资规划和房地产规划属于资金增值规划的内容，保险规划属于风险管理规划的内容，税收规划属于成本规划的内容，婚姻生育教育规划、职业与福利规划、退休养老规划和遗产规划则属于未来规划的内容。这些理财规划的内容涵盖了我们一生的财务活动，贯穿了我们一生的生活，因此，规划这些内容，实质上就是帮助我们规划自己的一生。[1] 下面，对其中的一些重要规划做简单介绍，进一步的详细阐述则放在后面的各个章节当中。

（一）现金与储蓄规划

现金是理财工具中最具流动性的，我们的日常生活时刻都离不开它，目前，现金消费还是人们最常用的支付方式。持有足够的现金当然方便，但是现金并不具有收益性，

---

[1]　吴盈：《受益一生的理财计划》，北京，中国纺织出版社，2008。

而货币却具有时间价值。因此，我们要在支付的方便性和由此丧失的收益之间进行权衡，找到持有现金的最佳数量，使其既能满足我们日常支付的需要，又能在发生紧急情况的时候提供及时的帮助。现金规划的意义正在于此。

储蓄是所有个人理财规划的源头，储蓄规划对于个人来说不单单是为了盈利，更是安全、方便、备用、保值等方面的需要。个人存款储蓄作为一种投资行为，对国家经济发展有着重大意义：它有利于调节市场货币流通，有利于培养人们科学合理的生活习惯，有利于建立文明健康的生活方式。对现金管理而言，不仅要满足开支的需求，而且要建立一套有效的储蓄规划。储蓄规划不仅能缓冲财务危机，还是为实现未来的财务目标积累资金的工具。

在现代金融经济条件下，一个人或一个家庭所持有的现金与拥有的储蓄通常是无法截然分开的，例如借记卡上的货币资金，既可以视为现金又可以视为储蓄，同时，借记卡本身也是一种简单而适用的理财工具，网上银行的现金与储蓄更是高度一体化的。在后面的章节中，我们会将现金规划与储蓄规划乃至消费信贷规划放在一起讨论。

（二）消费信贷规划

负债在以前被认为是很不光彩的事情，常常与贫穷、困难之类的字眼联系在一起。但是，随着观念的更新，大家认识到借债本身代表着提前使用自己未来的收入，只要能够在约定的期限之前还清就没有问题。通过贷款，大家能够把预期的未来收入提前使用。但是问题随之而来：有效利用信贷能帮助人拥有更多的商品，得到更多的享受；而滥用信贷会导致欠款、破产乃至失去信用。消费信贷规划能够帮助人在决策之前认清自己的还贷能力，选择适合自己的信贷方式，充分享受信贷给生活带来的乐趣。

（三）投资规划

投资是个人获取财富的主要手段，不同的投资工具有不同的特点。投资工具包括股票、债券、基金、期货、外汇、收藏品以及黄金等。对于我们来说，单一品种的投资工具很难满足对资产流动性、回报率以及风险等方面的特定要求，而且个人往往也不具备投资的专业知识和信息优势。投资规划能够使个人在充分了解自身风险偏好与投资回报率需求的基础上，通过合理的资产分配，使投资组合既能够符合自身的流动性要求，也要具备一定的风险承受能力，同时又能够获得令人满意的回报。

（四）保险规划

人生很可能会面对一些不期而至的风险，比如意外的人身伤害、疾病、火灾等等。为了规避这些风险，可以通过购买保险来满足自身的安全需要。保险除了具有基本的转移风险、减小损失的功能之外，还具有融资、投资功能。在个人理财中，经常用到的保险产品包括人寿保险、意外伤害保险、健康保险、财产保险、责任保险等。保险由于其品种多、条款复杂，对于普通投资者来说，在选择时往往会感到力不从心。保险规划的目的即在于通过对个人经济状况和保险需求的深入分析，选择适合自己的保险产品，并确定合理的期限和金额。

（五）房产规划

"衣食住行"是人生最基本的四大需要，其中"住"又是四大需要中期限最长、所需资金数额最大的一项。在个人理财中，与"住"相对应的是房地产规划，对于一般的消费者来说，房产主要代表着自己的住所。事实上，房地产投资作为一种长期的高额投资,除了用于个人消费,还具有显著的投资价值。投资者购买房产主要出于四种考虑:自己居住、对外出租、投机获利和减免税收,而针对不同的投资目的,投资者在选择具体房地产品种时也会有不同的考虑。在房地产规划中,要重视两方面的问题:一方面,应当对国家的房地产法律法规(包括交易规则、税收优惠等)和影响房地产价格的各种因素有比较深的了解;另一方面,由于房地产单位价值高且多是终身投资,所以应当十分谨慎,在作出投资决策之前,要详细了解自己的支付能力,确定合理的房地产购置计划。

(六)婚姻、生育与教育规划

男大当婚、女大当嫁,这既是自然规律,也是社会规律。婚姻乃人生当中的一件大事。从经济角度分析,结婚是要付出成本的,从只身一人到成家立业,其中的花费与支出是巨大的。在当代社会,结婚的费用呈现出日趋高涨的趋势,如果没有提前规划,婚前的小康水准可能会变成婚后的债台高筑。而结婚之后,接踵而来的就是生育、养育后代,这将是家庭的一笔很大支出。因此,婚姻、生育与教育规划是家庭非常重要的规划。

现代社会提倡终身学习,人在一生当中接受教育的时间越来越长,教育的投入也越来越多。教育投资是一种智力投资,它不仅可以提高人的文化水平与生活品位,还可以使受教育者增加人力资本。教育投资可以分为自身的教育投资和对子女的教育投资,本书讨论的是后者。对子女的教育投资可以分为基础教育投资和高等教育投资。对子女的高等教育投资通常是所有教育投资项目中花费最高的一项,父母出于对子女未来的殷切期望,往往会在子女的高等教育投资上不惜血本。在进行子女教育规划时,首先,要对个人的教育需求和子女的基本情况(例如,共有几个子女、各个子女的年龄、预期的受教育程度等)进行分析,以确定当前和未来的教育投资资金需求;其次,要分析个人当前的和未来预期的收入状况,并确定子女教育投资资金的来源(如教育资助、奖学金、贷款、勤工俭学收入等);最后,要分析教育投资资金来源与需求之间的差距,并在此基础上通过运用各种投资工具(包括常用的投资工具和教育投资特有的投资工具)来弥补教育投资资金来源与需求之间的差额。应当特别注意的是,由于教育投资本身的特殊性,与其他投资相比应更加注重投资的安全性,在选择具体投资工具时要特别慎重。

(七)税收规划

依法纳税是每个人应尽的法定义务,国家通过制定各种税收法律法规来规范税收的征缴,任何违反税收法律的行为都将受到法律的制裁。然而,纳税人出于对自身利益的考虑,往往希望将自己的税负合理地减到最少。因此,如何在合法的前提下尽量减少税负,就成为每一个纳税人都十分关注的问题。税收规划即是在充分了解税收制度的前提下,通过运用各种税务规划策略,合法地减少税负。[①] 在税收规划中,比较常用的策略包括收入分解转移、收入延期、投资于资本利得、资产销售时机、杠杆投资、充分利用税负抵减等。与前面所述的几种规划相比,税务规划要面对更多的风险,包括反避税条款、法律法规变动风险及经济风险等。

----

① 王兆高:《税收筹划》,2~8 页,上海,复旦大学出版社,2003。

（八）职业与福利规划

从狭义的角度看，职业规划与福利规划虽然是人生规划的组成部分，但不是传统意义上理财规划的内容。但从广义的角度看，职业规划与人一生的收入水平和福利水平息息相关。对职业的规划，实际上就是将一个人的人力财富资源合理安排，使其能够实现效用最大化，并在此基础上实现人生收入水平的最大化。在市场经济条件下，每个人不再是被动地被安排职业，而是有许许多多主动选择职业的机会。因此，职业规划也是广义理财规划的有机组成部分。

（九）退休规划与养老规划

人在经过了大半生的拼搏、奋斗之后，总会有退休的一天。一旦退休，作为收入主要部分的工薪收入便停止了。但人从退休到去世毕竟还有几十年的时间，如何在退休后保持一定的生活水平，就成了每个人迟早都要面对的现实问题。此外，现实生活中普遍存在的通货膨胀也在不断地侵蚀个人的财富，如不及早计划，必然会导致退休后生活水平的急剧下降。退休规划是一个长期的过程，不是简单地在退休之前存一笔钱就能解决，而是应当在退休之前的几十年就开始确定目标，并进行详细的规划。在当前的中国，许多独生子女夫妇将来要照顾四个老人，其负担可想而知。所以，提早做好退休规划不仅可以使自己的退休生活更有保障，同时也可以减轻子女的负担。

（十）遗产规划

遗产的继承是人生需要妥善安排的最后一个重要事项。遗产规划的目标是高效率地管理遗产，并将遗产顺利地转移到受益人的手中。这里所说的高效率包括两个方面的内容：一方面，遗产安排要花费一定的时间，应该在最短的时间完成遗产规划；另一方面，处理遗产需要花费一定的成本，如很多国家都开征了遗产税（中国目前还未开征，但已经在酝酿中），遗产规划可以帮助个人减少遗产处理过程中的各种税费。

第二节　理财规划的基本流程（上）

家庭理财的一般步骤包括：（1）明确现在的财务状况；（2）了解个人的投资风险偏好；（3）设定理财目标；（4）制订并实施理财计划；（5）评估和修正理财计划，如图3－2所示。

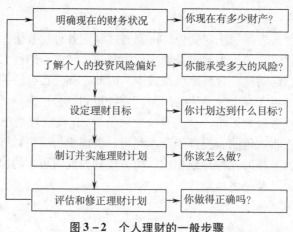

图3－2　个人理财的一般步骤

一、明确你现有的财务状况

知己知彼，百战不殆。个人理财的第一步要从了解自己的财务状况开始，包括收集个人财务信息和整理个人财务信息两个阶段。根据自己的资产状况，包括存量资产和未来收入及支出的预期，知道自己有多少钱财可以理，这是最基本的前提。

个人的财务信息是进行理财规划的首要基础，因此需要合理收集整理个人相关的财务信息。财务信息的收集并不是一项简单的工作。这些信息包括：你了解自己的月收入和支出情况吗？你知道你在哪家银行有多少存款吗？你拥有股票和基金的现值是多少？你知道你的贷款什么时候能还清吗？你购买了哪些保险？等等。如果不清楚以上的问题，那么根本无法开始进行有效的理财规划。这些信息需要平时的积累和关注，有了平时的积累，在进行理财规划之前就不用耗费太多的时间去收集这些财务信息。

在个人财务信息收集完整之后，接下来要对这些零散的信息进行整理分析。可以建立类似企业财务报表的一系列个人财务报表，将零散的信息归类到各类表格中。通过这些个人财务报表，可以很客观地了解自己的财务状况，以此为基础进行相应的理财规划。本书的第二章已经详细介绍过这些内容。

二、了解个人的风险偏好

任何经济活动都要面临风险，理财活动也不例外。不同的家庭、不同的个人、不同的家庭生命周期，其风险承受能力是不同的。一个人随着年龄的增大，风险承受能力会逐渐降低，会逐渐失去从投资失败中恢复过来的能力，所以了解自己的风险偏好是非常重要的。风险偏好与个人的客观情况、生活经验、性格爱好等因素密切相关，它将对家庭理财方案中的各个具体规划起着重要的指导作用。不要做不考虑任何客观情况的风险偏好假设。例如，有人认为自己偏好于风险较大的投资活动，把一个家庭可以动用的资金都放在股市里，而没有考虑到他还有赡养父母、养育子女的责任，没有考虑到整个家庭承受风险的能力，这个时候，他的决策就偏离了整个家庭的承受范围。了解家庭的风险承受能力通常要对家庭的主要成员进行风险偏好的测试，然后根据家庭整体财务状况综合确定。需要指出的是，目前不少人包括一些专业理财规划师在制定理财方案的时候，将整个观察分析家庭的风险承受能力片面视为风险偏好度的测试，单纯将风险测试的结果作为制定理财方案和投资规划的依据，这是有失偏颇的。家庭的整体风险承受能力不是单纯由家庭成员的"风险偏好性格"决定的，而是由家庭的综合经济条件与经济实力决定的，还与家庭类型、家庭规模、家庭与社会的联系有关。一般而言，经济实力较强、财务状况较好的家庭，风险承受能力要高于经济实力较弱、财务状况较差的家庭。

小资料 3 - 1

风险偏好测试问卷[①]

只能单选，为了能测试出你的真实风险偏好，请尽量如实填写。

---

① 转引自百度文库：http://wenku.baidu.com/submit。

1. 你的家庭负担：（　　　）

A. 家庭负担较重，例如家中有病人等。

B. 子女尚小，父母需要赡养，家庭负担较重。

C. 简单的三口之家，父母刚退休不久，有固定的收入。

D. 单身或者结婚不久，没有子女，父母还年轻，无须赡养。

2. 你的投资收益预期是什么？（　　　）

A. 获得相当于银行定期存款利率的回报。

B. 保障资本增值及抵御通货膨胀。

C. 获取每年5%～10%的回报率。

D. 获取每年高于10%的回报率。

3. 在海滨，你是否经常不小心游出安全区内？（　　　）

A. 绝对不会。

B. 很少这样，太危险。

C. 这样也没有什么大不了的。

D. 经常这样，无视安全线的存在。

4. 你是不是经常喜欢自己做决定？（　　　）

A. 不喜欢，最好有朋友帮忙。

B. 有人给我意见会使我的信心大幅度增加。

C. 我习惯于自己做决定，但是别人的意见我会参考。

D. 自己做决定是我一贯的作风，从来不需要别人的参与。

5. 假设有一项电视智力竞赛节目，并且你已经胜出，主持人让你在以下获奖方式中作出选择，你会选择：（　　　）

A. 立刻拿到10 000元现金。

B. 有50%的机会赢取50 000元现金的抽奖。

C. 有25%的机会赢取100 000元现金的抽奖。

D. 有5%的机会赢取1 000 000元现金的抽奖。

6. 独自到国外旅游，遇到三岔路口，你会：（　　　）

A. 仔细研究地图和路标，确认无误再作出选择。

B. 向别人问路，问清楚之后选择。

C. 大致判断一下方向，然后毅然决然地走下去。

D. 用抛硬币的方式来做决定。

7. 例如你预计有一项投资可能会有较大的收益，可是手中却没有足够的资金，你是否会对外融资？（　　　）

A. 肯定不会。

B. 可能不会。

C. 可能会。

D. 肯定会。

8. 假设有下面4种投资可能，这只是假设不代表任何市场上的投资产品，你认为你可能选择的投资组合是：（　　　）

A. 预期7.02%，最大收益16.30%，最大损失 -5.60%。

B. 预期9.00%，最大收益25.00%，最大损失 -12.10%。

C. 预期10.40%，最大收益33.60%，最大损失 -18.20%。

D. 预期11.70%，最大收益42.80%，最大损失 -24.00%。

9. 你能够接受的最长的投资时间是多久？（　　　）

A. 两年之内（短期）。

B. 2~5 年（中期）。

C. 6 年以上（中长期或长期）。

D. 10 年以上。

10. 如果需要把大量现金放在口袋里一整天，你是否会感到不安？（　　　）

A. 非常不安。

B. 会有点不安。

C. 不会。

D. 绝对不会不安，心安理得。

11. 你是否花很多时间思考你走过的生活道路以及目前的选择？（　　　）

A. 经常这样，思考过去是减少未来风险的有效手段。

B. 有时候会，我觉得这样也许会对我有帮助。

C. 偶尔会，但是那对我来说并不重要。

D. 不会的，我会很快忘掉过去。

12. 站在人潮涌动的股票交易大厅，你是否会感到热血沸腾？（　　　）

A. 不会的，我讨厌这些。

B. 也许会，这要看其他条件。

C. 很可能会，但是我还是能控制自己的情绪。

D. 会的，我肯定会思考我的投资计划，考虑是不是多投些股票。

13. 如果你是一位有过沉痛的股市投资失败教训的投资者，现在大盘重新看好，你发现了一次盈利的机会，你是否会再次投资股市？（　　　）

A. 肯定不会。

B. 可能不会。

C. 可能会。

D. 肯定会。

14. 下列哪件事情会让你最开心？（　　　）

A. 在公开赛中赢了100 000 元。

B. 从一个富有的亲戚那里继承了100 000 元。

C. 冒着风险，投资的50 000 元基金带来了100 000 元的收益。

D. 无论通过上述任何渠道取得100 000 元收益。

15. 你的老邻居是一位经验丰富的石油地质学家，他正组织包括他自己在内的一群投资者为开发一个油井而集资。如果油井成功，那么将带来50~100 倍的投资收益；如果失败，所有的投资将付诸东流。你的邻居估计成功概率有20%，你会投资多少？（　　　）

　　A. 不投资。

　　B. 1个月的薪水。

　　C. 6个月的薪水。

　　D. 1年的薪水。

16. 假设通货膨胀率目前很高, 硬通资产如稀有金属、收藏品和房地产预计会随通货膨胀率同步上涨, 而你目前的所有投资都是长期债券。你会:(　　)

　　A. 继续持有债券。

　　B. 卖掉债券, 把一半的钱投资基金, 另一半投资硬通资产。

　　C. 卖掉债券, 把所有的钱投资硬通资产。

　　D. 卖掉债券, 把所有的钱投资硬通资产, 还借钱来买更多的硬通资产。

　　说明: 选项分值: A为1分, B为2分, C为3分, D为4分。总分为所有选项分之加总。

　　得分27~36分。(建议成长性资产: 30%~50%, 定息资产: 50%~70%。)

　　你属于稳健型投资者。

　　你对投资的风险和回报都有深刻的理解, 你更愿意用最小的风险来获得确定的投资收益。你是一个比较平稳的投资者。风险偏好偏低, 稳健是你一贯的风格。

　　得分37~50分。(建议成长性资产: 70%~80%, 定息资产: 20%~80%。)

　　你属于平衡型投资者。

　　你的风险偏好偏高, 但还没有达到热爱风险的地步, 你对投资的期望是用适度的风险换取合理的回报。如果你能坚持自己的判断并进行合理的理财规划, 你会取得良好的投资回报。

　　得分51~64分。(建议成长性资产: 80%~100%, 定息资产: 0%~20%。)

　　你属于进取型投资者。

　　你明白高风险高回报、低风险低回报的定律。你可能还年轻, 对未来的收入充分乐观。在对待风险的问题上, 你属于风险偏好型。

附表　　　　　　　　　　各种风险偏好的表现及性格特征

风险偏好	具体表现	性格特性
非常进取型	高度追求资金的增值, 愿意接受投资大幅度的波动	在个性上非常自信, 追求极度成功, 常常不留后路
温和进取型	专注于投资的长期增值, 并愿意为此承受较大的风险	具有很强的商业创造技能, 知道自己要什么并甘于冒风险去追求目标, 通常不会忘记给自己留条后路
中庸型	渴望有较高的投资收益, 但又不愿承受较大的风险; 可以承受一定的投资波动, 但是希望自己的投资风险小于市场的整体风险	有较高的追求目标, 而且对风险有清醒的认识, 但通常不会采取激进的办法去达到目标, 而总是在事情的两极之间找到相对妥协、均衡的方法
温和保守型	稳定是重要的考虑因素, 希望投资在保证本金安全的基础上能有一些增值收入, 但常常因回避风险而最终不会采取任何行动	在个性上, 不会很明显地害怕冒风险, 但承受风险的能力有限

续表

风险偏好	具体表现	性格特性
非常保守型	保护本金不受损失和保持资产的流动性是首要目标，通常不太在意资金是否有较大增值的可能性	在个性上本能地抗拒冒险，不抱有碰运气等侥幸心理，追求稳定

资料来源：拉斯：《金融心理学》（中译本），72～76 页，北京，中国人民大学出版社，2002。

三、设定理财目标

个人理财的目标就是在一定期限内，给自己设定一个个人净资产的增加值，即一定时期的个人理财目标，同时有计划地安排资产种类，以便获得有序的现金流。

（一）理财目标的分类

1. 按时间长短可分为短期目标、中期目标、长期目标。即使是同一个人，目标也会有短期、中期和长期之分。短期目标通常预计在 1 年之内达成，如出国旅游、购置音响等；中期目标通常预计在 3 到 5 年内完成，如买车、装修房子等；长期目标一般则预计在 5 年以后完成，像筹措买商品房基金、退休等。不论短期、中期或长期目标，设定时都必须明确而不含糊（见表 3 - 1）。

表 3 - 1　　　　　　　　　　常见的理财目标

个人状况	短期目标（1 年左右）	中期目标（3～5 年）	长期目标（5 年以上）
单身	完成大学学业	结婚	购买别墅
	购买平板电脑	偿还教育贷款	积累退休收入
	国内旅游	攻读研究生学位	出国留学
已婚夫妇	每年度假	重新装修住房	购买二套住房
	购买新车	构建股票投资组合	积累退休收入
有子女的年轻父母	增加人寿保险额度	提高投资额度	为子女积累大学教育金
	增加储蓄	购买新车	购买更大面积住房

2. 按人生阶段可分为单身期、家庭形成期、家庭成长期、子女大学期、家庭成熟期和退休期的目标（见表 3 - 2）。理财是一生都进行的活动，由于不同生命阶段的生活重心和所重视的层面不同，设定的理财目标必须与人生各阶段的需求相配合。[①]

表 3 - 2　　　　　　　　　　人生各阶段的理财目标

人生阶段	阶段特征及理财内容
阶段一：单身期 参加工作到结婚前：2～5 年	该时期的特点：收入低，花销大 理财顺序：意外保险 ＞ 节财计划 ＞ 资本增值
阶段二：家庭形成期 结婚到孩子出生前：1～5 年	该时期的特点：收入增加且稳定。为提高生活质量往往要投入一大笔家庭建设开支，如高档生活用品、供房等 理财顺序：购房供房 ＞ 家庭硬件 ＞ 健康意外保险

---

① 鲍迪克：《中国家庭理财指南》，4～8 页，北京，中国致公出版社，2009。

人生阶段	阶段特征及理财内容
阶段三：家庭成长期 孩子出生到上大学：9～18 年	该时期的特点：家庭成员不再增加，但年龄都在增加。家庭最大的开支是子女教育费、医疗费。同时，随着子女的自理能力增强，父母精力充沛，又积累了一定的工作经验和投资经验，投资能力大大增强 理财顺序：子女教育基金＞健康意外保险＞建立养老金＞资本增值＞特殊基金规划
阶段四：子女大学期间 子女上大学以后：4～7 年	该时期的特点：子女的教育费和生活费用猛增 理财顺序：子女教育基金＞债务规划＞资本增值规划＞应急基金
阶段五：家庭成熟期 子女参加工作到父母退休前：约15 年	该时期的特点：这一阶段里，自身的工作能力、工作经验、经济状况都达到高峰状态，子女已经完全自立，债务已经逐渐减轻，理财的重担是增大养老计划和资产增值规划 理财顺序：养老规划＞资本增值＞特殊目的规划＞应急基金
阶段六：退休期	该时期的特点：主要生活内容是安度晚年，投资。花费通常比较保守 理财顺序：养老规划＞遗产规划＞避税规划＞其他特殊目标规划

（二）如何制定理财目标

有一个方法可以帮你较好地设定目标，那就是明确地写下来。表 3－3 是一个投资基金的理财目标，其中，百分比都是以年率表示；第 5 项"现有金额"，是指现在已经准备要当做退休金的金额，而不论你现在有多少钱；第 8 项是一种估计，是依据复利表从第 7 项估算出来的；第 6 项是根据第 5 项算出来的。必须强调的是，由于每个人想追求的生活和自身所处的情况（年龄、工作及收入、家庭状况等）有所不同，所以不同的人设定的目标会不相同。

表 3－3　　　　　　　　投资基金的理财目标表

1. 目标	退休（养老规划）
2. 达成时间	2019 年 1 月 25 日
3. 所需年数	12 年
4. 所需金额	25 000 元
5. 现有金额	1 500 元
6. 现有金额以 8% 增长	4 000 元
7. 尚需金额	21 000 元
8. 每年需增加金额（投资收益率 8%）	1 100 元

个别的目标设定后，最好依各个目标达成的优先顺序列个总表，时时提醒自己，哪一个目标要先采取相应的理财措施。表 3－4 就是一个简单的举例。

表 3－4　　　　　　理财目标、理财措施优先顺序表

优先顺序	具体理财目标	所需资金	基金投资品种
1	紧急备用金	8 000 元	货币市场基金
2	在市中心买房子	350 000 元	债券型基金或股票型基金
3	小孩子上大学学费	40 000 元	混合型基金
4	买车	150 000 元	股票型基金或债券型基金
5	退休	20 000 元/年	混合型基金或货币市场基金

(三) 设定理财目标的原则

1. 明确原则。理财规划目标的内容、希望达成的时间都必须明确。

2. 量化原则。将理财目标用实际数字表示，含糊不清的目标没有意义。

3. 可行原则。理财目标应该建立在收入和生活状况的基础上，脱离实际地去追求不可及的理财目标可能会危及整个理财活动。

4. 优先原则。给目标设置优先顺序是必需的，因为你可能无法达成当初设定的所有目标。随着时间的推移，一些目标显示出不能达到的迹象时，应该立刻调整它们。

5. 一致原则。各个分目标之间是相互关联的，不能相互矛盾。

四、制订并实施理财计划

当个人理财目标制定好后，应根据目标制订相应的个人理财计划和实施步骤。个人理财计划即理财目标的细化和理财投资步骤的落实。一份理财计划包括两个方面：首先是设想出可能的行动方案；然后是选择适合自己的方案，即实现理财目标的执行计划，包括时间、具体步骤，根据理财要求确定匹配资金来源、选择理财投资工具。根据自身的条件、能力、素质，选择适合自己的投资工具进行个人理财投资，将会产生良好的投资回报；如果盲目跟随别人投资，或选择自己不熟悉的投资工具，则会给资产带来很大的风险。目前国内主要的个人理财投资工具如表 3 - 5 所示。

表 3 - 5　　　　　　　　　　　　　国内主要投资工具表

投资工具	储蓄	保险	债券	基金	外汇	股票	期货	房产	金银	收藏
风险性	低	低	低	中	高	高	高	中	中	中
收益性	低	低	中	中	高	高	高	中	中	中
流动性	高	低	中	中	高	高	高	低	低	低

一份养老退休理财计划，可以涉及储蓄、保险、基金投资等多种产品与渠道，理财计划中应该给出明确的措施，还应该制定定期检视的时间表。另外，个人的理财规划往往受到许多因素的影响，这些因素的总和构成了制定理财计划的环境，一般可以将这些因素分为三大部分（见表 3 - 6）。

表 3 - 6　　　　　　　　　　　　　影响理财计划的因素

经济因素	社会变化因素	个人因素
国内经济情况 利率 失业率 国际收支和汇率 财政收支	人口结构和人口寿命 社会结构的变化 家庭模式 其他因素	年龄 婚姻情况 收入 性格爱好 亲朋好友

五、评估和修正理财计划

任何一个理财计划都仅适合当时的市场环境及个人状况，随着政治、经济环境的变动，如战争、政治事件、重大经济改革以及金融市场上的投机活动等，投资者都会面临各种各样的风险。个人理财计划也应当以规避风险为宗旨，及时进行调整，保证家庭资产的保值和增值。因此，在制定了一个比较满意的个人理财计划后，还要不断地了解市场信息，获取有效的资源，适时地调整自己的投资策略，以充分适应市场变化。所以整个理财过程是一个循环的、动态的过程，需要定期对自己的理财计划进行评估和修正。

以上介绍的程序属于自主理财的程序，也即学习了解这些程序及其要求与规则之后，每个人、每个家庭都可以根据自身的实际情况开始实践。而另一类理财规划程序是专业理财机构与专业理财师使用的，将在下面一节介绍。

第三节　理财规划的基本流程（下）

对于专业理财机构而言，在理财规划的实务中，为了保证理财服务的质量，客观上需要组建一个标准程序，以对个人理财规划的工作及步骤等进行规范。理财规划的过程包括以下6个步骤：（1）理财师与客户建立联系；（2）收集客户数据，明确客户的理财需求和目标；（3）分析、评估客户的资信和财务状况；（4）整合理财规划策略，并向客户提出全面的理财计划或方案；（5）执行理财计划或方案；（6）监控理财计划或方案的执行，调整理财计划或方案。这6个步骤构成的理财程序，称为理财规划执业操作规范流程（见图3-3）。这个程序与前面介绍的自主理财程序略有不同，比自主理财要求更高、更严格，工作量也更大。在此之前，专业理财机构需要做的一项基础性工作就是确定客户目标市场，并对之进行细分。①

小资料3-2

理财客户目标市场及其细分

客户市场细分，是指按照客户的需求或特征将客户市场分成若干等次市场，并针对不同等次市场分别设计个性化服务，以期更好地满足各类客户的特殊需要。

客户市场分类的首要步骤是选定划分的依据。市场营销学中常用的依据有心理特征，如性格、风险偏好等；社会特征，如文化背景、宗教信仰、种族、社会阶级和家庭生命周期等；统计特征，如年龄、性别、婚姻状况、收入、职业、教育程度等；地理特征，如居住城市、国家、人口数量等。

对目标市场进行细分是必要的，但需要考虑市场细分可能导致生产营销成本的增加，甚至可能会牺牲规模经济。如果细分市场的规模过小，将其作为目标市场时就难以适应规模经济的要求。有效的市场细分应该符合以下原则。

1. 可区分性

纳入选择的某个细分市场应具有可以观察和衡量的、区别其他细分市场的明显特征，如市场内的客户应具有共同的需求特征，表现出类似的购买行为等。市场细分还是机构塑造运营特色的一种手段，细分市场的特征越明显，越有利于形成机构经营的特色。

---

① 林江鹏：《金融营销学》，北京，中国金融出版社，2011。

2. 可进入性

可进入性即机构所选择的目标市场，必须使自己有足够的进入能力和较强的竞争力。市场竞争是不可避免的，细分可以减少竞争对手。机构应根据自己的人力、财力、物力等经营资源的积累情况，选择合适的细分市场，以使自己的优势得到充分发挥，从而保证自己在目标市场上具有较强的竞争力。

3. 盈利性

盈利性即细分市场必须能为自己带来实际的利益。理财机构是以营利为目的的经济组织，能否盈利是判断其活动是否理性的重要标准。因此，目标市场选择应当能维持一定的利润率水平。如因市场细分导致的营销成本过高，不能维持一定的利润率，这样的市场细分就未必有效。

4. 发展性

发展性即所选择的细分市场，应该具有一定的发展潜力，通过一系列的开发有可能发展成为一个大市场，能够给个人理财师们带来长远利益。如选择的是已衰退或即将衰退的成熟市场，虽然短期内可能会给机构带来一定利益，但长远发展就可能受到较大制约。细分市场的选择，实际上是个人理财师运营领域的选择，必须与长期发展战略相结合。

个人金融消费市场的需求千差万别，影响因素错综复杂，细分市场没有所谓的绝对标准或固定模式。各行业、各企业可能采取不同的划分标准，使用多种不同的细分方法。根据影响个人消费行为的主要因素的不同，通常按照以下4类因素，对个体客户市场进行细分。

1. 地理因素

地理因素即根据地域特征来细分市场消费者的行为，如国家、地区、省市、南北方、城市或农村市场等。各个地域的地理、自然气候、人口密度、文化传统、经济发展水平等因素有较大不同，消费习惯和偏好也有不同。

2. 人口因素

人口因素即根据消费者的年龄、性别、家庭情况、职业、文化程度、收入、宗教信仰、民族、国籍、社会阶层等因素来细分市场。高收入者与低收入者的消费结构、购买决策、购买行为等，会表现出明显不同。在对待新产品的态度上，由于新产品的功能、性能、质量等不确定性较大，价格通常也较高，有一定的风险，因此，高收入者风险承受能力较强，对新产品容易接受，购买决策就较为果断；低收入者风险承受能力较弱，往往要等到产品的功能、性能、质量等经别人使用证实，价格下降后才会购买，购买决策时往往要反复权衡。人口因素往往成为细分市场的一个重要依据。

3. 心理因素

心理因素即根据消费者的心理特征或性格特征来细分市场。在市场拓展活动中常常可以发现，在地理和人口因素相同的情况下，人们的消费行为和消费偏好仍然可能表现出较大的差异。美国常把奔驰轿车视为财富和地位的象征，大公司的高级主管都把奔驰作为自己的座驾。近年来，大公司的高级管理人员趋向年轻化，他们认为乘坐奔驰车似乎会给人一种保守落伍的感觉并开始根据自己的喜好选择其他座驾，以体现自己的个性。

4. 行为因素

行为因素是根据和消费者购买行为相关的因素来细分市场，包括消费者购买商品的时机和频度、追求的利益、使用情况、购买的数量和对品牌的忠诚度等因素。

客户面对的各种金融理财产品虽然与市场上其他种类的商品存在很大的差异，但也存在与其他商品同样之处。如同样存在竞争对手、忠诚与否的顾客、多样化的产品形式，也同样需要面对可以进行细分的客户市场。因而，需要与理财相关的金融机构在制订战略的过程中，不仅要考虑产品的开发，更要注重对客户市场的细分开拓。

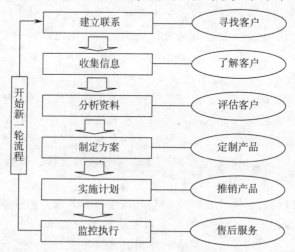

图 3 - 3　专业理财机构理财规划程序

一、理财师与客户建立联系

个人理财规划作为金融服务业的一个新兴门类，要求以客户利益为导向，从客户的角度出发，帮助其作出合理的财务决策，这就要求必须要重视与客户的交流与沟通。理财师所做的分析、判断与提出的理财计划，大都是基于从客户处获得的各种信息，能否与客户良好的沟通，直接决定了今后工作的质量与效率。对于理财规划而言，与客户建立联系的目的是为了锁定目标客户或客户群，从而拓展工作，实现盈利目标。

个人理财规划规范流程的第一步，是个人理财师建立与客户的关系，通过两者关系的确定，全面了解客户的财务状况，进而为之提供切实可行的专业建议。建立客户关系的方式有许多种，包括与客户见面、电话交谈、电子邮件、通信等等。这里主要介绍如何通过面谈的形式来建立与客户的关系。

（一）初次面谈准备

个人理财师与客户初次面谈，应尽量了解和判断客户的财务目标、投资偏好、风险态度、承受能力乃至更多的信息。初次面谈时，个人理财师还应该尽量向客户解释理财规划的作用、目标和风险，以帮助双方在进一步的理财规划中更有效地进行沟通。初次面谈之前，个人理财师应做好以下准备：（1）明确与客户面谈的目的，确定谈话的主要内容；（2）准备好所有的背景资料；（3）为面谈选择适当的时间和地点；（4）确认客户是否有财务决定权，是否清楚自己的财务状况；（5）通知客户需要携带的个人材料。

（二）个人理财师需要向客户了解的信息

总的来说，面谈时需要向客户收集的信息，一般包括事实性信息和判断性信息两个方面。事实性信息通常是指一些关于客户的事实性描述，包括客户的工资收入、年龄等。判断性信息主要指一些无法用数字来表示的信息，常常带有主观性。判断性信息包括客户对风险的态度、客户的性格特征、客户未来的工作前景等。一般来说，此类信息较难收集，但却对整个财务分析有着重要影响，是针对不同客户提出客观建议的根据。此外，很多判断性信息并不能从客户的回答中直接得出，而是需要个人理财师加以分析和推断，这类信息我们称为推论性信息。这三类信息的区别可以通过表3－7中列出的例子来说明。

表3－7　　　不同客户对购买股票偏好的几种可能回答和它们所属的信息类型

信息的种类	客户的回答
事实性（定量）信息	"我今年收入15万元，预计今后每年将递增5％。"
判断性（定性）信息	"我不希望我的投资计划中采用股票投资。" "我从未购买过股票，我哥去年在股票投资中遭受了巨大损失，我对在计划中采用股票表示怀疑。"
推论性信息	"我不希望承担太大的风险，而且对股票的所知有限，我希望能了解一些这方面的知识后再作决定。"

从表3－7中，我们不难看出，定性信息往往需要个人理财师作出一定的判断，而推论性信息则需要个人理财师进一步地询问和了解后再做判断。个人理财师可以设计一系列的问题，通过客户对这些问题的回答来归纳所需要的信息。

（三）个人理财师需要向客户披露的信息

设计调查问卷通常是一件十分专业的工作，在个人理财规划的过程中，每个客户都希望知道如按照个人理财师的建议去实施计划，能够获得多少收益，需要承担多大的风险。因此，个人理财师有义务向客户解释有关的基本知识和背景，以帮助其了解个人理财规划的作用和风险，避免个人理财方案中出现某些不切实际的期望和目标。

1. 个人理财师应向客户解释自己在整个理财规划活动中的角色和作用。

2. 个人理财师应向客户解释个人理财规划的整个流程。

3. 个人理财师还应根据客户的需要解释其他相关事项。

除了以上信息，个人理财师还应该根据客户的需要解释一些事项。寻求理财服务的客户，通常并不熟悉个人理财师的职业，甚或一无所知，一般都存在不少疑问，这就需要个人理财师能给予耐心的解答。应该向客户说明的信息有以下几个方面：（1）个人理财师的行业经验和资格；（2）个人理财方案制作的费用和计算方式；（3）个人理财规划过程和实施所涉及的其他人员——个人理财师的工作团队；（4）个人理财规划的后续服务及评估。

（四）个人理财师与客户的进一步沟通

一般情况下，个人理财师很难通过一次面谈就与客户建立长期的服务关系。一般来说，客户期望有进一步的接触和沟通来确定自己的需要，明晰个人理财师能否提供自己满意的服务。对个人理财师而言，第一次面谈就向客户提出全面收集信息的要求，可能会使客户感到不太愉快，这个工作应该循序渐进但有效地进行。

一个可行的方法是在初次会谈结束时，与客户约定下次见面的时间，并提出进一步收集信息的要求。如客户犹豫不决或吞吞吐吐，则可初步判断客户没有与自己建立服务关系的愿望，那就不用勉强对方，可尽快结束话题，以免浪费双方的时间。如果客户决定请个人理财师为其提供理财服务，则可以让他填写建议要求书，如表3－8所示；同时，还可以交给客户一些反映基本财务状况等的表格，让其回去后自行填写后交回，以节约收集信息的时间。

表3－8   财务建议要求书

本人
◆ 现要求赵伟先生代表财智咨询公司（注册登记号为××××）根据双方在_____年___月___日会谈的内容和数据调查表提供的信息，为本人提供个人理财规划服务。
◆ 在个人理财规划建议以书面形式出示后，本人将支付给财智咨询公司服务费_____元
（1）
（2）
公司签章：   签字人：
日期：   日期：

需要特别注意的是，在建立客户关系的过程中，个人理财师的沟通技巧显得尤为重要。除了语言沟通技巧外，还要懂得运用各种非语言的沟通技巧，包括眼神、面部表情、身体姿势、佩戴首饰等。此外，个人理财师作为专业人士，在与客户交谈时要尽量使用专业的语言。在涉及投资回报率等财务指标问题时，则不应给出过于确定的承诺，避免因达不到目标而承担不必要的经济责任。

（五）建立与客户间的信任关系

在初步建立与客户之间的关系后，理财师需要面对的就是如何进一步拓展与客户间的相互信任。与客户互信是个人理财师开展后续工作的基石，能否确立双方的互信，将关系到理财规划过程中资料数据的收集、理财规划落实、执行及反馈等一系列工作的完成度。

个人理财师与客户之间的关系建立于满足需求、个人互信以及提高公司产品或服务信誉的基础之上。满足需求是个人理财师与客户互动的基本层面，是个人理财师必须经过的第一道关口。为此，个人理财师需要询问自己：

1. 是否真正细致了解客户的真实需求；

2. 提供的产品或服务能否满足客户的需求，必要时能否调整产品或服务以满足客户的特殊要求；

3. 提供金融产品或服务的质量是否可以为客户接受，质量能否像承诺得那样好；

4. 是否对客户的疑问和担心作出了相应的反应，能否直截了当地帮助他们解决这些疑问和担心；

5. 根据所提供产品和服务的价值，确定服务价格是否合理，在市场中是否具有竞争力；

6. 能否做到按时编制好客户需要的财务报告及其他资料，是否尽到了相关义务和责任；

7. 双方拟订的合同中提出的条款和条件是否合理。

以上事项都是开展业务的基本条件，必须密切注意这些因素，尤其是在与客户的关系处于突破阶段、信任逐步确立的时候。

二、客户资料收集

（一）客户信息

没有准确的财务数据，个人理财师就无法了解客户的财务状况，无法与客户共同确定合理的财务目标，不可能针对每个客户的理财提出切实可行的综合方案。因此，个人理财师在进行财务分析和理财规划之前，收集足够的有关信息是十分重要的程序。国际CFP理事会在有关的财务程序条款中指出，个人理财师在为客户提供理财规划服务之前，必须收集到足够的适用于客户的相关定量信息和文件资料。

1. 宏观经济信息。这里的宏观经济信息，是指客户在寻求个人理财服务时与之相关的经济环境的数据。个人理财师提供的财务建议与客户所处的宏观经济环境有着密切的联系，在不同的地区和时期，经济环境的差别会对个人理财师的分析和建议，尤其对个人理财规划中资产的分配比例产生很大的影响。在正式分析客户财务状况之前，个人理财师必须首先明确宏观经济环境会对客户的财务状况造成哪些影响，并对影响客户财务状况的宏观经济信息进行收集和分析，进而找出那些具有重大和直接影响的因素。

一般而言，个人理财师需要收集的宏观经济信息主要有以下几类：

（1）宏观经济状况，包括经济周期、景气循环、物价指数及通货膨胀、就业状况等。

（2）宏观经济政策，包括国家货币政策、财政政策及其变化趋势等。

（3）金融市场，包括货币市场及其发展、资本市场及其发展、保险市场。

（4）个人税收制度，包括法律、法规、政策及其变化趋势。

（5）社会保障制度，包括国家基本养老金制度及其发展趋势、国家企业年金制度及其发展趋势等。

（6）国家教育、住房、医疗等影响个人/家庭财务安排的制度及其改革方向。

2. 客户的个人信息。客户的个人信息可以分为财务信息和非财务信息。财务信息是指客户当前的收支状况、财务安排及其未来发展趋势等，是个人理财师制订个人理财规划的基础和根据，决定了客户的目标和期望是否合理及完成理财规划的可能性。非财务信息则是指其他相关的信息，如客户的社会地位、年龄、投资偏好和风险承受能力等，它能帮助个人理财师进一步了解客户，对个人理财方案的选择和制订有直接影响。如果客户是风险偏好型的投资者，且有着极强的风险承受能力，个人理财师就可以帮助他制订激进的投资计划；如客户是保守型的投资者，要求投资风险尽量减弱，就应帮助他制订稳健的投资计划。

（二）客户信息搜集的方法

1. 初级信息的收集方法。个人理财师对于客户的个人财务资料，只能通过沟通取得，所以称为初级信息，这是分析和拟定计划的基础。个人理财师与客户初次会面时要收集其个人资料信息，仅仅通过交谈的方式是远远不够的，通常还要采用数据调查表帮助收集定量信息。

需要注意的是，数据调查表的内容可能比较专业，可以采用个人理财师提问、客户回答，个人理财师填写调查表的方式进行。如由客户自己填写调查表，开始填写之前，个人理财师应对有关项目加以解释，否则客户提供的信息很可能不够规范和真实。

有时候，个人理财师需要向客户的律师或保险经纪人索取相关材料，这时候他必须要求客户填写授权书并签字，以作为个人理财师索取材料时出示的凭证。授权书的格式如表 3 - 9 所示。

表 3 - 9　　　　　　　　　　　　　　信息获取授权书

尊敬的先生/女士： 本人×××，现授权××先生，代表××咨询公司向贵公司提取本人在贵公司所有投资/保险/养老基金的信息。××咨询公司的注册登记号为××××××，地址是：
该证明材料复印有效，原件将作为××咨询公司的资料存档。 望贵公司能够给予协助，谢谢。 　　　　　　　　　　　　此致 敬礼 　　　　　　　　　　　　　　　　　　　　　　　　授权人： 　　　　　　　　　　　　　　　　　　　　　　　　日　期：

2. 次级信息的收集方法。宏观经济信息一般不需要个人理财师亲自收集和计算，而是可以从政府部门或金融机构公布的信息中获得，所以我们将其称为次级信息。次级信息的获得相对容易，但因其涉及面很广，需要个人理财师在平日的工作中注意收集和积累，有条件者应该建立专门的数据库，以备随时调用。政府公布的数据有时并不完全适用于个人，个人理财师在使用时应该进行判断和筛选，才能保证个人理财规划的客观性和科学性。目前，国内一些研究机构也提供收费的研究成果，其中有不少适合个人理财师在提供理财服务时使用，个人理财师应注意收集这些专门机构的研究成果。

（三）收集客户数据

1. 客户数据收集的一般状况。个人理财师在与客户初次会面时，应当尽量收集其个人资料，但仅仅通过口头的方式收集相关信息是不够的，还需要采用数据调查表的方式来协助数据的收集。数据调查表的使用可以使数据收集的工作变得规范化，进而提高数据收集工作的效率和质量。

2. 收集相关信息。当客户叙述关注的问题和目标后，个人理财师必须从客户那里收集大量正确、完整、及时的相关信息，这些信息分为客观信息和主观信息两大类。前者包括客户的证券清单、资产和负债清单、年度收支表及当前的保险状况等；后者包括客户及其配偶的期望、恐惧感、价值观、偏好、风险态度和非财务目标方面的信息，其重要性不亚于前者。

个人理财师在收集信息之前，必须设法让客户明白，客户在理财规划的信息收集阶段需要投入一定时间。个人理财师还需设法克服客户的防范心理，与客户建立相互信任关系，或以书面合同形式规定保密责任来提高相互信任的程度，使客户能主动提供一些必要的敏感性信息。

个人理财师可以通过向客户询问一系列问题或填写预先设计好的调查表格来收集信

息，但收集信息并非简单地等同于提问或填表，通常还要求对遗嘱、保单等文书进行检查和分析，与客户及其配偶进行面对面的交流，听取意见并加以归纳总结，帮助客户及其配偶识别并清楚地表达真正的理财目标及风险承受能力。

3. 签字认可。客户在填写完所有的信息数据后，个人理财师应对有关内容进行检查。如对个人理财师提出的服务收费表示同意，客户根据填写情况在使用声明后签字即可。这里的声明有两种：一种是客户填写了所有适用的内容，然后要求个人理财师在此基础上提出全面的财务建议；另一种是客户出于私人原因不愿意披露某些信息，只要求个人理财师根据有限的信息提供财务建议。如表3－10所示。

表3－10 个人理财师意见、客户声明、费用与其他相关事宜

个人理财师意见
声明：本人提供了部分调查表中所要求的信息，并要求×××咨询公司仅根据此信息为本人提供服务。
本人提供了调查表中要求的所有适用信息，并要求×××咨询公司根据此信息为本人提供全面的服务。
本人理解×××咨询公司提供的个人理财规划服务的质量将依赖于本数据调查表中信息的准确性。因此，本人声明并保证，本数据调查表中的信息是完整而准确的。
客户签字：_____   日期：_____
个人理财师签字：_____   日期：_____
以上条款解释权归×××咨询公司。
费用：首次财务咨询无须交纳服务费。如果需要书面的个人理财规划建议，请签署该调查文件以授权本公司使用该数据为您进行财务状况分析和制订财务计划。服务费为每小时_____元人民币。如果您指定本公司来实施部分或全部的财务计划，可以减免部分或全部服务费用，预知详情请与×××咨询公司联系。
_____签名

4. 数据调查表的内容和填写。

（1）数据调查表的设计。一份好的数据调查表可以简单明了地在较短时间内帮助客户提供个人理财师需要的所有信息。数据调查表的设计要遵循以下原则：

第一，调查表应该条理清晰、语言简洁易懂，为客户填表节约时间，同时提高数据的准确程度。

第二，调查表的内容根据需要设计，但必须有逻辑性，同类信息应归在同一栏目。

第三，调查表的问题设计应该是对个人理财规划有用的，不可以出现可有可无的问题。

第四，设计调查表时，要注意格式和版面的合理性。调查表的页面应该留有较大边距，使用通用大小的字体，方便客户辨认和填写。

第五，在调查表中，针对特定客户的项目要专门指出，对一些专业性的术语或内容应有解释和填写示范。

第六，在调查表的封面或最后要对完成调查表的客户表示感谢。无论是否需要客户寄回调查表，都必须附上个人理财师本人和所在公司的地址和联系方式。

（2）数据调查表的内容。客户数据调查表的种类有很多，且涉及的内容十分繁多，但必须能够为个人理财师们提供有效的信息，可以根据不同类型的客户设计。无论何种调查表，至少都应该包括客户个人信息和财务信息两方面内容。下面，我们根据其包含的主要内容逐一介绍。

①客户联系方式。客户必须清楚地填写其所有的联系方式，包括工作联系地址、家庭地址、移动或固定电话和电子邮件地址等，以方便个人理财师在需要时与之联络。客户联系方式如表3-11所示。

表3-11　　　　　　　　　　　　**客户联系方式表**

客户姓名：_____	
联系地址：_____	
家庭地址：_____	
工作电话：_____	家庭电话：_____
移动电话：_____	电子邮件：_____
日　　期：_____	

②个人信息。个人信息包括客户的社会地位、年龄和健康状况等，是数据调查表中不可缺少的部分，个人理财师可以通过这些信息，从侧面了解其财务状况和未来变化方向。个人信息的内容如表3-12所示。

表3-12　　　　　　　　　　　　**个人信息表**

信息栏目	本人资料	配偶资料
姓名		
职称		
性别		
出生日期		
出生地		
健康状况		
婚姻状况		
职业		
工作单位性质		
工作稳定程度		
拟退休日期/单位规定退休日期		
家族病史		

子女资料表如表3-13所示。

表3-13　　　　　　　　　　　　**子女资料表**

子女姓名	出生日期	健康状况	婚否	职业

③资产与负债、收入与支出信息。客户的资产与负债、收入与支出的状况是数据调查表的重要组成部分，也是个人理财师组织个人理财规划的基本内容。一份详细的收入支出表，是个人理财师编制客户现金流量表并作出相关分析的基础，能帮助客户了解自身的财务状况，这方面的具体内容将在后面章节详细说明，这里不予赘述。

④风险管理信息。风险防范主要是通过购买保险来实现，本项目下，客户需要填写的保险种类主要有人寿保险、伤残保险、健康保险、财产保险、责任保险和其他保险等。客户在填写这些栏目时，需要详细说明被保险人的姓名、保险公司、保单编号、投保金额和保险费，以帮助个人理财师进一步分析并作出理财规划（见表 3 – 14 和表 3 – 15）。

表 3 – 14　　　　　　　　　　人寿、伤残、健康保险

被保险人	公司	保单编号	投保金额	保险费	注释

表 3 – 15　　　　　　　　　　财产与其他保险

风险出处	公司	保单编号	投保金额	保险费	注释	保险费
住宅						
家具、家电						
汽车						
商业责任						
第三方责任						
其他						

⑤客户的财务价值观。该栏主要是了解客户对各种经济指标（如通货膨胀和税收规定等）的关心程度，以及对个人理财技能熟悉与否，有助于个人理财师了解客户类型及价值趋向，从而确定将采用何种方式和客户沟通，以及如何解释个人理财计划等（见表 3 – 16）。

表 3 – 16　　　　　　　　　　客户的财务价值观

您对以下指标的关心程度如何？请在每项指标后填数字（范围是 1~5），数字越大，表示越关心。
1. 关心　　2. 偶尔关心　　3. 关心　　4. 非常关心　　5. 极度关心
通货膨胀率水平　　＿＿＿＿＿＿＿＿
投资所能获得的税收优势　　＿＿＿＿＿＿＿＿
资产流动性　　＿＿＿＿＿＿＿＿
投资收益率　　＿＿＿＿＿＿＿＿
投资管理难度　　＿＿＿＿＿＿＿＿
其他信息　　＿＿＿＿＿＿＿＿
您以前是否进行过股权投资或其他非住宅性投资？有＿＿＿＿　　没有＿＿＿＿
如果投资有长期升值潜力，但短期内会有贬值，您是否会有顾虑？是＿＿＿＿　　不是＿＿＿＿
考虑到收入因素，您希望日常生活来源是：
1. 收入，不动用并保留资产。是＿＿＿＿　　不是＿＿＿＿
2. 收入和资产，不需要为遗产保留资产。是＿＿＿＿　　不是＿＿＿＿
3. 收入和资产，但也希望为遗产保留部分资产。是＿＿＿＿　　不是＿＿＿＿
4. 不依靠收入和资产维持生活。是＿＿＿＿　　不是＿＿＿＿

⑥其他经济数据。该栏目填制对多数客户来说难以独立完成，涉及了对宏观经济环

境信息的收集和预测，包括对通货膨胀率、社会平均投资收益率、社会保障制度和税收制度信息的收集和确认。建议个人理财师先对这些数据进行估算和填写，然后向客户解释采用这些数值的原因，并询问客户的意见，获得客户的确认（见表 3 - 17 和表 3 - 18）。

表 3 - 17　　　　　　　其他经济数据（本表数据在个人理财师的指导下完成）

	本人	配偶
平均税前名义收益率		
税前无税收优惠净资产名义回报率		
税收优惠净资产名义回报率		
通货膨胀率		
双人生活费节约率		
卖房中介费用		

注：双人生活费节约率是指家庭中夫妇两人的生活开支与单身生活开支可节约的比例。如单个人的年生活费用是 8 000 元，夫妇两人共同生活的年生活费是 12 000 元，则双人生活费的节约率是 0.25。

表 3 - 18　　　　　　　　　　子女生活开支占成人开支比例

子女年龄	预期年限	子女生活开支占成人开支比例（%）

5. 分析客户资信和财务状况。客户当前的财务状况是达到未来财务目标的基础，个人理财师在提出具体财务计划之前，必须客观地分析客户的当前财务状况。

对客户的相关信息收集、整理并对其正确性、一致性和完整性检查完毕后，个人理财师需要分析客户当前的财务状况，以发现实现客户目标的有利条件和不利因素。如果个人理财师的分析表明客户根本不可能实现原定目标，如客户的财力及投资收益率可能难以实现约定的退休收入计划，此时，个人理财师必须帮助客户降低目标，或告知客户为实现既定目标所需作出的调整，如推迟退休时间、增加储蓄、寻求更高的投资收益率等，以便客户作出适当的调整，使之更易于实现。

个人理财师对客户当前财务状况的分析，主要包括个人资产负债分析、客户个人收入与支出分析及财务比率分析等。最终在财务分析的基础上，结合前一步骤利用数据调查表所获得的信息，针对客户未来收入与支出的估计准备好客户的现金预算表。

6. 保存客户的理财记录。保存完整的理财记录对做好理财规划工作很重要，一般来说，比较大的理财机构都设有专门的资料管理系统，保存着以前和现在每位客户的所有资料，甚至对潜在的客户也注意收集相关的信息资料。资料的形式包括纸质和电子版文档等。这些理财机构都规定了内部业务执行程序并保证遵循，从而使得客户的资料能准确而完整地保存下来。规模较小的理财机构或单个个人理财师，一般也会雇佣业务助理或秘书来帮助保存客户的纸质或电子资料。

对接受个人理财师提出方案的客户而言，这一程序意味着将他们的相关文件，无论是纸质或电子文本等，继续保存在整个业务运行的过程中。对那些没有接受个人理财师提供方案和建议的"准客户"而言，保存他们的纸质和电子形式的资料同样重要，只不过他们的资料会归入"未能继续实施"一类，并作为未来的潜在客户继续存在。

有序的理财记录体系（见表3-19）将对客户的以下理财活动奠定良好的基础：

①处理日常商业活动，包括及时支付账单；

②规划并衡量理财进程；

③完成所需的纳税报告；

④进行有效的投资决策；

⑤决定当前及未来购买物品所需要的资源。

表3-19　　　　　　　　　　　　　　　客户理财记录

家庭档案	
1. 个人和职业记录 最新简历　员工福利信息　社会保险号码　出生证明	2. 资金管理记录 最新预算　理财目标列表　保险箱内容清单　最近个人财务报表（资产负债表、利润表）
3. 纳税记录 工资　抵扣税项收据应税收入记录　既往所得税报税单和文件	4. 理财服务记录 支票簿、未使用支票　银行结算单、取消支票　储蓄结算单地方信息以及保险箱数字
5. 信用记录 没有用的信用卡　支付账本　收据、月结算单　信用账户数字清单　发行商电话	6. 消费者购物与汽车记录 大额购物收据　保修证明　汽车服务和维修记录　汽车注册
7. 住房记录 租约（如果租房）房地产纳税记录　住房维修	8. 保险记录 保单原件　保险费金额和到期日列表　医疗信息（健康记录、处方药信息）索赔记录
9. 投资记录 股票、债券以及基金购买与销售记录　中介结算单　投资权证列表　红利记录	10. 遗产规划与退休记录 养老计划　个人退休账户结算单　社会保险信息遗嘱信托协议
保险箱	
出生证　结婚证　死亡证明　公民身份证　领养、监管文件　军事文件	昂贵商品的序列号　有价商品的照片或录像
存款单　活期储蓄账户号码　金融机构清单	信用合同　信用卡号码　发行商电话号码列表
抵押贷款合同所有权证书　保单数字和公司名称列表	股票和债券权证　珍稀钱币、邮票、遗嘱复印件　宝石和其他收藏品
个人计算机体系	
• 最新及既往的预算记录；已开支票和其他银行交易的概况 • 用纳税软件准备的过去所得税报税单；投资账户概况及业绩表现 • 遗嘱、遗产计划及其他文件的计算机化文档	

三、拟定理财报告

（一）理财方案的基本要素

1. 方案核心内容。

（1）理财方案摘要。一份书面理财方案包含很多专业术语和技术细节，对大部分潜在客户来说，会显得晦涩难懂，使客户从一开始就失去阅读下去的信心。解决这个问题的有效办法，就是在理财方案报告书的开头部分设置一段摘要。通过这个摘要，个人理财师可以对理财方案中所包括的重要建议和结论预先作简要介绍，以帮助客户对理财方案有个概括精要的了解。

（2）对客户当前状况和财务目标的陈述。这部分内容主要来自于从客户信息调查表、会谈记录及从其他途径获得的相关信息，还涉及客户的风险偏好和其他关心的财务问题，在整个理财方案中具有重要地位。个人理财师在完成对客户当前状况和财务目标的陈述后，为确保客户对本部分内容的准确理解，必须加上以下一段话（或含义相同的其他表达方式）："尊敬的客户，我们所作的财务建议都是基于以上信息。请您仔细检查上述信息。如果我们对您当前状况的描述有何误解之处，或者您对相关信息有需要补充的地方，请在进入方案的下一部分之前通知我们。"

（3）理财方案假设。一份书面的理财方案，既包括对客户当前状况的陈述，也包括对未来状况的预测。为能客观地分析客户未来的财务状况，个人理财师应首先建立一系列恰当的理财方案假设。长期的理财规划可能需要以下方面的假设：①通货膨胀水平；②工资增长水平；③平均资本利得回报率；④退休金缴纳水平；⑤未来消费的估计成本；⑥购置房屋、汽车、度假等支出；⑦税率。为了让客户明白所作假设的含义，个人理财师应在这些假设后面给予相应的解释和评论，这将有助于客户理解理财方案中的指标计算和数据分析。

（4）理财方案策略。理财方案是以客户当前的财务状况为基础，帮助客户实现其未来财务目标的设计，其关键在于采用何种策略来帮助客户按预先拟定的计划达到最终目标。一个合格的个人理财师会选择最有效、最合理的策略，并通过口头和书面的形式将这些策略的具体内容传达给客户。为了保证客户准确理解理财方案的策略，个人理财师还需要就策略中比较晦涩难懂的部分向客户作出解释。

（5）理财方案具体建议。理财方案策略的实现要通过一系列具体的理财方案建议，如现金流（收入/支出规划）建议、投资/储蓄建议、养老金建议、保险建议、遗产规划（遗嘱及委托书）建议等。这些具体建议可以看做实现客户财务目标的媒介，是个人理财师工作的重心所在。由于客户自身条件和目标的不同，个人理财师提出的具体建议也会有较大不同。

（6）理财方案预测。一般来说，理财方案预测基于理财方案假设建立，故设置在理财报告的最后。但出于强调的目的，个人理财师也可以将预测计算中的一些关键信息提前到报告的其他位置，并用书面语言将其准确地表达出来。

此外，正如我们一再强调的那样，书面理财方案对客户来说太过专业。为便于客户正确、完整地理解理财方案预测部分的内容，个人理财师有必要对客户做详细解释。

2. 其他相关内容。

（1）各项费用及佣金。根据个人理财师职业道德准则和操守规范的规定，个人理财师有义务向客户解释所收取的各项费用和佣金，客户也有权了解理财方案中各项具体建议的全部成本。费用和佣金的披露范围，包括支付给个人理财师和相关机构的所有费用和佣金。费用和佣金要尽量采用货币形式。如某些项目需要采用百分比的形式或无法定量披露时，个人理财师应予合理说明。

（2）理财方案建议的总结。在理财方案前面的内容中，客户已经接触到大量的书面理财规划建议和相关的计算与预测。为了让客户对这些内容有更清晰、全面的认识，个人理财师有必要在进入下一部分执行方案前，对涉及的各种理财建议进行一次总结。总结的格式可以采用项目列示的形式。

（3）执行理财方案之前的准备事项。在本部分，个人理财师要指明执行理财方案之前还需要客户完成的步骤。

（4）执行理财方案的授权。一份理财方案必须包括客户对执行理财方案的书面授权，以从形式上规范个人理财师与客户之间的联系，为理财规划工作建立良好的法律基础。

一般来说，理财规划授权书的正文主要分为两个部分：①客户声明，主要包括客户对个人理财师在此前所做的工作，及客户对理财方案的理解等的声明；②客户希望个人理财师提供的各种专业服务等。

（5）附加信息披露。理财规划的实施中，往往会有各种限制因素影响方案的顺利实施，导致个人理财师与客户之间发生利益冲突。在这种情况下，个人理财师要对可能会产生限制的各种因素进行详细披露，以保护自己的利益。

（6）支持文档。支持文档是对理财方案的结论、预测等提供计算分析依据的一系列文件。附加财务计算和分析文档，是为理财规划建议提供支持的一种重要方式。这些计算分析文件一般是放在理财方案的末尾。此外，对所建议的投资提供支持和描述的信息，也应作为支持文档的一部分放在理财方案的最后。

3. 免责声明。为保护自身利益，个人理财师还应当取得客户声明及客户对执行理财方案的授权。免责声明是一种用来限制和减轻个人理财师所负责任的表达方式，书面理财方案中加入免责声明，是个人理财师对客户的提醒：对超出可控制范围的事件引起的损失不承担任何责任。

（二）形成理财方案

个人理财师提出的理财方案只是个单一文件，但其内容相互关联，形成过程也是环环相扣。下面把理财方案形成的过程分解成几个单独而又连续的步骤分别介绍。

1. 确保已掌握所有相关信息。在理财规划程序的步骤中，个人理财师已通过数据调查表等各种方式收集了客户的相关数据，并对这些数据作了初步分析，确定了客户的期望与目标，这些工作为理财规划策略的形成打下了良好的基础。在理财方案形成的过程中，第一步也是最基本的一步，就是个人理财师必须确保自己已掌握了准备理财方案所需要的相关信息，因为理财规划本身就是建立在充分掌握客户数据的基础之上。

个人理财师在收集客户信息的过程中，如没有履行必要的程序或工作中有重大疏漏，导致所掌握的客户信息不真实、不完全，以此为基础提出的理财方案就必然是不完善的，进而理财方案的执行可能会造成客户利益的某种损失。因此，个人理财师在正式制订理财方案之前，应将已掌握的所有信息做一次全面回顾，必要时还可以再次与客户取得联系，以确保所掌握的相关信息真实、完整，并能客观反映客户的整体财务状况。

理财方案的形成则还需要个人理财师遵循以下步骤：（1）确保已掌握了所有的相关信息；（2）采取一定的措施保护客户当前的财务安全；（3）进一步确定客户的目标与要求；（4）提出理财规划的策略以满足客户的未来财务目标；（5）最终帮助客户形成合理的投资决策。

2. 整合理财策略并提出理财方案。财务目标实现的各个领域之间存在着以客户为中心的紧密联系，如退休计划就涉及税收、养老金、现金流管理、投资计划、遗产计划等多方面内容。个人理财师进行具体的财务策划时，不能只孤立地考虑客户的某一方面情况，而忽视其他相关方面的重要信息。

财务的策略整合，要求个人理财师对客户的实际情况与主观要求作出全盘考虑，并在此基础上提出与之相应的一系列基础性策略。个人理财师的能力，即体现在如何将各种不同的目标策略整合成一个能满足客户目标与期望的、相关联的、具有可操作性的综合理财方案。在策略整合的最后，个人理财师需要针对不同年龄层的客户制定适合的理财方案，最终将整合好的理财方案递交给客户征求意见。

投资决策的形成可以分为 3 步：（1）确定将投资分散到各个资产类型上的合适比率；（2）针对每种资产的类型确定投资方向；（3）为客户挑选具体的投资品种。

3. 制订理财方案。个人理财师的下一步工作是制订一个切实可行的方案，使客户从目前的财务状况出发，实现修正后的目标。理财方案因人而异，应针对特定客户的财务需要、收入、风险承受能力、个性和目标来设计。财务计划应该是明确而具体的，具体到由谁做、何时做、做什么、需要哪些资源等；财务计划还必须是合理可行、客户可以接受的。通常，理财方案的报告应采取书面形式，必要时插入一些曲线图、图表及其他直观的辅助工具，使客户易于理解和接受。

在理财方案的形成中，理财软件是重要的工具，它可以帮助个人理财师完成许多复杂的计算并输出相应的报告。

为了保证理财方案的规范性，书面的理财方案需要有一系列的基本要素。不论个人理财师最终的书面方案采用何种格式，都必须包含这些基本要素，要确保客户理解提出的理财方案并征询其意见。如客户阅读之后对理财方案表示不满意并提出修改要求，个人理财师应妥善地应对这种修改要求。

（三）执行并监控理财方案实施

1. 理财方案执行的要求。仅有一份书面的理财方案是没有意义的，只有通过执行理财方案，才能让客户将目标变成现实。因而，个人理财师有责任按照客户同意的进度表贯彻实施财务计划。为了确保理财方案的执行效果，个人理财师有责任适当激励并协助客户完成每一步骤，并遵循准确性、有效性、及时性三个原则。理财规划要真正得到顺利执行，还需要个人理财师制订详细的实施计划。实施计划首先确定理财规划的实施步骤，然后根据理财规划的要求确定匹配资金的来源，最后列出实施的时间表。

计划开始实施时，应当对计划的实施过程进行监控。在理财方案的执行过程中，任何宏观和微观环境的变化都会对理财方案的执行结果造成积极或消极的影响。个人理财师和客户之间必须一直保持联系，通常，个人理财师每年至少与客户会面一次，对计划的实际实施情况进行检查，在环境多变时更需要频繁的会晤，就实施结果及时与客户进行沟通，对理财规划的执行和实施情况进行有效的监控和评估，必要时还可以对策划方案进行适当的调整。

检查程序首先是对各种实施手段的效果进行评估；其次，针对客户个人及其财务状况的变化及时调整财务计划；最后，应该由客户对经济、税收或财务环境发生的变化进行审核。

2. 保护客户当前的财务安全。客户当前的财务安全状况直接决定着理财方案的执行与结果。如客户的财务状况存在较大问题，必然会增加理财方案的不确定性，并直接影响到理财方案执行的效果。

通过对以下问题的调查分析，可找出存在的风险并加以解决：

（1）客户是否已参与了充分的保险（包括人寿保险、医疗保险、失业保险、财务保险等）；

（2）客户是否有必要签署一份长期的或常规的律师委托书；

（3）客户是否已订立有合法有效的契约；

（4）客户的资产负债状况是否正常，客户的收支状况是否平衡；

（5）客户是否有紧急情况下的现金储备；

（6）客户是否还有增加收入的潜力。

这些项目并不代表必须考虑的所有问题。通过对以上项目的评估，个人理财师应根据客户的实际情况增加或减少某些项目，但必须确保所选项目能全面反映客户当前的财务安全状况。

3. 利用理财规划建议实现客户的财务目标。

（1）确定客户的目标和要求。客户会在会面的过程中提出期望达到的各项目标，包括短期目标（如休假、买空调等）、中期目标（如子女教育储蓄、买车等）、长期目标（如买房、退休、遗产传承等）。这些目标分类相对比较宽泛，为了更好地完成这些目标，个人理财师必须在客观分析客户财务状况和理财目标的基础上，将这些目标细化并加以补充。

在确定客户的财务目标与要求的过程中，由于客户对投资产品和风险的认识往往不足，很有可能提出一些不切实际的要求，个人理财师对此需要特别注意。某股评家就讲到，许多客户期望股评家能够每天为客户介绍一两只能在近期涨停板的股票，这显然是无法做到的。针对这一问题，个人理财师必须加强与客户的沟通，增加客户对投资产品和风险的认识。在确保客户理解的基础上，共同确定合理的目标。

（2）客户目标和要求的具体内容。本步骤需要个人理财师综合运用所掌握的专业知识和技能，帮助客户达到未来的财务目标。在这里，我们可以把客户未来的财务目标分为现金流收入状况与目标、现金流支出状况与目标和资产保护与遗产管理目标。为了实现这些目标，个人理财师需要针对每种目标找出合适的理财策略。

①现金流收入状况与目标。为了实现现金流目标，个人理财师需要从收入与支出两方面入手。现金流状况与财务目标实现的重要前提是收入的取得。在分析客户的收入状况时，个人理财师会发现工资薪金收入相对固定，社会保障收入也往往如此，而额外收入则主要受投资收益的影响，这是个人理财师工作的重点。

②现金流支出状况与目标。关于支出，个人理财师首先想到的是能否帮助客户将一些不必要的支出减少到最低，是否存在某些能帮助客户减少支出的波动同时又不影响客户生活质量和生活方式的好办法。保险规划中，个人理财师有可能会考虑客户合并保单或运用某些年龄折扣条款来节约保费支出。税务策划过程中，个人理财师通过对纳税人税负的分析，会用收入分解转移、收入延迟、负杠杆等方法减少客户的税负支出。通过对客户收入与支出结构的调整，个人理财师可帮助客户实现其未来的储蓄能力目标，并对如何使用这些储蓄提出建议。

③资产保护与遗产管理目标。个人理财师需要在资产、收入、医疗健康、人寿保险等方面保护客户的财务安全。除此之外，个人理财师还需要从实现整体财务目标的角度，帮助客户维护财务安全，尤其是针对遗产管理方面的事宜。

个人理财师在提供理财服务时，需要确定客户的资产管理有无充分的保护。资产保护中，要着重分析提供保护的收益与所消耗的成本，判断这些方法在经济上是否具有可行性。个人理财师还要确认客户拥有的房屋、家具、汽车等重要资产是否已充分投保。

（四）应对客户修改方案的要求

在某些情况下，客户会要求个人理财师对提出的理财方案进行修改。引发这种要求的原因，可能是个人理财师对客户的当前状况和所达目标有误解，或客户对理财方案的部分内容不满意。针对产生修改要求的原因，个人理财师应采取相应的针对措施。

1. 对状况和目标的误解而产生的修改要求。在这种情况下，个人理财师应采取如下措施：

（1）应向客户说明，自己会以书面的形式对所要求修改的内容及引起修改的原因进行确认。

（2）对客户要求修改时双方讨论的内容作出详细的记录，并用引号标出当时客户的问题及个人理财师的回答。

（3）应在给客户的确认信中包含一封回信，要求客户就修改要求及个人理财师提出的修改建议进行确认。

2. 客户不满意而引起的修改要求。针对由于客户不满意而引起的修改要求，个人理财师应采取如下措施：

（1）应向客户说明，可以按照客户的要求对方案进行修改，但个人理财师本人仍然坚持最初的方案。

（2）对客户要求修改时双方讨论的结论作出详细记录，尤其对客户不愿意继续执行方案的原因作重点记录，个人理财师的口头回复也要记录在案。

（3）只有在收到客户签署要求修改的确认信件之后，个人理财师才可以着手进行修改。

（4）个人理财师应确保自己的上级部门了解所作的修改，并确保已通过书面形式通知了上级部门。

这些措施可以确保个人理财师在客户可能会提起的诉讼中处于较为有利的位置，对个人理财师维护自身的利益非常重要。如某个客户对理财风险十分敏感，要求在理财方案中不包含任何股票或其他高风险投资，但因投资的风险与收益之间往往成正比，一味规避风险可能导致投资收益率的降低，资产回报率很可能达不到客户的要求，客户就会认为个人理财师没有尽职尽责，并可能对个人理财师提出诉讼。在这种情况下，如客户坚持要对方案进行修改，个人理财师应要求客户出示相关文件，证明所作的修改是根据客户自己的要求而进行的。

四、协助客户执行理财方案

（一）执行理财方案应遵循的原则

执行理财方案时，个人理财师或理财方案的执行者应遵循如下原则：

1. 准确性原则。这一原则主要是针对所制订的资产分配比例和所选择的具体投资品种而言。比如用于保险计划的资金数量，或具体的中长期证券投资品种，理财方案执行者应该在资金数额分配和品种选择上准确无误地执行计划，才能保证客户既定目标的实现。

2. 有效性原则。这一原则是指要使计划能有效完成理财方案的预定目标，使客户的财产得到真正的保护或实现预期的增值。如原来客户的保险方案并未选定具体的保险公司和保险产品，或选择的保险公司和保险产品的状况已发生了相当的变化，理财方案执行者有责任为客户选定能有效保护客户的人身和财产安全的新的保险公司和保险产品，或者及时将现实情况的变化告知客户，对保险公司或保险产品重新进行选择。

3. 及时性原则。这一原则是指理财方案的执行者要及时落实各项行动措施，以使方案的执行尽量符合当时的要求。影响理财方案的因素有很多，如利率、证券价格、保险费等，这些因素都会随着时间的推移而发生变化，从而使预期结果与实际情况产生较大的差距。

（二）方案执行

个人理财师完成并提出整合的理财方案，或根据客户要求与情况变化进行方案的修改与调整，并为客户接受之后，接下来就是具体执行该理财方案。同样，在执行该财务方案之前，应该制订具体的实施计划。

实施计划需要列出针对客户各个方面不同需求的子计划的具体实施时间、实施办法、实施人员、实施步骤等，是对理财方案的具体化和现实化。

1. 确定计划行动步骤。客户目标可按时间的长短进行分类：1年之内称为短期目标，1~5年称为中期目标，5年以上的称为长期目标，贯穿整个人生的则称为永久目标。按客户想要达到的目的分类，又可以把客户的目标分为收入保护目标、资产保护目标、应急账户目标、死亡或失去工作能力时有效转移资产的目标等。

同样，个人理财师在制订具体实施计划时，应该对客户的各个目标按其轻重缓急进行分类，同时明确实现每个目标所需要经过的行动步骤。换句话说，必须弄清楚每个行动过程对应客户预期目标的实现，才能防止或减少行动步骤的疏漏。

2. 确定匹配资金来源。个人理财师在制订理财方案时，已经针对不同类型的客户分析了各自的风险偏好与承受能力，同时分析了与对应客户相匹配的各种资源配置的策略与原则。但制订并实施计划时，还需要根据客户现在的财务状况进一步明确各类资金的具体来源和使用方向，尤其是各个行动的资金来源保障。资金来源的及时和充足与否，直接关系到行动步骤运行的有效性和及时性。

3. 确定实施方案的时间表。一般来说，较容易受到时间因素影响的行动步骤应该放在时间表的前列，比如某些为实现客户短期目标所采取的行动步骤等。对整个实施计划具有关键作用的行动步骤也应放在前面，如客户对个人理财师及理财方案执行者的授权声明或雇佣合同的签订。而那些为了实现客户长远的目标所应采取的行动步骤，在实施计划的时间表中则可以适当后移。这类行动步骤一般不会因推迟几天或几个星期而影响最终目标的实现。但长期目标可能会影响到客户的长远生活质量和财产保障，对客户来说一般都意义重大，因此，个人理财师需要对要采取的行动步骤和特定产品的抉择反复考虑、审慎选择。

（三）执行理财计划

1. 获得客户授权。客户授权主要是指信息披露授权，即客户授权给他所雇请的个人理财师或理财方案执行者，由他们在适当的时间和场合，将客户的有关信息（比如姓名、住址、保险情况等）披露给相关人员。

在没有获得客户书面的信息披露授权书之前，个人理财师或理财方案执行者不能与其他相关专业人员讨论客户的任何情况，或向他们泄露客户的任何信息。有人甚至认为，在未经客户允许的情况下，即使个人理财师或理财方案执行者只是将客户的姓名告诉其他专业人员，也是一种侵犯隐私的行为。所以在制订与执行计划的过程中，个人理财师和理财方案执行者在与其他人员沟通与合作、讨论客户情况时应该特别谨慎。

2. 与其他专业人员沟通合作。理财方案执行中，个人理财师或理财方案执行者有可能与其他相关领域的专业人员沟通与合作，这些专业人员包括会计师、律师、房地产代理商、股市咨询师、投资基金销售商、保险代理商或经纪人等。这些专业人员对各类财务计划必不可少，如具有专业知识与经验的投资咨询人员，只有他们才特别了解目前的宏观经济形势、行业发展状况与整体经济走势，并对各个投资市场和各类投资产品的结构与特点有整体性的把握。让这些专业人员参与到客户的投资计划设计中来，才有可能使该计划具有较好的可信度和可行性，以满足客户的财务目标与要求。

（四）关注情况变化对理财方案的影响

在方案实施之后，整个宏观环境中的各种因素仍然会持续地发生变化，客户自身的个人状况也会不断变化，这些变化都会影响到根据变化前的各种外部条件和个人财务状况所制订的理财目标的实现。

宏观及微观境况变化对理财方案的实施及客户预期目标实现的影响是显而易见的，现实生活中，这种影响相当复杂，有时候可能存在着正负双方面的作用，或通过其他因素间接发挥作用。这里对各种影响的分析是直接、简单和粗略的，一般只分析了某些因素单向变化所造成的影响，仅供参考。

1. 宏观因素变化对理财规划的影响

（1）官方利率下调。官方利率下调会使贷款的成本下降，使消费增加、筹集成本下降，从而使证券市场行情趋好，潜在收益增加。

（2）经济的周期性波动、证券市场震荡、投资机构业绩变化、利率调整、汇率波动、持续的高通货膨胀等。这些情况可能会使各行业的经济运作成本提高，影响其收益率，从而影响股票市场的收益。

（3）本国货币汇率上升。这可能会使客户的国际性投资收益率下降，甚至使其投资的本金减少。此时个人理财师应调整其国际投资的比重。

（4）证券市场行情下调。股价下降可能会使客户有机会增加股票市场投资的比重，这要视客户的风险承受能力而定。

（5）法律因素变化，如税务法律法规修订、社会保障法规改变、退休金法律完善等。

2. 微观因素变化对理财规划的影响

（1）客户业务收益率增加并导致税负上升。客户可能需要增加养老基金的交付数额，从而规避税收，并增加退休资产。

（2）客户决定为两年内的一次出国旅游储蓄存款。为此可能需要出售部分证券，或减少养老基金交付数额，这又会影响投资计划或退休计划。

（3）客户的工资薪金、生活成本与标准质量发生变化。如客户已完全或永久丧失了工作能力，不得不停止养老基金交付，获得保险公司赔偿，寻找新的收入来源。

（4）客户婚姻破裂。客户夫妻双方原来共享一个理财方案，现在婚姻破裂，就需要新制订各自的方案。

（五）理财方案执行评估

对理财方案的评估，实际上是对整个理财规划过程的所有主要步骤重新分析与再次评价。对理财方案的评估过程基本上根据以下特定的步骤逐步进行：

（1）回顾客户的目标与需求。

（2）评估财务与投资策略。分析各种宏观、微观因素的变化对于当前策略的影响，研究如何调整策略以应对这种变化及影响。

（3）评估当前投资组合的资产价值和业绩。投资组合是否可以达到目标，如未达到目标，应找出相关的原因。

（4）评判当前投资组合的优劣。考虑各项投资的安全性和前景，判断是否出现业绩下滑的征兆或大量投资者撤资的情况。

（5）调整投资组合，同时考虑交易成本、风险分散化需求及客户条件的变化。

（6）及时与客户沟通，任何对理财方案及投资组合的修改，都应该获得客户的同意和认可。

（7）检查方案是否被遵循。这是理财方案评估的最后一步，观察个人理财师制订的理财方案是否被客户遵照执行。

小资料 3 - 3

理财规划案例

（一）张先生家庭基本资料

张先生与张太太均为 30 岁，研究生学历，张先生从事建筑监理工作，张太太为高校教师，结婚两年尚未有子女。家庭资产分配如下：张先生与张太太存款各为 6 万元，名下股票各有 6 万元和 2 万元，合计资产 20 万元，无负债。张先生月收入 4 500 元，张太太月收入 5 500 元，目前无自有住房，月租金支出 1 000 元，月生活费支出约 3 000 元。夫妻双方月缴保费各为 500 元，为 20 年期定期寿险，均为 29 岁时投保。单位均缴纳"四金"。夫妻两人都善于投资自己，拥有多张证照。预期收入成长率可望比一般同年龄者高，预计平均成长率均有 5%，而储蓄率可以维持在 50%。家庭理财目标如下：

1. 2 年后生一个小孩；

2. 3 年后买一套房子，面积 120 平方米左右，准备好装修费用 15 万元左右；

3. 20 年后需要准备好孩子接受高等教育的费用，做好供其到研究生毕业的准备；

4. 25 年后退休，准备退休后生活 30 年的费用，希望过上安逸无忧的晚年生活。

张先生家庭的资产负债表如表 3 - 20 所示。

表 3 - 20　　　　　　　　　　　家庭资产负债表　　　　　　　　　　单位：元

科目	合计	张先生	张太太
存款	12 万	6 万	6 万
股票	8 万	6 万	2 万
负债	0	0	0
净值	20 万	12 万	8 万

家庭月度现金流量表如表 3 - 21 所示。

表 3 - 21　　　　　　　　　　　家庭月度现金流量表

现金流入	金额（元）	占比（%）
张先生月收入	4 500	0.45
张太太月收入	5 500	0.55
收入总计	10 000	1
每月生活支出	3 000	0.6
房租支出	1 000	0.2
保费支出	1 000	0.2
支出合计	5 000	1
月度结余（家庭储蓄能力）	5 000	

　　从张先生家庭目前的资产负债表和月收支现金流量表中可以看出，家庭月均收入达
1 万元，年度结余 6 万元，储蓄率达到 50%，无负债，财务状况还是不错的。但资产的
收益性不高，60% 的资产分布在低收益的储蓄存款上，目前的资产配置过于单一，只有
存款和股票，收益性资产都集中在股票上，风险过于集中。虽然张先生夫妇目前过着轻
松的生活，但在未来几年家庭负担将会非常沉重，按照 2 年后生小孩、3 年后购房的短
期计划，在不久的将来要面临着小孩的抚养费和教育金筹措及房贷的沉重负担，属于无
近忧而有远虑的小家庭，很有必要早做规划，以期达到家庭理财的目标。

（二）家庭理财规划设计

1. 建立家庭紧急预备金

　　紧急预备金的额度应考虑到失业或失能的可能性和找工作的时间，考虑到张先生夫
妻双方工作相对稳定，以准备 3 个月的固定支出总额为标准。家庭目前月支出 5 000
元，但不久的将来面临生育费用和月供房贷，建议另准备每月 2 000 元的超额支出，供
建立家庭紧急备用金：7 000 × 3 = 21 000 元。其中 10 000 元存银行活期存款保持流动
性，其余 11 000 元购买货币市场基金或流动性强的人民币理财产品，在保持流动性、
安全性的前提下兼顾资产收益性。

2. 购房规划

　　张先生家庭计划 3 年后购房，市中心目前房价正处于高位。据了解，张先生所居住
城市地铁的兴建已提上城市建设日程，未来交通便利，建议购买城郊四室两厅两卫 120
平方米，每平方米单价 6 000 元左右的房子。目前城郊房价稳中有升，以 2% 增长率来
看，3 年后总房款为 76.4 万元左右。首付 30% 为 23 万元，余款 53.4 万元做 20 年按

揭，以该案例中 5.51% 的贷款利率来看，月供需 3 676 元。根据张先生家庭的财务状况来看，3 年后收入结余新增 19.4 万元，年收入将达到 13.9 万元/年。可将前 3 年的结余投资累计值加上已有生息资产 20 万元，作为首付款和装修费用。

3. 子女养育和教育金规划

2 年后张先生小孩的生育费用建议从家庭紧急备用金中提取。据统计，当前中国家庭生活费支出的半数是花在小孩的身上，小孩的养育和教育费用不可忽视。随着高等教育自费化和初等教育民办化的趋势，这块费用将越来越水涨船高。假设学费成长率为3%，上大学之前接受公立学校教育，大学和研究生每年花费按 1 万元保守估计，其教育费用现值至少需要 11 万元。以 5% 的预期投资报酬率计算，年储蓄额需要 8 172 元（月储蓄 681 元）。教育费用属于长期支出，尤其是高等教育费用比较高，考虑到其可以准备时间比较长，可以做一些期限相对较长、收益相对较高的投资，提高资金回报率。

4. 保险规划

可从遗嘱需要的角度分析张先生家庭的保险需求。保险规划的基本目标是要保障收入来源者一方出现意外情况的话，家庭可以迅速恢复或维持原有的经济生活水准，使得家庭的现金流不至于中断，生活水准不出现较大的变化。表 3 - 22 是张先生夫妇遗嘱寿险需求表。

表 3 - 22 遗嘱寿险需求表

弥补遗嘱需要的寿险需求	张先生	张太太
目前年龄	30 岁	30 岁
目前年收入	54 000 元	66 000 元
收入年数	25 年	25 年
收入成长率	5%	5%
未来收入的年金现值	761 073 元	930 200 元
目前的家庭生活费用	36 000 元	36 000 元
减少个人支出后的家庭费用	24 000 元	24 000 元
家庭未来生活费准备年数	55 年	55 年
家庭未来支出的年金现值	447 203 元	447 203 元
目前教育费用总支出现值	110 000 元	100 000 元
未成年子女数	1	1
应备子女教育支出	110 000 元	110 000 元
家庭房贷余额及其他负债	534 000 元	534 000 元
丧葬最终支出目前水准	5 000 元	5 000 元
家庭生息资产	200 000 元	200 000 元
遗嘱需要应有的寿险保额	135 130 元	- 33 997 元

测算结果显示，张先生应有的寿险保额为负数，张太太是 13.5 万元。夫妻现有的

定期寿险各为 20 万元。从数字上看张先生存在多投保的现象。考虑到其工作性质为建筑行业，建议投保意外险 10 万元，定期寿险 10 万元，根据身体状况可考虑再投保大病险和医疗补充保险。张太太工作稳定，所在高校医疗保险等福利健全，考虑到 2 年后小孩出生，生活费用将大大增加，现有投保险种和保额可不做调整。

5. 退休规划

张先生夫妇计划 25 年后退休，且希望在退休后 30 年内保证每个月有现值 4 000 元的家庭支出，每年安排一次旅游计划，过上中等以上水平的晚年生活。假设通胀率为2%，退休后投资报酬率为 4%，现值为 4 000 元的月支出相当于 25 年后的 6 562 元。预计退休后双方可领取养老金共 4 000 元左右，退休金缺口为 2 592 元。考虑到通货膨胀因素，退休后的实质投资报酬率仅为 2%。要保证 30 年的退休生活达到小康水平，到退休时准备 70 万元的退休金。依照 5.2 的预期投资报酬率、22 年投资期来看，月投资需 1 426 元。考虑到退休规划的长期性，也具有较大的弹性，可做长期投资打算，投资风险和收益相对较高的产品。

6. 投资规划

前面分析张先生的家庭财务状况，发现其现有家庭资产的配置过于集中单一，且收益性不高。储蓄存款收益目前平均为 2% 左右，而股票投资收益近 2 年长期低位运行，不断走低，风险相当大。为了达到以上家庭理财目标，有必要对投资组合进行调整。

对张先生夫妇两人风险能力和风险态度的测评显示，两人均具有中等偏上的风险承受能力，故此可对当前资产和未来的积蓄重新安排，以期达到较高预期报酬。根据风险属性的测评结果和家庭理财目标规划，建议张先生家庭可对资产做以下比例配置：活期存款 5%，人民币理财产品或货币基金 20%，债券 20%，偏股票基金或股票 55%。投资收益率预计为货币 0.58%，人民币理财产品或货币基金 2.5%，债券 4%，股票型基金或股票 7%。该投资组合的报酬率为 5.2%。

特别要提到的是，根据张先生夫妇的风险属性的测评，高风险高收益的投资比例最高可到 70%。但该资产组合中风险资产的配置目前仅占 55% 左右，考虑到当前股市长期低迷，市场上高回报的投资产品不多的现实情况，我们建议适当调低此类产品的投资比例。该组合的预期投资报酬率目前相对保守，随着未来股市回暖和高收益投资理财产品的增多再做灵活调整，从而提高资产的投资回报。

（三）相关投资产品推荐

1. 人民币理财产品或货币市场基金

人民币理财产品可以考虑浙江商业银行的"月月涌金"产品。该产品安全性高，主要投资于高信用等级人民币债券；流动性强，以一个月为理财循环周期，月初按照客户约定扣收理财本金，月末将理财本金和本期收益直接划付到客户指定账户之中。并且该产品可以自由增减理财本金，随时可以赎回，收益稳定，目前年预期收益率在2.3% ~ 2.5%。

货币市场基金可考虑发行较早的南方现金增利基金和华安现金富利货币基金，收益相对稳定。

2. 债券

记账式国债持有到期收益稳定，每年付息可以有稳定现金流，尤其在经济低迷期，是客户的收益保障。也可考虑购买一些业绩良好的债券型基金，如嘉实理财债券基金等。

3. 股票型基金

现阶段国内股票市场变幻莫测，建议张先生选择开放式股票型基金进行投资，享受专家投资、规模效益、风险分散的优点。推荐产品有富国天益价值基金、易方达策略成长基金、广发稳健增长基金，近年来净值增长率基本上都在 10% 以上，具有较大的增值潜力。

（四）特别说明

1. 定期调整计划

建议张先生家庭每年调整一次家庭紧急备用金，小孩出生后根据家庭担负责任的变化调整保障计划，根据市场环境和个人情况的变化检查并调整投资组合。但应在个人理财师的帮助下进行。

2. 重视利率敏感性

对张先生家庭的理财规划根据当前情况对未来的通胀率、房贷利率及收入成长率等进行了预估。但如未来现实生活中出现利率波动较大的情形，如房贷利率和通胀率上升，而投资报酬率持续低迷，可视情况做提前还贷处理。

3. 适当提高生活品质支出的比例

张先生夫妻双方收入较高，且成长性较好，建议有计划外储蓄结余时，应适当提高生活品质支出，可考虑每年安排一次家庭旅游计划，或购买一辆经济性轿车作为代步工具，可方便上下班和以后小孩上下学的接送。

张先生家庭的财务状况基本上是不错的，当前无负债，资产也具备流动性，家庭成员具有一定的保障，不足之处是资产的收益性不足，在现有配置比例下无法达成所有的理财目标，而且风险性资产比较集中单一，需要进行适当的调整。

考虑到购买计划近在眼前，建议先采用目标先后顺序法，再采用目标并进法进行资产配置。3 年后先用家庭现有资产累计值和 3 年累计储蓄之和支付首付款和装修费用，月供房贷、教育金和退休金准备，可采用月/年储蓄的方式，通过定期定额投资方式实现。资产组合经调整后，其预期投资报酬率保守估计为 5.2%，此报酬率下能实现所有的理财目标。如投资报酬率随股市复苏而上升，则可用来改善生活，提高生活品质，实现其他家庭目标，如购车等。

表 3 - 23　　　　　　　　　　　　问卷调查

流动性检验	存款是否大于三个月的生活支出？	是
风险适合度	风险性资产是否低于承担能力态度？	是
资产收益率	是否 50% 以上的资产用于投资？	否
负担承受力	偿债额是否在收入额 20% 以下？	是
目标达成率	是否所有的理财目标可达成？	否
保险适足性	主要人身风险是否有安排保障？	是

表 3 – 24 　　　　　　　　　　　　　　投资规划

投资组合比较	货币或存款	货币基金或人民币理财产品	债券	股票或偏于股票型基金	总资产
建议资产配置	5%	20%	20%	55%	20 万元
目前资产配置	60%			40%	月储蓄
应调整资产配置比例	– 55%	20%	20%	– 15%	6 000 元（5% 递增）
预计投资报酬率			5.2%		

表 3 – 25 　　　　　　　　　　　　建议张先生投保的保险

项目	寿险	补充医疗和重大疾病险	意外险
建议投保	10 万元	根据身体状况和年龄上升情况投保	10 万元
目前保额	20 万元	单位已加入社会医保	
应调整额	（ – ）10 万元		（ + ）10 万元
保额占年支出的倍数	6.6	正常倍数	10
保费占年收入的比率	0.11	正常比例	0.1

理财小贴士

理财境界九 "段"①

有人模仿围棋段位的称呼，尝试将个人理财的状况和层次，按照所需要运用的智力水平和风险程度分为三层九级，简称为理财九 "段"。

1. 个人金融理财的初级层次

理财一段即储蓄。储蓄是所有理财手段的基础，来源于计划和节俭，是个人自立能力、理财能力的最初体现。

理财二段是购买国债和保险。目前寿险市场的大多数保险产品是理财和保险功能相结合。购买保险是理财方式和个人家庭责任感的体现。

理财三段是购买各类货币基金、人民币理财产品等保本型理财产品。金融市场新增的集合理财产品、可转债券等低风险金融产品，也可归属到这一段位。

以上三段是个人金融理财的初级层次，属于大众化的金融产品，特点是将个人财富交给银行、保险、证券等金融机构即可，风险较低或全无，收益低而固定，流动性则较高。购买这些产品无须具备太多的专业知识，一般人都会操作。

2. 个人金融理财的中级层次

理财四段是投资股票、期货。股票属于高风险投资，收益可能很高，也很可能很低或无收益、负收益；期货的收益与风险较股票有过之而无不及。

理财五段是投资房地产。房地产投资金额起点高，流动性差，适合做长线，参与难度相对较大，运作的程序比较复杂，有一定风险，但在目前房价呈现长期上升的态势下，投资房地产的风险并非很高。

---

① 转引自证券之星网页：http://finance.stockstar.com/SS2005070130238981_1.shtml。

理财六段是投资艺术品、收藏品。这需要更加专业的知识和长期积累，有更为雄厚的财力，投资品的流动性低，技术性强，参与难度高，参与人群少。

以上四到六段可归结为个人金融理财的中级层次。这个层次的投资品都属于高风险、高收益，需要较为专业的知识技能和相当的运气，更需要有较为雄厚的经济实力。敢于冒险者利用某些财务杠杆，在这个层次努一把力，往往能使自己成为富翁，运气不好也可能负债累累。

3. 个人金融理财的高级层次

理财七段是投资各类基金、公司的股权，担当专门的投资人。这里特指为拥有基金、公司等经营机构的控制权，或直接参与企业经营而进行的产权投资，或者收购企业公司后"乔装打扮"再行出售。

理财八段是投资人才。投资于儿女，投资于自身，发现并投资社会上真正的人才等。真正的老板是善于发现并运用人才的人。聪明人往往雇佣比自己更聪明的人并与他们一道工作，能成就大事业的人不仅能够雇佣比自己更聪明的人，还能充分信任并控制他们，将自己的事业交给他们。根据风险收益对应原则，这种投资风险较大，潜在收益也最高。

理财九段是打造自己的社会声誉和事业前途。人活在世上不仅要积累财富，过上好日子，还要有更高的精神生活和事业发展的追求。为此，不仅需要大量的金钱，还需要将这些金钱用得其所。如美国大富豪比尔·盖茨，将自己一生辛苦积攒来的580亿美元全部捐赠给社会，就是一个典型的范例。

这三个段位是个人金融理财的高级层次。在这个层次上，投资品种都非简单物体，而是物与人的组合；所需要的知识是某领域专门知识。在这个层面上，理财成败的关键在于对社会的把握，如行业趋势、市场变化、人们的心理因素变化等。在这个层次上，个人理财已非仅仅关系自身财产，而是关系到许多人的财产和职业前景，具有了较强的社会性。

思考题与课下学习任务

1. 家庭理财决策需要遵行哪些原则？
2. 家庭理财规划可以细分为哪些具体规划？
3. 根据你个人未来的择业打算，确立一个理财目标，设立一个近期理财规划。
4. 按照所学过的理财规划程序，为自己的家庭设计一套中长期理财规划。
5. 结合寒暑假期间的社会实践活动，对某一特定社会群体进行客户目标市场细分，并作出调研报告。

第四章 家庭现金、储蓄与消费规划

学习要点

1. 熟悉家庭收入、支出以及财产。
2. 认识家庭消费与储蓄。
3. 了解什么是家庭贷款。
4. 了解什么是家庭消费、家庭投资与负债经营。

基本概念

家庭收入　家庭支出　家庭资产　现金需求　储蓄动机　消费信贷　贷记卡

第一节　家庭收入与支出

家庭现金管理包括现金的流入、流出与结存管理，基本相似于家庭收入、家庭支出和家庭货币金融资产的管理。本节就从家庭的收入、支出、财产入手，谈及家庭广义的现金管理。

一、家庭收入

家庭收入指家庭劳动者通过多种途径与形式，如积极参加社会生产劳动或个体组织生产经营，进行证券、实业投资等，取得各项货币、实物、劳务收入的总和。收入是家庭劳动经营的成果，又是购买消费生活的开端。家庭收入包括劳动收入、财产收入和资本收入，形式上分为货币收入、实物收入和劳务收入，按家庭经济性质不同又分为工薪户、个体户、农户3种收入。

家庭收入一般包括以下项目：（1）工作所得，包括工资、奖金、补助等；（2）经营所得；（3）储蓄收入和投资收入；（4）投资收益，包括租金、分红、资本收益、权利收益；（5）偶然所得，包括赠与、奖学金、礼金、彩票中奖等；（6）政府福利补贴、资助救济；（7）赡养费和子女抚养费、财产继承所得等。

理清家庭收入的所有项目，并编排出适合自己家庭的收入类目，是家庭记账的基础。尽管客户的收入项目不一定有表4-1中列出的那么多，但一个完整的收入表却是必要的。对于不同项目的收入，个人理财师应帮助客户分门别类填入，为以后的理财规划打好基础。

表 4-1　　　　　　　　　　　　　　　**家庭收入明细表**

目前年收入	本人	配偶	其他家庭成员
应税收入			
1. 工资、薪金所得			

续表

目前年收入	本人	配偶	其他家庭成员
（1）工资、薪金			
（2）奖金、年终加薪、劳动分红			
（3）津贴、补贴			
（4）退休金			
2. 利息、股息、红利所得			
3. 劳务报酬所得			
4. 稿酬所得			
5. 财产转让所得			
（1）土地、房屋转让所得			
（2）有价证券转让所得			
6. 财产租赁所得			
（1）不动产租赁收入（房租收入）			
（2）动产租赁收入			
7. 个人从事个体工商业生产经营所得			
8. 对企事业单位的承包、承租经营所得			
9. 特许权使用费所得			
（1）专利权、商标权、著作权费使用收入			
（2）专利技术等使用费收入			
10. 偶然所得			
应税收入小计			
免税收入小计			
收入总计			

　　除常规性收入外，客户还会有某些暂时性的其他收入，如这些收入的数量较大，也会对客户的财务状况产生影响。为较好地把握客户未来的收入增长情形，在填写这类信息时，不仅要填写已经实现的收入，还应合理估计将来可能得到的收入（见表4－2和表4－3）。

表4－2　　　　　　　　　　　居民其他收入

收入类型	开始年份	持续时间（年）	年平均收入金额	收入现值	应税与否

表4－3　　　　　　　　　　居民未来工资收入预计

本人			配偶及其他人员		
基准年	预计年限	收入年增长率（%）	基准年	预计年限	收入年增长率（%）

二、家庭支出

支出购买是商品经济社会的家庭经济运行的特殊方式,是连接家庭收入与生活消费的桥梁与纽带。收入是为了消费,但又必须通过支出购买,才能将获取的收入——主要是货币收入变换为符合生活需要的各种消费品和劳务服务。支出购买又是家庭据以同社会各种组织和个人发生广泛经济联系的特定形式,家庭借此对国民经济运行发挥着重要的功用和影响,使社会经济生活得以持续不断地顺利运行。支出购买还是家庭履行各项职能活动、维系家庭机体顺利运转的必备前提。

家庭收入分为生产性支出、消费性支出和投资性支出。家庭支出可分为商品支出和劳务支出、有偿支出与无偿支出,还可以分为收益性支出和资本性支出。各类型支出的状况及其发展趋向,对家庭的经济性质、经济状况、消费水平习惯有相当影响,与家庭的规模结构、生命活动周期及所处地理环境等也有一定联系。家庭支出的研究,必须将其同一定的社会家庭因素联系考虑。

家庭支出额取决于收入的多少,又对家庭财产的拥有量、家务处理方式、生活消费水平等发挥一定影响。支出水平决定了消费水平,支出趋向制约着消费的内容,影响着家庭财产的构成,同家务处理、闲暇时间利用也有相应联系。每个家庭都有自己不同的支出分类。在家庭支出表的设计上,原则上只要支出分类清晰,便于了解资金流动的状况即可。家庭支出表如表4-4所示。

表4-4 家庭支出表

生活开支类型	本人	配偶	其他成员	总计
消费支出				
1. 消费支出——食				
（1）日常饮食支出				
（2）饮料与烟酒				
（3）在外用餐费				
2. 消费支出——衣				
（1）着装与衣饰				
（2）洗衣				
（3）理发、美容、化妆品				
3. 消费支出——住				
（1）房租				
（2）水电气				
（3）电话费				
（4）日用品				
4. 消费支出——行				
（1）燃油费				
（2）出租车、公交车费				

续表

生活开支类型	本人	配偶	其他成员	总计
（3）停车费				
（4）保养费				
5. 消费支出——教育				
（1）保姆费				
（2）学杂费				
（3）教材费				
（4）补习费				
6. 消费支出——娱乐、文化				
（1）旅游费				
（2）书报杂志费				
（3）视听娱乐费				
（4）会员费				
7. 消费支出——医疗				
（1）门诊费				
（2）住院费				
（3）药品费				
（4）体检费				
（5）医疗器材				
8. 消费支出——交际				
（1）年节送礼				
（2）丧葬喜庆礼金				
（3）转移性支出				
消费支出小计				
理财支出				
9. 利息支出				
（1）房贷每月平均摊还额				
房贷本金				
房贷利息				
（2）车贷每月平均摊还额				
车贷本金				
车贷利息				
（3）信用卡利息				
（4）其他个人消费信贷利息				
（5）投资贷款利息支出				
10. 保险支出				
（1）财产险与责任险保费				

续表

生活开支类型	本人	配偶	其他成员	总计
①住房险保费				
②家财险保费				
③机动车辆险保费				
④责任险保费				
(2) 社保、寿险与健康险保费				
①社保养老、失业、工伤、生育、医疗险保费支出				
②企业补充保险计划中的保费支出				
③寿险保费				
④医疗费用险保费				
⑤疾病险保费				
⑥残疾收入险保费				
保费支出小计				
11. 税收				
12. 捐赠收入				
13. 其他偶然性支出				
支出总计				
盈余/赤字				

家庭除主要支出外，还会有某些临时性的其他支出，另外，为了预计未来开支的变化情形，还要根据家庭人口、生活水准增长、通货膨胀及其他因素，合理估计未来开支的可能增长情况。有关资料如表 4 - 5、表 4 - 6 所示。

表 4 - 5　　　　　　　　　　未来生活开支预计表

本人			配偶		
基准年	预计年限	生活开支年增长率（%）	基准年	预计年限	生活开支年增长率（%）

表 4 - 6　　　　　　　　　　居民其他支出表

支出类型	开始年份	持续时间（年）	年支出金额	支出现值	可否免税

三、家庭财产

家庭财产指社会财产中归属家庭及其成员所有，并在家庭生活中实际运用支配，来满足家庭物质文化生活需要的物质财产。家庭财产是从财产所有权的法律角度而言，从会计学角度则可称为家庭净资产，意味家庭资产总额减家庭负债总额后剩余的、完全归由家庭自有的资产，也可称为家庭对其拥有净资产的所有权。从其来源看，家庭财产是家庭收入减消费后的积累，是家庭财富长期积聚的结果。

家庭财产就其存在形式及在家庭经济生活中可发挥的功用而言，可分为资本财产和消费财产两部分。前者是该项财产可以作为投资经营性资产存在，并在未来为家庭带来预期的利益流入；后者则是该部分财产只能作为生活消费性资产存在，它以其资产的消费效用为家庭的消费生活带来现实效用，并促使家庭消费规模的增长和水平质量的增进。

生活消费品是否构成家庭资产的一部分，仍存在争论。目前大多数的研究文献中，对家庭资产只考虑其中的不动产和金融资产，而对构成日常消费生活主题内容的消费性资产则不考虑入内。这显然将家庭资产的内涵大大缩小，很不合理，原因是：（1）家庭生活消费品是现实地用于日常生活消费，并随着日常生活消费而逐渐耗减其价值；（2）这类资产除少量的低值易耗品、即刻消费品外，大多具有或长或短的消费周期，如彩电、冰箱、空调等都可以使用较长时期；（3）家庭消费性资产的存量如何，会影响家庭金融资产的配置；（4）家庭生活费用总额的计量，是以消费品和消费性劳务在实际生活中的消耗为依据。因此，笔者认为家庭资产应包括消费性资产，可在分析资产的功用并论证资产的投资性时再将其摒弃在外。

四、家庭收入、支出与财产的关系

如将家庭财产视为一个蓄水池，家庭收入和家庭消费正是这一"蓄水池"的两个进出口。家庭收入使财产拥有量增加，家庭消费则导致财产拥有量持续减少。其中蕴涵的家庭支出，则是家庭财产形式的一种变换，即从货币性财产转化为实物财产和劳务服务。家庭财产通常是指家庭资产减去家庭负债后的总额，也即家庭实质拥有财产的状况。

当期家庭收入等于当期家庭消费时，期初家庭财产的总额等于期末家庭财产的总额；通常，家庭收入额都会大于消费的额度，这又表现为家庭拥有财产量的增加。家庭收入、支出、财产与消费的关系为

家庭收入 – 家庭消费 = 家庭财产

期初家庭财产存量 + 本期家庭收入总额 – 本期家庭消费总额 = 期末家庭财产存量

这里的家庭财产是指家庭拥有的自有资产，包括实物资产和金融资产。对家庭租入、借入的资产，应予以剔除。

五、编制家庭收入支出表

（一）编制原则

编制家庭收入支出表的目的是提供家庭生成现金的能力和时间分布，以利于准确地作出消费和投资决策。编制家庭收入支出表需要遵循的原则有真实可靠原则、反映充分原则、明晰性原则、及时性原则和充分揭示原则。需要说明的是，如果家庭持有某些外币资产，汇率变动对现金的影响要在收入支出表中单独显示，以说明对家庭财务状况的影响。

（二）编制步骤

家庭收入支出表的编制主要包括记录收入和支出日记账并整理账簿资料、确定本期现金和现金等价物的变动额、分析原因和分类编制、检验确定、附注披露、最后汇总等步骤。其中，关键环节是确定本期现金与现金等价物的变动额，这一数额既是现金流量表所要分析的对象，也可以用来与现金流量表中计算出的现金流量相互核对检验，以保证编报的准确性。其计算公式是：

现金净增（减）额 = 现金与现金等价物期末余额 − 现金与现金等价物期初余额

（三）家庭收入支出表的细目

表4-7给出了家庭收入支出表的主要科目和可以进一步划分的细目。

表4-7　　　　　　　　家庭收入支出表主要科目和细目划分

主要科目	可进一步划分的细目
工作收入	1. 本人、配偶的工资、奖金、稿费
经营收入	2. 个体工商经营所得、其他经营所得
租金收入	3. 房屋、设备、车辆之租金收入
利息收入	4. 存款、债券、票据、股票等的利息、债息、股息红利收益
已实现资本利得	5. 出售股票、赎回基金的结算损益
转移性收入	6. 遗产、赠与、理赔金、赡养费、福利彩票或体育彩票中奖
其他收入	7.
收入合计	8. = 1 + 2 + 3 + 4 + 5 + 6 + 7
所得税支出	9. 当月扣缴税额、结算申报补缴税额
其他税负支出	10. 房产税、契税、增值税
消费支出	
衣	11. 洗衣、理发、美容、化妆品、首饰
食	12. 蔬菜、水果、米油盐、饮料、在外用餐费、烟酒
住	13. 房租、水费、电费、煤气费、电话费、日用品
行	14. 加油费、出租车费、公交车费、地铁费、停车费、保养费
教育	15. 学杂费、补习费、教材费、保姆费
娱乐	16. 旅游费、书报杂志费、视听娱乐费、会员费
医药	17. 门诊费、住院费、体检费、药品费、医疗器材
交际费	18. 年节送礼、丧葬喜庆礼金、转移性支出
消费支出小计	19. = 10 + 11 + 12 + 13 + 14 + 15 + 16 + 17 + 18
利息支出	20. 车贷、房贷、信用卡利息、其他消费信贷利息
寿险保费	21. 住房险、家财险、机动车辆险、责任险保费
产险保费	22. 社保、寿险、意外伤害险、医疗费用险保费、残疾收入险保费
其他支出	23.
支出合计	24. = 9 + 10 + 17 + 18 + 19 + 20 + 21 + 22 + 23
当期储蓄	25. = 8 − 24
本期现金变化额	26. = 期末现金与活期储蓄额 − 期初现金与活期储蓄额
本期投资变化额	27. = 期末投资资产余额 − 期初投资资产余额
本期负债变化额	28. = 期末负债本金余额 − 期初负债本金余额
当期净资产储蓄额	29. = 26 + 27 − 28
两储蓄算法差异	30. = 29 − 25

（四）编制家庭收入支出表应注意要点

1. 已实现的资本利得或损失归入收入或支出科目，未实现的资本利得为期末资产与净资产增加的调整科目，不会显示在收入支出表中。

2. 期房的预付款是资产科目，不是支出科目。每月房贷的缴款额应区分本金与利息，利息费用是支出科目，房贷本金是负债科目，确切地说是负债的减少。所有的资产负债科目都会将期初期末的差异显示在净资产储蓄额中。

3. 产险保费多无储蓄性质，应属费用科目。寿险中的定期寿险、残疾收入险、意外伤害险、医疗费用险保费等以保障为主的费用，属于费用性质，应列为支出科目。而终身寿险、养老险、教育年金及退休年金，因可累积保单现值，有储蓄的性质，应列为资产科目。可将养老险的保费分两部分，实缴保费与当年保单现值增加额的差异部分当做保险费用，现值增加额的部分当做资产累积。因此，储蓄险的保费如同定期定额投资，是以储蓄的方式累积资产，不应该列入理财支出而应列入净资产储蓄额。

个人收入支出表的繁简，应根据个人的时间与需求而定。如果无法每日记账，但仍想列出支出的细目，可提高信用卡的使用频率，可以用信用卡网上购物、缴保费，甚至以信用卡交付定期定额投资款，利用信用卡账单记录支出明细项目。而信用卡还款时，尽量由活期存款账户转账。此时，活期存款账户是总账，信用卡的费用明细便是明细账，由此可知消费的时间及地点，而水费、电费、煤气费、电话费也可由活期存款账户或银行卡按月转账缴款。利用银行的活期储蓄存款账户及信用卡月结单写理财日记，便可以很轻松地掌握每月的收支储蓄及资产负债变动状况。

第二节　家庭消费

一、家庭消费含义

家庭消费又称居民个人消费，包括家庭生产消费和家庭生活消费两类。前者指农户、个体户家庭的生产经营活动中，从事物质资料的生产、加工、流通、服务所发生的生产性耗费；后者指所有城乡家庭的生活消费活动中，衣食住行用、文娱教育、卫生保健、旅游等生活性消费。一般所说的家庭消费仅指生活消费。

家庭消费是家庭对取得的各种消费品和劳务直接或经过一定的加工制作后，给予消耗和使用，以满足日常生活需要的经济行为。它是实现家庭功能的物质基础，对家庭组织人口与劳动力的生产与再生产有重大意义，同时它又是社会消费的主体形式，并由此而影响到消费品的生产与流通状况。家庭消费直接涉及家中财产物资的耗费和生活费用的增加。因各项财产物资的使用周期长短不同，计量其耗费状况和家庭生活费用增加，是项技术性复杂的工作，要通过各项财产的计算折旧和使用摊销的办法解决。

二、家庭消费需要

消费的最大目的在于满足人们的需要。在目前的社会生活条件下，人们的基本需要大致如下：

1. 生理需要。人们为了维持生命机体的生存与发展所必需的，对食物、衣物、居室、阳光、空气和水的需要。

2. 安全需要。人们为了保证自己的身体和精神、心理、安全不受他人或自然灾害威胁的需要，如预防失业、自然灾害、外来盗窃、抢劫、战乱等伤害的需要。

3. 情感需要。这是人类希望给予和接受人际间的亲密关系的高级情感的需要，如男女之间的交往、亲人之间的关怀等。

4. 社交需要。人是社会的动物，社会需要即是指参与社会交际、结识朋友、交流情感等。

5. 自立需要。人都有生活与工作自立能力的欲求，希望随自己的意志独立生活，不依赖他人，希望对自己的事物有一定的控制力或自主权。

6. 能力需要。这是人们希望能扩大学识与智能，充分满足求知欲望的需要，如要求工作能力、理解能力出众，希望学识渊博、专业造诣深等。

7. 成就需要。这是人们希望实现自己的潜在能力，取得相当的成就，对社会有较大贡献，能得到别人赞赏与尊重的需求。

三、一次性消费和永久性消费

弗里德曼认为："永久性收入与永久性消费之间的比率，对于所有的永久性收入水平来说，都是相同的，但它还取决于其他变量，如利率、财富与收入的比率等。单位消费者的消费水平是由较长时期的收入情况及直接影响消费的暂时性因素所共同决定的。收入的暂时性主要通过单位消费者的资产与负债的变动（即测得储蓄的变动）而表现出来。"收入有一次性收入和永久性收入，消费也有一时性消费和永久性消费。永久性收入与永久性消费两者间有一定的比率关系，在不同类型家庭中是有差异的。

居民家庭消费行为的特点是：不是以整个一生为时间跨度，而是将整个人生分为各个不同阶段，寻求各个时间段的效用最大化。其具体表现是：消费支出安排具有显著的阶段性，如婚前、婚后、子女生育、子女教育、退休养老等。这种做法虽然是很明智的，但在集中力量实现当前阶段效用最大化的同时，却对未来阶段的消费和效用最大化较少给予关注。如很难想象一个未婚或刚结婚的年轻人会想到退休后的消费安排，并预为筹措资金。这种短视性固然与计划经济时代一切由国家给予保障相关，但也因此引致了许多人存在生活目标不确定、为未来打算的意识缺乏、长期资本预算的金融工具不足等问题。从收入的角度来讲，理财即是指管理好自己的资金并使其保值、增值，从而满足个人更多的消费需求。消费中的理财，指用一定数量的金钱获得自身更大需求的满足，即消费过程中节省的钱就相当于赚来的钱。

四、家庭消费规划编制

家庭经济活动规模不大，事情也较为简单，但要形成正规的规划也颇为复杂。以简单的消费计划的编制而言，应当注意以下几点：

一是在编制消费规划时，各个家庭要根据自己的经济状况、财产结构及收支消费水平、家中人数和就业人数的多少，并预计社会可能会影响家庭经济的各因素条件的发展变化及趋向，如国民经济发展前景、物价涨跌、工资收入增长等，再参照家庭收入水平的增减变动状况、日常消费生活习惯和生活方式，考虑家中各项功能活动履行的需要，确立家庭经济发展的长远规划。

二是在长远目标规划的要求下，根据收入水平、财产状况、消费需要及对各项消费品的需求迫切程度，制订年度经济计划，如收支储蓄计划、耐用品购置计划等。

三是在年度计划的要求下，根据实际需要与条件可能，具体安排日常生活消费和月度收支预算等。计划执行过程中，根据执行状况及外来因素变化，还可随时加以调节完善。

在今天人们收入增长、商品市场活跃、消费不确定因素增多的状况下，家庭经济计划的编制是较为困难的，因此，制订计划、实施计划管理就显得更有必要。现在的农户、个体户经济活动繁多，经济联系广泛，又面对整个社会实施商品性生产，管理更为困难一些，因此这种计划就更为必要，更应实施。比如说，家庭生产项目的抉择、生产要素供应、收益分配、生产经营与生活消费的衔接等，客观上都需要有一定的计划性。要建立起具体的生产计划、成本费用计划、盈利及分配计划、日常收支计划等，以实施计划化管理。

第三节　现金管理

家庭现金管理亦称家庭现金规划，是指在整个家庭财产中保留合适比例的现金及现金等价物，以满足家庭需求的过程。它是实现个人理财规划的基础，也是帮助客户达到短期债务目标的需要。现金规划的目的是满足对日常的开支、周期性开支、突发事件和未来消费的需求，以保障个人或者家庭成员生活质量和状态的持续性稳定。[1] 现金规划主要涉及在短期内现金流的以下问题决策：

1. 如何确保拥有足够的资金，以应付预期和非预期的花费？
2. 如何运用和分配剩余资金或现金流入？
3. 如何在现金流入不足的时候取得现金？
4. 如何在短期内同时达到现金的流动性和适当的报酬率？

一、现金需求分析

（一）现金概念

现金与现金等价物，有三种不同层次的含义。

1. 现金，是指可以立即投入流通的交换媒介。它具有普遍的可接受性，可以立即用来购买商品、货物、劳务或偿还债务。它是个人（或者家庭）资产中流通性最强的资产，包括可由个人（或者家庭）任意支配使用的纸币、硬币和银行卡。

2. 从相对广义上讲，现金，在包含第一个层次的基础上，还包括银行存款（包括支票账户和储蓄账户的存款）、流通支票、银行汇票。

3. 更加广义上讲，现金除了包括前两个层次的范围，还包括 3 个月内可变现的有价证券。

在讨论个人理财相关问题的时候，通常是以最广义的现金概念为基础的。

（二）现金需求类型

从个人或者家庭来说，需要现金来满足的需求包括以下几种：

---

① 埃里克：《个人理财》（中译本），85～92 页，北京，机械工业出版社，2007。

1. 基本需求。现金可以用于维持个人或家庭日常生活中各种需要而进行的支付，包括衣食住行各个方面。

2. 临时性需要。在日常生活中，人们可能会面临许多不确定性事件的发生：头痛脑热引起的医疗费用支出、亲朋好友间交往的支出、临时休闲娱乐的支出以及生活中未列入计划的临时性购买支出，等等。临时性需求，主要是通过持有一定数量的现钞、银行卡来满足。如果数额比较大，可以动用现金中的第二部分——银行存款来满足相关需求。

3. 应急性需求。这种需求也是由不确定性事件发生所引致的。然而，与上面临时性需求不同的是，这种需求是紧急的、刚性的、大额的需求，会打乱日常生活规律。例如家人（或者至亲）罹患重病、家人失业、遭受重大自然（人为）灾害以及家庭发生重大变故，等等。这时候，要在维持日常生活的同时应付这些应急性需求，就需要有一笔应急备用金。应急性需求的备用金在不同情况下所需金额大小是不同的。由于应急性需求出现的概率大大低于临时性需求，故在考虑相应的防范措施的时候，可以采用期限相对长一些的方法。对于因失业带来的应急性需求，备用金金额大小通常要能够支持此后的 6 个月内生活质量不受影响。因此，可以考虑在储蓄产品中，专门设立一笔资金来应付这方面的需要。对于疾病、灾害引起的应急性需求，可以考虑购买相关的保险产品，同时将一定数量的备用金储蓄起来，以兼顾这方面的需要。

4. 大额购买需求。在人的一生中，总会遇到购房、购车等问题，多数人是通过银行贷款来满足自身的大额购买需求的。所以，在某一人生阶段，每月供款成为现金需求的重要部分。

二、现金管理策略

（一）个人现金结构

确定现金需求数量后，我们就需要考虑个人（或者家庭）的现金来自于哪些方面。只有弄清现金来源，才能合理配置这些现金资产。

1. 来自于日常项目、投资和筹资的现金流量。现金流入包括：首先，是日常项目的现金流入，包括全家所有成员的工资、奖金、补助、福利、红利等，以及赡养费、兼职收入等其他方面的现金流入。其次，是投资项目的现金流入，包括存款利息、放贷利息以及其他利息等各种利息，租金、分红、资本收益、其他投资经营所得等的投资收益，中奖、礼金等的偶然所得。最后，现金流入还包括来自于其他方面的投资、从金融机构等获得的借入资金等。同样，现金流出也可以分为日常项目、投资和筹资等方面。通常情况下，个人（或者家庭）的现金流出范围广，项目多，难以作精确统计，但可以从现金流量表中各项现金流量净额看出现金是流入还是流出。

2. 来自于资产负债结构调整产生的现金流量。当个人为了平衡收支或者重新配置个人资产的时候，就可能产生现金流入或者现金流出。现金流入是存在个人预期的。如果个人是工薪阶层，那么可以预期未来的工资、奖金等的收入，尤其是与业绩挂钩的奖金、暑期的福利费用、法定假日（中秋节、春节等）的喜庆红包等，都是可预期的现金流入。然而，奖金、福利费用等毕竟不是工资，所以发放的时间会提前或者延后，金额也会依据经济形势的好坏而发生变化。对于一个正常经营的企业、一个正常运作的机关而言，其员工对这些现金的预期是合理的。

（二）不同阶段的现金管理策略

不同的人生阶段，其需求会有很大差异，因此，现金管理策略是不同的。[①]

1. 单身期。在此阶段，将面临择业、工作和婚姻等三大压力。而且，刚开始职业生涯，事业基础尚未稳固。尤其是那些远离父母至亲的年轻人，在一个陌生的城市，甚至在一个陌生的国家打拼，需要考虑积累一笔应急备用金，作为安身立命的基础。如果尚未决定在一个城市长期居住，那么可不急于考虑保险方面的安排。如果刚开始工作，在薪金收入相对较低的情况下，基本需求、临时性需求应尽可能压缩，而将资金用于应急备用金的储蓄和投资——通过快速增加银行存款来提高自身抗风险能力。

2. 家庭和事业形成期。通常，这个阶段的个人（或者家庭）已经建立了一定的事业基础，经济上也开始逐步宽裕。这时候，可以在现金配置上考虑满足基本需求、临时性需求和应急性需求三方面的现金。尤其是当经济逐步宽裕以后，生活中的临时性需求也会不断增加，休闲旅游、至亲好友的来往以及奢侈品消费等，都需要临时性需求的现金来满足。因此，个人可以逐步增加临时性需要的资金安排（通过银行存款或者银行卡的透支等来满足）。此时，虽然个人的健康、工作等方面的风险相对较低，但还是需要考虑准备一点应急资金。值得注意的是，居住规划可能会影响现金资产配置。在结婚成家的时候，如果父母提供首付款购房，每月供款会给家庭带来不小的经济压力。此时，月供便成为这一时期家庭的重要支出项目。值得注意的是，这样的大额购买需求所带来的现金支出，应该是以保证家庭基本需求为前提的。

3. 家庭和事业成长期。在一般情况下，处于这个阶段的个人（或者家庭）事业基础、经济基础更加稳固，因此，满足生活中的基本需求、临时性需求和应急性需求是没有困难的。这样的个人（或者家庭）现金已经比较充裕，也就不需要刻意按照三种不同的需求来配置现金资产。在此期间，人生的各种风险相对较低，应急性需求也大大降低，临时性需求则会有所提高。

4. 家庭成熟期。这是人生阶段最好的时期，事业达到高峰，经济基础也比较殷实。然而，家庭的不确定性事件出现的概率增高，因社交活动增加、子女婚嫁，以及自身体质下降、医疗费用增加等原因，临时性支出会大大增加。甚至在该阶段需要考虑因疾病导致的大额支出，提取应急性备用金作相应准备。

5. 退休期。在退休期，人生已经步入老年阶段，因此，生活中的基本需求大大下降。离开工作岗位后，社交范围缩小，因社交、休闲引起的临时性需求相对下降，而因普通疾病而导致的临时性需求会不断上升。而且，老人还需要有足够的应急性备用金来应付重大疾病，在人生最后阶段还要维持相对高的生活质量。所以，退休期应对基本需求方面的现金可以稍微小一些，而应急性需求的资金要尽可能多地配置，避免在人生最后阶段活得比较艰难。

[①]　埃里克：《个人理财》（中译本），92～100页，北京，机械工业出版社，2007。

第四节　储蓄管理

一、家庭储蓄的含义

从广义上讲，储蓄是人们经济生活中的一种积蓄钱财以准备需用的经济行为；从狭义上讲，则专指银行的货币存储，是人们将暂时不用的货币存进银行生息的一种信用行为。储蓄是自古以来就有的，功用很多。

储蓄有三层不同的含义：（1）指储存和储藏的概念。它不仅包括居民的存款，还包括手中持有的现金、各种有价证券和实物等。（2）指居民可支配收入减去即期消费后剩余的那部分收入。（3）仅指居民在银行储蓄所和信用社的存款。这种意义上的储蓄只包括居民存入银行的款项，不包括现金储藏和有价证券，更不包括其他实物储藏。我们这里讨论的储蓄，主要就是指储蓄的第三层含义。

储蓄存款是家庭金融资产的重要组成部分，是合理组织家庭经济生活的基本手段。人们的收入主要是用于生活消费，但不同时期的收入会有多有少，消费水平也有高有低。为了计划收支，或防备万一，或调节消费，就需要把暂时不准备动用的钱财送存银行，以准备将来支用。储蓄不仅可以帮助家庭妥善理财、积聚财富、开辟财源、计划消费，还可以帮助家庭，防患于未然，是家庭经济稳定发展的物质保证。

二、储蓄的动机与目标

经济学家很早就对储蓄的心理与动机给予了关注。著名经济学家凯恩斯在其大作《就业、利息与货币通论》中，详细谈到影响人们消费支出及其在收入中所占比例大小的八大主观因素，它们是：（1）建立准备金以防止预料不到的变化；（2）为可以预料到的未来个人和家庭的需要做准备，如由于年老、子女教育、亲属抚养等需要；（3）目前积蓄以增加未来的收入，使未来能有更高水平的消费；（4）出于一种人类本能，总希望未来的生活水平能比现在高，所以存钱留作将来享受，尽管年纪大了，享受能力可能逐渐减少；（5）即使心目中不一定有什么特殊的用途，也想存钱来维持个人的独立感和有所作为的感觉；（6）存钱作为投机或进行生产经营之用；（7）把钱作为遗产，留给后人；（8）纯粹是一种吝啬，以致节省到不合理的程度。

一般而言，储蓄主要用于以下六大目标：风险保障、子女教育、退休养老、结婚嫁娶、改善生活、保值盈利。

三、家庭储蓄与消费的关系

讨论储蓄时，不可避免要涉及储蓄和消费的关系。这就产生了劳动期的全部收入与其终生的生活消费必须合理配置的问题。诺贝尔经济学奖获得者莫迪利安尼认为人一生的收入总额在用于一生的消费时，收入总额等于消费总额，这时没有任何额外积蓄和负债。假如某家庭成员寿命为70岁，工作年限为40年，40年共可收入70万元，则在世的70年中，每年可以消费1万元。当然，在其刚出生到20岁的20年中，是由其父母抚养并承担一切生活教育费用的，但是，该家庭成员在有孩子后，同样要将孩子从0岁抚养到 20 岁，并为其支付一切费用。该家庭成员的父母退休后，要靠其养老并予以经济资助和劳务生活照料。同样，该家庭成员自身退休后，又靠其子女来承担这一重任。

在此种状况下，个人有生之年的收入总额等于有生之年的消费总额。个人的收入总额平均分摊到各年度的消费，最终结果是不多也不少。实质性结果应当是每个社会成员对社会的贡献都大于他来自于社会的收入，如此才能使经济社会继续发展，社会财富持续增多；同样，每个家庭成员的收入总额也都大于该家庭成员的消费总额，只有如此才能使该家庭的财富、消费状况日积月累，年年增多。为达到这一目的，储蓄、积累随之出现，并成为人生幸福美满的必需品。

四、储蓄的方法

人们的收入是有限的，满足需要的支出则是无限的。要用有限的收入满足无限的支出，并尽力增加储蓄，显然有一定的难度。这就需要有一种"挤劲和巧劲"，广开财源，节约开销，以增大储蓄，搞好消费。经验证明有效的方法有以下几种：

1. 计划储蓄法。每月取得工资收入后，留出当月的生活费，将多余的钱拿出来储蓄。这种方法可免除许多随意性开销，使日常生活按计划运转。

2. 目标储蓄法。全家协商共同确定一个储蓄目标，为了实现目标大家齐心协力去增收节支。

3. 增收储蓄法。日常如遇增薪、发放奖金、亲友馈赠及其他临时性收入，将这些收入全部或大部分存入银行，权当收入没有增加过。

4. 节约储蓄法。减除一切不必要的开支，戒绝奢侈浪费性支出，把节约的钱用于储蓄。

5. 缓买储蓄法。很想买一件珍贵物品或高档耐用品时，不妨先将钱存入银行，缓后再买。缓后即有一定的思考时间，对问题可设想得更周密一些。

6. 投资储蓄法。储蓄中注意对储种、存期、利率的选择，自然可以钱生钱、利滚利，增加储蓄金额。

五、银行储蓄工具的运用

在个人理财中，银行储蓄常常成为首选，原因有三：其一，银行储蓄是多数个人（或者家庭）能够选择的理财产品。不管是刚开始职业生涯的年轻人，还是已经步入退休的老者；不管是收入较高的高级白领阶层，还是普通职员，银行存款以其金额随意、操作简便、安全稳定，而受到众多客户的欢迎。其二，银行储蓄具有比较高的流动性。银行储蓄产品包括活期储蓄、定期储蓄等，在客户遇到紧急情况时候，都可以凭借个人证件提取银行存款，而不会影响其本金安全。其三，银行网点广泛，给客户办理业务提供了便利。银行的定期存款在同一银行可通存通兑，活期存款还具有转账结算功能、可以开通网银业务、手机银行业务等优点。除了银行储蓄产品具有很多优点以外，我国金融市场上适合居民投资的产品偏少，也是银行储蓄成为理财首选的一个重要原因。

目前，我国居民储蓄存款快速增长，储蓄依然是我国居民个人进行财富积累的主要方式。在现金管理方面，储蓄策划不仅要满足财富积累、增值的需求，更重要的是要建立一套有效的储蓄计划，使得储蓄既能够享受相对高的收益率，同时还具有一定的流动性。

（一）我国商业银行的储蓄原则

储蓄机构办理个人储蓄存款业务，必须遵循"存款自愿、取款自由、存款有息、为储户保密"的原则，这是银行办理储蓄业务必须遵守的基本原则。储蓄存款是商业银行的负债业务，是银行经营的基础。所以，商业银行都十分重视个人储蓄存款业务。而且，我国法律规定国家保护公民的合法收入、储蓄、房屋和其他合法财产的所有权、继承权。我国的储蓄原则，就是相关法律的最好体现。

1. 存款自愿。存款自愿原则是指居民对其所持有的合法财产依法享有占有、处分的权利。居民是否参加储蓄必须出于自愿，存与不存、什么时候存、存在哪个储蓄所、存多少、存的时间长短、选择什么储蓄种类，都由储户自己决定，银行或单位不得以任何方式加以干涉。银行应当提高服务质量，改善服务态度，以吸引存款。

2. 取款自由。取款自由原则体现了储户对其财产的所有权。银行应当按照相关规定及时地、无条件地保证付款，不得压单、压票或者强收手续费以及其他费用。储户可根据需要，取出部分或者全部存款，银行不得以任何理由拒绝、为难或限制，更不应加以查问或干预。银行只有积极为储户服务，才能赢得储户的信任和欢迎，从而自愿存款。

3. 存款有息。存款有息原则是指银行按储户存款的期限长短、金额大小，以及相应的储蓄种类，依照中国人民银行规定的利率支付相应的利息。银行的储蓄利率是由中国人民银行规定的，不能随意降低、提高利率，储户有取得利息的权利。存款有息原则是对存款人的奖励，体现了国家、银行和个人利益的统一。

4. 为储户保密。为储户保密原则是指任何单位和个人没有合法手续不能查询储户的有关信息，包括户名、账号、存款金额、储蓄种类、期限、密码等。银行负有为储户保密的义务。如果因经济纠纷或案件等方面的原因需要查询储户个人存款的相关信息，有关单位和个人必须严格依照法律程序进行。

（二）关于个人存款账户实名制

国务院于 2000 年 3 月 20 日颁布的《个人存款账户实名制规定》自当年 4 月 1 日起施行。个人存款账户实名制，是指个人在金融机构开立存款账户、办理储蓄存款时，应当出示本人法定身份证件，使用身份证件上的姓名；金融机构要按照规定进行核对，并登记身份证件上的姓名和号码，以确定储户对开立账户上的存款享有所有权的一项制度。个人存款账户是指个人在金融机构开立的人民币、外币存款账户，包括活期存款账户、定期存款账户、定活两便存款账户、通知存款账户以及其他形式的个人存款账户。有效身份证件是指符合法律、行政法规和国家有关规定的身份证件。在办理业务的过程中，不出示本人身份证件或者不使用本人身份证件上的姓名的，金融机构不得为其开立个人存款账户，否则，金融机构及其工作人员必须承担相应的法律责任。目前，在多数发达国家和发展中国家，个人金融往来实名制已成为社会经济生活的一项规则和个人经济生活的一种习惯。发达国家在以实名制为基础的个人金融服务上，已有相当成熟的经验，而且将其渗透到个人生活的方方面面。

个人存款账户实名制的实行，是对我国公民参与金融活动的一项制度改革，是规范金融机构的经营行为，是完善金融监管的基础性措施。它有利于保证个人存款账户的真实性，维护存款人的合法权益；且利于配合现金管理，防范经济、金融犯罪。长期以来，我国实行的储蓄制度是存款记名制，其记名可以是真名、假名等，这为评估个人信用等带来诸多不便。与存款记名制相比，实行储蓄实名制的好处主要表现在以下几个方面：

1. 实名制便于储户办理挂失。如果存款人不使用实名开立存款账户，一旦存单（折）遗失或毁损需要到金融机构挂失时，由于本人身份证件上的姓名与要求挂失存单（折）上的户名不一致，按照《储蓄管理条例》的规定，金融机构不能受理其挂失请求，极易造成存款人的实际经济损失。

2. 实名制便于储户办理提前支取。储户使用真实姓名开立账户办理存款，当定期存款提前支取时，按照《储蓄管理条例》的规定，储户可以持存单（折）和存款人的法定身份证件办理。反之，如果储户不使用真实姓名开立账户办理存款，一旦储户需要提前支取的时候，存单（折）上的户名与存款人出示的身份证件上的姓名不一致，是不能办理提前支取的。

3. 实名制有效避免了因存单同姓名而引发的存档纠纷。我国人口众多，同名同姓的人很多，因而在一些涉及存单纠纷的诉讼中，司法机关无法辨别存单的归属。实行个人存款账户实名制后，可以有效地克服上述弊端，使存款人在遗失存单（折）时切实行使挂失权，使定期存款提前支取得以顺利办理，且有效减少了因同名同姓问题而引发的存单纠纷，提高了个人存款的安全性，从而更加有利于保护公民的合法权益。此外，实行个人存款账户实名制还对健全社会信用、改革现金结算工具、推行个人支票具有积极的促进作用。

（三）银行储蓄的利息计算

银行储蓄存款产品向人们提供利息收益、资金转账以及安全保管资金等便利。其中，利息收益无疑是最重要的。银行储蓄产品的利息收益，不仅与银行的经营策略有关，而且和我国利率市场化进程有直接关系。

1. 利率。利率又称利息率，表示一定时期内利息与本金的比率，通常用百分比表示，按年计算则称为年利率。银行储蓄产品的利率，也就是存款利率，表示一定时期内利息与存款金额的比例，通常也是用百分比表示，一般分为年利率、月利率、日利率三种。年利率以百分比表示，月利率以千分比表示，日利率以万分比表示。为了计算方便，三种利率之间可以换算，其换算公式为

$$月利率 = 年利率 \div 12$$

$$日利率 = 月利率 \div 30$$

年利率与日利率的换算有几种办法：

英美法，计息天数和基础天数都是 360；

大陆法，计息天数和基础天数都是 365（366）；

欧洲货币法，计息天数是 365（366），基础天数是 360。

在我国，年利率与日利率换算按照如下公式：

$$日利率 = 年利率 \div 360$$

值得注意的是，银行在计算贷款利息的时候，计息天数却是按照贷款的实际天数。1996 年以来，根据中共十六届三中全会精神，结合我国经济金融发展和加入世贸

组织后开放金融市场的需要，中国人民银行按照先外币、后本币，先贷款、后存款，存款先大额长期、后小额短期的基本步骤，逐步建立了由市场供求决定金融机构存、贷款利率水平的利率形成机制，中央银行调控和引导市场利率，使市场机制在金融资源配置中发挥主导作用。回顾利率市场化改革的进程，中国人民银行累计放开、归并或取消的本、外币利率管理种类为 119 种，目前，人民银行尚在管理的本外币利率种类有 29 种。我国储蓄存款利率还是由国家统一规定，中国人民银行挂牌公告。而且，我国储蓄存款用年利率挂牌。

2. 计息起点。存款利息在计息时，以本金"元"为起点，元以下角、分不计利息。利息金额算至分位，分以下尾数四舍五入。

3. 不计复息。活期储蓄在年度结息时并入本金，因此活期储蓄可以计算复息。其他各种储蓄产品，包括自动转存的定期储蓄，其储蓄存款不论存期多长，一律于支取时利随本清，一律不计复息。

4. 存期计算规定。存期计算方面的规定包括：（1）在计算存期天数的时候，按照算头不算尾的方法计算。计算利息时，存款天数也一律算头不算尾，即从存入日起算至取款前一天止；（2）在基础天数的计算方面，不论闰年、平年，不分月大、月小，全年按 360 天、每月均按 30 天计算。

5. 利息计算的方法。由于存款种类不同，具体计算方法也各有不同，但计算的基本公式不变，即利息是本金、存期、利率三要素的乘积，公式为

$$利息 = 本金 \times 利率 \times 存期$$

如用日利率计算，利息 = 本金 × 日利率 × 存款天数

如用月利率计算，利息 = 本金 × 月利率 × 月数

（四）银行主要储蓄产品

1. 活期存款。活期存款是一种不限存期，凭银行卡或存折及预留密码可在银行营业时间内通过柜面或通过银行自助设备随时存取现金的服务。人民币活期存款 1 元起存，外币活期存款起存金额为不低于人民币 20 元的等值外汇。

（1）活期存款的服务特色，主要体现在三个方面：①通存通兑。客户凭银行卡可在同城的相同银行网点和自助设备上存取人民币现金，预留密码的存折可在同城银行网点存取现金。其中，中国工商银行的客户凭银行卡可在其全国网点和自助设备上存取人民币现金。有些银行还推出了同城可办理无卡（折）续存的业务。②资金灵活。客户可随用随取，资金流动性强。③缴费方便。客户可将活期存款账户设置为缴费账户，由银行自动代缴各种日常费用。

（2）活期存款利率。人民币活期储蓄存款在办理存取业务时，应逐笔在账页上结出利息余额，到储户清户时一次计付利息。活期储蓄（存折）存款每年结息一次（每年 6 月 30 日为结息日），中国工商银行采用每季度结息。结息时可把"元"以上利息并入本金，"元"以下角、分部分转入下年利息余额内。活期储蓄存款在存入期间如遇利率调整，则按结息日挂牌公告的活期储蓄存款利率计算利息。全部支取活期储蓄存款，按清户日挂牌公告的活期储蓄存款利率计付利息。活期储蓄的本金和存期经常变动，因而，活期储蓄利息的计算比较复杂，计算公式为：未到结息日清户时，按清户日挂牌公告的活期存款利率计算到清户前一日止。人民币个人活期存款采用积数计息法，

按照实际天数计算利息。所谓积数计息法，就是按实际天数每日累计账户余额，用累计积数乘以日利率来计算利息。积数计息法的计算公式为

利息 = 累计计息积数 × 日利率

累计计息积数 = 账户每日余额合计数

（3）活期存款的操作流程：①开户。储户若办理活期存款开户，需持本人有效身份证件到商业银行营业网点办理。②存款。储户持商业银行发行的各类银行卡或存折到营业网点即可办理存款。在有些银行，如果储户能提供本人或他人的卡号或存折号，也可办理无卡（折）存款（需出示身份证件）。③取款。如果需要取款，客户持银行卡或存折到营业网点即可办理存款。有些银行对于取款超过一定金额的，规定需至少提前一天与取款网点预约。若持银行卡（不含贷记卡和国际借记卡）在 ATM 上取款，当天取款最高限额为 2 万元。

2. 定期存款：整存整取。整存整取定期储蓄是指客户将其人民币或者外币一次存入储蓄机构，约定存期，到期一次性支取本息的一种储蓄存款。人民币 50 元起存，外汇起存金额为等值人民币 100 元的外汇。另外，如果客户需要提前支取，必须提供身份证件。代他人支取的不仅要提供存款人的身份证件，还要提供代取人的身份证件。该储种只能进行一次部分提前支取。利息按存入时的约定利率计算，利随本清。整存整取存款可以在到期日自动转存，也可根据客户意愿，到期办理约定转存。人民币存期分为 3 个月、6 个月、1 年、2 年、3 年、5 年 6 个档次。外币存期分为 1 个月、3 个月、6 个月、1 年、2 年 5 个档次。

（1）整存整取定期储蓄的服务特色：利率较高，可以为储户获得较高的利息收入；提供约定转存和自动转存功能；储户可在通存通兑区域内银行的任一联机网点办理取款、查询及口头挂失等业务。

（2）整存整取定期储蓄的利率。该储蓄的利息计算有如下规定：①时间规定。定期储蓄存款的到期日，按照对年、对日为准。即自存入日至次年同月同日为一对年，存入日至下月同一日为对月。31 日支取 30 日到期的存款不算过期，30 日支取 31 日到期日存款，不算提前支取，但要验看储蓄证件。定期储蓄到期日，如遇法定节假日不办公，可以提前一日支取，视同到期计算利息，手续同提前支取办理。②利率规定。定期储蓄存款提前支取的按支取日挂牌公告的活期储蓄存款利率计付利息；部分提前支取的，提前支取部分按活期，其余部分到期时按原定利率计息。③逾期支取的定期储蓄存款，其超过原定存款的部分，除约定转存的外，按支取日挂牌公告的活期储蓄存款利率计息。④整存整取利息的计算分为三种情况，即到期支取，过期支取和提前支取。

到期支取的利息计算公式：

本金 = 利息率 × 存期 × 利息

过期支取情况下，到期日部分支付规定利息，到期日以后部分按活期利率付息。

提前支取按活期储蓄利率计算。

（3）整存整取定期储蓄的办理程序：①储户凭有效身份证件办理开户。申请开户时，储户需正确填写定期储蓄存款凭条。②商业银行的操作员认真审查存款凭条各要素，核实储户提交的有效身份证件。收妥资金后，签发定期存单。若储户要求办理通存通兑业务的，储户需输入密码。③存款到期时，储户凭存单到银行办理取款、销户，按

存入日中国人民银行公布的相应存期利率支付利息。提前支取时，按支取日活期利率支付利息。若部分提前支取，未取部分按原存期、原利率开给新存单。④到期转存业务是指银行按照与客户约定，在整存整取定期储蓄到期日自动将税后利息和本金一并转入下一存款周期，利率按照转存日中国人民银行挂牌公告的同档次定期储蓄利率执行的一种存款方式。它包括约定转存和自动转存。⑤储户开立整存整取定期存款账户时，凡选择约定转存的，在原存期内或转存期内办理提前支取，营业网点受理时要审验存款人本人有效身份证件，代理他人支取时还需出示代理人的有效身份证件；凡没有选择约定转存的，视为自动转存。在转存期内办理支取，视同到（逾）期支取办理。

3. 定期存款：零存整取。人民币零存整取存款，是指客户将其人民币存入银行储蓄机构，每月固定存额，集零成整，约定存款期限，到期一次支取本息的一种定期存款。一般5元起存，多存不限。存期分为1年、3年、5年。

（1）零存整取定期储蓄的服务特色：该储种利率低于整存整取定期存款，但高于活期储蓄，可使储户获得稍高的存款利息收入。可集零成整，具有计划性、约束性、积累性的功能，可以培养个人的理财习惯。不仅如此，零存整取可以提前支取、约定转存，还可以质押贷款。

（2）零存整取定期储蓄按存入日挂牌公告的相应期限档次中的零存整取定期储蓄存款利率计息。遇利率调整，不分段计息，利随本清。客户中途如漏存一次，可在次月补齐，未补存或漏存次数超过一次的视为违约，对违约后存入的部分，支取时按活期存款利率计付利息。人民币零存整取定期存款采用积数计息法计算利息。具体而言，就是用积数法计算出每元本金的利息，化为定额息，再以每元的定额息乘以到期结存余额，就得到利息额。如果储户逾期支取，那么，到期时的余额在过期天数的利息按活期的利率来计算。

（3）零存整取定期储蓄的办理程序：①储户凭有效身份证件到商业银行的营业网点办理开户，如委托他人代办开户，还需同时出示代理人的身份证件。开户时需与银行约定每月存储金额和存期。②客户可在营业网点办理现金续存，亦可在网上银行通过活期账户转账形式办理续存。零存整取可以预存（次数不定）和漏存（如有漏存，应在次月补齐，但漏存次数累计不超过2次），漏存2次（含）以上的账户之后的存入金额按活期存款计息。账户金额等于应存金额时不允许存入。不允许部分提前支取。③客户可持银行卡或存折对零存整取定期存款进行支取。如果取款金额超过20万元（含20万元），必须至少提前一天与取款网点预约。办理提前支取需凭有效身份证件，但不办理部分提前支取。④储户可以约定零存整取账户进行自动供款，即在开立零存整取存款时，由储户指定某一活期存款账户，自动按月从该活期账户扣划相应金额至零存整取账户。客户可在存期内任意时间增加或取消约定，也可以修改指定的供款账户。

4. 定期存款：整存零取。整存零取定期储蓄，是指个人将人民币资金一次性存入较大的金额，分期陆续平均支取本金，到期支取利息的一种定期储蓄。这种储蓄适宜有较大的款项收入，而且准备在一定时期内分期陆续使用的家庭储蓄。储户开户时将本金一次存进，起存额为1 000元，多存不限，存款期限分为1年、3年、5年期三个档次。支取本金期可分为每1个月或3个月或6个月支取一次，支取期限由储户选择和确定。

（1）整存零取定期储蓄的服务特色：多次支取本金，取款灵活，而且客户可以获得较活期储蓄高的利息收入。不仅如此，该储蓄品种还可以质押贷款。整存零取定期储蓄按存入日挂牌公告的相应期限档次中的整存零取储蓄存款利率计息。遇利率调整，不分段计息，利随本清。

（2）零存整取定期储蓄的办理程序：①储户凭有效身份证件到商业银行网点办理开户，开户时由储户与银行协商确定支取期限和每次支取金额。②客户持银行卡或存折即可在营业网点办理取款业务。③储户在存期内如有急需，可持存款凭证及有效身份证件办理全部提前支取。

5. 定期存款：存本取息。人民币存本取息定期储蓄，是指客户在银行储蓄机构将其人民币一次性存入较大的金额，约定存期及取息日，分期支取利息，存款到期一次性支取本金的一种定期储蓄。存本取息定期存款 5 000 元起存，存期分为 1 年、3 年、5 年。存本取息定期存款取息日由客户开户时约定，可以一个月或几个月取息一次；取息日未到不得提前支取利息；取息日未取息，以后可随时取息，但不计复息。

（1）存本取息定期储蓄存款的服务特色：该储蓄品种的客户可以分期支取利息，灵活方便，利息收入比活期储蓄高，但是起存金额较高。存本取息储蓄存款可以质押贷款，也可以提前支取。如果客户需要提前支取本金时，应该按照商业银行的整存整取定期存款的规定计算存期内利息，并扣除多支付的利息。

（2）存本取息定期储蓄的利息计算公式与整存整取的计算公式相同，只是为了弥补提前分期取息给银行造成的贴息损失，该种储蓄所定的利率要低于整存整取的储蓄利率。具体来说，就是该品种按照商业银行存入日挂牌公告的相应期限档次中的存本取息储蓄存款利率来确定利率。遇利率调整，不分段计息。人民币存本取息定期存款采用逐笔计息法计算利息，公式如下：

$$每期支取利息 = 本金 × 取息期 × 利息率$$

如储户要提前支取，那么银行将对已经分期支付的利息如数扣回，再按活期利率的标准计算利息来交付本利。如储户逾期支取，那么逾期的时间内应按活期利率计算利息一并支付给储户。

（3）存本取息定期储蓄的办理程序：①开户。客户若办理开户，需持有效身份证件到营业网点办理（也可以在网上办理存本取息的相关业务，具体参照各商业银行的业务流程）。如委托他人代办开户，还需同时出示代理人身份证件。②开户时，由商业银行按本金和约定的存期计算出每期应向储户支付的利息数，签发存折，储户凭存折分期取息。取息期确定后，中途不得变更。

6. 人民币定活两便存款。人民币定活两便储蓄存款是一种不确定存款期限，利率随存期长短而变动的储蓄存款。起存金额为 50 元，存款时不约定存期。定活两便单位存款的存期分为 3 个月以下、3 个月、6 个月和 1 年，共 4 档，最长期限暂定为 1 年。

（1）人民币定活两便储蓄存款的服务特色：该种储蓄具有活期储蓄存款可随时支取的灵活性，又能享受到接近定期存款利率的优惠。不仅如此，人民币定活两便储蓄存款还可以质押贷款。

（2）人民币定活两便储蓄存款的利率：存期在 3 个月以内的按活期计息；存期在 3 个月以上的，按同档次整存整取定期存款利率的六折计息；存期在 1 年以上（含 1 年），无论存期多长，整个存期一律按支取日定期整存整取 1 年期存款利率的六折计息。

（3）人民币定活两便储蓄存款的办理程序：客户需持有效身份证件，到商业银行营业网点办理开户手续。如委托他人代办开户，还需同时出示代理人身份证件。人民币定活两便储蓄存款支取时，一次性支付本金和利息。

7. 个人通知存款。个人通知存款是存入款项时不约定存期，但约定支取存款的通知期限，客户支取时按约定期限提前通知银行，约定支取存款的日期和金额，凭存款凭证支取本金和利息的服务。最低起存金额为人民币 5 万元（含），外币等值 5 000 美元（含）。个人通知存款按存款人选择的提前通知的期限长短划分为一天通知存款和七天通知存款两个品种。其中一天通知存款需要提前一天向银行发出支取通知，并且存期最少两天；七天通知存款需要提前七天向银行发出支取通知，并且存期最少七天。

外币通知存款只设七天通知存款这一个品种，最低起存金额为 5 万元人民币等值外汇；个人最低支取金额为 5 万元人民币等值外汇。对于个人 300 万美元以上（含 300 万美元）等值外币存款，经与客户协商，可以办理外币大额通知存款。在支取时按照大额外币通知存款实际存期和支取日利率（即支取日上一交易日国际市场利率－约定利差）计息。

（1）个人通知存款的服务特色：存款利率高于活期储蓄利率。资金存期灵活、支取方便，能获得较高收益，适用于大额、较频繁的存款。其中，中国工商银行还有积利存款计划，客户可按最短八天（七天通知存款）或两天（一天通知存款）为周期对通知存款的本金和利息进行自动滚存，并可根据实际需要定制通知存款转账周期和存期。个人通知存款还可提供自动转存定期存款服务。客户可约定在通知存款存期结束后将本金和利息自动转存为定期存款。

（2）个人通知存款按实际存期并按同档次利率计付利息，实际存期不满一个月或超过三年部分的，按支取日挂牌公告的活期存款利率计付利息。个人通知存款为记名式，可以挂失，但不得转让。通知存款如遇以下情况，按活期存款利率计算：实际存期不足通知期限的；未提前通知而支取的；已办理通知手续而提前支取或逾期支取的；支取金额不足或超过约定金额的；支取金额不足最低支取金额的。通知存款如已办理通知手续而不支取或在通知期限内取消通知的，通知期限内不计息。个人通知存款采用逐笔计息法，按支取日挂牌利率和存款实际天数计算利息，如遇利率调整，不分段计息。

（3）个人通知存款的办理程序：①个人通知存款凭证为记名式存单，开立存单时注明"通知存款"字样。通知存款开户金额不得低于 5 万元人民币（含）或等值外币。②客户一次全部支取通知存款时，由开户银行收回存单，办理销户手续；客户部分支取通知存款时，留存资金高于最低起存金额的，需重新填写通知存款存单，从原开户日计算存期；未支取部分若低于通知存款起存金额，应予以清户。③中国工商银行的"积利"存款计划，客户可根据需要设置通知存款自动转存的周期，例如，如客户设定通知存款的转存周期为八天，则银行将每八天这一期间的本金和利息进行自动滚存，客户将不仅可以获得复利收益，并且可以随时提前支取通知存款。

除了上述这些主要的储蓄产品以外，还有一些方便客户的储蓄产品，例如一些商业银行的活期一本通、定期一本通专门为客户提供一种综合性、多币种的活期（或者定期）储蓄账户，方便客户存取人民币、外币资金。另外，为了支持全民义务教育，各商业银行都推出了人民币教育储蓄（将在第六章"教育策划"中介绍）。

（五）银行储蓄产品理财策略

银行的储蓄产品很多，也很容易操作。但是，如何根据自身的需求、利率的走势，选择合适的投资策略，还是有许多问题可以讨论。银行储蓄产品的理财策略，主要是考虑满足个人的流动性、收益性的需要，因为这些产品的安全性是没有任何问题的。这里的策略，主要通过合理组合不同产品来操作。

1. 在整个家庭的资产组合中考虑储蓄

首先，家庭除去日常开支的现金（实际上现在家庭的许多开支都可以通过信用卡支付并在下一个月偿还），应尽可能存入银行，避免因持有许多现金而损失利息收入的情况。当储蓄达到一定金额的时候，就将这部分资金配置到收益相对高的投资产品上；在其他投资产品收益兑现以后，又可以转换成为储蓄。其次，作为一种固定收益、流动性相对较高的理财产品，储蓄是家庭应急备用金或者其他现金需求的重要投资途径。总之，储蓄是家庭资产组合的重要产品，可以根据不同的风险偏好，确定其在资产组合中的权重。

2. 对不同期限的储蓄产品进行组合

储蓄产品的组合，首先要满足家庭的日常开支的需要，进行活期存款和定期储蓄的组合。根据家庭支出的情况，可以估算出每个月需要的现金支出和收入的情况。这样就可以将一部分现金放在活期账户供日常家用，其余部分可以进行定期储蓄。

其次，根据利率走势，合理调整定期存款的期限。通常，人们以为定期存款期限越长，收益越高。在利率长期不变的情况下，这样的观点是对的。实际的情况是，在宏观经济出现频繁波动的时候，利率也不是一成不变的，中央银行将根据经济情况的变化适时调整基准利率。因此，在进行定期存款的期限搭配的时候，需要考虑利率的走势。如果中央银行开始不断加息了，那么定期存款的期限不宜太长，可以确定为6个月或者1年。如果定期存款期限太长，存单又未到期，那么遇到中央银行提高利率，储户就无法享受新的利率；要享受新的利率而去银行转存，储户就会损失前面的定期利息，因为转存相当于提前支取定期存款，未到期的定期存款只能获得活期存款利息。如果利率进入下行通道，中央银行开始不断降息，那么定期存款的期限相对长一些比较好，因为不管中央银行如何降息，已有定期存款都是按照原来存单确定的利率到期一次还本付息的。

最后，根据自己的需求情况，合理安排定期储蓄的期限结构。如果为了筹措远期的资金，例如在孩子还在上小学的时候，为筹措孩子未来出国深造、就读国外大学所需要的资金，就可以考虑3年的定期存款；又如，为了近期购买私人汽车而积累资金，可以考虑1年左右的定期存款。即使作为长期储蓄投资的资金，也可以考虑依照自己的意愿，按1年、3年等不同期限进行搭配，来满足流动性、盈利性的需求。

合理安排定期储蓄的月份结构。在进行定期储蓄的时候，可以将资金分配到每季度或者每个月。如果每个月份都有到期的定期存款，那么就能够很好满足家庭的流动性需要。同时，每月到期的定期存单，为家庭增加储蓄提供了机会。如果遇到家庭有大额购买需求，就可以将最近几个月的存款取出，也不会损失较多的定期存款利息。

3. 储蓄产品的选用技巧

（1）储蓄金额的选择。避免将资金集中存储于一张或者少数几张存单，这样可以避免因为临时小额急用而提现的时候，影响大额资金享受定期存单的利息。按照银行规定，整存整取的定期储蓄，每张存单可以有一次部分提前支取的机会，提前支取的部分按支取日挂牌公告的活期存款利率计付利息，剩余部分到期时按开户日挂牌公告的定期储蓄存款利率计付利息。所以，可以将大额资金适当分为几张存单，便于应付临时急用导致的提前支取的情况。

（2）巧用通知存款。个人通知存款适合于手头有大笔资金，频繁调动于银行、证券公司之间，或者准备用于近期（3个月以内）开支的情况。假如你有10万元现金，拟于近期"打新股"获利，由于新股不是每天都有，也不是每次新股申购结束资金释放后就能和后面的新股申购相互衔接，那么，就会有几天或者一周的资金间歇。这种情况下，可以办理通知存款，利用短暂的时间，获得比活期存款略高的收益。目前，网银的开通，使得相关业务非常便捷、高效。

（3）积少成多勤储蓄。储蓄是积累资金的良好途径。可以将平时暂时不用的资金、日常生活中的临时性收入都及时存入银行。例如将增加的薪金、得到的一次性奖金、亲友馈赠以及其他一些临时性收入存入银行。有些家庭常常会将那些临时性收入用于临时性消费，这样就会失去增加财富的机会。

（4）注意资金的安全。银行的定期储蓄具有比较好的安全性。客户在开户存款的时候，可以设置账户密码、预留印鉴等，这些安全措施要与客户的需求相吻合。如果客户需要通存通兑的，那么可以预设账户密码，而不留印鉴，因为预留印鉴的存单是不能通存通兑的。同时，避免将存单与身份证、印章放在一起。这样，即使存单失窃也无妨，资金还是安全的。预留密码时，不要将自己的生日设置为存款密码，也不要将一些特殊的数字设置为存款密码，例如"168"、"888"等等，更不能为了安全，设置很多密码，最后连自己都无法搞清楚这些密码到底对应哪个存单，就失去了密码应有的作用。

（六）银行卡

银行卡是由银行客户申请、银行依照章程发行的，供客户办理存取现金、支付、转账结算、信贷消费等业务的新型服务工具的总称。银行卡包括贷记卡、借记卡、自动出纳机卡等。因为各种银行卡都是塑料制成的，又用于存取款和转账支付，所以又称为"塑料货币"。20世纪70年代以来，由于科学技术的飞速发展，特别是电脑和互联网的迅速发展，银行卡的使用范围不断扩大——不仅减少了现金和支票的流通，而且使银行业务由于突破了时间和空间的限制而发生了根本性变化。银行卡自动结算系统的运用，使一个"无支票、无现金社会"有可能成为现实。银行卡的大小一般为85.60×53.98mm（3.370×2.125英寸），但是也有比普通卡小43%的迷你卡和形状不规则的异型卡。常见的银行卡一般分为两种：借记卡和贷记卡。前者是储蓄卡，后者是信用卡。

1. 银行卡功能

银行卡的功能是由发卡银行根据社会需要和内部经营能力所赋予的。随着我国银行卡事业的发展及市场竞争的日趋激烈，为扩大市场份额，各发卡银行积极开拓市场，不断增加业务品种，扩大服务范围，为持卡人提供更多种类的服务。尽管各发卡银行所发行的银行卡的功能不尽相同，产品种类及服务范围也有所差异，如一些发卡行通过银行卡为客户提供代发工资、购买有价证券、缴纳公用事业费用等多项服务，但银行卡的基本功能都是一致的。归纳起来，我国银行卡具有如下基本功能：

（1）支付结算功能

持卡人可在特约商户持卡直接购物或者进行其他消费，无须以现金货币支付款项，只需使用银行卡支付购物款项和其他各类服务性消费款项，完成支付结算。随后，由发卡银行扣减持卡人银行卡账户资金，在一定时期内银行将持卡人所支付款项划拨给特约商户。支付结算是银行卡最主要的功能，它能为社会提供最广泛的结算服务，方便持卡人与特约商户的购销活动，减少社会的现金流量，节约社会劳动。

银行卡的支付结算业务，现在已经有了很大的拓展。从区域角度，现在很多银行卡可以完成跨区域支付，甚至是跨国支付结算。目前，我国银联开通了62个国家和地区，包括欧洲、美国、澳洲、俄罗斯、东南亚、日本、港澳等。从交易的渠道来说，不仅是商场，而且网上购物的支付结算（网银业务的开展）也非常普遍。

（2）储蓄功能

城乡居民储蓄一直是我国各商业银行的主要负债业务，为银行经营提供了主要的资金来源。然而储蓄业务工作量巨大，劳动强度相对较高。为提高业务效率，以吸纳更多存款，各发卡银行推出的银行卡都具有储蓄功能（贷记卡除外）。发卡银行对持卡人开立的银行卡存款账户，按照中国人民银行规定的活期储蓄存款利率和计息办法计付利息。持卡人可在发卡银行所指定的各地银行卡受理网点通存通兑，办理存、取款业务，也可在发卡银行提供的自动柜员机（ATM）取款和查询银行卡账户余额等。有些发卡银行的银行卡产品还具有理财功能，从而大大方便了持卡人的储蓄活动，提高了持卡人的储蓄积极性。另外，持卡人持卡支取现金，需要提供持卡人本人的有效身份证件或个人密码，从而在一定程度上保障了持卡人银行卡的资金安全。

在此基础上，银行卡可与定期储蓄产品组合，如中国农业银行金穗卡的自动约转功能。自动约转功能是指银行根据持卡人申请，将卡账户中超过约定留存金额且达到最低起存金额的款项，按照事先约定的期限自动转存为定期整存整取存款。该笔存款到期后，持卡人还可以选择继续转存的期限。在自动转存功能中，持卡人在借记卡下开立零整子账户（包括教育储蓄子账户）后，从借记卡账户向零整子账户转账供款的交易，分为手动供款和自动供款两种方式。

（3）转账功能

银行卡转账，是指持卡人可以将卡内资金通过银行的ATM转入其他银行卡的账户内。银行卡转账可以在同一银行内进行，也可以跨行、跨地区转账。转账功能有多种拓展，扩大了转账的用途，包括转账结算、自动供款、约定还款等。转账结算，就是持卡人持卡可在特约商户办理大额购货转账结算，也可在发卡银行指定的银行卡受理网点办理转账业务或卡与卡之间的转账业务，通过发卡银行的结算系统将银行卡账户存款划至指定账户。自动供款的具体做法，是银行的系统根据持卡人的申请，在约定的每月供款日从银行卡人民币活期账户中把约定的金额转入约定账户的业务，约定账户包括同一发卡行内的活期存折、准贷记卡、借记卡及卡下的其他人民币活期账户。约定还款的具体做法是，持卡人通过与银行签订相关协议，授权银行在每月的到期还款日，根据其银行的贷记卡的上月结欠金额，自动从银行卡的活期账户中扣除相应欠款金额。

（4）消费信贷功能

银行卡的消费信贷功能仅体现于信用卡、贷记卡和准贷记卡。持卡人在消费过程中，如果所需支付款项超过其信用卡存款账户余额，发卡银行允许持卡人按规定限额进行短期透支。也就是说，信用卡的透支金额，即为发卡银行向持卡人提供的消费信贷。信用卡透支利率一般比商业银行同期贷款利率高得多。目前，许多银行的信用卡都规定了比较长的免息期限。在免息期内还款，银行将不收透支利息。

（5）出国金融服务功能

针对国内的留学、探亲、移民等需求，商业银行推出了多种与银行卡有关的出国金融服务，其中包括国际借记卡、国际信用卡及各种汇款服务。

（6）理财平台功能

现在的银行卡已经成为银行向客户提供综合性理财服务的平台，在卡业务方面集成了多项理财服务。比如，交通银行的太平洋卡，就是集储蓄、购物消费、自动转账、电话银行、代理业务、消费贷款等功能于一身的个人理财工具。它突破了传统的储蓄方式，通过客户管理这一先进的模式将人民币活期、定期、存本取息、零存整取、定活两便储蓄与美元、日元、港元、澳元、英镑、欧元等外币储蓄连在一起，免去了客户保管多张存单与存折的麻烦。而且，银行可以根据客户（持卡人）提供的有效身份证件，产生唯一客户号并建立客户信息。在同一客户号下，集太平洋卡账户、本外币全储种储蓄账户于一体，一号多户，卡储相通，实现了客户管理的科学性。

2. 银行卡分类

随着银行卡业务的发展，银行卡的种类不断增多，用途也多种多样。根据不同的划分标准，其大致可分为以下几种类型。

按币种不同，可分为人民币卡、外币卡，以及双币种卡。人民币卡属地区卡，仅限在中国大陆使用。外币卡是指结算货币非发卡机构所在国家法定货币的信用卡。在大多数发展中国家，其本国货币通常不是可兑换货币，因此，以此种货币作为结算货币的信用卡即便参加了国际信用卡组织，所发行的也只是地区卡，无法国际通用。为此，发卡机构必须以某种可自由兑换货币，即国际通用的货币作为自己国际卡的结算货币，从而实现发行国际通用信用卡的目的，这就是所谓的外币卡。外币卡属国际卡，可在世界各地使用。双币种卡，例如中国建设银行的龙卡双币种信用卡，是发卡银行向社会公开发行的、持卡人可在发卡银行核定的信用额度内先用款后还款，并可在中国境内（不含港澳台，下同）和境外（含港澳台，下同）使用，以人民币和指定外汇分别结算的信用支付工具。

按发行对象不同，可分为单位卡（商务卡）和个人卡。单位卡（商务卡）是由发卡银行向企事业、机关团体、部队院校等单位发行的银行卡，其使用对象为单位指定的人士。有些地方政府将单位卡作为一种国家预算资金管理方式，单位卡账户的资金一律从其基本存款账户转账存入，不得存取现金，不得将销货收入存入单位卡账户。单位卡不得透支办理商品交易、劳务款项的结算。销户时，单位卡账户资金应转入其基本存款账户。个人卡账户可以其持有的现金存入或以其工资性款项及属于个人的合法的劳务报酬、投资回报等收入转账存入。这种结算方式办理公务支出安全、便捷，交易透明度高，财政财务部门还可以有效监控支付的真实性和规范性，强化了财务管理，提高了支付效率。个人卡是由发卡银行向居民个人发行的银行卡，此处不再赘述。

按信息载体不同，可分为磁条卡和芯片卡。磁条卡是将银行卡的有关信息置入银行卡卡片专用的磁条内；芯片卡（IC 卡）是将银行卡有关信息置入银行卡卡片专用的芯片内，芯片卡（IC 卡）既可应用于单一的银行卡品种，又可应用于组合的银行卡品种，即磁条与芯片合一的复合型银行卡品种。2005 年 12 月 16 日，中国工商银行和万事达卡国际组织在国内率先发行国内第一张符合 EMV 标准的信用卡。EMV 是目前全球各国或地区最为广泛采纳的芯片卡标准，是由 Europay、Mastercard 和 Visa 三大支付卡组织于 1994 年共同制定的。EMV 标准的卡片内置一个芯片，其中的个人信息很难被复制，因此具有强大的防欺诈功能，并可实现全球互通互用。而现在国内普遍使用的磁条卡，只要泄露了卡号和卡片有效期，就有可能发生伪卡风险。故此后，从磁条卡过渡到芯片卡就成为银行卡业的发展趋势。

按持卡人的资信等级不同，可分为普通卡（银卡）、金卡、白金卡、无限卡等。不同等级的银行卡（主要是信用卡，借记卡通常没有等级），持卡人所能够享受的服务是完全不同的。通常情况下，金卡能够享受理财顾问、快捷办理业务等服务，同时，需要交纳相对较高的年费。普通卡可以获得基本的银行相关业务的服务。其实，对于一般的客户而言，普通卡的相关功能已经完全够用了。随着个人资金实力的上升，在消费金额、透支金额等项指标上升以后，普通卡客户还是可以升级成为金卡客户的。

按持卡人的清偿责任不同，可分为主卡和附属卡。年满 18 周岁、具有完全民事行为能力、有合法稳定收入的中国公民和在中国境内有居留权等条件的外国人及港澳台同胞，均可在本地申请中国各商业银行的信用卡主卡。在此基础上，持卡人可为年满 16 周岁的直系亲属申领附属卡。

第五节　消费信贷管理

一、家庭借款的一般状况

（一）家庭借款的含义

家庭借款是金融机构为家庭生产经营或生活消费中资金不足而提供的一种贷款，包括生产经营性贷款和生活消费性贷款，前者存在于具有生产职能的农户、个体户，是为解决经营资金不足而提供的贷款；后者存在于一切消费者个人和家庭，主要解决购建自有住宅和购买耐用消费品的资金不足而提供的贷款。消费信贷有分期付款和消费贷款两种。分期付款是消费者取得消费品时，先支付部分货款，余款按合同规定分期支付；消费贷款则是由银行或其他金融机构采用信用放款或抵押放款方式，对消费者发放贷款，并按规定期限一次性偿还本息。

庞大的个人金融资产，既构成对国民经济的一种潜在冲击力，又是实现个人消费增长的物质基础。因此，解决好个人消费信贷，实现消费快速增长，既能减轻储蓄对经济增长的压力，又能拉动经济增长。

（二）家庭借款的种类

1. 抵押借款，指用于融通不动产资金的一种分期偿还的长期借款。这种借款最重要的特征是以借款所购财产为借款的抵押品。

2. 定率抵押借款，指在抵押借款到期日前，借款利率与每期还款额均为固定数的一种抵押借款。这种抵押借款的优点是每期偿还借款数量可以确定，适合于预期收入有限的年轻人。

3. 变率抵押借款，指借款利率随借款盯住指数波动的一种长期抵押借款。这种借款的借款者每期需偿付金额随利率波动而波动，风险较大。

4. 累进还款抵押借款，指每期偿还额度递增的一种抵押借款，利率与期限是固定的。累进还款抵押借款对首次购房家庭特别有吸引力，能够使他们在购房的初期支付较少金额，用后期偿还减轻目前的财务负担。

5. 分享增值抵押借款，指贷款者同意收取低于同类贷款的利息，代以分享所购不动产增值额的一种长期抵押借款。虽然这会使购房者在未来失去部分财产增值的利益，但增强了他的支付能力。这种借款也有一个致命缺点，即在特定期限后，贷款机构往往要求借款人支付累积的财产增值利得。如购房后无现金支付，借款人就必须出售房屋清付。

6. 循环抵押借款，指利率固定、每月偿还款额固定，在借款期末整笔款项可以重新商借的一种抵押借款。这种借款的优点在于其灵活性。借款者可按自己的需要与贷款机构重新协商，且有机会无代价调整所借金额与借款的期限。

（三）家庭借贷的用途

借贷行为的发生需要考虑借款的用途为何。贷放者放款的用途是单一的，即将自己拥有货币的使用权在一定时期内让渡给他人，以获得相应的利息收益。相形之下，借款的用途则要复杂得多。借款的用途一般有以下几种。

1. 生活中遇到特殊困难，如家人生病，生存消费受阻而临时借款，可称为消费性借款。

2. 生产经营型借款。经营中遇到资金临时周转不灵或负债经营而借款，以及经营中发生的应付未付、应交未交等经营型借款。

3. 投资借款。借款者欲筹措款项用于投资，如投资办实业、购买证券、买住房等，资金不敷需要时申请借款。

（四）家庭借款应考虑的因素

每个家庭在举债前都应认真考量自己的现实状况，理智判断应举债的程度。应考虑的因素有：

1. 收入稳定性。举债的利息不论投资赚钱与否，都必须按时支付，若个人的收入来源不稳定，则可能有无法按时支付固定利息之虞，不适合进行过高的举债投资。

2. 个人资产。向金融机构借款，必须有实体性资产作为担保品。

3. 投资回报率。在其他条件不变的情况下，投资回报率越高，财务杠杆的利益就越大。

4. 通货膨胀率。通货膨胀率较高时，借款较为有利。

5. 借款收益与借款成本比较。如果决定使用信贷，应确定当前购买的收益高于信贷的使用成本（经济和心理成本）。

6. 风险承受程度。人们对风险的承受能力都不一样，这与个性及个人条件有较大关系。

7. 年龄因素。对年轻人而言，负债购房、购车乃至旅游、购物等已成为时尚。相比较中老年人，年轻人更喜欢冒风险，中老年人则较为稳妥，尽量少负债。

二、家庭消费负债

家庭负债按其用途划分，包括消费负债、经营负债和投资负债。负债消费、负债经营、负债投资是目前谈论较多的。"用明日的钱圆今日的梦"更成为勇于负债者的口号被响亮提出。这表现了随着时代的变化，人们对负债观念认识的一大进步。

（一）家庭消费负债的含义

家庭消费负债，指家庭消费生活中遇到某些难关，如生存消费受阻，购买住房、汽车，供养子女上大学等事项，因资金缺乏而向银行、其他亲朋好友、同事等借款。某些突发性事件发生急需大量资金时，也会出现这类负债。

消费负债可分为绝对负债和相对负债。前者是指家庭生活困难，收入长期低于维持最低限度的生存消费需要而产生的负债；后者则是收入用于维持最低限度生存需要已是足够且有结余，但尚需要相当积累才能维持享受与发展的较高水平需要，故借债以提前满足要求。绝对负债状况目前不能说完全绝迹，但也相当之少。相对负债的状况是较多的，但是否需要负债，负债是否合算，大家是否乐意负债、敢于负债，则是应该考虑的问题。

（二）家庭消费负债的因由

家庭消费负债的原因很多，大体可分为以下两项。

1. 为维持最低限度的生存、意外事项而负债。这类负债是穷人的"专利"，在相当多的情况下是生活贫困交加，迫不得已而负债，负债的数额小，期限短。时至今日，人们普遍富裕的状况下，仍有某些家庭的收入过低，不能负担家人生病、孩子读书、结婚成家等较大额的开销。这种负债是正常的、必需的，也是被迫无奈的。

2. 维持较富裕乃至豪华的生活水平而负债。家庭为维持富裕乃至豪华的生活水平而负债，如借钱住宾馆、办酒席、大吃大喝、国内外旅游等，应当坚决反对。这种债务用于很不必要的事项，而非正途，难以借此增加自己的人力资本、金融资本。

总之，申请消费贷款者都是因缺钱而负债，贷入资金无论是经营或投资，都要冒相当风险。若贷款消费，则该笔款项是白白消耗而无法予以收回，将来能否赚取收入还贷就是个问题。但现实中往往存在这样的问题：有钱、有偿还能力的高收入阶层不必贷款；无钱者很需要钱，但收入少又不稳定；绝无偿还能力的低收入阶层，很需要钱却又不可能申请到贷款。

（三）家庭应否消费负债

消费负债行为是否发生，负债状况是否适度，需要考虑预期还债付息和负债用途。机构贷款的目的是单一的，即将自己拥有货币的使用权在一定时期内让渡给他人，以获得相应的利息收益。但借款人负债消费是否应当，可以考虑的一项基本原则是：负债增长与家庭的资产（包括人力资本、信誉等无形资产）增长是否呈同步态势。在如下状况时，我们认为提前消费而负债是可行的：（1）有稳定的工作和经济收入，临时出现资金短缺；（2）经济收入和财产状况预期将有较大幅度增长；（3）预期将会有较大额收入，如遗产继承等；（4）预期未来会有较严重的通货膨胀，物价上涨率将会远远高于银行存贷款利率。

在第（2）和种第（3）种情况下，负债是合算的。钱财的数额预期有较大增长时，钱财每增加一元的边际效用就会大大减少，此时的负债随着时间推移，其实际价值已大为贬值，或在人们心目中的价值大为减值。在第（4）种情况下，负债同样是合算的，目前以较低利率向银行贷款，将来当然要还本付息，但物价上涨必然会导致存贷款利率的上涨，两种利率的差价正是目前贷款所获取的收益。

家庭负债状况的评价，可以计算家庭资产负债率等指标。其计算公式为

家庭资产负债率 = 家庭负债总额 ÷ 家庭资产总额

家庭资产净值 = 家庭资产总额 − 家庭负债总额 = 家庭自有资产

三、家庭经营负债

（一）家庭经营负债的含义

家庭经营负债，指家庭生产经营活动中因规模扩大或临时性的资金周转困难而引致的负债。

农户、个体工商户的生产经营活动中，经常会遇到如下事项，需要负债：（1）临时性的资金周转不灵；（2）经营中发生临时大批量进货的应付货款、应付工资、应交税金等；（3）有好的经营项目，为扩大经营规模而获取更大盈利，但经营资金匮乏。第（1）种和第（2）项的借债期限短，额度低；第（3）项的借债则需长期和大额度。这时需要考虑的因素是：应否负债、借债是否合算及债款是否借得到等。

（二）负债经营是否合算

负债经营的认识问题易于解决，但应否负债的关键，是负债经营是否合算，是否值得为此既承担经营风险，又承担债务风险。这需要比较债务资金的成本率和收益率两个指标孰高孰低。

债务资金成本率是指以负债的形式来筹措和使用资金，所应担负的代价包括资金使用期的利息和举债以及偿还期间所需支付的手续费及其他各项可能发生的费用等。债务资金的收益率则是指所举债所得资金投入生产经营后可能取得的各项收益，通常指经营纯收益，即经营收入在扣减经营成本、经营费用和税金后所剩余的部分。

债务资金的收益率大于债务资金的成本率时，负债经营是合算的，且超出数额越多，举债就越合算，经营投资的收益在支付利息后还有相当剩余。如资金收益率等于资金成本率，则这种举债是不必要的，经营投资收益在实付利息后已是毫无所剩，白白为银行"打工"。而在相反的情形下，则预示着该笔债务资金的取得很不必要，其效益为负，负债越多，经营亏损就越大。

（三）举债能否成功

家庭即使考虑负债经营，且这种负债预期又是非常合算的，还有能否举债成功的问题需要考虑：举债者家庭的资信状况如何，资信状况如何取证并得到贷款机构的承认，贷款机构放贷政策的宽松程度，其他相关因素。

举债者家庭的资信状况，即通常所称个人信用问题，目前颇受关注。金融机构衡量某个人、某个家庭的财力是否雄厚、信用良好，需要考察资产拥有状况、资产结构、资

产流动性。

四、家庭负债投资

家庭负债投资，通常是家庭参与投资项目，因资金不敷需要而向银行或向其他企业单位、个人等借入款项。投资负债的风险系数较大，需要慎重对待，尤其是负债炒股等更应考虑其中蕴藏着的巨大风险。投资性负债还应考虑借入资金的成本和预期收益率的高低，力争将风险减弱到最低限度。投资自然是为了取得盈利，在预期收益可观，而家庭又一时无法筹措到较多的用于投资的资金时，如能通过举债的方式获得所需要的资金，也是一大幸事。

家庭应否负债投资呢？通过负债的办法取得较充足财力用于购买股票债券等，这种负债投资应否进行，需要考虑因素较多：这种投资预期的收益率如何，能否大幅超出举债成本，否则就不应举债，这是前面已谈到的；投资风险大小，如负债炒股要冒相当的风险，万一失败就需要考虑债务偿还问题。

负债消费时，其消费额度为多大，尚欠缺资金为多少，都可以事先加以确定。负债经营时，举借债务规模会比较大，经营风险也较大，但举借债务的增加又会相应增加经营性资产，对还债也有相当保障。而负债炒股票时，一般能够做此打算的人员，都是有相当魄力，也都计划通过这种方式迅速实现资本积累，故举借债务的额度都会很大，甚至远远超出家庭的资产规模。

负债经营时，盈利固然很难，经营亏损尤其是重大亏损也要假以相当时日。而负债炒股票时，盈利看似很简单，但亏损也很容易，如某只股票连拉几个涨停板，或一连出现几个跌停板等。盈利当然是好事，但若发生亏损或亏损数额还比较大，债务偿还就非常难了，故负债炒股票应尽量避免。

家庭负债经营、负债投资、负债消费都是可行的，企业则只有负债经营和负债投资。企业负债只承担有限责任，在资不抵债、无力偿还债务时，最多是将投资人投入企业的资本全部损失完毕。家庭负债在法律上则需要承担无限责任，故更应注意债务风险。

五、家庭负债的金融工具及其运用

根据目前绝大多数家庭的状况，家庭负债所借助的金融工具一般都是银行消费信贷以及非银行类金融机构的特定融资。这里，我们着重介绍这两类金融工具在家庭理财中的运用。

根据贷款发放机构的不同，消费信贷可分为银行信贷和非银行信贷；根据贷款方式的不同，消费信贷又可分为封闭式信贷和开放式信贷。

（一）银行信贷

1. 封闭式信贷

封闭式信贷有特定的用途，以合同形式规定偿还金额、偿还条件、支付次数等，通常在偿还债务前，销售方拥有商品所有权。

目前，我国商业银行个人消费信贷处于起步阶段，种类还不是很多，主要有：

（1）个人汽车贷款。汽车贷款是指贷款人向申请购买汽车的借款人发放的专项贷款，也叫汽车按揭。汽车贷款由贷款人向在特约经销商处购买汽车的借款人发放，用于购买汽车，以贷款人认可的权利质押或者具有代偿能力的单位或个人作为还贷本息并承担连带责任的保证人，购车人在贷款银行存入首期车款，贷款金额最高一般不超过所购汽车售价的 80%，贷款期限一般为 1～3 年，最长不超过 5 年。

（2）个人旅游贷款。个人旅游贷款是贷款人向借款人发放的用于支付旅游费用、以贷款人认可的有效权利作质押担保或者有代偿能力的单位或个人作为偿还贷款本息并承担连带责任的保证人，借款金额为 2 000 元至 50 000 元，期限 6 个月至 2 年，且需借款人提供不少于旅游项目实际报价 30% 首期付款的人民币贷款。

（3）国家助学贷款。国家助学贷款又分为一般助学贷款和特困生贷款，是贷款人向全日制高等学校中经济困难的本专科在校学生发放的用于支付学费和生活费并由教育部门设立"助学贷款专户资金"给予贴息的人民币专项贷款。

（4）商业性助学贷款。商业性助学贷款是银行对正在接受非义务教育学习的学生或直系家属或法定监护人发放的商业性贷款，适用于学生的出国留学贷款、再教育进修贷款等。商业性助学贷款根据用途可分为学生学杂费贷款、教育储备金贷款、进修贷款和出国留学贷款。各家商业银行在商业性助学贷款的条款上可能有所差别，但基本内容相同。商业性助学贷款额度由银行根据借款人资信状况及所能提供的担保情况综合确定，最高不超过 50 万元。贷款最短期限为 6 个月，最长期限不超过 8 年。与国家助学贷款相比，商业性助学贷款的利率水平、申请条件以及还款期限等都要高不少。

（5）大额耐用消费品贷款。大额耐用消费品贷款是指向消费者个人发放的用于购买大额耐用消费品的人民币贷款。大额耐用消费品是指单价在 3 000 元以上（含 3 000 元）、正常使用寿命在 2 年以上的家庭耐用商品，包括家用电器、电脑、家具、健身器材、卫生洁具、乐器等（汽车、房屋除外）。大额耐用消费品贷款只能用于购买与贷款人签订有关协议、承办分期付款业务的特约销售商所经营的大额耐用消费品。贷款期限一般在 1 年以内，最长为 3 年（含 3 年）。贷款额度起点为人民币 2 000 元，最高额不超过 10 万元，借款额最高不得超过购物款的 80%。

（6）家居装修贷款。家居装修贷款是指贷款人向借款人发放的用于借款人自用家居装修的人民币消费贷款。贷款期限一般为 1 年至 3 年，最长不超过 5 年（含 5 年）。贷款额度一般不得超过家居装修工程总额的 80%。

（7）个人综合消费贷款。个人综合消费贷款是贷款人向借款人发放的不限定具体消费用途、以贷款人认可的有效权利质押担保或能以合法有效房产作抵押担保，借款金额在 2 000 元至 50 万元、期限在 6 个月至 3 年的人民币贷款。

（8）个人住房贷款。个人住房贷款是贷款人向借款人发放的用于购买自用普通住房或者城镇居民修房、自建住房，提供贷款人认可的抵押、质押或者保证，在银行存入首期房款，借款金额最高为房款的 70%、期限最高为 30 年的人民币专项贷款。个人住房贷款又分为自营性个人住房贷款、委托性个人住房贷款和个人住房组合贷款三种。本章讨论的消费信贷主要是短期信贷，而属于中长期贷款的住房贷款则在以后的章节中进行讨论。

2. 开放式信贷

开放式信贷无须像封闭式信贷那样需要事先申请，只要不超过信用额度，可以随意使用开放式信贷进行购物，循环发放。信用限额是贷款人允许使用的最高额度，可能要支付利息或者手续费，一般可以享受若干期限的免息还款待遇。目前，大多数家庭和个人通常接触到的开放式信贷的主要形式是信用卡。

（1）信用卡的概念

信用卡又称贷记卡，指具有一定规模的银行或金融公司发行的，可凭此向特定商家购买货物或享受服务，或向特定银行支取一定款项的信用凭证。

信用卡的大小与名片相似，卡面印有信用卡和持卡人的姓名、卡号、发行日期、有效日期、每笔付款限额、发卡人等信息，背面有持卡人的预留签名、磁条和发卡人的简要声明等。

（2）信用卡的利率

各国信用卡透支后执行的利率不一样，但都有一个免息期，超过免息期或是使用信用卡取现则需要支付利息。我国信用卡的透支、取现利率统一为"日利率万分之五"，即年利率高达18.25%，远远高于我国的贷款利率（见表4-8）。

表4-8　　　　　　　人民币贷款利率表（自2012年7月6日起执行）

项目	年利率（%）
一、短期贷款	
六个月（含）	5.6
六个月至一年（含）	6
二、中长期贷款	
一至三年（含）	6.15
三至五年（含）	6.4
五年以上	6.55

（3）信用卡的使用

信用卡的使用有许多条款，应该详细了解使用规则。

①还款注意免息期。一般免息还款期由三个因素决定：客户刷卡消费日期、银行出示对账单日期和银行指定还款日期。所以，消费时一定要注意两点：一个是持卡人的消费日期，另一个就是银行对账单日期与还款日期之间的天数。弄清楚免息还款期的计算方法后，还要注意并不是所有的透支款项都可以享受这一优惠。要想免息，必须同时满足两个条件：第一是全额还款，第二是非现金交易的款项。如还款困难，应按银行要求的最低还款额，偿还部分透支款，否则利息成本十分昂贵。

②最低还款额。最低还款额是持卡人每月需要缴纳的最低金额，首月最低还款额为当月欠款额的10%，使用最低还款额还款将不享受免息待遇。

③不要超额透支。持卡人超过发卡银行批准的信用额度用卡时，不享受免息期待遇，即从透支之日起支付透支利息。所以持卡人在享受信用卡透支免息还款的实惠之时，切记不要超过银行批准的信用额度（透支金额），否则超额部分将不会享受免息还款待遇，从而要支付意想不到的透支利息。

④透支还款要还清。信用卡刷卡消费，持卡人在免息还款期内，全额偿还不需支付利息，但若是部分偿还透支款，在符合银行规定的最低还款额的前提下，目前有两种截然不同的计息方式：第一种是只要持卡人有一部分钱在还款期内没有还，全部透支额

都不能享受免息待遇；另一种是只需支付欠款部分的利息。前者是大多数银行的做法，采取后者这种方式的只有极个别的银行。有一位消费者透支了750.5元，由于忘了透支的具体金额，所以在免息期内只还了750元，欠0.5元没有还。想不到的是，银行不是按照0.5元计息，而是按照750.5元计息的，结果造成不应有的损失。

⑤现金透支不能免息还款。信用卡提现是要支付利息的，并不享受免息还款期待遇，且计息是从提现透支日期开始计算的。这些规定一般在各银行的信用卡使用注意事项中都会写明，如"贷记卡取现或转账透支不享受免息还款待遇，从透支记账日起按日息万分之五计息"等等。

⑥不要将信用卡当存折用。信用卡内的存款（备用金）不计付利息是国际惯例，多数银行都是这样操作的。

⑦并非年年免年费。免年费一般也只是免头一年或者两年内的费用，且往往捆绑着用户至少使用一个较长固定期限的条件。所以持卡人在使用时应该注意，如果到期没有缴纳年费，银行可能会在持卡人账户内自动扣款，而且银行所扣的款项将算作持卡人的透支提现，因此就要计算贷款利息，而且还会计算复利，利息会日复一日地积累，时间一长，就会莫名其妙地收到透支利息通知书。所以，如果持卡人不经常使用信用卡，最好将其注销。

（二）非银行机构信贷

1. 典当融资贷款

所谓典当，是指当户将其动产、财产权利作为当物质押或者抵押给典当行，交付一定比例费用，取得当金，并在约定期限内支付当金利息、偿还当金、赎回当物的行为。通俗地说，典当就是要以财物作为质押、有偿有期借贷融资的一种方式。这是一种以物换钱的融资方式，只要顾客在约定时间内还本并支付一定的综合服务费（包括当物的保管费、保险费、利息等），就可赎回当物。

2. 消费金融公司贷款

与银行相比，消费金融公司具有单笔授信额度小、审批速度快、无须抵押担保、服务方式灵活、贷款期限短等独特优势。消费金融公司经营的业务包括个人耐用消费品贷款、一般用途个人消费贷款、信贷资产转让、境内同业拆借、向境内金融机构借款、经批准发行金融债券、与消费金融相关的咨询和代理业务、银监会批准的其他业务等。

2009年6月中旬，北京、上海、成都及天津等四地开展消费金融公司试点，如果人们买东西时缺钱，将可以不用抵押、不用担保，就能很方便地从消费金融公司贷到钱。根据我国相关规定，向个人发放消费贷款的余额不得超过借款人月收入的5倍。

3. 保险公司贷款

保单贷款也称保险质借。在投保人需要时，保险公司可以在保单已经具有的现金价值的范围内，以保单作质押，向投保人提供贷款。我国保单质押贷款的期限较短，一般最多不超过6个月，最高贷款余额也不超过保单现金价值的一定比例，这个比例各个保险公司有不同的规定，一般在70%~80%。期满后贷款一定要及时归还，一旦借款本息超过保单现金价值，保单将永久失效。

（三）消费信贷的操作流程

个人消费信贷作为商业银行众多贷款种类的一种，其操作也必须符合《中华人民共和国商业银行法》、《贷款通则》等相关法律法规的规定，必须经过贷前调查、贷时审查和贷后检查三个基本环节。由于个人消费信贷的贷款用途限定为消费，作为贷款主体的自然人流动性很大，不易控制，在实际操作中，除封闭性贷款外，其他种类贷款的实际使用方向根本无法控制，所以，在这三个环节中，商业银行更着重于贷前调查和贷时审查两个关键环节。个人消费信贷的借款人为自然人，借款理由为非营利目的，他们相对更注意借款的成本，如果花了费用而最终未得到借款，往往引起矛盾，对商业银行的信誉也会造成负面影响。

个人消费信贷的操作流程如下：

申请→贷前调查→审查、审批→签订合同→办理保险、公证、担保手续→发放贷款→贷款偿还→清户撤押

个人消费信贷的初审由资信调查组审验，主要审查借款人的资信情况，包括借款人的年龄、职业、收入、家庭情况、抵押（质押）品、工资发放情况等。特别是在办理抵押贷款时，初审显得尤为重要，因为办理抵押品登记、评估、保险、公证等均需缴纳一定的费用，有了初审既可避免借款人盲目花费用办理各项手续，也可避免抵押物价值高估给银行带来的潜在风险。

理财小贴士

储蓄电子国债与其他理财方式的区别

为丰富国债品种，改进国债债权管理模式，提高国债发行效率，方便国债投资者，在借鉴凭证式国债方便、灵活优点的基础上，财政部参照国际经验，推出储蓄国债（电子式）。这是中国财政部面向境内中国公民储蓄类资金发行的，以电子方式记录债权的一种不可流通人民币债券。

1. 与凭证式国债的区别

首先是申请购买手续不同。投资者购买凭证式国债，可持现金直接购买；投资者购买储蓄国债，需开立国债账户并指定对应的资金账户后购买。

债权记录方式不同。凭证式国债债权采取填制"凭证式国债收款凭证"的形式记录，由各承销银行和投资者进行管理；储蓄国债以电子记账方式记录债权，采取二级托管体制，由各承办银行总行和中央国债登记结算有限责任公司统一管理，降低了由于投资者保管纸质债权凭证带来的风险。

付息方式不同。凭证式国债为到期一次还本付息；储蓄国债付息方式比较多样，既有按年付息品种，也有利随本清品种。

到期兑付方式不同。凭证式国债到期后，需由投资者前往承销机构网点办理兑付事宜，逾期不加计利息；储蓄国债到期后，承办银行自动将投资者应收本金和利息转入其资金账户，转入资金账户的本息资金作为居民存款由承办银行按活期存款利率计付利息。

发行对象不同。凭证式国债的发行对象主要是个人，机构也可认购；储蓄国债的发行对象仅限个人，机构不允许购买或者持有。

承办机构不同。凭证式国债由各类商业银行和邮政储蓄机构组成的凭证式国债承销团成员的营业网点销售；试点期间的储蓄国债由经财政部会同中国人民银行确认代销试

点资格的中国工商银行、中国农业银行、中国银行、中国建设银行、交通银行、招商银行等开通相应系统的营业网点销售。

2. 与其他个人投资产品的区别

首先是信用等级最高，安全性最好。由于储蓄国债是财政部代表中央人民政府发行的国家公债，是以国家信用为保证的，到期由财政部还本付息，其信用等级最高，这是其他以商业信用为担保的投资工具所无法比拟的。

利息免税，收益稳定。储蓄国债利率固定，利息收入免征个人所得税，发行利率高于相同期限银行储蓄存款税后收益。在储蓄国债到期前的整个存续期内，面值稳定并随着时间增加而自然获取利息，没有价格涨跌波动风险。

购买方便，管理科学。试点期间的储蓄国债在全国绝大部分省、市、自治区的近6万多个营业网点销售，城乡居民可就近购买并且通过计算机系统记录债权，还可以通过电话进行债权复核查询，更加科学也更加安全。

变现灵活，流动性好。储蓄国债虽不能上市交易，但可按规定提前兑取现金。投资者在购买储蓄国债的同时，即获得了一个优良的融资工具，当需要小额贷款时，可用储蓄国债作为质押物，到原购买银行质押贷款。

3. 与相同期限储蓄存款的区别

按规定，银行存款利息收入需按20%的比例缴纳个人所得税。

假设同期银行3年期储蓄存款利率为3.24%，缴税后的实际收益为2.59%。以1万元为例，在银行存入3年期定期存款，到期后扣除20%利息税，存款人实得利息777.6元；如果购买票面利率为3.14%（低于储蓄存款名义利率0.1%）的3年期的固定利率固定期限储蓄国债，每年可获得利息314元，3年总和为942元，高于存款利息164.4元。如果计算国债利息重复投资收益，储蓄国债的累计收益还会更高。

目前，储蓄电子国债主要有两个品种，分别是固定利率固定期限储蓄国债和固定利率变动期限储蓄国债。固定利率固定期限储蓄国债类似于现有的凭证式国债，国债的期限和计息利率（票面利率）是唯一的并且在发行时已经确定，该品种的付息方式有利随本清和定期付息两种。固定利率变动期限储蓄国债是一个新的品种，投资者除选择持有到期外，有权在持满一定年限后申请终止债权债务关系，终止投资按照事先约定的利率（低于票面利率）计息。由于选择权的存在，该类国债的期限实际上是变动的，但无论投资者选择持有到期还是终止投资，计息利率都是事先确定的，不随整体市场利率的变化而变化，因而计息利率是固定的，该品种的付息方式为利随本清。

思考题与课下学习任务

1. 家庭收入、支出的大类有哪些？
2. 简述家庭储蓄的主要方法。
3. 简述家庭收入、支出与消费之间的关系。
4. 谈谈使用消费信贷时要注意的问题。
5. 我们身边有一部分家庭既有一定数量储蓄余额，又有一定数量消费信贷余额，分析这类家庭资产与负债之间的关系，并进一步分析这类家庭在理财方面的优势。

第五章　家庭保险规划

学习要点

1. 认识家庭面临的风险及应对措施。
2. 保险的基本原理及其在家庭理财规划中的应用。
3. 熟悉家庭保险规划的程序。
4. 了解保险规划的类别。
5. 了解家庭保险规划需注意的问题。

基本概念

风险　人身风险　财产风险　责任风险　家庭风险管理技术

第一节　家庭风险管理

风险是促使保险产生和发展的根源和动力，也是保险的对象，没有风险也就不存在保险。[①] 有了风险就使得家庭有必要进行风险管理，个人理财师可以帮助我们有效地规避风险。

一、家庭面临的主要风险

一般来说，家庭面临的风险主要包括人身风险、财产风险和责任风险等。

（一）人身风险

人身风险是指导致人的伤残、死亡、丧失劳动能力以及增加费用支出的风险。[②] 人身风险包括生命风险和健康程度的风险。需要说明的是，死亡是人的生命中必然发生的事，并无不确定可言，但死亡发生的时间却是不确定的，而健康风险则具有明显的不确定性，如伤残是否发生、疾病是否发生、其损害健康的程度大小等，均是不确定的。人身风险所致的损失一般有两种：一种是收入能力损失，另一种是额外费用损失。

在日常生活及家庭经济活动中，家庭成员的生命或身体可能遭受各种损害，或因此造成的经济能力的降低或人身死亡、生病、退休等风险。家庭的人身损失风险有：家庭收入的终止或减少；额外费用增加，即每个家庭成员都可能因死亡、生病、受伤、残疾而发生丧葬、医疗护理等额外费用。

（二）财产风险

财产风险是指因发生自然灾害、意外事故而使个人或单位占有、控制或照看的财产

---

① 刘子操、刘波：《保险学概论》，2~7 页，北京，中国金融出版社，2011。
② 刘子操、刘波：《保险学概论》，122 页，北京，中国金融出版社，2011。

遭受损失、灭失或贬值的风险。[①]

　　家庭都拥有并运用一定的财产物资，这些财产被损毁就会遭受财产损失。家庭财产通常可分为不动产和动产两大类。不动产主要包括土地及其附着物，如房屋、树木等；其他财产都属于动产。个人财产可以是具有实物形态、能够触摸的有形财产，也可能是不具有实物形态、看不见摸不到的无形财产，如专利权、版权等。

（三）责任风险

　　责任风险是指因个人或团体的疏忽或过失行为，造成他人的财产损失或人身伤亡，按照法律、契约应负法律责任或契约责任的风险。

　　责任风险中的"责任"，少数属于合同责任，绝大部分是指法律责任，包括刑事责任、民事责任和行政责任。在保险实务中，保险人所承保的责任风险仅限于法律责任中对民事损害的经济赔偿责任。它是由于人们的过失或侵权行为导致他人的财产毁灭或人身伤亡。在合同、道义、法律上负有经济赔偿责任的风险，又可细分为对人的赔偿风险和对物的赔偿风险。如对由于产品设计或制造上的缺陷所致消费者的财产或人身伤害，产品的设计者、制造者、销售者依法要承担经济赔偿责任。

（四）家庭对风险的承担能力

　　一般地说，风险承担能力与个人的个性、条件及家庭状况有关。风险承担能力的通则可适用于多数人：（1）年龄越大，承担风险的能力越低；（2）家庭收入及资产越高，承担风险的能力越强；（3）家庭负担越轻，承担风险的能力越强。总而言之，风险程度应限制在个人从主观上乐于承担，客观条件也容许承担的范围之内。

二、家庭安全与经济保障

　　美国心理学家马斯洛提出的需求层次理论认为，人的需要从低级到高级依次可分为生理需要、安全需要、社交需要、自尊需要、自我实现需要五个层次。不同的需要层次会在不同的经济发展阶段占据主导地位，当基本生理需要得到满足后，安全需要将成为主导的需要，依此类推。

　　经济安全是家庭安全需要的重要方面，经济不安全可能因家庭丧失收入、发生额外费用及收入的不确定性等情况所致。社会经济保障体系是社会体制下所存在的各种能够提供人们某种程度的用来分散经济风险、加强经济安全感的机制。具体而言，它包括：（1）人寿保险等商业保险；（2）企业或单位给员工提供的各种经济补偿和福利待遇；（3）家庭通过财富积累而获得的经济保障；（4）企业提供的产品售后服务保证；（5）慈善机构、民间救助等其他经济保障方式。总体来说，社会经济保障体系大致可分为政府、企业和个人三个方面。

　　经济保障体系在不同层面和程度上涉及家庭的经济安全。当国家、企业层面提供的经济保障程度较高时，家庭层面的保障需求就相对较小。反之，当国家、企业层面提供的保障程度较弱，家庭层面的保障就必须也必然会加强。在为家庭提供保险规划时，必须明确国家和企业层面所能提供保障的内容和程度，扣除这些已有保障后，剩余的经济安全需要应通过家庭层面的方式得到满足。

---

　　① 刘子操、刘波：《保险学概论》，143 页，北京，中国金融出版社，2011。

小资料 5-1

目前我国保险发展概况

中国人民银行《2011 年中国区域金融运行报告》显示，2011 年，保险密度有所提高，保险密度区域差异仍然明显；保险深度略有下降，主要受保费收入增速放缓影响，其中，北京、上海保险深度降幅居全国之首。

报告显示，2011 年，保险密度为 1 062 元/人，较上年提高 100 元。保险密度区域差异仍然明显，总体呈由东部和东北地区向中西部地区递减态势。北京、上海、天津仍然位居前 3 位，西部地区保险密度总体水平偏低，但提升速度较快。

报告同时显示，2011 年，保险深度为 3%，较上年下降 0.2 个百分点，其中，北京和上海下降幅度最大。报告认为，保险深度略降，主要是受保费收入增速放缓影响。

另外，2011 年保险公司数量在各地区的分布较上年有略微变化，例如，2011 年东北地区保险公司数占 4.3%，比上年下降了 0.9 个百分点。其原因在于，国内保险公司的数量有限，有一个公司发生转移，就会导致数据变化，但影响不大。

报告指出，2011 年，保险业全年实现保费收入（指原保险保费收入，下同）1.4 万亿元，同比增长 10.5%。在全国 31 个省（自治区、直辖市）中，广东、江苏、山东三个省保费收入超过千亿元。全国人身险保费收入 9 721 亿元，增速为 6.8%，增势放缓。其中，寿险业务保费收入为 8 696 亿元，健康险和意外伤害险业务保费收入为 1 025 亿元。中资人身保险公司保费收入占市场份额的 96%。

而财产险继续保持较快增势。2011 年，财产险公司实现保费收入 4 617.9 亿元，占全国保险业总保费收入的 32.2%。中资财产险公司保费收入占据了 98.9% 的市场份额，居主导地位。从全国各省份看，江苏、广东、四川财产险保费收入占比提高幅度居全国前 3 位。

另外，农业保险的保费规模和保险覆盖面持续较快增长。2011 年，农业保险保费收入达到 173.8 亿元，同比增长 28.1%，为农业提供风险保障 6 523 亿元。农业保险在承保品种上已经覆盖了农、林、牧、副、渔的各个方面，在开办区域上已覆盖了全国所有省（自治区、直辖市）。2011 年为 1.7 亿户次农户提供风险保障。承保主要粮棉油作物 7.9 亿亩，占全国播种面积的 33%，在内蒙古、新疆、江苏、吉林等粮食主产区，基本粮棉油作物的承保覆盖率超过 50%，黑龙江、安徽等地已基本实现了全覆盖。承保林木 9.2 亿亩，牲畜 7.3 亿头。

2011 年，保险业原保险赔付支出 3 929.4 亿元。其中，财产险赔付支出 2 186.9 亿元，人身险赔付支出 1 742.5 亿元。东部、中部、西部和东北地区各类赔款给付占比分别为 56.2%、18.2%、17.7% 和 7.9%，与上年相比，东部和中部地区占比分别提高 1.6 个和 0.3 个百分点，西部和东北地区占比分别下降 0.9 个和 1.0 个百分点。海南、湖南、上海、广西各类赔款给付支出增速超过 30%。

2011 年，各地区保险业积极开发新产品、创新业务模式，保险服务经济社会发展和履行社会责任能力进一步提升。安徽保险资金直投实现历史性突破，多家保险公司投资或认购安徽省企业和金融机构发行的债券约 100 亿元；河北环境污染责任保险取得新进展，签订环境污染责任保险12单；四川启动国内首创的扶贫惠农小额保险，创造性地将小额保险引入了扶贫机制；上海推出蔬菜"冬淡"保险和"夏淡"保险，在全国率先探索建立绿叶菜成本价格保护体系。另外，政策性金融机构改革取得新进展。中国出口信用保险公司改革实施总体方案获得国务院批准，200亿元注资已经到位。

三、家庭风险管理目标

家庭风险管理目标是以较小成本获得尽可能大的安全保障，满足家庭效用最大化。个人的风险管理活动，必须在风险与收益之间进行权衡，以有利于增加家庭的价值和保障。[①] 家庭风险管理目标可以分为损前目标和损后目标。

（一）损前目标

风险管理的损前目标主要包括经济合理目标、安全状况目标、家庭责任目标和减轻担忧目标四个方面。

1. 经济合理目标。损失发生前，风险管理者应比较各种风险处理工具、各种安全计划及防损技术，并进行全面细致的财务分析，谋求经济合理的处置方式，实现以最小成本获得最大安全保障的目标。

2. 安全状况目标。风险的存在对家庭来说主要是针对个人面临的安全性问题，风险可能导致个人的人身伤亡，影响个人的安全。因此，个人风险管理目标必须尽可能削弱风险，给个人创造安全的生活和工作空间。

3. 家庭责任目标。个人不可避免地承担一定的家庭责任，更好地承担家庭责任、履行家庭义务和树立良好的家庭形象是开展风险管理的目的。

4. 减轻担忧目标。风险的存在与发生不仅会引起各种财产损毁和人身伤亡，还会给人们带来种种的忧虑和恐惧。如主要收入来源者担心自己失去劳动力后给家庭带来风险，就会在生活中表现得小心谨慎，采取各种方法使对损失风险的担心和忧虑最小化，使得家庭能保持一种平和的精神状态。

（二）损后目标

风险管理的损后目标包括减少风险、提供损失补偿、保证收入稳定和防止家庭破裂。

1. 减少风险。损失一旦出现，风险管理者应该及时采取有效措施予以抢救，防止损失的扩大和蔓延，将已出现的损失降低到最低程度。

2. 提供损失补偿。风险造成的损失事故发生后，风险管理的目标是能够及时地向家庭提供经济补偿，维持正常生活秩序，不使其遭受灭顶之灾。

3. 保证收入稳定。及时提供经济补偿，可实现家庭收入的稳定性，为家庭的完美生活奠定基础。

4. 防止家庭破裂。风险事故的发生可能直接导致个人严重的人身伤亡，对一个完美的家庭造成不可挽回的损失。风险管理的目标应该是最大限度地保持家庭关系的连续性，维持家庭稳定，防止家庭破裂和崩溃。

---

① 老狐狸：《你不理财，财不理你》，169～177页，北京，西苑出版社，2007。

四、家庭风险管理技术

（一）合适风险管理技术考虑的因素

通常人们谈及风险管理就会联想到保险，甚至认为保险是管理家庭风险的唯一工具。事实上，适当的风险管理方案并不能完全依赖保险，而是要根据特定家庭面临的风险状况和管理目标，有针对地选择合适的风险控制和融资技术，形成一个包括保险在内的管理技术组合，确保在保障程度一定时，风险管理费用最小；风险管理费用一定时，保障程度则最高。

通常我们首先要考虑的是各种风险预期发生损失的频率和损失幅度，如表 5 – 1 所示，损失频率或损失幅度矩阵为选择风险管理技术提供了有益的指导作用；其次是考虑如何选择个人风险的融资技术。

表 5 –1　　　　　　　　　　　　合适的风险管理技术

	损失幅度高	损失幅度低
损失频率高	回避　转移　自留 预防和抑制	预防 自留
损失频率低	预防和抑制 转移	自留 预防

（二）运用保险来防范风险

保险是家庭将风险造成经济损失的后果，转移给商业保险公司或政府机构的途径，即将自己不能承担的风险通过保险来规避，寻找风险的共同分担者。

风险管理的技巧有风险规避、风险降低、风险承担及风险转移等。利用保险设计风险管理计划时，应当首先设计家庭保险计划，确定要达到的目标及达到目标的计划，将计划付诸实施并审阅实施后的结果。好的风险管理计划应当有一定的灵活性，能使客户灵活应对变化的生活环境。目标是设计一个保险方案，随着保护需求的变化而扩张。具体操作办法如表 5 – 2 所示。

表 5 –2　　　　　　　　　　　　　风险管理计划

行动	应对事项
1. 设定目标	（1）与组织或个人的整体目标一致 （2）重点强调风险与收益之间的平衡 （3）考虑人们对安全性的态度及接受风险的能力
2. 识别问题	（1）问题是风险事故、保险标的及风险因素的综合 （2）需要运用多种手段进行识别 （3）识别对于有效管理而言是关键问题
3. 评价问题	（1）衡量损失的频度和强度 （2）与组织特性和目标相关 （3）利用概率分析 （4）考虑最有可能发生的事故和最大可能遭受的损失

续表

行动	应对事项
4. 识别和评价可选方案	(1) 基本选择：避险、损失控制、损失融资 (2) 损失控制包括防损和减损 (3) 损失融资包括转移和自留，一般运用不止一种方式 (4) 评价基于成本、对损失频度和力度的影响及风险的特性
5. 选择方案	(1) 运用决策规则在可选方案中作出选择 (2) 选择应当基于第一步设定的目标
6. 实施方案	(1) 要求处理问题的技巧 (2) 成功包括对组织行为的全局性观点
7. 监督系统	(1) 重新评价每一因素 (2) 选择是在动态环境中作出的，持续不断地加以评价

（三）考虑家庭能够自留或承受风险的幅度

在一定的状况下，风险自留即自我承担风险也是可以考虑的，可以是部分自留或全部自留。部分自留是指部分风险由自己承担，剩余部分通过保险或非保险转移出去。面对可能发生的损失，家庭首先应明确自己能承担的损失金额，即确定损失自留额。对损失的幅度，通常需要明确最大可能损失和最大可信损失两个概念。前者是估计在最不利的情况下可能遭受的最大损失金额；后者是估计在通常情况下可能遭受的最大损失金额。最大可信损失通常小于最大可能损失。

风险承受能力直接导致投保人对投资工具的选择、收益率水平的期望、投资期限的安排等内容。投保人对损失收益和本金的风险的承受能力，受到如下因素影响：

1. 投保人本人的工作收入情况及工作的稳定性；
2. 投保人配偶工作收入的情况及工作的稳定性；
3. 投保人及家庭的其他收入来源；
4. 投保人年龄、健康、家庭情况及其负担情况；
5. 任何可能的继承财产；
6. 任何对投资本金的支出计划，如教育支出、退休支出或任何其他大宗支出计划；
7. 投保人对风险的主观偏好；
8. 生活费用支出对投资收益的依赖程度等。

（四）比较损失幅度和风险管理成本

在选择风险管理技术时，必须将可能的损失幅度与风险控制或风险融资成本进行比较。当可能损失幅度小于可供选择的风险管理成本时，采用风险管理技术就非明智选择；反之，风险管理成本小于可能损失幅度，则应认真考虑如何采取风险管理技术。

非保险转移是为了减少风险单位的损失频率和幅度，将由此引致的法律责任借助合同或协议方式转移给保险公司或提供保险保障的政府机构以外的个人或组织。非保险转移可采用买卖合同的形式，将财产等风险标的转移给其他人，或通过租赁合同将租赁期间的某些风险，如财产损毁的经济损失和对第三方人身伤害的财务责任转移给承租人等。

家庭考虑损失幅度后，还需要考虑损失发生的频率。如一次损失的金额并不大，但在一定期限内类似的损失还会多次发生，也会导致难以承受的损失金额。损失频率可能改变人们对风险自留的决策，转而采取某些合适的风险管理技术来降低或规避风险。

五、风险控制与监测

（一）风险控制

风险大小和出现概率决定了控制风险所花费的时间和资金量。利用保险手段控制风险是较好的办法。如果无法利用保险手段控制风险，就需要做更多的工作去控制风险。如保险的途径是现成的且成本较低，那么事前就可能不需要采取什么措施。具体而言，风险控制的应对措施如表 5 - 3 所示。

表 5 - 3　　　　　　　　　　风险控制的应对措施

风险		降低经济冲击的战略		
个人事件	经济冲击	个人资源	私人部门	公共部门
残废	收入损失、服务损失 开支增加	储蓄、投资家庭安全 预防措施	残废保险	残废保险
疾病	收入损失 灾难性住院开支	增强健康行为	健康保险 健康维护组织	医疗保健计划 医疗援助计划
死亡	收入损失、服务损失 最后开支	遗产规划 风险降低	人寿保险	退伍军人养老保险 社会保险存活者福利
退休	收入降低 无计划生活开支	储蓄、投资 嗜好、技能	退休与/或养老金	社会保险
财产损失	灾难性暴风雨、盗窃损失 财产损毁修补或更换	财产修补与安全 计划更新	汽车保险、车主保险 洪水保险	洪水保险
责任	索赔与安置成本 诉讼与法律费用 个人财产与收入损失	遵守安全预防措施 维护财产安全	住房所有者保险 汽车保险 失职保险	

（二）风险回避

家庭风险管理可分为风险控制和风险融资两大类。前者是针对可能诱发风险事故的各种因素采取相应措施。如损前减少风险发生概率的预防措施，损后改变风险状况的减损措施，其核心是改变引起风险事故和扩大损失的条件。后者则是通过事先的财务计划筹集资金，以便对风险事故造成的经济损失进行及时而充分的补偿，其核心是将消除和减少风险的成本分摊在一段时期内，以减少巨灾损失的冲击，稳定财务支出和生活水平。表 5 - 4 列出了家庭风险管理的各种方法和措施。

表 5 - 4　　　　　　　　　　家庭风险管理方法分类表

风险控制	风险融资
风险回避	保险
风险控制（包括损失预防、损失抑制）	非保险转移
风险单位隔离	风险自留

（三）损失预防和抑制

损失控制技术分为预防和抑制两类，前者侧重于降低损失发生的可能性或损失率；后者侧重于减少损失发生后的严重程度。许多控制措施同时涉及损失预防和损失抑制，如家中安装防火报警器。损失控制技术对家庭风险管理普遍而实用，如通过定期检查汽车制动状况、养成良好的开车习惯降低汽车事故发生的概率。

风险单位隔离主要是通过分离或复制风险单位，使得任何单一风险事故的发生不会导致所有财产损毁或丧失。以文件安全为例，我们通常采用文件备份的方式，将重要文件或数据存储于独立于计算机系统的软盘或硬盘上，以免计算机系统遭受病毒感染丢失文档的风险，这就是复制技术；我们还会将这些存有重要文件的软盘、硬盘，分别放在办公室和个人住所，这就是分离技术。

（四）监测风险

风险管理包括的内容不只是保险，人们也不可能只关心一时的风险管理，随着生命周期的变化，大家面临的风险和风险承担能力也会发生变化。这就需要在前期工作的基础上重新确定、识别风险和评估风险。生命周期发生变化时，如结婚、生子、离婚、孩子可独立生活、退休、丧偶等，这些事件发生时就需要重新考虑风险管理控制计划。即使没有上述明显变化，定期重新考虑风险问题也是必要的。有人一年重审一次保险范围就是个不错的主意。

总之，风险管理是伴随一生的过程，它可以划分为识别、评估、控制、规避、预防和监测。个人面临的风险随着生命周期阶段的不同而不同。评估风险应该考虑可能带来的损失以及风险发生概率两方面的因素。可以通过风险控制技术和保险进行风险管理，特别是在生命周期阶段发生变化时，应该定期重审面临的风险状况。

第二节　家庭保险的基本原理

保险作为一种风险管理的工具，了解保险的基本原理、技术基础对风险管理相当必要。

一、保险的概念与职能

（一）保险的概念

保险是风险管理的一种重要手段，是发生损失后预先安排的经济补偿制度，或是保险人与被保险人间的一种法律关系。

就经济补偿制度来说，保险的理论依据主要是大数法则。保险人通过承担大量同质风险，并以稳健的精算模型和方法估算其损失的可能性和损失幅度，从而确定并收取充足、适当、公平的保险费，建立相应的保险基金。当少数被保险人遭受风险损失时，保险人动用保险基金给予经济上的补偿。

就法律关系来说，保险是指在国家相关法律的规范下，双方当事人缔结协议，被保险人以缴纳保险费为对价，以换取保险人对其因意外事故所导致的经济损失负责赔偿或给付的权利。保险人之所以要承担补偿被保险人经济损失的责任，是因为保险合同中作出了可执行的法律允诺，是按合同履行义务。

（二）保险的职能

保险职能可划分为基本职能和派生职能。[1] 基本职能包括分散风险职能和补偿损失职能。保险将某一单位或个人因偶然的灾害事故或人身伤害事件造成的经济损失，以收取保费的方式平均分摊给所有被保险人，实现分散风险的职能。保险人将收取的保险费用为被保险人因合同约定事故所导致的经济损失提供补偿，实现补偿损失的职能。分散风险和补偿损失是保险本质的基本反映，是保险的基本职能。

保险的派生职能是在保险基本职能的基础上发展而来，归根到底是伴随着保险分配关系的发展而产生。它包括基金积累职能、风险监督职能和社会管理职能。

二、保险的基本原则

保险在长期发展过程中逐渐形成了一些特殊原则，这些原则贯穿于整个保险实务之中，并通过保险法规和保险条款表现出来。

（一）保险利益原则

保险利益原则又称可保利益原则，是指保险合同的订立须以投保人对保险标的具有保险利益为前提。保险利益又称可保利益，是指投保人对于保险标的具有法律上承认的经济利益。财产保险和人身保险合同的成立都必须具备保险利益。保险利益的本质在于投保人对保险标的有利益关系，即保险标的损害或灭失会使投保人遭受经济损失。

保险利益包括财产利益、收益利益、责任利益、人际关系利益、人身利益等。无论何种保险利益，都必须是合法的，并具备以下条件：（1）在法律上利益可以主张；（2）保险利益必须是确定可以实现的，反之就不能被视为保险利益；（3）保险利益必须是经济上的利益，其价值可以用货币形式进行衡量。

（二）最大诚信原则

诚信原则是世界各国调整民事法律关系的基本准则。它起源于古罗马裁判官所采用的一项司法原则，即在处理民事案件时考虑当事人的主观状态和社会所要求的公平正义。近代一些国家的民法最初将其作为债务履行的原则。保险作为一种特殊的民事活动更为严格。保险双方当事人在保险活动中要始终保持最大的诚实和信用，即最大诚信原则。最大诚信原则的主要内容包括保证和告知。

（三）补偿原则

给予投保人经济补偿是保险的基本原则，也是保险的出发点和归宿。损失补偿原则是指保险合同生效后，如果发生保险责任范围内的损失，被保险人有权按合同的约定，获得全面、充分的赔偿；赔偿应保证弥补的是被保险人因保险标的的物损失而导致的那部分经济利益损失，被保险人不能因保险赔偿而获得超过其损失的其他利益。损失补偿原则主要适用于财产保险以及其他补偿性保险合同。

随着保险事业的发展及投保人对保险要求的扩大，在现代保险业务中，存在某些不符合实际损失的补偿：（1）定值保险，主要运用于海洋运输货物保险。它的保险金额除货价外，还包括运费、保险费及预期利润等内容。（2）重置重建保险。第二次世界

---

[1] 北京金融培训中心：《金融理财原理》，341～352页，北京，中信出版社，2009。

大战以来，为适应投保人的需要，保险人同意对房屋、机器按特定价值进行保险，即按超过实际价值的重置价值签订保险合同。人身保险属于给付性合同，人的生命价值无法以金额来确定，人身保单不适用补偿原则。

（四）近因原则

近因原则是保险当事人处理保险赔案，或法院审理有关保险赔偿的诉讼案，在调查事件发生的起因，确定事件的责任归属时所应遵循的原则。按照近因原则，当保险人承保的风险事故是引起保险标的损失的近因时，保险人负责赔偿（给付）责任。坚持近因原则，有利于正确、合理地确定损害事故的责任归属，从而有利于维护保险双方当事人的合法权益。在保险实务中，致损的原因是各种各样的，如何确定损失近因，必须对具体情况作具体分析。

三、保险分类

根据不同的标准，我们可以将保险分为不同类型。下面按经营性质、保险标的、实施方式、承保方式四种标准分别加以介绍。

（一）社会保险和商业保险（按经营性质）

社会保险是指国家通过立法的形式，以劳动者为保障对象，以劳动者的年老、疾病、伤残、失业、死亡等特殊事件为保障内容，政府强制实施、提供基本生活需要为特征的一种保障制度。社会保险具有非经营性、社会公平性和强制性等特点。

商业保险是基于自愿原则，众多面临相同风险的投保人以签订保险合同的方式，将其风险转移给保险公司，保险公司以大数法则和概率统计为数据基础，利用保险计算技术和方法，预测风险单位未来的平均损失概率和损失幅度，向各投保人收取相应的保费，建立保险基金，当合同约定的保险事故发生时，利用积累的保险基金对遭受损失的被保险人提供经济补偿或给付，从而将少数被保险人的损失在所有参加保险的投保人中进行分摊，实现风险的集中与分散。商业保险具有营利性、个体平等性、自愿性等特点。

（二）人身保险、财产保险和责任保险（按保险标的）

人身保险是以人的身体或生命为保险标的的一种保险，根据其保障风险的不同，又可分为寿险、年金、残疾保险、健康保险。

财产保险是指以财产及其相关利益为保险标的，以货币或实物方式对保险事故导致的财产损失进行补偿的一种保险。广义的财产保险包括财产损失保险、责任保险、保证保险等；狭义的财产保险以有形的物质财富及其相关利益为保险标的，包括火灾保险、海上保险、农业保险等。

责任保险则是以被保险人依法应负的民事损害赔偿责任或经过特别约定的合同责任为保险标的的一种保险。责任保险主要包括公众责任保险、产品责任保险、职业责任保险、雇主责任保险等。

（三）自愿保险和强制保险（按实施方式）

自愿保险是指投保人和保险人在平等互利、协商一致和自愿的基础上，通过签订保险合同而建立保险关系的一种保险。自愿保险的投保人可以自主决定是否投保、向谁投保、中途退保等，也可以选择保障范围、保障程度和保险期限等，保险人可以自愿决定是否承保、如何承保，并能自由选择保险标的、设定承保条件等。国际与国内保险市场大多数保险业务都采取自愿保险方式。

强制保险是以法律、行政法规为依据而建立保险关系的一种保险。强制保险是基于国家实施有关政治、经济、社会和公共安全等方面的政策需要而开办的。凡是法律、行政法规规定的对象，不论是否愿意投保，都必须依法参加保险。通常社会保险都属于强制保险。

（四）直接保险和再保险（按承保方式）

直接保险是指投保人与保险人直接签订保险合同而建立保险关系的一种保险。在直接保险关系中，投保人将风险转移给保险人，当保险标的遭受保险责任范围内的损失时，保险人直接对被保险人承担赔偿责任。签发直接保险的保险人称为直接保险人或原始保险人。

再保险是指直接保险人为转移已承保的部分或全部风险而向其他保险人购买的保险。直接保险人购买再保险主要是为了避免潜在损失过于集中，利用保险人的特殊专业技术，以保障较强的承保能力和财务经营的稳定性。在实务中，直接保险人又称分出公司，接受再保险业务的保险人称为分入公司或再保险人。再保险人也可以通过分保，将部分再保险业务分给其他再保险人及直接保险人的再保险部。分出公司和分入公司都具有相当的保险专业知识，各国政府通常对再保险业务干预较少，这是最具有国际化的保险业务。

四、银行理财和保险理财的差异

大家参与保险，除防范可能的各种风险外，往往将其作为理财的一种手段。目前市场上的保险理财主要是集中在变额寿险、万能寿险和变额万能寿险三个保险品种上。这三种产品一般将投保者所缴纳的保费分到保单责任准备金账户和投资账户两个账户，前者主要负责实现保单的保障功能，后者用来投资，实现保单收益。

银行理财和保险理财有以下几个方面的区别：

（一）银行理财产品不带有保障功能，保险理财则有死亡保险的保障功能

变额寿险的缴费是固定的，在该保单的死亡给付中，一部分是保单约定的、由准备金账户承担的固定最低死亡给付额，一部分是其投资账户的投资收益额。视每一年资金收益的情况，保单现金价值会相应地变化，因此死亡保险金给付额，即保障程度是不断调整变化的。

万能寿险的缴费比较灵活，客户缴纳首期保费后可选择在任何时候缴纳任何数量的保费，只要保单的现金价值足以支付保单的相关费用，有时甚至可以不缴纳保费。另外，还可以根据自身需要设定死亡保障金额，即自行分配保费在准备金账户和投资账户中的比例。死亡保险给付通常分为两种方式：（1）死亡保险金固定不变，等于保单保险金额；（2）死亡保险金可以因缴费情况不断变化，等于保单的保险金额＋保单现金价值。

变额万能寿险的死亡保险金给付情况与万能寿险大体相同，但万能寿险投资账户的投资组合由保险公司决定，要对保户承诺最低收益；变额万能寿险的投资组合由投保人自己决定，他必须承担所有的投资风险，一旦投资失败，又没能及时为准备金账户缴

费，保单的现金价值就会减少为零，保单将会失效，保障功能彻底丧失。

（二）资金收益情况不同

银行理财产品采取的主要是单利，即一定期限、一定数额的存款会有一个相对固定的收益空间。不论是固定收益还是采取浮动利息，在理财期限内，银行理财产品都采取单利。保险理财产品则不同，大都采取复利计算，即在保险期内，投资账户中的现金价值一年为单位，进行利滚利。

在保险理财产品中，变额寿险可以不分红，也可以分红（目前国内大多属于分红型的），若分红，会承诺一个收益底线，分红资金或用来增加保单的现金价值，或直接用来减额缴清保费；万能寿险也会承诺一个资金收益底线，通常为年收益的4%或5%；而变额万能寿险则不会承诺收益底线，资金盈亏完全由投保人承担。

（三）支取的灵活程度不同

银行理财产品都有固定期限，如储户因急用需要灵活支取，会有利息损失。保险理财的资金可以视情形支取。

1. 灵活支取，在合同有效期内，投保人可以要求部分领取投资账户的现金价值，但合同项下的保险金额也按比例同时相应减少，会影响保障程度。如全部支取，要扣除准备金账户的费用损耗，只返还保单现金价值，会造成较大损失。现实生活中，很多保险公司的万能寿险产品为满足保户的理财需求，在账户管理上讲求"保障少、投资多"的策略，如缴纳了10万元保费，只拿出2 000元作为责任准备金即可，其余9.8万元用来理财，且可以灵活支取。

2. 不可以随时支取，直到保险期满时，死亡保障金和投资账户的现金价值可以一次返还。

目前，各保险公司和银行推出的产品很丰富，除以上主要区别外，具体到每家银行和保险公司而言，其资金收益情况、现金支取相关规定及费用情况都不一样，客户可视自己需要选择。

小资料5－2

两个家庭保险案例

案例一：二手车按新车购置价投保引起纠纷

案例背景：2003年1月29日，田某花了12.3万元从某机动车市场购买一辆二手奥迪车，并向保险公司投保了车辆损失险、第三者责任险、盗抢险、不计免赔特约条款。投保时，田某选择奥迪车的新车购置价32万元作为保险金额，缴纳保险费5 488元。同年6月3日该车发生火灾并全部损毁。事故发生后，田某向保险公司索赔，经过勘察，保险公司只同意按奥迪车的实际价值12.3万元承担责任，其理由是依据《中华人民共和国保险法》规定，保险金额不能超过保险标的价值，超过部分无效，即使保险金额高于车辆的实际价值，也只能以车辆的实际价值12.3万元理赔。但田某认为，自己是按32万元投保和缴纳保险费的，保险公司应当赔付32万元。双方争执不下，于是田某将保险公司告上法庭。

案例分析：

法院经审理后判决，保险公司按车辆的实际价值，即新车购置价扣减折旧后承担责任，赔付 22 万元。根据损失补偿原则，保险事故发生后，被保险人有权获得补偿，但保险人的补偿数额以使标的物恢复到事故发生前的状态为限。本案中田某购买车辆时仅花费 12.3 万元，却得到 22 万元赔偿，是否违背了损失补偿的原则？

事实上，本案中保险条款规定："按投保时车辆的新车购置价确定保险金额的，发生全部损失时，在保险金额内计算赔偿，保险金额高于保险事故发生时保险车辆实际价值的，按保险事故发生时保险车辆的实际价值赔偿。"保险金额如何确定的部分，则规定：保险金额可以按投保时保险车辆的实际价值确定。本保险合同中的实际价值是指同类型车辆新车购置价减去折旧后的价格。

一般地说，出现在同一份保险合同中的术语应作相同解释，可以认为在发生全部损失时，"按保险事故发生时保险车辆的实际价值计算赔偿"中的实际价值，也是指新车购置价减去折旧后的价格。根据合同自愿原则，依照当事人双方意愿订立的保险合同对当事人具有法律约束，当事人必须严格遵守，按照约定履行自己的义务，依法成立的合同受法律保护。

案例二：保险理赔中的近因原则：跌倒致死是否属于意外死亡

案例背景：1999 年 10 月 20 日，严某以婆婆王某为保险人，向保险公司投保了意外伤害保险，保险金额 50 万元，缴纳保费 500 元。保险期间是 1999 年 10 月 24 日至 2000 年 10 月 24 日，受益人为严某。2000 年 1 月 1 日，王某在行走时突然摔倒，送医院抢救无效死亡，医院出具的死亡证明为"脑溢血死亡"。事故发生后，严某以王某系意外跌倒后致脑溢血死亡为由，向保险公司申请给付 50 万元身故保险金。保险公司经调查发现，王某一直患有严重的高血压，故认为保险人系高血压病突发脑溢血死亡，不属于意外事故，不予承担给付意外伤害保险金的责任。于是，严某起诉保险公司。

案例分析：

本案争议点是被保险人是意外跌倒后导致脑溢血死亡还是高血压病发导致脑溢血死亡。受益人认为，被保险人王某死后，申请人已经提供医院出具的抢救诊断书和脑溢血死亡证明，以及被保险人跌倒后死亡的证明，但是几个月后，仍没有得到保险公司的理赔通知。

保险公司认为，被保险人是因高血压突发脑溢血死亡，不属于条款规定的保险责任。根据调查核实，被保险人一直患有严重的高血压，且缺乏必要的治疗，加上年事已高，随时有高血压突发脑溢血的危险。被保险人于 1997 年 12 月 28 日在家发病，之前没有任何意外伤害发生，发病后即送往医院，经抢救无效死亡，并非因跌倒致死。即使被保险人因脑溢血引起跌倒死亡，也是由于保险人身体内的原因造成的，不符合条款规定的意外事故的构成要件。因此，保险公司不应承担意外身故保险责任。

法院审理认为，原告称被保险人在水泥路上行走时突然跌倒，经查，被保险人患有高血压，随时会发生头晕、脑溢血等症状，而被保险人行走时突然摔倒可能是身体不适造成的，不构成保险公司承担保险责任的依据。由于原告未能提供任何证明被保险人发生意外伤害的证据，故判决驳回原告的诉讼请求。

第三节　家庭保险规划的具体内容

一、家庭保险规划概述

保险规划是指通过购买保险来管理家庭的损失风险，其目的在于最大限度地实现家庭财务目标和经济安全保障。[①]

短期的保险理财规划，应确定符合当前生活状况的寿险需求，比较不同寿险品种和不同寿险公司的保费及保障范围，评估理财规划中的实际用途。

长期的保险理财规划，则应了解各种不同寿险公司及寿险品种保障范围和成本的信息，设计一个根据家庭和住房环境发生变化时重新评估保险需求的计划。

人身保险规划是风险管理和保险规划的最复杂、最重要的组成部分，这里以人身风险为基础，针对不同年龄段和不同收入阶层讨论购买人身保险的规则。

二、生涯规划与保险购买

生涯规划犹如人生之旅的预定行程图，个人方面的重要决策是学业和事业规划，以及何时退休的计划；就家庭而言，何时结婚、何时生子的家庭计划，以及配合家庭成员成长的居住计划则是重要决策。家庭、居住、事业、退休等生涯规划预期在人生的不同阶段实现，具有明显的时间性。根据时间性可以将人的一生分为以下六个时期。

（一）探索期

该时期为就业作准备，大约在 15～24 岁。生涯规划应从选择大学和专业开始，重点考虑个人的兴趣爱好和特长，并考虑社会未来就业需要的前景。在此期间，多数人尚未结婚，通常与父母同住或住在学生宿舍。理财活动的重点是提升自己的专业知识技能，以提高未来赚取收入的能力。此时的理财很有限，但也需要谨慎打算。可以在找到第一份工作后，考虑投保 10 万～20 万元的定期寿险，保费支出以年几十元到几百元不等，通常以父母为受益人。

（二）建立期

这是刚刚踏入社会的时期，收入起点较低。每个人在该时期必须抓住机遇尽早使自己具有独立经济能力，但必须有一定的增长目标。该期间通常是大多数人择偶、结婚、养育婴幼儿子女的时期。在理财活动方面，年轻家庭成立后，夫妻双方应充分利用婚后二至四年双薪且无子女的"黄金时期"，有计划地提高家庭储蓄。在保险方面，婚后可以相互指定配偶为受益人，购买保险金额为年收入 5～10 倍的定期寿险，在子女出生后，还可以子女为受益人购买保险金额为年收入 2～5 倍的定期寿险，以便发生不测时有足够的保险金为子女提供教育金。

（三）稳定期

该时期大约在 35～44 岁。在前期大约十年的工作经历和经验基础上，个人应该明确自己未来职业发展的方向和重点。在这一阶段的保险方面，如果家庭负有住房贷款，

---

① 北京金融培训中心：《金融理财原理》，385～446 页，北京，中信出版社，2009。

应该购买抵押贷款偿还保险或信用人寿保险，其保险金额始终等于还贷余额，属于递减定期寿险，确保家庭主要收入者发生意外时，能用保险金还清贷款，以免配偶及子女因房屋遭清算而流离失所。

（四）维持期

该时期大约在 45～54 岁。就该阶段而言，最重要的目标是为自己和配偶准备足够的退休金。由于收入增加，支出减少，离退休还有五至十年时间，此时投资能力最强，也有相当的实力承保财务风险。在前一阶段定期定额的投资外，还可以考虑建立多元化的投资组合。在保险方面，应着重考虑健康保险，以确保退休后越来越大的医疗费用支出。

（五）空巢期

在我国，男性法定退休年龄为 60 岁，女性为 55 岁，一般约在 50～55 岁退休。对身体健康的男性而言，通常可以工作到法定退休年龄，还有大约十年的时间。此时在理财方面，应开始规划退休后的晚年生活，逐步降低投资组合的风险，增加存款、固定收益债券、基金的比重。在保险方面，如果估计已积累资产在身故时可能已经超过遗产税起征点，则应该考虑高额的遗产税影响，通过高额保单来压缩资产，降低遗产税。保险金能够为缴纳遗产税提供资金来源，从而有相当的吸引力。

（六）养老期

退休后享受晚年生活，通常在 60 岁退休以后。如身体状况许可，还可以继续承担部分工作，发挥余热，或进行投资或安享晚年。在这一阶段的保险方面而言，可将大部分积累资产购买趸缴的年金保险，年金给付至身故为止，以转移长寿风险。

三、不同年龄阶段的保险规划

不同年龄阶段的人，对保险的需求显然有较大不同，应该相机选择些适合本年龄段的险种。对此可提出如下建议：

18～25 岁的人，意外伤害的可能性和影响的后果比较大，加上收入有限，尚未建立家庭，因而首先考虑人身意外伤害保险，如仍有余力，可以选择一份健康医疗保险。

26～35 岁的人，意外伤害保险不失为一种最有必要的保障。但是这个年龄段的人刚刚建立家庭，家庭责任的增加使他们要考虑更多的生活风险，所以可以开始投保一些人寿险，尤其是终身寿险。

36～50 岁的人，由于家庭、工作、收入均比较稳定，子女也逐渐长大成人，以寿险为第一选择，因为此年龄段的人正值中年，往往是全家收入的主要来源，投保人寿保险对于家庭至关重要。同时，由于年龄的增加，生病的概率也日渐增大，因此，第二选择是投保健康医疗保险，如果尚有余力，还可以投保家庭财产险。

51～65 岁的人，以医疗保险为最必要的选择。

另外，在认清风险的同时，还需要考虑保险支出占家庭收入的比重，保险费一般以不超过家庭总收入的 12% 为宜，保险金额根据具体情况而定，家庭收入稳定的，保险额一般可控制在年薪的 6～7 倍。

四、不同收入水平的保险规划

个人的收入水平是影响保险需求的重要因素，按照收入水平可以将消费者分为中低收入阶层、高薪阶层和高收入阶层三个细分市场。个人理财师应分析各阶层的特点及其购买力，为委托人介绍合适的保险规划。

（一）中低收入阶层

中低收入者在整个社会中占绝大部分，是社会的中流砥柱。他们从事的职业种类广泛，收入相对较低，抵御风险的能力也较差，是寿险公司的主要对象。我国实行多年的就业、福利、保障三位一体的社会保障制度，目前正处于改革当中，中低收入者普遍希望寻求一种能够取代社会保障，而又花钱较少的保障方式。低保费、高保障的险种，如保障型的人寿保险和短期的意外伤害保险是他们的首选。总体来说，中低收入者应该主要考虑定期保障型保险、健康保险、医疗保险、分红保险和储蓄保险等险种，保费支出通常是家庭收入的3%～10%。[①]

（二）高薪阶层

高薪阶层主要是指外资合资企业的高级职员、高收入的业务员、部分文体工作者及高级知识分子。这一阶层的物质生活和精神生活都比较优越，生活水平较高。但他们一般不享有国有单位的福利待遇，存在诸多后顾之忧。这部分人群由于收入较高，保险购买力较强，同时保险需求也较为强烈。在进行保险规划时，应该尽早考虑保障期长，能够应付养老问题的险种。同时，为了应对疾病风险和医疗费用，必须购买足够的健康保险和医疗保险。家庭的主要收入来源者还应该购买意外伤害保险。多余资金可考虑购买投资连结型产品。具体来说，该阶层消费者主要考虑养老保险、终身寿险、健康寿险、医疗保险、投资联结型和分红保险、意外伤害保险等。家庭的总保费支出可以占到家庭总收入的10%～15%。

（三）高收入阶层

高收入阶层是指率先致富的部分经商者、演艺界体育界明星，这部分人人数不多，但收入很高，有很强的经济实力和抵御风险的能力。虽然这部分人群自认为能够很好地应付将来，但实际上，他们面临着较大的财务波动，认识有失偏颇，同样需要购买保险来转移风险。根据这部分人群的特点，在保险规划中应该考虑以下因素：

1. 考虑遗产税，进行资产提前规划，高收入阶层是遗产税关注的重点；

2. 重点选择意外伤害保险，以应对未来不确定的人身风险；

3. 满足特殊的精神需求，高额寿险保单往往是身价、地位的重要体现；

4. 健康保险是需要考虑的重点，对高收入者而言，疾病的高额花费和疾病期间收入的损失将更高。

综合而言，高收入者应该考虑定期保障型保险、意外伤害保险、健康保险、终身寿险等险种，保费支出可以是年收入的20%以上。

五、保险规划的步骤

进行保险规划时要遵循一定的步骤。这些步骤是：

第一，确定保险标的，即作为保险对象的财产及相关利益，或者是人的寿命和身体。

---

① 韦耀莹：《个人理财》，170～182页，大连，东北财经大学出版社，2007。

第二，个人理财师要帮助客户选定具体的保险产品，并且在确定具体购买何种保险产品时，还必须根据客户的具体情况合理搭配不同险种。

第三，确定保险金额，即当保险标的的保险事故发生时，保险公司所赔付的最高金额。保险金额的确定一般应以财产的实际价值和人生的评估价值为依据。

第四，明确保险期限。保险期限是影响客户未来收入的重要原因，个人理财师应当根据客户的实际情况确定合理的保险期限。

六、保险规划的实施

第一，人身保险的家庭总需求和净需求的计算结果可能受通货膨胀率、贴现率、收入增长率、年金系数等假设的影响，应该注意分析计算结果的合理性和可靠性，以及某些假设变化时可能造成的影响方式和影响程度，而不能过分迷信定量分析，个人理财师等专业人员的直觉和经验也很重要。

第二，采用不同的分析方法可能会得到不同的结果，因此，个人理财师、保险代理人等金融服务人员在提供客户服务时，应认真分析不同方法产生差异的原因，进而得出较为合理的结果。

第三，个人和家庭的保险需求不是一成不变的，而是会随着家庭财产、收入水平、消费水平、家庭人口构成与年龄、法律政策等因素的变化而变化的，应该每隔一段时间（如三至五年）或发生重大的家庭事件时重新评估保险需求和保险规划的适当性。

第四，个人/家庭保险需求还可能包括残疾收入保险、长期护理保险等各个方面，要谨防某些风险保险过度，同时防止遗漏某些保险需求或保障不足。经过定性分析和定量分析得到的保险需求，必须与个人/家庭的收入能力相匹配，否则，必须适当调整财务目标或险种组合，直到匹配为止。

今后一段时期内，家庭保险规划和理财规划在人们的生产和生活中会显得愈益迫切和重要，这对推广以人为本理念、实现小康社会的基本目标具有显著的贡献。投保人在个人理财师、保险代理人、保险经纪人或其他财务顾问的帮助下，能够更全面细致地分析不同保险标的所面临的风险及需要投保的险种，综合考虑各类风险的发生概率、事故风险可能造成的损失幅度，以及个人的风险承受能力、经济承受能力等因素，选择合适的保险产品，有效管理和化解个人/家庭风险。

投保人在确定购买保险产品时，应该注意险种的合理搭配与有效组合，如购买一个主险，然后在公司允许范围内附加重大疾病、意外伤害、残疾收入等条款，使得保障更加全面，而保费不至于太高。在确定整个保险方案时，必须进行综合规划，做到不重不漏，使保费支出发挥最大的效益。

理财小贴士

发生车辆险之后的处理程序及相关规定

第一步：报赔。发生交通事故后，应妥善保护好现场，并及时向保险公司报案，路面事故同时还要报请交通部门处理，非路面交通事故（如车辆因驾驶原因撞在树或墙上），应由安全生产委员会出具证明材料。

第二步：核定。保险公司接到报案后，会派人到现场勘察或到交通部门了解出险情况，同时对车辆进行定损，估算合理费用，并通知车主到保险公司指定的修理厂处理事故车辆。如车主要求自行修理，应办理自修手续，修理费如超出定损费用，将由车主自行支付超出部分的费用。对第三者责任的索赔，还应由保险公司对赔偿金额依法确定，并依据投保金额予以赔付。被保险人无权向第三者私下承诺保险赔偿金额。

第三步：赔付规定（全部损失）。保险车辆发生全部损失后，如果保险金额等于或低于出险当时的实际价值，将按保险金额赔偿；如果保险金额高于出险当时的实际价值，将按出险时的实际价值赔偿。

第四步：赔付规定（部分损失）。保险车辆局部受损失，其保险金额达到承保时的实际价值，无论保险金额是否低于出险的实际价值，均按照实际修理费用赔偿；保险金额低于承保的实际价值，按照保险金额与出险时的实际价值比例赔偿修理费用。保险车辆损失最高赔偿额以保险金额为限。保险车辆按全部损失赔偿或部分损失一次赔款等于保险金额全数时，车辆损失的保险责任即行终止，但保险车辆在保险有效期时，不论发生一次或多次保险责任范围内的损失或费用支出，只要每次赔偿未达到保险金额，其保险责任依然有效。保险车辆发生保险事故遭受全损后的残余部分，应协商作价归被保险人，并在赔偿中扣除。

第五步：赔付时间。在车辆修复或自交通事故处理结案之日起三个月之内，保户应持保险单、事故处理证明、事故调解书、修理清单及其他有关证明到保险公司领取赔偿金。如与保险公司发生争议不能达成协议，可向经济合同仲裁机关申请仲裁或向人民法院提起诉讼。

思考题与课下学习任务

1. 简述家庭面临的主要风险有哪些。
2. 论述风险管理计划所包括的内容。
3. 简述保险规划的步骤。
4. 如何进行不同人生阶段的保险？
5. 根据你家庭的实际情况，制订一个适用于所有家庭成员的人身保险规划。

第六章 家庭投资规划

学习要点

1. 熟悉家庭投资个性化的流程。
2. 认识家庭投资组合的内涵。
3. 熟悉家庭投资的基本策略。
4. 熟悉家庭证券、外汇投资的基本方法、风险特点与技巧。
5. 认知家庭黄金投资的特点及基本技巧。
6. 熟悉银行理财产品投资的主要品种、特征及基本方法。

基本概念

家庭投资　投资三分法　A 股　B 股　撮合交易　金字塔式操作法　利率预测法
非保本浮动收益

第一节　家庭投资概述

一、家庭投资的含义

投资是指个人或家庭寄希望于不确定的未来收益，将货币或其他形式的资产投入经济活动的一种行为，即为未来收入货币奉献当前的货币。[①]

投资的最大特点就是牺牲确定的现值来换取不确定（有风险）的未来收益，因此，进行投资规划就要熟悉各种投资工具的特性和投资的基本理论。

二、投资规划的概念

投资规划是根据个人或家庭的投资理财目标和风险承受能力，为其设计合理的资产配置方案，构建投资组合来实现理财目标的过程。

家庭投资规划必须符合以下要求：

首先，必须确立投资目标，围绕这一目标来安排投资的具体操作计划。

其次，投资组合的构建受制于投资者自身的主观和客观两个条件。客观条件是投资者可投入的财务资源的数量，主观条件是投资者的风险承受能力，只有在充分考虑这两个条件的基础上才能作出有针对性的投资计划。

---

① 周伯成：《投资学》，北京，清华大学出版社，2012。

三、家庭投资规划流程

一般来说，投资规划流程主要包括确定投资原则、进行投资品种分析、构建投资组合、调整投资组合、评估投资组合绩效五个步骤。

（一）确定投资原则

家庭投资原则是投资过程中为了实现投资目标所应遵循的基本方针和基本准则，它包括确定投资收益目标、投资资金的规模和投资对象等方面的内容以及应采取的投资策略和措施等。确定投资原则是投资过程中非常关键的一步。

1. 确定投资目标。确定投资目标前，应积极获取投资相关信息帮助设定目标，确定的目标应切合实际、明确、可以衡量。一般可以用资金量或收益率作为指标，如到2010年12月31日股票市值要达到10万元（或收益率达到50%）。

2. 风险承受能力分析。由于风险与收益总是紧密相随，不存在无风险的投资，获得收益总是以承担相应的风险为代价。投资者因承担风险而获得补偿，不同的投资者对风险态度不同，因而根据投资者对风险的态度，可以把投资者分为风险回避型、风险中立型、风险偏好型。投资者必须首先了解自己的风险容忍度，然后才能制定合理的投资政策。风险容忍度可以定义为预期收益增加一单位投资者愿意接受的最大风险。

以下问题可以帮助建立有效的投资目标：

你的资金的用途是什么？

你需要多少钱才能达到投资目标？

你如何得到这些钱？

你需要多长时间积累这些钱？

你愿意为投资计划承担多少风险？

什么经济或个人状况会改变你的投资目标？

考虑到你的经济状况，你的投资目标合理吗？

你愿意为达到理财目标而作出牺牲吗？

如果没有达到理财目标，后果将是什么？

（二）进行投资品种分析

在确定投资政策之后，投资者就要进行有针对性的分析，从而筛选出符合投资政策的投资品种。这种分析首先是明确投资品种的价格形成机制、影响其价格波动的各种因素及作用机制等，其次是要发现那些价格偏离其价值的品种。投资分析的方法很多，但总体来说，这些方法可归入两大类：

第一类称为基本分析。基本分析是指通过对公司的经营管理状况、行业动态及一般经济情况的分析，进而研究投资品的价值，即解决"购买什么"的问题。基本分析人士相信，价格是由价值决定的，但是价格可能偏离价值，因而他们主要评估投资品种的价值是高估还是低估。

第二类称为技术分析。技术分析的目的是预测投资品，尤其是证券价格涨跌的趋势，即解决"何时购买"的问题。技术分析偏重对投资品价格的分析，并认为价格是由供求关系所决定的。他们往往相信市场是有规律的，因而他们擅长于利用过去的价格变动来预测未来的价格变动。

小资料 6 - 1

CPI "破 3" 沪深股指大跌

2012 年 7 月 9 日公布的 6 月 CPI 如期 "破 3",但在中央银行已提前降息的背景下,A 股非但没有从中获得提振,反而在能源等权重板块的拖累下大幅下挫。上证综指失守 2 200 点整数位,盘中创下半年新低。

当日沪深股市双双低开。上证综指开盘报 2 210.71 点,早盘弱势整理,上摸 2 216.70 点后开始持续走低,最后一个小时加速下跌。盘中沪指触及 2 168.61 点的半年新低后,以 2 170.81 点报收,较前一交易日大跌 52.77 点,跌幅达到 2.37%。深证成指大跌 193.48 点至 9 496.68 点,跌幅达到了 2%。

当日沪深两市分别成交 693 亿元和 745 亿元,较前一交易日有所萎缩。

9 日国家统计局公布的 6 月 CPI 数据创下 29 个月来新低。但此前中央银行突然降息,已经兑现了市场对于政策进一步放松的预期。上半年国民经济数据也将于本周亮相,市场预测 GDP 增速或进一步回落。在对宏观经济运行情况的忧虑情绪中,A 股市场出现了大幅下跌。

(三) 构建投资组合

构建投资组合是投资过程的第三步,它是指确定具体的投资品种和投入各种投资工具及投资品的资金比例。在设计投资组合时,必须依据下列原则:在风险一定的条件下,保证组合收益的最大化;在收益一定的条件下,保证组合风险的最小化。

投资组合包括三个方面的内容:投资工具组合、投资时间组合、投资比例组合。

投资组合设计也称分散投资,就是把资金分别投入到不完全相关的投资方式上。所谓投资方式的不相关,是指一种投资的收益与另一种投资的收益没有什么关系,不会相互影响。例如,购票投资风险和收益与房地产投资之间就没有什么关系,至少关系不密切。这样做的目的是当某种投资遭遇损失时,不会影响到其他投资,还可能通过其他投资弥补损失。投资方式之间最好是完全不相关,或者负相关,这样可能把风险降到最低。负相关就是一种投资收益率上升时另一种下降,或一种投资收益率下降时另一种上升。分散投资原则的根本就是考虑多种投资方式之间的收益和风险是不相关或不完全相关的,为此应注意投资的多元化。

投资的多元化是指依据一定的现实条件,构建一个在一定收益条件下风险最小的投资组合。一般来说,投资者不应只投资于一种投资工具,即使是同一种投资工具也不应该只投资于其中某一单个投资品上,即 "不要把鸡蛋放在同一个篮子里"。投资者分散投资,有利于分散和降低投资风险,从而形成适合于自己的收益,即风险偏好的投资品种组合。另外,投资多元化是建立在投资数额较大的前提下的,小额投资不能盲目应用这一原则。

(四) 调整投资组合

市场是在不断变化的,随着时间的推移,投资者也会改变投资目的,从而使当前持有的投资组合不再是最优组合。为此,投资者需要调整现有组合,卖掉旧的投资品种而购买一些新的投资品种,以形成新的组合。调整投资组合的另一动因是一些原来没有吸引力的投资品种现在变得有吸引力了，而另一些原来有吸引力的则变得没有吸引力了。这样，投资者就会想在原来的基础上加入一些新的和减去一些旧的投资品。这一决策主要取决于交易成本以及调整组合后投资业绩前景改善幅度的大小。

（五）评估投资组合绩效

评估投资组合的绩效，主要是定期评价投资的表现，其依据不仅是投资的回报率，还有投资者所承受的风险，需要有衡量收益和风险的相对标准来评估投资的业绩。投资业绩的评估主要从两个方面来考虑：一是所选择的投资品给投资者带来多大贡献，二是对把握市场实际的能力进行考核。

投资收益或投资回报包括收入收益和资本所得收益。收入收益就是利息、红利等的收入；资本收益就是资本增值或价差的收入，如低买高卖所产生的收益。衡量投资收益的主要指标是投资收益率，主要计算公式如下：

投资收益率 =（期末价格 − 期初价格 + 持有期收入收益）／期初价格

收益率又可分实际收益率和预期收益率。实际收益率就是过去投资实际获得的收益率，可能是正的、零或者负的。预期收益率是估算将来预期产生的收益率，也就是投资者希望获得的收入。

四、投资策略

投资策略是投资者明确了自己的投资目标后，进行投资时所运用的一些具体的操作方法。投资策略主要有以下几种：

（一）投资三分法

投资三分法是指将自有资产分为三部分，第一部分用于投资收益稳定、风险较小的投资品种，如债券、优先股等；第二部分用于投资风险较大、收益较高的投资品种；第三部分以现金形式保持，作为备用金。这三部分在比例上合理搭配，就可以达到相应的投资目标。投资三分法兼顾了投资的安全性、收益性和流动性，是一种颇具参考性的投资组合与投资技巧。

（二）固定比例投资法

这一策略是在投资操作过程中努力保持投资品种的比例不变，如投资者把投资分成股票和债券两部分，并在投资操作过程中努力使股票投资总额和债券投资总额保持某一固定比例。当股价上涨使股票总投资比例上升时，即出售一定比例的股票，购入一定数量的债券，使股票和债券恢复到既定的比例水平；反之，当股价下跌时，应出售债券，购入股票以保持固定的比例。这一方法的关键是如何确定合理的分配比例。固定比例投资法的优点是用简单的方式让投资者离开追涨杀跌的投资生活，用投资原则来约束自己的投资行为，使投资简单可行；同时总保持部分资金在手，很适合有一定流动资金需要的个人和家庭采用。

（三）固定金额投资法

这一策略在投资操作过程中不是努力保持投资品种的比例不变，而是保持投资总额不变，如基金经理对自身所持有的股票金额设定一个基数，通过买卖股票保持固定的投资总额。对这一投资总额的控制是通过在某一固定投资金额的基础上规定正负波动比例来进行的。

（四）耶鲁投资计划

这一策略类似于固定比例投资法，操作方法基本相同，但耶鲁投资计划使用的比例是一种浮动的比例，这种比例浮动的方向与市场是一致的，因此，市场变化的影响能及时在投资组合中得到相应体现，具有更大的弹性。也正因为如此，这种方法在我国证券投资基金中得到较为普遍的运用，凡是号称"动态配置"的基金，采用的都是这种方法。

（五）杠铃投资法

这种方法将投资集中到短期和长期两种工具上，并随市场利率变动而不断调整资金在两者之间的分配比例。杠铃实际上指的是市场利率水平，它是衡量资金分布的砝码，这种分布是建立在对未来利率走势判断的基础上的，当预计长期利率上涨、长期品种价格趋于下降时，应出售长期品种，增加短期品种的持有量；反之，则增持长期品种。这种预测也可以建立在对短期利率走势预测的基础上。杠铃投资法必须建立在准确预测基础上，需要对市场上各种期限和类型的债券进行大量的观察和预测并作出反应，因此，投资者要耗费大量人力和物力，对于小投资者来说，往往得不偿失。

第二节　股票投资

一、股票的定义

股票是有价证券的一种主要形式，是股份证书的简称，是股份公司为筹集资金而发行给股东作为持股凭证并借此取得股息和红利的一种有价证券。每股股票都代表股东对企业拥有一个基本单位的所有权。股票是股份公司资本的构成部分，可以转让、买卖或作价抵押，是资金市场上主要的长期信用工具。

股票的用途有三点：其一是作为一种出资证明，当一个自然人或法人向股份有限公司参股投资时，便可获得股票作为出资的凭据；其二是股票的持有者可凭借股票来证明自己的股东身份，参加股份公司的股东大会，对股份公司的经营发表意见；其三是股票持有人凭借着股票可获得一定的经济利益，参加股份公司的利润分配，也就是通常所说的分红。

二、股票的特征

（一）收益性

收益性是股票最基本的特征，它是指持有股票可以为持有人带来收益的特性。

（二）风险性

风险性是指股票可能产生经济利益损失的特性，持有股票要承担一定的风险。

（三）流动性

流动性是指股票可以自由地进行交易。

（四）永久性

永久性是指股票所载有权利的有效性是始终不变的，因为它是一种无期限的法律凭证。

（五）参与性

参与性是指股票持有人有权参与公司重大决策的特性。

（六）波动性

波动性是指股票交易价格经常变化，或者说与股票票面价值经常不一致。

三、股票的种类

（一）按股东的权利可分为普通股、优先股

普通股是股份公司资本构成中最普通、最基本的股份，是股份企业资金的基础部分。普通股的基本特点是其投资收益（股息和分红）不是在购买时约定，而是事后根据股票发行公司的经营业绩来确定。在我国上海证券交易所与深圳证券交易所上市的股票都是普通股。当公司因破产或关闭而进行清算时，普通股股东有权分得公司剩余资产，但普通股股东必须在公司的债权人、优先股股东之后才能分得财产，财产多时多分，少时少分，没有则只能作罢。普通股股东一般都拥有发言权和表决权，即有权就公司重大问题进行发言和投票表决。

优先股是普通股的对称，是股份公司发行的在分配红利和剩余财产时比普通股具有优先权的股份。优先股也是一种没有期限的所有权凭证，优先股股东一般不能在中途向公司要求退股（少数可赎回的优先股例外）。优先股的主要特征有二：一是优先股通常预先订明股息收益率。由于优先股股息率事先固定，所以优先股的股息一般不会根据公司经营情况而增减，而且一般也不能参与公司的分红，但优先股可以先于普通股获得股息。二是优先股的权利范围小。优先股股东一般没有选举权和被选举权，对股份公司的重大经营行为一般无投票权，但在某些情况下可以享有投票权。优先股的优先权主要表现在两个方面：一是股息领取优先权，二是剩余资产分配优先权。

（二）按股票持有者可分为国有股、法人股、社会公众股

国有股是指有权代表国家投资的部门或机构以国有资产向公司投资形成的股份，包括公司现有国有资产折算成的股份。由于我国很多股份制企业都是由原国有大中型企业改制而来的，因此，国有股在公司股权中占有较大的比重。

法人股是指企业法人或具有法人资格的事业单位和社会团体以其依法可经营的资产向公司非上市流通股权部分投资所形成的股份。根据法人股认购的对象，可将法人股进一步分为境内发起法人股、外资法人股和募集法人股三种。法人股投资资金来自企事业单位，必须经中国人民银行批准后才可以转让。

社会公众股是指我国境内个人和机构，以其合法财产向公司可上市流通股权部分投资所形成的股份。我国投资者在股票市场买卖的股票都是社会公众股，可以自由流通。

（三）按票面形式可分为有面额、无面额及有记名、无记名

有面额股票在票面上标注出票面价值，一经上市，其面额往往没有多少实际意义；无面额股票仅标明其占资金总额的比例。我国上市的都是有面额股票。记名股票将股东姓名记入专门设置的股东名簿，转让时须办理过户手续；无记名股票的股东名字不记入名簿，买卖无须过户。

（四）按发行范围可分为 A 股、B 股、H 股和 F 股

A 股是在我国国内发行，供国内居民和单位用人民币购买的普通股股票；B 股原来是专供境外投资者在境内以外币买卖的特种普通股股票，现已对国内居民开放；H 股是我国内地注册的公司在香港发行并在香港联合交易所上市的普通股股票；F 股是我国股份公司在海外发行上市流通的普通股股票。

四、如何进行股票交易

（一）如何开户

1. 开立证券账户。不论机构或个人，在深圳证券交易所、上海证券交易所进行证券交易，首先需要开立证券账户卡（股东代码卡），它是用于记载投资者所持有的证券种类、名称、数量及相应权益和变动情况的账册，是股东身份的重要凭证。每个投资者在每个市场只允许开立一个证券账户卡。只有拥有证券账户，才能进行股票交易。开立证券账户时投资者必须持本人有效身份证件（一般为身份证），并提供投资者的详细资料，这些资料包括姓名、身份证号码、家庭住址、联系电话等。

上海证券交易所、深圳证券交易所证券账户主要分为 A 股证券账户、B 股证券账户以及基金账户等。A 股证券账户可以买卖在证券交易所挂牌交易的股票、基金、债券；基金账户可以买卖基金和债券，但不能买卖股票；B 股证券账户只能买卖上市交易的 B 股股票；境内自然人可以开立个人 A 股证券账户和基金账户，但已开立 A 股证券账户的不能再开立基金账户，已开立基金账户的不能再开立 A 股证券账户；境外自然人和法人可以开立 B 股证券账户，2001 年之后，开放境内个人居民投资 B 股。

2. 开立资金账户。投资者开立了证券账户后还需选择一家证券公司的营业部，作为自己买卖证券的代理人，开立资金账户和办理指定交易。资金账户是用于记载投资者买卖证券的资金变动及余额情况的账户，该账户由证券公司营业部为投资者开设，而这个资金账户也仅仅在该券商处交易有效。投资者如需在别的券商处交易，需另外开立资金账户，因此，一个投资者可拥有多个资金账户。

（二）如何交易

1. 委托买卖。投资者开立证券账户和资金账户以后，可以根据开户证券营业部提供的几种委托方式选择其中的一种或几种进行交易。证券营业部通常提供的委托方式有柜台委托、自助终端委托、电话委托、网上交易等。委托应在规定的交易营业时间内办理，一般当天有效，即委托有效期从委托申报开始至当天闭市结束。在办理委托时，要注意申报清楚以下内容：（1）证券的名称或证券交易代码；（2）买卖方向，即买进或卖出；（3）买进或卖出的数量；（4）买进或卖出的价格。

2. 撮合交易。券商受理客户委托一般先由券商的电脑委托系统进行审查，审查无误后，直接进入交易所内计算机主机进行撮合成交。所有的交易由上海证券交易所的电脑交易系统自动撮合完成，无须人工干预。交易所的自动撮合系统按"价格优先、时间优先"原则进行，即在一定价格范围内（昨收盘价的上下10%之间），优先撮合最高买入价或最低卖出价。投资者的委托如未能一次全部成交，其剩余委托仍可继续执行，直到有效期结束。委托成交后，投资者应该对符合委托条件的成交结果给予承认，并按期履行交割手续。在委托未成交之前，投资者有权变更或撤销委托，而变更委托视同重新办理委托。

3. 清算交割。投资者在委托买卖的次交易日应及时到券商处办理交割，也就是客户与券商就成交的买卖办理资金清算与股份过户业务的手续，此手续俗称"一手交钱、一手交货"，券商向客户提供的交割单需列出客户本次买卖交易的详细资料，至此客户的股票交易才结束。现在由于很多委托以网上交易的形式进行，一般不到券商处进行实地交割。

（三）交易费用

交易费用通常包括印花税、佣金、过户费、其他费用等几个方面的内容（见表6-1）。

表6-1　　　　　　　　　　　我国主要证券交易费用一览表

股票交易费用				
收费项目	深圳证券交易所A股	上海证券交易所A股	深圳证券交易所B股	上海证券交易所B股
印花税	1‰（单边收取）	1‰（单边收取）	1‰（单边收取）	1‰（单边收取）
佣金	小于或等于3‰ 起点：5元	小于或等于3‰ 起点：5元	3‰	3‰ 起点：1美元
过户费	无	1‰（按股数计算，起点：1元）	无	无
交易手续费	无	5元（按每笔收费）	无	无
结算费	无	无	0.5‰（上限500港元）	0.5‰
基金、债券交易费用				
收费项目	封闭式基金	可转换债券	国债	企业债券
印花税	无	无	无	无
佣金	3‰，起点：5元	1‰	1‰	1‰
过户费	无	无	无	无
交易手续费	无	无	无	无
交易所其他费用				
收费项目	深圳证券交易所A股	上海证券交易所A股	深圳证券交易所B股	上海证券交易所B股
开户费	个人：50元 机构：500元	个人：40元 机构：400元	个人：120港元 机构：580港元	个人：19美元 机构：85美元
转托管费	30元	无	100港元	无

1. 印花税。印花税是根据国家税法规定，在股票（包括A股和B股）成交后对买卖双方投资者按照规定的税率分别征收的税金（我国目前规定股票交易的印花税由出让方单边缴纳）。基金、债券等均无此项费用。

2. 佣金。佣金是指投资者在委托买卖证券成交之后按成交金额的一定比例支付给券商的费用。此项费用一般由券商的经纪佣金、证券交易所交易经手费及管理机构的监管费等构成。

3. 过户费。过户费是指投资者委托买卖的股票、基金成交后买卖双方为变更股权登记所支付的费用。这笔费用作为证券登记清算机构的收入，由证券经营机构在同投资者清算交割时代为扣收。

4. 其他费用。其他费用是指投资者在委托买卖证券时，向证券营业部缴纳的委托费（通讯费）、撤单费、查询费、开户费、磁卡费以及电话委托、自助委托的刷卡费、超时费等。

（四）交易单位和价格

我国的股票交易以手为交易单位。

1. A股股票。1手为100股，买入股票最低起点为1手即100股，超过1手则必须为1手的整数倍，如200股、800股、1 000股等，此外为无效委托，不予受理，如250股、371股等。配股买入时则不受此规定限制，可根据实际配股数进行申报，如买入251股配股。卖出股票也不受该规定限制，比如1 000股可以分358股和642股两次卖出。A股股票计价单位为1股，而价格波动以0.01元为基本变动单位。

2. B股股票。上海证券交易所以1 000股为1个交易单位，采用的报价和结算币种为美元，计价单位为1股，价格变动最小单位为0.002美元。深圳证券交易所以100股为1个交易单位，报价和结算币种为港元，计价单位为1股，价格变动最小单位为0.01港元。

五、股票交易常用的基本概念

（一）市场及交易概念

一级市场：发行市场，通过发行股票进行筹资活动的市场。

二级市场：流通市场，已发行股票进行转让的市场。

配股：上市公司向原股东进一步发行新股、筹集资金的行为。从好的方面来说，配股实际上是给股东提供了一个追加投资的机会；从坏的方面来说，就是不但没有回报股东反而还继续向股东要钱。

股息：又称股利，指股东凭股票从公司领取的收入，按持股的比例分配。

分红：上市公司向股东分配利润，可以是现金，也可以送红股（将现金红利转化为资本金，以扩大生产经营）。

认股权证：未来某个时间以事先确定的价格购买公司股票的权利，实际上是一种买入期权，到时根据实际情况可购买股票或者放弃。

指数：反映股票市场的整体情况。一般有多种指数，如综合指数、成分指数、行业指数等。

收盘价：当日该股票最后一笔交易的成交价格，收市价又分为前（上午）收市价和后（下午）收市价。

开盘价：当日开盘后该股票的第一笔成交的价格，如开市后30分钟内无成交价，则以前日的收盘价作为开盘价。

成交量：反映成交的数量多少。一般可用成交股数和成交金额两项指标来衡量。

最高价：当日所成交的价格中的最高价位。有时最高价只有一笔，有时不止一笔。

最低价：当日所成交的价格中的最低价位。有时最低价只有一笔，有时不止一笔。

涨跌：每天的涨跌为当天的收盘价减去前日的收盘价。

涨跌幅：每天的涨跌幅为每天的涨跌除以前日的收盘价。目前，沪深股市实行的是涨跌幅限制制度，涨跌幅度为前日收盘价的上下10%，即涨跌停板，只可以在这个幅度内进行交易。

停牌：股票由于某种消息或进行某种活动而由证券交易所暂停其在股票市场上进行交易。待情况澄清或企业恢复正常后，再复牌在交易所挂牌交易。

（二）主要指标

公司市值：市价乘以总股数，表示市场认可此公司的价值。市值越大，公司越值钱。

每股净资产：又叫股东权益，指公司净资产除以总股数的值，表示每股值多少钱的真实财产。原则上数值越大，每股拥有的财产越多。

每股税后利润：又叫每股盈利，指公司税后利润除以总股数的值，表示每股盈利的数额。原则上，数值越大，盈利能力越高，经营业绩越好，相应的股价也可能较高。

净资产收益率：公司税后利润除以净资产得出的百分比，用于衡量公司运用自有资本的效率。

市盈率：市价与每股税后利润之比，可以理解为获得利润的成本（或价格），如某股票的市盈率为20，则表示要花20元钱（买入股票）才能获得1元的利润收入。市盈率越高，则成本价格越高。可用市盈率来表示股票的风险程度。

市净率：市价与每股净值之比，可以理解为每股净资产的价格，如市净率为3，则表示此公司每股净资产的价格为3元。市净率是衡量股票投资可靠性（安全性）的指标。市净率越低越可靠，如市净率为1，则表示是以每股净资产的价格进行交易了。

六、股票投资的基本原则

（一）趋势原则

在准备买入股票之前，首先应对大盘的运行趋势有个明确的判断。一般来说，绝大多数股票都随大盘趋势运行。大盘处于上升趋势时买入股票较易获利，而在顶部买入则好比虎口夺食，下跌趋势中买入难有生还，盘局中买入机会不多。还要根据自己的资金实力制定策略，选处于上升趋势的强势股。

（二）分批原则

在没有十足把握的情况下，投资者可采取分批买入和分散买入的方法，这样可以大大降低买入的风险。但分散买入的股票种类不要太多，一般以在5只以内为宜。另外，分批买入应根据自己的投资策略和资金情况有计划地实施。

（三）底部原则

中长线买入股票的最佳时机应在底部区域或股价刚突破底部上涨的初期，应该说这是风险最小的时候，而短线操作虽然天天都有机会，但也要尽量考虑到短期底部和短期趋势的变化，并要快进快出，同时投入的资金量不要太大。

（四）风险意识原则

股市是高风险高收益的投资场所。可以说，股市中风险无处不在、无时不在，而且也没有任何方法可以完全回避。作为投资者，应一直保持风险意识，并尽可能地将风险降至最低程度，而买入股票时机的把握是控制风险的第一步，也是重要的一步。在买入股票时，除考虑大盘的趋势外，还应重点分析所要买入的股票是上升空间大还是下跌空间大、上档的阻力位与下档的支撑位在哪里、买进的理由是什么、买入后假如不涨反跌怎么办等。这些方面在买入股票时就应有清醒的认识，从而尽可能地将风险降低。

（五）强势原则

"强者恒强，弱者恒弱"，这是股票投资市场的一条重要规律。这一规律在买入股票时会对我们有所指导。遵照这一原则，我们应多参与强势市场而少投入或不投入弱势市场，在同板块或同价位或已选择买入的股票之间，应买入强势股和领涨股，而非弱势股或被认为将补涨而价位低的股票。

（六）题材原则

要想在股市中特别是较短时间内获得更多的收益，关注市场题材的炒作和题材的转换是非常重要的。虽然各种题材层出不穷、转换较快，但仍具有相对的稳定性和一定的规律性，只要能把握得当定会有丰厚的回报。我们买入股票时，在选定的股票之间应买入有题材的股票而放弃无题材的股票，并且要分清是主流题材还是短线题材。另外，有些题材是常炒常新，而有的题材则是过眼烟云，炒一次就完了，其炒作时间短，以后再难有吸引力。

（七）止损原则

投资者在买入股票时，都是认为股价会上涨才买入。但若买入后并非像预期的那样上涨而是下跌该怎么办呢？如果只是持股等待解套是相当被动的，不仅占用资金错失别的获利机会，更重要的是背上套牢的包袱后还会影响以后的操作心态，而且何时才能解套也是不确定的事。与其被动套牢，不如主动止损，暂时认赔出局观望。对于短线操作来说更是这样，止损可以说是短线操作的法宝。股票投资回避风险的最佳办法就是止损、止损、再止损，别无他法。因此，我们在买入股票时就应设立好止损位并坚决执行。短线操作的止损位可设在5%左右，中长线投资的止损位可设在10%左右。

第三节　债券投资

一、债券的含义

债券是一种有价证券，是社会各类经济主体，如政府、金融机构、企业等，为筹措资金而向债券购买者出具的、承诺按一定利率定期支付利息并到期偿还本金的债权债务凭证，它是一种重要的信用工具。由此，债券包含了以下四层含义：

第一，债券的发行人（政府、金融机构、企业等）是资金的借入者；

第二，购买债券的投资者是资金的借出者；

第三，发行人（借入者）需要在一定时期还本付息；

第四，债券是债的证明书，具有法律效力，债券购买者与发行者之间是一种债权债务关系，债券发行人即债务人，投资者（债券持有人）即债权人。

二、债券与股票的区别

股票与债券都是有价证券，是证券市场上的两大主要金融工具。两者同在一级市场上发行，又同在二级市场上转让流通。对融资者来说，两者都是可以通过公开发行募集资本的融资手段。由此可见，两者实质上都是资本证券。从动态上看，股票的收益率和价格与债券的利率和价格互相影响，往往在证券市场上发生同向运动，即一个上升另一个也上升，反之则相反，但升降幅度不见得一致。

股票和债券虽然都是有价证券，都可以作为筹资的手段和投资工具，但两者却有明显的区别。

（一）发行主体不同

作为筹资手段，无论是国家、地方公共团体还是企业，都可以发行债券，而股票则只有股份制企业才可以发行。

（二）收益稳定性不同

从收益方面看，债券在购买之前，利率已定，期满就可以获得固定利息，而不管发行债券的公司经营获利与否。股票一般在购买之前不定股息率，股息收入随股份公司的盈利情况变动而变动，盈利多就多得，盈利少就少得，无盈利不得。

（三）保本能力不同

从本金方面看，债券到期可连本带利收回，本金有保障。股票则无到期之说，股票本金一旦交给公司，就不能再收回，只要公司存在，就永远归公司支配。公司一旦破产，还要看公司剩余资产清盘状况，有可能连本金都会蚀尽。

（四）经济利益关系不同

债券和股票实质上是两种性质不同的有价证券，二者反映着不同的经济利益关系。债券所表示的只是对公司的一种债权，而股票所表示的则是对公司的所有权。权属关系不同，就决定了债券持有者无权过问公司的经营管理，而股票持有者则有权直接或间接地参与公司的经营管理。

（五）风险性不同

债券只是一般的投资对象，其交易转让的周转率比股票较低。股票不仅是投资对象，更是金融市场上的主要投资对象，其交易转让的周转率高，市场价格变动幅度大，可能暴涨暴跌，安全性低，风险大，但却能获得很高的预期收入，因而能够吸引不少人投进股票交易中来。

三、债券的票面要素

（一）票面价值

债券的票面价值包括两点：其一是币种，即以何种货币作为债券价值的计量标准。若在境内发行，其币种自然就是本国货币，若到国际市场上筹资，则一般以债券发行所在国家的货币或国际通用货币如美元、英镑等币种为计量标准。其二是债券的数量，它根据发行时的具体情况而定。

（二）债券的价格

债券的价格是债券在交易中买卖双方以货币的形式对其价值达成的共识，它取决于债券的利率、兑付时间以及其他一些因素，其价格是处于经常性的变化之中。即使在发行时，债券的价格都不一定与其面值相等，要视金融市场其他投资品种的收益和供求情况而定，有时可高出票面价格溢价发行，而有时又需低于票面价格折价发行，而当进入二级流通市场之后，债券的市场价格就要随行就市了。

（三）偿还期限

债券的偿还期限是从债券发行日起至偿清本息之日的时间间隔。债券的偿还期限各有不同，一般分为三类：偿还期限在一年以内的为短期，偿还期限在一年以上、十年以内的为中期，期限在十年以上的为长期。债券的偿还期限主要由债券的发行者根据所需资金的使用情况来确定。

（四）债券的利率

债券的利率是债券每年应付利息与债券票面价值的比率。例如，一种债券利率为10%，即表示每认购100元债券，每年便可得到10元的利息。债券的利率主要受银行利率、发行者的资信情况、偿还期限、利息计算方式和资本市场资金供求情况的影响。

四、债券的特性

债券是债务人为筹集资金而向债权人承诺按期交付利息和偿还本金的有价证券。它只是一种虚拟资本，其本质是一种债权债务证书。它具有以下四个基本特征：

（一）偿还性

在历史上只有无期公债或永久性公债不规定到期时间，这种公债的持有者不能要求清偿，只能按期取得利息。而其他一切债券都对偿还期限有严格的规定，且债务人必须如期向持有人支付利息。

（二）流动性

流动性是指债券能迅速和方便地变现为货币的能力。目前，几乎所有的证券营业部或银行部门都开设有债券买卖业务，且收取的各种费用都相应较低。如果债券的发行者即债务人资信程度较高，则债券的流动性就比较强。

（三）安全性

安全性是指债券在市场上抵御价格下降的性能，一般是指其不跌破发行价的能力。债券在发行时都承诺到期偿还本息，所以其安全性一般都较高。有些债券虽然流动性不高，但其安全性较好，因为它们经过较长的一段时间后就可以收取现金或不受损失地出售。

（四）收益性

债券的收益性是指获取债券利息的能力。因债券的风险比银行存款要大，所以债券的利率也比银行存款高，如果债券到期能按时偿付，购买债券就可以获得固定的、一般高于同期银行存款利率的利息收入。

五、债券的种类

债券的种类繁多，且随着人们对融资和证券投资的需要又不断创造出新的债券形式，在现今的金融市场上，债券的种类可按发行主体、发行区域、发行方式、期限长短、利息支付形式、有无担保和是否记名等进行划分。

（一）按发行主体分类

根据发行主体的不同，债券可分为政府债券、金融债券和公司债券三大类。第一类是由政府发行的债券，称为政府债券，它的利息享受免税待遇，其中由中央政府发行的债券也称公债或国库券，其发行债券的目的都是为了弥补财政赤字或投资于大型建设项目，而由各级地方政府机构如市、县、镇等发行的债券就称为地方政府债券，其发行目的主要是为地方建设筹集资金，因此都是一些期限较长的债券。第二类是由银行或其他金融机构发行的债券，称为金融债券。金融债券发行的目的一般是为了筹集长期资金，其利率也一般要高于同期银行存款利率，而且持券者需要资金时可以随时转让。第三类是公司债券，它是由非金融性质的企业发行的债券，其发行目的是为了筹集长期建设资金，一般都有特定用途。按有关规定，企业要发行债券必须先参加信用评级，级别达到一定标准才可发行。因为企业的资信水平比不上金融机构和政府，所以公司债券的风险相对较大，因而其利率一般也较高。

（二）按发行的区域分类

按发行的区域划分，债券可分为国内债券和国际债券。国内债券就是由本国的发行主体以本国货币为单位在国内金融市场上发行的债券，国际债券则是本国的发行主体到别国或国际金融组织等以外国货币为单位在国际金融市场上发行的债券。

（三）按期限长短分类

根据偿还期限的长短，债券可分为短期债券、中期债券和长期债券。一般的划分标准是期限在一年以下的为短期债券，期限在十年以上的为长期债券，而期限在一至十年的为中期债券。

（四）按利息的支付方式分类

根据利息的不同支付方式，债券一般分为附息债券、贴现债券和普通债券。附息债券是在券面上附有各期息票的中长期债券，息票的持有者可按其标明的时间期限到指定的地点按标明的利息额领取利息。贴现债券是在发行时按规定的折扣率将债券以低于面值的价格出售，在到期时持有者仍按面额领回本息，其票面价格与发行价之差即为利息。除此之外的就是普通债券，它按不低于面值的价格发行，持券者可按规定分期分批领取利息或到期后一次领取本息。

（五）按发行方式分类

按照是否公开发行，债券可分为公募债券和私募债券。公募债券是指按法定手续，经证券主管机构批准在市场上公开发行的债券，其发行对象是不限定的。私募债券是发行者以与其有特定关系的少数投资者为募集对象而发行的债券。该债券的发行范围很小，其投资者大多数为银行或保险公司等金融机构，它不采用公开呈报制度，债券的转让也受到一定程度的限制，流动性较差，但其利率水平一般较公募债券要高。

（六）按有无抵押担保分类

根据有无抵押担保情况，债券可以分为信用债券和担保债券。信用债券也称无担保债券，是仅凭债券发行者的信用而发行的、没有抵押品作担保的债券。一般政府债券及金融债券都为信用债券。担保债券指以抵押财产或第三方信用为担保而发行的债券，具体包括：以土地、房屋、机器、设备等不动产为担保品而发行的抵押公司债券，以公司的有价证券（股票和其他证券）为担保品而发行的抵押信托债券和由第三者担保偿付本息的承保债券。当债券的发行人在债券到期而不能履行还本付息义务时，债券持有者有权变卖担保品来清偿抵付或要求担保人承担还本付息的义务。

（七）按是否记名分类

根据在券面上是否记名的不同情况，可以将债券分为记名债券和无记名债券。记名债券是指在券面上注明债权人姓名，同时在发行公司的账簿上作同样登记的债券。转让记名债券时，除要交付债券外，还要在债券上背书和在公司账簿上更换债权人姓名；而无记名债券是指券面未注明债权人姓名，也不在公司账簿上登记其姓名的债券。现在市面上流通的一般都是无记名债券。

（八）按发行时间分类

根据债券发行时间的先后，可以分为新发债券和既发债券。新发债券指的是新发行的债券，这种债券都规定有招募日期。既发债券指的是已经发行并交付给投资者的债券。新发债券一经交付便成为既发债券。在证券交易部门，既发债券随时都可以购买，其购买价格就是当时的市场价格，购买者还需支付手续费。

（九）按是否可转换分类

按是否可转换来区分，债券又可分为可转换债券与不可转换债券。可转换债券是能按一定条件转换为其他金融工具的债券，而不可转换债券就是不能转化为其他金融工具的债券。可转换债券一般都是指可转换公司债券，这种债券的持有者可按一定的条件根据自己的意愿将持有的债券转换成股票。

六、债券的价格和收益计算

（一）债券的价格

1. 债券的发行价格。债券的发行价格是指在发行市场（一级市场）上，投资者在购买债券时实际支付的价格。目前通常有三种不同情况：一是按面值发行、按面值收回，其间按期支付利息；二是按面值发行，按本息相加额到期一次偿还，我国目前发行的债券大多数是这种形式；三是以低于面值的价格发行，到期按面值偿还，面值与发行价之间的差额，即为债券利息。

2. 债券的市场交易价格。债券发行后，一部分可流通债券在流通市场（二级市场）上按不同的价格进行交易。交易价格的高低取决于公众对该债券的评价、市场利率以及人们对通货膨胀率的预期等。一般来说，债券价格与到期收益率成反比。也就是说，债券价格越高，到期收益率越低。

（二）债券收益的计算

债券的收益可以用债券收益率表示，债券收益率是债券投资者在债券上的收益与其投入的本金之比。

1. 票面利息率。它是固定利息收入与票面金额的比率，一般在债券票面上注明，这是投资于债券时最直观的收入指标。面值相同的债券，票面注明的利率高的，利息收入自然就高；反之则相反。但是，由于大多数债券都是可转让的，其转让价格随行就市，所以，投资者认购债券时实际支出的价款并不一定与面值相等，这样用票面利息率衡量投资收益就不再有实际意义。

2. 直接收益率。直接收益率又称现行收益率，是投资者实际支出的价款与实际利息之间的相互关系。其计算公式是：

$$直接收益率 = 票面面额 \times 票面利率 / 实际购买债券价格 \times 100\%$$

用直接收益率评估投资风险程度，比票面利息率指标显然是进了一步，但仍有缺点，因它是一个静态指标，只反映认购债券当时成本与收益的对比状况，不反映债券有效期内或债券到期时的实际收益水平。

3. 实际收益率。实际收益率又称到期收益率，是衡量投资者投资债券的实际全部收益的指标，它主要考虑两个方面的收益，即债券的利息收益和债券买卖价格与债券面值的差额收益。其计算公式为

实际收益率 = 利息收入 + ［（债券面额 - 债券购买价）/据到期日年度数］/

［（债券面额 + 债券购买价）/2］×100%

对于分期偿还的债券，还需应用加权平均法计算出债券的平均期限，将实际收益率调整为平均期限收益率，所用权数是每期偿还本金额。

（三）影响债券收益的因素

1. 债券的利率。债券利率越高，债券收益也越高；反之，收益越低。

2. 债券价格与面值的差额。当债券价格高于其面值时，债券收益率低于票面利息率；反之，则高于票面利息率。

3. 债券的还本期限。还本期限越长，票面利息率越高。

七、个人投资债券的方式

投资者可通过一级市场和二级市场进行债券投资。

一级市场可以投资的债券品种包括：一是凭证式债券；二是面向银行柜台债券市场发行的记账式债券；三是在交易所债券市场发行的记账式债券，投资者可委托有资格的证券公司通过交易所交易系统直接认购，也可向认定的债券承销商直接认购；四是企业债券，个人投资者可到发行公告中公布的营业网点认购；五是可转换公司债券，如上网定价发行，则投资者可通过证券交易所的证券交易系统上网申购。

二级市场上投资债券的渠道有：一是可以通过商业银行柜台进行记账式债券交易，二是通过商业银行柜台购买银行转卖的二手凭证式债券，三是可以通过证券公司买卖证券交易所的记账式债券、上市企业债券和可转换债券。

八、债券投资的技巧

（一）利用时间差提高资金利用率

一般债券发行都有一个发行期，如半个月的时间。如在此段时期内都可买进时，则最好在最后一天购买；同样，在到期兑付时也有一个兑付期，最好在兑付的第一天去兑现。这样，可减少资金占用的时间，相对提高债券投资的收益率。

（二）利用市场差和地域差赚取差价

通过上海证券交易所和深圳证券交易所进行交易的同品种国债，它们之间是有价差的。利用两个市场之间的市场差，有可能赚取差价。同时，可利用各地区之间的地域差，进行买卖，也可能赚取差价。

（三）卖旧换新技巧

在新国债发行时，提前卖出旧国债，再买入新国债，所得收益可能比旧国债到期兑付的收益高。这种方式有个条件：必须比较卖出前后的利率高低，计算是否合算。

（四）选择高收益债券

债券是收益介于储蓄和股票、基金之间的一种投资工具，相对安全性比较高。所

以，在债券投资的选择上，不妨大胆地选购一些收益较高的债券，如企业债券、可转让债券等；特别是风险承受力比较高的家庭，更不要只盯着国债。

（五）注意选择债券投资时机

债券一旦上市流通，其价格就要受多重因素的影响，不断波动。这对于投资者来说，就面临着投资时机的选择问题。机会选择得当，就能提高投资收益率；反之，投资效果就差一些。

九、债券投资策略

（一）消极型投资策略

消极型投资策略是一种不依赖于市场变化而保持固定收益的投资方法，其目的在于获得稳定的债券利息收入和到期安全收回本金。因此，消极型投资策略也常常被称做保守型投资策略，主要包括购买持有法、梯形投资法和三角投资法等。

1. 购买持有法。购买持有法是最简单的债券投资策略，其步骤是：在对债券市场上所有的债券进行分析之后，根据自己的偏好和需要，买进能够满足自己要求的债券，并一直持有到到期兑付之日。在持有期间，并不进行任何买卖活动。

购买持有法的优点是：（1）收益固定。在投资决策的时候就确定地知道收益，不受市场行情变化的影响，它可以完全规避价格风险，保证获得一定的收益率。（2）如果持有的债券收益率较高，同时市场利率没有很大的变动或者逐渐降低，则这种投资策略也可以取得相当满意的投资效果。（3）交易成本很低。由于中间没有任何买进卖出行为，因而手续费很低，从而也有利于提高收益率。因此这种购买持有的投资策略比较适用于市场规模较小、流动性比较差的债券，并且更适用于不熟悉市场或者不善于使用各种投资技巧的投资者。

购买持有法的缺点是：（1）从本质上看是一种比较消极的投资策略。投资者购进债券后，可以毫不关心市场行情的变化，可以漠视市场上出现的投资机会，因而往往会丧失提高收益率的机会。（2）受通货膨胀的影响大。虽然投资者可以获得固定的收益率，但是，这种被锁定的收益率只是名义上的，如果发生通货膨胀，那么投资者的实际投资收益率就会发生变化，从而使这种投资策略的价值大大下降。特别是在通货膨胀比较严重的时候，这种投资策略可能会带来比较大的损失。（3）受利率波动的影响大。最常见的情况是，由于市场利率的上升，购买持有这种投资策略的收益率相对较低。由于不能及时卖出低收益率的债券，转而购买高收益率的债券，因此，在市场利率上升时，这种策略会带来损失。但是无论如何，投资者也能得到原先确定的收益率。

2. 梯形投资法。梯形投资法又称等期投资法，是指每隔一段时间，在债券发行市场认购一批相同期限的债券，循环滚动，这样，投资者在每段时间都可以稳定地获得一笔本息收入。

例如，小王在2008年6月购买了2008年发行的三年期债券，在2009年3月购买了2009年发行的三年期债券，在2010年4月购买2010年发行的三年期债券。这样，在2011年7月，小王就可以收到2008年发行的三年期债券的本息和，此时，小王又可以购买2011年发行的三年期债券。这样，他所持有的三种债券的到期期限又分别为一年、两年和三年。如此滚动下去，小王就可以每年得到投资本息和，从而既能够进行再投资，又可以满足流动性需要。只要小王不停地用每年到期的债券的本息购买新发行的三年期债券，则其债券组合的结构就与原来的相一致。

梯形投资法的优点在于采用此种投资方法的投资者能够在每年得到本金和利息，因而不至于产生很大的流动性问题，不至于急着卖出尚未到期的债券，以致不能保证收到约定的收益。同时，在市场利率发生变化时，梯形投资法下的投资组合的市场价值不会发生很大的变化，因此债券组合的投资收益率也不会发生很大的变化。由于这种投资方法每年只进行一次交易，因而交易成本比较低。

3. 三角投资法。所谓三角投资法，是指利用债券投资期限不同所获本息和也就不同的原理，使得在连续时段内进行的投资具有相同的到期时间，从而保证在到期时收到预定的本息和。这个本息和可能已被投资者计划用于某种特定的消费。三角投资法和梯形投资法的区别在于，虽然投资者都是在连续时期（年份）内进行投资，但是，这些在不同时期投资的债券的到期期限是相同的，而不是债券的期限相同。

例如，小王 2004 年决定在 2010 年进行一次国际旅游，因此，他决定投资债券以便能够确保得到所需资金。这样，他可以在 2004 年投资 2004 年发行的五年期债券，在 2006 年购买 2006 年发行的三年期债券，在 2007 年购买 2007 年发行的两年期债券。这些债券在到期时都能收到预定的本息和，并且都在 2009 年到期，从而能保证有足够资金来实现旅游的目标。

这种投资方法的特点是，在不同时期进行的债券投资的期限是递减的，因此被称做三角投资法。它的优点是能获得较固定收益，又能保证到期得到预期的资金以用于特定的目的。

（二）积极型投资策略

积极型投资策略，是指投资者通过主动预测市场利率的变化，采用抛售一种债券并购买另一种债券的方式来获得差价收益的投资方法。这种投资策略着眼于债券市场价格变化所带来的资本损益，其关键在于能够准确预测市场利率的变化方向及幅度，从而能准确预测出债券价格的变化方向和幅度，并充分利用市场价格变化来取得差价收益。因此，这种积极型投资策略一般也被称做利率预测法。这种方法要求投资者具有丰富的债券投资知识及市场操作经验，并且要支付相对比较多的交易成本。投资者追求高收益率的强烈欲望导致了利率预测法受到众多投资者的欢迎，同时，市场利率的频繁变动也为利率预测法提供了实践机会。

利率预测法的具体操作步骤是：投资者通过对利率的研究获得有关未来一段时期内利率变化的预期，然后利用这种预期来调整其持有的债券，以期在利率按其预期变动时能够获得高于市场平均的收益率。因此，正确预测利率变化的方向及幅度是利率预测投资法的前提，而有效地调整所持有的债券就成为利率预测投资法的主要手段。在判断市场利率将下跌时，应尽量持有能使价格上升幅度最大的债券，即期限比较长、票面利率比较低的债券。也就是说，在预测市场利率将下跌时，应尽量把手中的短期、高票面利率债券转换成期限较长的、低息票利率的债券，因为在利率下降相同幅度的情况下，这些债券的价格上升幅度较大；反之，若预测市场利率将上升，则应尽量减少低息票利率、长期限的债券，转而投资高息票利率、短期限的债券，因为这些债券的利息收入高、期限短，因而能够很快地变现，再购买高利率的新发行债券，同时，这些债券的价格下降幅度也相对较小。

需指出的是，利率预测法作为一种积极的债券投资方法，虽然能够获得比较高的收益率，但是这种投资方法是具有很大风险的，一旦利率向相反的方向变动，投资者就可能遭受比较大的损失，因此，只对那些熟悉市场行情、具有丰富操作经验的人才适用，初级投资者不适宜采用此种投资方法。

积极型债券投资策略主要包括等级投资计划法、逐次等额买进摊平法和金字塔式操作法等。

1. 等级投资计划法。等级投资计划法是公式投资计划法中最简单的一种，它由股票投资技巧而得来，方法是投资者事先按照一个固定的计算方法和公式计算出买入与卖出债券的价位，然后根据计算结果进行操作。其操作要领是"低进高出"，即在低价时买进、高价时卖出。只要债券价格处于不断波动中，投资者就必须严格按照事先拟订好的计划来进行债券买卖，而是否买卖债券则取决于债券市场的价格水平。具体地，当投资者选定一种债券作为投资对象后，就要确定债券变动的一定幅度作为等级，这个幅度可以是一个确定的百分比，也可以是一个确定的常数。每当债券价格下降一个等级时，就买入一定数量的债券；每当债券价格上升一个等级时，就卖出一定数量的债券。

等级投资计划法适用于债券价格不断波动的时期。由于债券最终还本付息，因此，其价格呈缓慢上升趋势。在运用等级投资计划法时，一定要注意债券价格的总体走势，并且债券价格升降幅度即买卖等级的间隔要恰当。债券市场行情波动较大，买卖等级的间隔可以大一些；债券市场行情波动较小，买卖等级间隔就要小一些。买卖等级间隔过大，会使投资者丧失买进和卖出的良好时机，而过小又会使买卖差价太小，在考虑手续费因素后，投资者获利不大。同时，投资者还要根据资金实力和对风险的承受能力来确定买卖的批量。

2. 逐次等额买进摊平法。逐次等额买进摊平法就是在确定投资于某种债券后，选择一个合适的投资时期，在这一段时期中定量定期地购买债券，不论这一时期该债券价格如何波动都持续地进行购买，这样可以使投资者的每百元平均成本低于平均价格。运用这种操作法，每次投资要严格控制所投入资金的数量，保证投资计划逐次等额进行。如果投资者对某种债券投资时，该债券价格具有较大的波动性，并且无法准确地预期其波动的各个转折点，投资者可以运用逐次等额买进摊平操作法。

例如，小王选择 2008 年五年期债券为投资对象，在确定的投资时期中分 5 次购买，每次购入债券 100 张，第 1 次购入时，债券价格为 120 元，小王购入 100 张；第 2 次购进时，债券价格为 125 元，小王又购入 100 张；第 3 次购入时，债券价格为 122 元，小王购入 100 张；第 4 次、第 5 次小王的购入价格分别是 126 元、130 元。到整个投资计划完成时，小王购买债券的平均成本为 124.6 元，而此时债券价格已涨至 130 元，这时如小王抛出此批债券，将获得收益为 2 700 元〔（130 - 124.6）×500〕。因为债券具有长期投资价值，所以按照这一方法操作，可以稳妥地获取收益。

3. 金字塔式操作法。与逐次等额买进摊平法不同，金字塔式操作法实际是一种倍数买进摊平法。当投资者第 1 次买进债券后，发现价格下跌时可加倍买进，以后在债券价格下跌过程中，每一次购买数量比前一次增加一定比例，这样就成倍地加大了低价购入的债券占购入债券总数的比重，降低了平均总成本。由于这种买入方法呈正三角形趋势，形如金字塔形，所以称为金字塔式操作法。

例如，小王最初以每张 120 元价格买入 2008 年五年期债券，投入资金 12 000 元；以后在债券价格下降到 118 元时，他投入 23 600 元，购买 200 张债券，当债券价格下降到 115 元时，他投入 34 500 元，购入 300 张债券。这样，他三次投入资金 70 100 元，买入 600 张债券，每张平均购入成本为 116.83 元，如果债券价格上涨，只要超过平均成本价，小王即可抛出获利。

在债券价格上升时运用金字塔式操作法买进债券，则需每次逐渐减少买进的数量，以保证最初按较低价买入的债券在购入债券总数中占有较大比重。

债券的卖出也同样可采用金字塔式操作法，在债券价格上涨后，每次加倍抛出手中的债券，随着债券价格的上升，卖出的债券数额越大，以保证高价卖出的债券在卖出债券总额中占较大比重而获得较大盈利。

运用金字塔式操作法买入债券，必须对资金做好安排，以避免最初投入资金过多，以后的投资无法加倍。

第四节　基金投资

一、基金的概念

基金是证券投资基金的简称，是指一种利益共存、风险共担的集合证券投资方式，即通过发行基金，集中投资者的资金，由基金托管人托管，由基金管理人管理和运用资金，从事股票、债券等金融工具投资，并将投资收益按基金投资者的投资比例进行分配的一种间接投资方式。证券投资基金在不同国家和地区有不同称谓，美国称为"共同基金"，英国和中国香港称为"单位信托基金"，日本和中国台湾称为"证券投资信托基金"。目前，在中国大陆则统称为"证券投资基金"。

二、基金的当事人

基金的当事人主要包括基金持有人、基金管理人、基金托管人、基金承销机构及基金投资顾问。

（一）基金持有人

基金持有人也就是基金的投资者，是证券投资基金资产最终所有人，也是证券投资基金收益的受益人和承担基金投资风险的责任人。基金持有人可以是自然人，也可以是法人。基金持有人的权利包括：分享基金财产收益，参与分配清算后的剩余基金财产，依法转让或者申请赎回其持有的基金份额，按照规定要求召开基金份额持有人大会，对基金份额持有人大会审议事项行使表决权，查阅或者复制公开披露的基金信息资料，对基金管理人、基金托管人、基金份额发售机构损害其合法权益的行为依法提出诉讼。

（二）基金管理人

基金管理人是适应投资基金的投资运作而产生的基金经营机构，是投资基金的资产管理者和基金投资运作的决策者。在我国，基金管理人必须由经批准设立的从事基金管理的基金管理公司担任。在不同的基金市场上名称有所不同，如美国的"投资顾问公司"或"资产管理公司"，日本的"证券投资信托委托公司"、"投资信托公司"、"投资顾问公司"和中国台湾的"证券投资信托公司"，中国大陆则将其称做"基金管理公司"。

（三）基金托管人

基金托管人指依据"管理与保管分开"的原则对基金管理人进行监督和保管基金资产的机构。基金托管人是投资人权益的代表，受其委托负责保管基金的全部资产，是投资基金资产的名义持有人或管理人。基金托管人负责保障投资者的合法权益，防止基金资产财产被挪作他用，确保基金资产规范运营和安全完整，它是投资者、经理公司和其他当事人之间的联系中介。在我国，基金托管人必须由符合特定条件的商业银行担任。

（四）基金承销机构

基金承销机构负责募集资金并向认购的投资者发行受益凭证（股票）、投资利润、基金本金、利益支付等。许多金融机构都有可能参与投资基金的承销或代销，如银行、证券公司、保险公司、信托管理公司等。与投资者直接打交道的可能就是它们。

（五）基金投资顾问

基金投资顾问是投资基金管理公司聘请的第三方投资顾问，为投资决策提供建议或参与管理，包括基金经理人、专业的投资机构、金融财团、证券分析师、会计师、律师等机构或人员。

三、基金与股票、债券的区别

基金与股票、债券的区别见表 6 - 2。

表 6 - 2　　　　　　　　　　　投资基金与股票、债券的区别

	股票	债券	基金
所反映的关系不同	所有权关系	债权、债务关系	信托关系
所筹资金的投向不同	是融资工具，其资金主要投向实业，是一种直接投资方式		是信托工具，其资金主要投向有价证券，是一种间接投资方式
风险与收益状况不同	股票的收益是不确定的，其收益取决于发行公司的经营效益，投资股票有较大风险	收益取决于债券利率，而债券利率一般是事先确定的，投资风险较小	主要投资于有价证券，而且其投资选择相当灵活多样，从而使基金的收益有可能高于债券，投资风险又有可能小于股票
投资回收方式不同	股票没有到期日，股票投资者不能要求退股，投资者如果想变现的话，只能在二级市场出售股票	到期偿还，也可以在二级市场出售	开放式基金的投资者可以按资产净值赎回基金单位；封闭式基金的投资者在基金存续期内不得赎回基金单位，如果想变现，只能在交易所或者柜台市场上出售，但存续期满投资者可以得到投资本金的返还

四、基金的优点

（一）集合小额投资

普通投资者（如普通家庭）一般资金规模有限，在众多的投资工具上不可能进行有效的组合。因为许多市场对参与者资金量要求比较高，所以一般投资者就会失去许多机会，而通过基金就可解决这个问题。基金就是把零星资金汇集成巨额基金，以便参与到各种投资市场，投资者通过基金的分红来享受投资收益。所以基金有利于小额资金的投资，也可以说，基金为小额投资者提供了一条通向各种投资市场的通道。

（二）提高投资效率

个体投资者需花费时间和精力进行信息的收集、操作，实际上是增加了投资的成本；另外，由于个人投资者信息资源有限，有可能失去投资机会和作出错误的投资决策。通过基金进行投资，不但免除了普通投资者繁重的工作量，又可提高整体的投资效率。

（三）发挥专家优势

基金管理人具有熟悉投资理论、操作经验丰富、信息渠道广泛等优势，通过基金进行投资，可发挥这些优势。

（四）分散投资、控制风险

基金可以选择投资到多种领域、多种行业、多个品种上，实际上分散了投资风险。如果是个人投资者，就比较难做到如此多样性的投资组合。

（五）变现能力好

开放式基金可直接购买与赎回，封闭式基金可通过交易所实时买卖，所以变现能力非常好，高于定期储蓄存款、债券。

五、基金的种类

（一）根据基金单位是否可增加或赎回划分，基金可分为封闭式基金和开放式基金

开放式基金是指基金单位总数不固定，发行者可根据经营策略和发展需要追加发行，投资人可根据市场状况和投资决策赎回（卖出）所持有份额或者扩大份额。赎回价格按当时基金单位净值扣除手续费后的价格确定。开放式基金将是今后投资基金的主流。

封闭式基金是指基金发起人在设立基金时，限定了基金单位的发行总额，筹集到这个总额后，基金即宣告成立，并进行封闭，在一定时期不再接受新的投资。如果原投资者需退出或新投资者需加入，可通过交易所进行买卖交易。

两者的区别如下：

1. 基金规模的可变性不同。开放式基金发行的基金单位是可赎回的，而且投资者可随时申购基金单位，所以基金的规模不固定。封闭式基金规模是固定不变的。

2. 基金单位的交易价格不同。开放式基金的基金单位的交易价格是以基金单位对应的资产净值为基础，不会出现折价现象。封闭式基金单位的交易价格更多地会受到市场供求关系的影响，价格波动较大，会出现较大的折价和溢价。

3. 基金单位的买卖途径不同。开放式基金的投资者可随时直接向基金管理公司购

买或赎回基金，手续费较低。封闭式基金的买卖类似于股票交易，可在证券市场买卖，需要缴手续费和印花税，一般而言，费用高于开放式基金。

4. 投资策略不同。开放式基金必须保留一部分资金，以便应付投资者随时赎回，因此进行长期投资会受到一定限制。封闭式基金不可赎回，无须提取准备金，能够充分运用资金，进行长期投资，取得长期经营绩效。

5. 所要求的市场条件不同。开放式基金的灵活性较大，资金规模伸缩比较容易，所以适用于开放程度较高、规模较大的金融市场。封闭式基金正好相反，适用于金融制度尚不完善、开放程度较低且规模较小的金融市场。

（二）根据组织形式划分，基金可分为契约型基金和公司型基金

公司型基金是具有共同投资目标的投资者依据公司法组成以盈利为目的、投资于特定对象（如有价证券、货币）的股份制投资公司。这种基金通过发行股份的方式筹集资金，是具有法人资格的经济实体。基金持有人既是基金投资者又是公司股东。公司型基金成立后，通常委托特定的基金管理人或者投资顾问运用基金资产进行投资。

契约型基金是基于一定的信托契约而成立的基金，一般由基金管理公司（委托人）、基金保管机构（受托人）和投资者（受益人）三方通过信托投资契约而建立。契约型基金的三方当事人之间存在这样一种关系：委托人依照契约运用信托财产进行投资，受托人依照契约负责保管信托财产，投资者依照契约享受投资收益。契约型基金筹集资金的方式一般是发行基金受益券或者基金单位，这是一种有价证券，表明投资人对基金资产的所有权，凭其所有权参与投资权益分配。

美国的基金多为公司型基金，中国香港、中国台湾以及日本多是契约型基金。

（三）根据投资目标划分，基金可分为成长型基金、收入型基金和平衡型基金

成长型基金是以资本长期增值作为投资目标的基金，其投资对象主要是市场中有较大升值潜力的小公司股票和一些新兴行业的股票。这类基金一般很少分红，经常将投资所得的股息、红利和盈利进行再投资，以实现资本增值。

收入型基金是以追求当期收入为投资目标的基金，其投资对象主要是那些绩优股、债券、可转让大额定期存单等收入比较稳定的有价证券。收入型基金一般把所得的利息、红利都分配给投资者。

平衡型基金是既追求长期资本增值，又追求当期收入的基金，这类基金主要投资于债券、优先股和部分普通股，这些有价证券在投资组合中有比较稳定的组合比例，一般是把资产总额的25%~50%用于优先股和债券投资，其余的用于普通股投资。其风险和收益状况介于成长型基金与收入型基金之间。

（四）根据投资对象划分，基金可分为股票基金、债券基金、期货基金以及期权基金等

股票基金是最主要的基金品种，以股票作为投资对象，包括优先股和普通股。股票基金的主要功能是将大众投资者的小额资金集中起来，投资于不同的股票组合。

债券基金是一种以债券为投资对象的证券投资基金，其规模稍小于股票基金。由于债券是一种收益稳定、风险较小的有价证券，因此，债券基金适合于想获得稳定收入的投资者。债券基金基本上属于收益型基金，一般会定期派息，具有风险低且收益稳定的特点。

货币市场基金是以国债、大额银行可转让存单、商业票据、公司债券等短期有价证券为投资对象。

期货基金是一种以期货为主要投资对象的基金。期货是一种合约，只需一定的保证金（一般为5%～10%）即可买进合约。期货可以用来套期保值，也可以以小博大，如果预测准确，短期能够获得很高的投资回报；如果预测不准，遭受的损失也很大，具有高风险、高收益的特点。因此，期货基金也是一种高风险的基金。

期权基金是以期权为主要投资对象的基金。期权也是一种合约，是指在一定时期内按约定的价格买入或卖出一定数量的某种投资标的的权利。期权基金的风险较低，适合于收入稳定的投资者。其投资目的是为了获取最大的当期收入。

另外，还包括以某种证券市场的价格指数为投资对象的指数基金，以及以认股权证为投资对象的认股权证基金等。

（五）其他分类方式

基金还可根据投资货币种类分为美元基金、日元基金、欧元基金等，根据资本来源分为国际基金、海外基金、国内基金、国家基金、区域基金等，根据是否收取销售费用分为收费基金和不收费基金。

六、基金的交易

封闭式基金的买卖基本上与股票相同，这里不再重复，主要讨论开放式基金。开放式基金的运营包括募集期、封闭期和开放期。开放式基金的募集期指开放式基金第一次发行时投资者参与认购的时期。封闭期是指募集期后基金不接受投资者申购或赎回基金份额的请求，投资者既不能买入也不能卖出基金份额的时期，基金经理在封闭期内运用基金资产进行投资建仓。开放期则是封闭期结束后，投资者可以根据开放式基金每天的份额净值进行申购和赎回的时期。

（一）基金的发行

在我国，证券投资基金的发行方式主要有两种：一是网上发行方式，是指将所发行的基金单位通过与证券交易所的交易系统联网的全国各地的证券营业部，向社会公众发售基金单位的发行方式，封闭式基金一般采用此种发行方式。二是网下发行方式，是指将所要发行的基金通过分布在一定地区的银行或证券营业网点，向社会公众发售基金单位的发行方式，开放式基金一般采用此种发行方式。

（二）开放式基金的买入

投资人购买基金前，需要认真阅读有关基金的招募说明书、基金契约及开户程序、交易规则等文件。

1. 基金开户。投资者若决定投资某基金管理公司的基金，首先必须到该基金管理公司指定的销售网点开立基金账户，基金账户用于记载投资者的基金持有情况及变更。因为开放式基金是以基金公司为开户标准的，对于同一家基金公司，投资者只需开立一个基金账户即可买卖该基金公司旗下的所有基金；如需买卖不同基金公司的基金，则须开立不同基金公司的账户。开户后，投资者才可以开始买卖该基金管理公司所发行的开放式基金。

2. 基金买入。基金购买分认购和申购两种方式。

基金认购是指在基金募集期内购买基金的行为。通常认购价为基金份额面值（1元）加上一定的销售费用，一般认购期最长为一个月。投资者认购基金应在基金销售点填写认购申请书，交付认购款项。在认购期内产生的利息以注册登记中心的记录为准，在基金成立时，自动转换为投资者的基金份额，即利息收入增加了投资者的认购份额。

基金申购是指投资者在基金开放期申请购买基金份额的行为。基金申购的交易价格是以当日的基金净值为准，这要等到当日闭市后才能统计出来，所以在申购时只能填写购买多少金额的基金，等到申购次日早上前一天的基金净值公布后，才会知道实际买到了多少基金份额。一般情况下，认购期购买基金的费率相对来说要比申购期购买优惠。在购买过程中，无论是认购还是申购，交易时间内投资者可以多次提交认购/申购申请，注册登记人对投资者认购/申购费用按单个交易账户单笔分别计算。

（三）开放式基金的赎回

基金赎回是指投资者申请将手中持有的基金单位按当日的基金净值卖出并收回现金的行为。与基金申购采用"金额申购"方式不同，基金赎回采用"份额赎回"的方式进行。赎回所得金额是卖出基金的单位数乘以卖出当日净值。认购期购买的基金一般要经过封闭期才能赎回，申购的基金要在申购成功后的第二个工作日进行赎回。

（四）基金收益的分配

基金收益是基金资产在运作过程中所产生的超过自身价值的部分。基金收益的构成包括：买卖证券差价，基金投资所得红利、股息、债券利息；银行存款利息；已实现的其他合法收入。其中，基金的资本利得收入在基金收益中往往占有很大比重，要取得较高的资本利得收入，就需要基金管理人具有丰富、全面的证券知识，能对证券价格的走向作出大致准确的判断。一般来说，基金管理人具有较强的专业知识，能掌握更全面的信息，因而比个人投资者更有可能取得较多的收益。

随着基金收益的增长，基金的单位资产净值会上升，基金会对其投资人进行收益分配。

1. 封闭式基金。在封闭式基金中，投资者只能选择现金红利方式分红，因为封闭式基金的规模是固定的，不可以增加或减少。

2. 开放式基金。开放式基金分配可采用两种方式：（1）分配现金。向投资者分配现金是基金收益分配的最普遍的形式。（2）再投资方式。再投资方式是将投资人分得的收益再投资于基金，并折算成相应数量的基金单位。这实际上是将应分配的收益折为等额的新的基金单位送给投资人，其情形类似于股票的"送红股"。许多基金为了鼓励投资人进行再投资，往往对红利再投资低收或免收申购费率。

当然，不同基金会在各自的招募说明书中明确规定自己的收益分配原则及方式，投资者应以其作为投资参考标准。

七、基金的选择要点

（一）结合风险承受能力和风险偏好选择基金

各种基金的投资目标和投资对象的不同，决定了收益和风险的不同。如果是风险承受能力比较强或激进的投资者，可选择指数型基金、期货型基金；如果是比较稳健的投资者，可选择债券基金；如果是中庸型投资者，则可以组合多种不同风格的基金。

（二）参考过去业绩

现在许多媒体上都有基金业绩的排名，为投资者提供了投资参考。根据基金以往的表现大致可以评估出基金的获利能力和基金管理人的管理水平。

（三）考察服务项目

投资基金的服务包括收益自动再投资、自动投资计划、交易手段（如电话交易、网上交易等）、基金转换服务（在同一基金公司内把一只基金转换成另一只基金，这种方法比赎回后再申购成本要低，一般省去了手续费）、咨询服务等项目。当然，服务项目越多的基金就越有利。

（四）比较交易成本

基金的费用包括基金管理费用、基金托管费用、基金销售费用等，这些表现在每只基金的申购费率、认购费率、赎回费率等都有可能不一样，实际上就决定着交易成本的差别。另外，还需注意税收方面的差别，这也是投资的成本之一。

八、基金投资的一般策略

购买基金时投资者可以根据自己的收入状况、投资经验、对证券市场的熟悉程度等来决定合适的投资策略，假如对证券比较陌生，又没有太多时间来关心投资情况，则可以采取一些被动性的投资策略，如定期定额购入投资策略、固定比例投资策略；反之，可以采用主动性较强的投资策略，如顺势操作投资策略和适时进出投资策略。

（一）定期定额购入投资策略

定期定额购入投资策略又称基金定投，如果投资者做好了长期投资基金的准备，同时收入来源比较稳定，不妨采用分期购入法进行基金的投资，就是不论行情如何，每月（定期）投资固定的金额于固定的基金上，当市场上涨，基金的净值高，买到的单位数较少；当市场下跌，基金的净值低，买到的单位数较多，如此长期下来，所购买基金单位的平均成本将较平均市价低，即所谓的平均成本法。以这种方式投资基金，还有其他的好处：一是不必担心进场时机；二是小钱就可以投资；三是长期投资报酬远比定期存款高；四是种类多，可以自由选择。

（二）固定比例投资策略

固定比例投资策略即将一笔资金按固定的比例分散投资于不同种类的基金，当某类基金因净值变动而使投资比例发生变化时，就卖出或买进这种基金，从而保证投资比例能够维持原有的固定比例。这样不仅可以分散投资成本，抵御投资风险，还能见好就收，不至于因某只基金表现欠佳或过度奢望价格会进一步上升而使到手的收益成为泡影或使投资额大幅度上升。例如，投资者决定把50%、35%和15%的资金分别买进股票基金、债券基金和货币市场基金，当股市大涨时，如股票增值后投资比例上升了20%，便可以卖掉这20%的股票基金，使股票基金的投资仍维持50%不变，或者追加投资买进债券基金和货币市场基金，使它们的投资比例也各自上升20%，从而保持原有的投资比例。如果股票基金下跌，就可以购进一定比例的股票基金或卖掉等比例的债券基金和货币市场基金，恢复原有的投资比例。当然，这种投资策略并不是经常性地一有变化就调整，有经验的投资者大致遵循这样一个准则：每隔三个月或半年才调整一次投资组合的比例，股票基金上涨 20% 就卖掉一部分，跌 25% 就增加投资。

（三）顺势操作投资策略

顺势操作投资策略又称"更换操作"策略，这种策略是基于以下假定之上的：每种基金的价格都有升有降，并随市场状况而变化。投资者在市场上应顺势追逐强势基金，抛掉业绩表现不佳的弱势基金。这种策略在多头市场上比较管用，在空头市场上不一定行得通。

（四）适时进出的投资策略

适时进出的投资策略即投资者完全依据市场行情的变化来买卖基金。通常，采用这种方法的投资者大多是具有一定投资经验，对市场行情变化较有把握，且投资的风险承担能力也较高的投资者。毕竟，要准确地预测股市每一波的高低点并不容易，就算已经掌握了市场趋势，也要耐得住短期市场可能会有的起伏。

第五节 期 货 投 资

一、期货的概念

所谓期货，一般指期货合约，就是指由期货交易所统一制定的、规定在将来某一特定的时间和地点交割一定数量标的物的标准化合约。这个标的物又叫基础资产，期货合约所对应的现货，可以是某种商品，如铜或原油，也可以是某个金融工具，如外汇、债券，还可以是某个金融指标，如三个月同业拆借利率或股票指数。期货合约的买方，如果将合约持有到期，那么他有义务买入期货合约对应的标的物；而期货合约的卖方，如果将合约持有到期，那么他有义务卖出期货合约对应的标的物（有些期货合约在到期时不是进行实物交割而是结算差价，如股指期货到期就是按照现货指数的某个平均值来对在手的期货合约进行最后结算）。当然期货合约的交易者还可以选择在合约到期前进行反向买卖来冲销这种义务。

期货可以大致分为两大类：商品期货与金融期货。商品期货的主要品种可以分为农产品期货、金属期货（包括基础金属与贵金属期货）、能源期货三大类，金融期货的主要品种可以分为外汇期货、利率期货（包括中长期债券期货和短期利率期货）和股指期货。所谓股指期货，就是以股票指数为标的物的期货，双方交易的是一定期限后的股票指数价格水平，通过现金结算差价来进行交割。

二、期货投资的概念

期货投资是相对于现货交易的一种交易方式，它是在现货交易的基础上发展起来的，通过在期货交易所买卖标准化的期货合约而进行的一种有组织的交易方式。期货交易的对象并不是商品（标的物）本身，而是商品（标的物）的标准化合约，即标准化的远期合同。

期货投资是在期货市场上以获取价差为目的的期货交易业务，又称为投机业务。期货市场是一个形成价格的市场，供求关系的瞬息万变都会反映到价格变动之中。用经济学的语言来讲，期货市场投入的原材料是信息，产出的产品是价格。对于未来的价格走势，在任何时候都会存在着不同的看法，这和现货交易、股票交易是一样的。有人看涨就会买入，有人看跌就会卖出，最后预测正确与否市场会给出答案，预测正确者获利，反之则亏损。表 6 - 3 是大连商品交易所大豆期货合约的有关信息。

表 6 - 3   大连商品交易所黄大豆 2 号期货合约

交易品种	黄大豆 2 号
交易单位	10 吨/手
报价单位	元（人民币）/吨
最小变动价位	1 元/吨
涨跌停板幅度	上一交易日结算价的 4%
合约交割月份	1、3、5、7、9、11 月
交易时间	每星期一至星期五上午 9：00～11：30，下午 13：30～15：00
最后交易日	合约月份第十个交易日
最后交割日	最后交易日后第 3 个交易日（遇法定节假日顺延）
交割等级	符合《大连商品交易所黄大豆 2 号交割质量标准（FB/DCE D001—2004）》
交割地点	大连商品交易所指定交割仓库
交易保证金	合约价值的 5%
交易手续费	不超过 4 元/手
交割方式	实物交割
交易代码	B
上市交易所	大连商品交易所

三、期货投资的特点

第一，以小博大。只需交纳 5%～15% 的履约保证金就可控制 100% 的资金。

第二，交易便利。由于期货合约中主要因素如商品质量、交货地点等都已标准化，合约的互换性和流通性较高。

第三，信息公开，交易效率高。期货交易通过公开竞价的方式使交易者在平等的条件下公平竞争。同时，期货交易有固定的场所、程序和规则，运作高效。

第四，期货交易可以双向操作，简便灵活。交纳保证金后可以买进或者卖出期货合约，价格上涨时可以低买高卖，价格下跌时可以高卖低补。

第五，期货交易随时交易，随时平仓。期货交易是 "T＋0" 的交易，在把握趋势后，可以随时交易、随时平仓。

第六，合约的履约有保证。期货交易达成后，须通过结算部门结算、确认，无须担心交易的履约问题。

四、期货投资的方式

从个人投资者到银行、基金机构、企业都可成为期货投资参与者，并在期货市场上扮演着各自的角色。根据交易者交易目的的不同，将期货交易行为分为三类：套期保值、投机、套利。

（一）套期保值（Hedge）

套期保值是指买入（卖出）与现货市场数量相当但交易方向相反的期货合约，以期在未来某一时间通过卖出（买入）期货合约来补偿现货市场价格变动所带来的实际价格风险。

套期保值最基本的类型为买入套期保值和卖出套期保值。买入套期保值是指通过期货市场买入期货合约以防止因现货价格上涨而遭受损失的行为，卖出套期保值则指通过期货市场卖出期货合约以防止因现货价格下跌而造成损失的行为。

（二）投机（Speculate）

"投机"一词用于期货、证券交易行为中，并不是贬义词，而是中性词，指根据对市场的判断，把握机会，利用市场出现的价差进行买卖从中获得利润的交易行为。投机者可以买空，也可以卖空。投机的目的很直接——获得价差利润，但投机是有风险的。

根据持有期货合约时间的长短，投机可分为三类：第一类是长线投机者，此类交易者在买入或卖出期货合约后，通常将合约持有几天、几周甚至几个月，待价格对其有利时才将合约对冲；第二类是短线交易者，一般进行当日或某一交易日的期货合约买卖，其持仓不过夜；第三类是逐小利者，又称"抢帽子者"，他们的技巧是利用价格的微小变动进行交易来获取微利，一天之内他们可以做多个回合的买卖交易。

（三）套利（Spreads）

套利是指同时买进和卖出两张不同种类的期货合约。交易者买进自认为是"便宜的"合约，同时卖出那些"高价的"合约，从两合约价格间的变动关系中获利。在进行套利时，交易者注意的是合约之间的相对价格关系，而不是绝对价格水平。

套利一般可分为三类：跨期套利、跨市套利和跨商品套利。

跨期套利是套利交易中最普遍的一种，是利用同一商品但不同交割月份之间正常价格差距出现异常变化时进行对冲而获利的，又可分为牛市套利（Bull Spread）和熊市套利（Bear Spread）两种形式。例如，在进行金属牛市套利时，交易所买入近期交割月份的金属合约，同时卖出远期交割月份的金属合约，希望近期合约价格上涨幅度大于远期合约价格的上涨幅度；熊市套利则相反，即卖出近期交割月份合约，买入远期交割月份合约，并期望远期合约价格下跌幅度小于近期合约的价格下跌幅度。

跨市套利是在不同交易所之间的套利交易行为。当同一期货商品合约在两个或更多的交易所进行交易时，由于区域间的地理差别，各商品合约间存在一定的价差关系。例如，伦敦金属交易所（LME）与上海期货交易所（SHFE）都进行铜的期货交易，每年两个市场间会出现几次价差超出正常范围的情况，这为交易者的跨市套利提供了机会。例如，当 LME 铜价低于 SHFE 时，交易者可以在买入 LME 铜合约的同时，卖出 SHFE 的铜合约，待两个市场价格关系恢复正常时再将买卖合约对冲平仓并从中获利，反之则相反。在做跨市套利时应注意影响各市场价格差的几个因素，如运费、关税、汇率等。目前，我国的跨市交易量很大，主要是有色金属的 LME 和 SHFE 套利，大豆的 CBOT 和大连商品交易所套利也逐步开始。

跨商品套利是指投资者利用两种不同的但相互关联的商品之间的期货合约价格的差异进行套利交易，即买入某一商品的某一月份的合约，同时卖出另一商品同一月份的合约。值得强调的是，这两种商品应有关联性，历史上价格变动有规律性可循，如玉米和小麦、铜和铝、大豆和豆粕（及豆油）等。

交易者之所以进行套利交易，主要是因为套利的风险较低，套利交易可以为始料未及的或因价格剧烈波动而引起的损失提供某种保护，但套利的盈利能力也较直接交易小。套利的主要作用一是帮助扭曲的市场价格回复到正常水平，二是增强市场的流动性。

第六节　外汇投资

一、外汇投资的概念

外汇投资，是指投资者为了获取投资收益而进行的不同货币之间的兑换行为。外汇是"国际汇兑"的简称，有动态和静态两种含义。动态的含义指的是把一国货币兑换为另一国货币，借以清偿国际间债权债务关系的一种专门的经营活动。静态的含义是指可用于国际间结算的外国货币及以外币表示的资产。通常所称的"外汇"是就其静态含义而言的。

外汇投资者通常通过不同货币间的汇率波动来盈利。汇率又称汇价、外汇牌价或外汇行市，即外汇的买卖价格。它是两国货币的相对比价，也就是用一国货币表示的另一国货币的价格。汇率在不同的货币制度下有不同的制定方法。在金本位制度下，由于不同国家的货币的含金量不同，两种货币含金量的对比（又称铸币平价）是外汇汇率的基础。在不兑现的信用货币制度下，汇率变动受外汇供求关系的制约。当某种货币供不应求时，这种货币的汇率就会上升；当某种货币供过于求时，它的汇率就会下降。

二、适合普通投资者的外汇投资方式

常见的外汇投资方式包括即期外汇交易、远期外汇交易、外汇期货交易、外汇期权交易、套汇交易、掉期交易等，以上交易种类主要面向的是金融机构，适合个人和家庭的外汇投资方式主要有：

（一）外币储蓄

这是目前投资者最普遍选择的方式。它风险低，收益稳定，具有一定的流动性和收益性。它与人民币储蓄不同，由于外汇之间可以自由兑换，不同的外币储蓄利率不一样，汇率又时刻在变化，所以投资者可以从中进行操作获利。

（二）外汇理财产品

外汇理财产品凭借其专家理财的优势成为个人和家庭外汇投资的一个新的渠道。外汇理财产品大都期限较短，又能保持较高的收益率，投资者在稳定获利的同时还能保持资金一定的流动性。目前，许多银行都推出了品种繁多的外汇理财产品，投资者可以根据自己的偏好进行选择。

（三）期权型存款（含与汇率挂钩的外币存款）

期权型存款的年收益率通常能达到10%左右，如果对汇率变化趋势的判断基本准确，操作时机恰当，则其能成为一种期限短、收益高且风险有限的理想外汇投资方式，但需要外汇专家帮助理财。目前，国内已有外资银行推出这类业务。

（四）外汇汇率投资

汇率上下波动均可获利，目前，国内很多银行都推出了外汇汇率投资业务，如个人实盘外汇交易，它属于即期交易的方式，是指拥有外汇存款或外币现钞的私人客户，通过柜面服务人员或其他电子金融服务方式，在可自由兑换的外币之间进行不可透支的自由兑换。通过个人实盘外汇交易，可将自己手中的外币转为更有升值潜力或利率较高的外币，以赚取汇率波动的差价或更高的利息收入。

针对以上外汇理财方法，要切实制订理财方案，确定理财目标，认真研究各类外汇理财工具，比较不同理财方法的风险和收益，制订适合自己的外汇理财方案组合，谋求外汇资产的最优增长。

小资料 6 - 2

中国工商银行个人外汇可终止理财产品

一、产品介绍

个人外汇可终止理财产品（以下简称可终止理财产品）是一种创新的结构性理财产品，客户在约定的期限内，通过向银行出让提前终止该产品的权利，以获得高于同档次普通定期存款利息的投资收益。

二、产品特点

1. 本金安全，有保障。
2. 收益高于普通定期存款。
3. 办理手续像存款一样简单。
4. 可以办理质（押）货款，灵活方便。

三、办理方式

客户只需在产品发行期内，持本人有效身份证件与外币现钞或中国工商银行存折，到指定受理网点即可立即办理。由于涉及协议签署，不可委托他人代办。

四、示例介绍（以某期个人外汇可终止理财产品为例）

销售期为 2007 年 1 月 13 日至 19 日，起息日为 1 月 20 日；受理币种为美元；认购金额为 5 000 美元的整数倍；年综合收益率为：认购 0.5 万~4.5 万美元的为 1.6%，认购 5 万~19.5 万美元的为 1.65%，认购 20 万美元及以上的为 1.75%；最长期限为两年，银行每三个月有权行使一次提前终止权。如客户王女士购买本产品 10 000 美元，税后参考收益如表 6-4 所示。

表 6-4 　　　　　王女士购买本产品 10 000 美元的税后参考收益表 　　　单位：美元

	三个月	六个月	九个月	十二个月	十五个月	十八个月	二十一个月	二十四个月
本产品	37.81	75	112.5	148.75	185.94	223.12	260.31	292.5
定期存款	8.75	20	28.77	45	53.79	65.09	73.9	110
差额	29.06	50	83.73	103.75	132.15	158.03	186.41	182.5

资料来源：中国工商银行网站（www.icbc.com）。

以上为假设银行在某个时间行使终止权时客户的收益对比。

从表6-4可见，可终止理财产品给客户带来的收益大大超过单纯采用定期存款方式获得的利息收益。

三、个人外汇投资的技巧

（一）学会顺势而为

外汇买卖不同于股票买卖，人们在买卖外汇时，常常片面地着眼于价格而忽视汇价的上升和下跌趋势。当汇率上升时，价格越来越贵，越贵越不敢买；在汇率下跌时，价格越来越低，越低越觉得便宜。因此实际交易时往往就忘记了"顺势而为"的格言，成为逆市而为的错误交易者。在汇率上升的趋势中，只有一点是买错的，那就是价格上升到顶点的时候。汇价犹如升到天花板无法再升。除了这一点，任意一点买入都是对的。在汇率下跌的趋势中，只有一点是卖错的，那就是汇价已经落到最低点，犹如落到了地板，无法再低，除此一点，任意一点卖出都是对的。

（二）尽量使利润延续

缺乏经验的投资者，在开盘买入或卖出某种货币之后获利，就立刻想到平盘收钱。获利平仓做起来似乎很容易，但是捕捉获利的时机却是一门学问。有经验的投资者会根据自己对汇率走势的判断来决定平盘的时间。如果认为市场形势会进一步朝着对他有利的方向发展，他会耐着性子，任由汇率尽量向着自己更有利的方向发展，从而使利润延续。一见小利就平盘不等于见好即收，到头来，搞不好会盈少亏多。

（三）采用金字塔式投资法

金字塔式投资法是指在第一笔买入某一货币之后，如该货币价格上升，在追加投资时应当遵循"每次加买的数量应比上一次少"的原则。这样，逐次加买，数量越来越少，犹如金字塔的模式，层次越高，数量越少。有些人在交易时，一见买对，就加倍购买，一旦市场形势急跌，难免损失惨重。而金字塔式的投资，一旦市场形势下跌由于在高位建立的头寸较少，损失相对轻些。

（四）学会斩仓

斩仓是在开仓后或所持头寸与汇率走势相反时，为防亏损过多而采取的平盘止蚀措施。斩仓是外汇投资者必须首先学会的本领。未斩仓，亏损仍然是名义上的，一旦斩仓，亏损便成为现实。从经验上讲，斩仓会给投资者造成精神压力。任何侥幸求胜，等待汇率回头或不服输的情绪，都会妨碍斩仓的决心，并有招致严重亏蚀的可能。

（五）学会建立头寸

"建立头寸"也就是开仓的意思。开仓也叫敞口，就是买进一种货币，同时卖出另一种货币的行为。开盘之后，长了（多头）一种货币短了（空头）另一种货币。选择适当的汇率水平及时建立头寸是盈利的前提。如果入市的时机好，获利的机会就大；相反，如果入市的时机不当，亏损就容易发生。

（六）学会获利

获利，就是在敞口之后，汇率已朝着对自己有利的方向发展，平仓可获盈利。获利的难点在于掌握平盘的时机。平仓太早，获利不多；平仓太晚，可能延误了时机，不盈反亏。因此掌握获利平盘的时机实非容易，这是交易时必须学会和钻研的学问。

（七）保持谨慎的心态

并非每天均需入市，初入行者往往热衷于入市买卖，但成功的投资者则擅长等机会，当他们入市后感到疑惑时也会先行离市。当投资者感到汇市的走势不够明朗，自己又缺乏信心时，应暂时观望。如果感到没有把握，不如什么也不做，耐心等候入市的时机；如果已经开仓，不如平仓离场。

（八）订下止蚀位置

这是一项重要的投资技巧。由于投资市场风险颇高，为了避免万一投资失误时带来的损失，每一次入市买卖时，都应该订下止蚀点，即当汇率跌至某个预定的价位，还可能下跌时，立即结清交易，这样便可以限制损失的进一步扩大。

第七节　黄金投资

一、黄金投资简介

黄金具有一般商品和货币商品的双重属性，是一种保值避险的良好工具。因此，虽然目前黄金已失去国际清偿货币的计价结算功能，但仍具有价值储藏功能，其支付功能也仍未完全消失，在国际市场上仍是一种硬通货。加之黄金是一种金融产品，所以具有投资功能。

随着经济发展，难免出现良性通货膨胀，货币本身发生贬值，这样的情况使黄金的保值功能得到体现。但真正意义上的黄金投资，是一个全新的金融品种，以获取差价为最终目的。一般认为，黄金较适于风格稳健的长线投资者。当然，黄金也可以短线套利，投资者可将黄金作为投资组合中的一部分，以达到规避风险的目的。

二、黄金投资渠道

个人投资者可通过银行、首饰店、黄金交易所等进行黄金的买卖。首饰店中可购买各种黄金类的首饰产品，如金链、金戒指等；商业银行可以直接向个人出售金条、金币、金块等黄金产品，并提供交易、清算、托管等服务。

三、黄金投资的种类

（一）实金投资

实金投资就是有实物黄金交割的黄金投资行为，主要的实金投资品种有标金、金条、金币等。

标金是标准金条的简称。标金是黄金市场最主要的交易工具，它是按规定的形状、规格、成色、重量等精炼加工成的标准化的条状黄金。按国际惯例，用于黄金市场实物交割的标金，在精炼厂浇铸成型时必须标明成色、重量，一般还应标有精炼厂的厂名及编号等。目前国际黄金市场上的标金规格较多，比较常见的有400盎司标金、1公斤标金、111克标金、1盎司标金等。各国市场信息上的标金成色也各有不同，有99.5%，也有99%和99.99%。

金条是相对标金而言，一般规格较小，有30克、50克、100克、1盎司等多种规格。

金币是黄金铸币的简称，通常可分为纪念金币和投资金币两大类，比较著名的有英国不列颠金币、南非福格林金币、加拿大枫叶金币、美国鹰洋金币、中国熊猫金币等。

（二）账面黄金

"账面黄金"买卖是不进行实物黄金交割，只是通过银行等金融机构或投资机构代投资者进行的黄金买卖，以赚取价差为目的，在形式上主要有两种：

1. 黄金存折，即"纸黄金"。投资者持身份证到银行柜面开立账户，按牌价即可直接进行纸黄金买卖。

2. 黄金存单。投资者购入大量的黄金时，通常会存放不便，可将黄金实物存入银行，银行出具"黄金存单"。持单者可提取实金，也可直接卖出存单。

（三）黄金衍生工具

黄金衍生工具主要包括黄金期货与黄金期权等衍生品种。

各黄金投资品种的比较可见表6-5。

表6-5   黄金投资品种比较

品种	特点
金条、金块	优点：变现性非常好，在全球任何地区都可以很方便地买卖，大多数地区还不征收交易税 缺点：占用较多的现金，有一定的保管费用
金币	投资金币与投资金条、金块的差别不大。通常情况下，有面额的纯金币要比没有面额的纯金币价值高。投资金币的优点是其大小和重量并不统一，所以投资者选择的余地比较大，较小额的资金也可以用来投资，并且金币的变现性也非常好，不存在兑现难的问题
纪念金币	具有一定的投资价值，但投资纪念金币要考虑到其不利的一面，即纪念金币在二级市场的溢价一般都很高，往往远远超过了黄金材质本身的价值，另外我国钱币市场行情的总体运行特征是"牛短熊长"，一旦在行情较为火暴的时候购入，投资者的损失会比较大
黄金饰品	从投资的角度看，投资黄金饰品的风险是较高的。投资黄金制品一般不要选择黄金首饰。其主要原因是，黄金首饰的价格在买入和卖出时相差较大，而且许多黄金首饰的价格与内在价值差异较大
纸黄金	纸黄金（黄金存折）是未来个人投资黄金的重要方式，也是国际上比较流行的投资方式，投资者既可避免储存黄金的风险，又可通过黄金账户买卖黄金，对投资者的资金要求比较灵活
黄金衍生产品	对一般投资者来说，投资要适度，远期或期权应注意与自身的生产能力或需求、风险承受能力基本一致。由于黄金期权买卖投资战术比较多并且复杂，不易掌握。目前世界上黄金期权市场不太多，应注意因价格变动的风险太大，不要轻易运用卖出期权

四、黄金投资的注意事项

（一）要了解黄金

要了解作为投资标的的黄金究竟有什么特点。首先，应该知道黄金在通常情况下，与股票等投资工具是逆向运行的，即股市行情大幅上扬时，黄金的价格往往是下跌的；反之则上涨。当然，黄金价格的涨跌与我国股市目前的行情并没有太多的关联，而是与国际主要股票市场有较强的关联。其次，应该知道将黄金作为投资标的，没有类似股票那种分红的可能，如果是黄金实物交易，投资者还需要一定的保管费用。最后，应该了解不同的黄金品种各自有哪些优缺点。

（二）介入的时机有讲究

从国际市场上的长期走势来看，黄金价格虽然也有波动，但是每年的价格波动通常情况下却是不大的。如果以股市里短线投机的心态和手法来炒作黄金，很可能难如人愿。所以对普通投资者而言，选择一个相对的低点介入然后较长时间拥有可能是一种既方便又省力的选择，毕竟投资黄金作为个人理财的一部分，有与其他投资品种对冲风险的作用。

（三）黄金品种的选择很重要

投资者在选择黄金品种进行投资时，黄金饰品一般情况下是不宜作为投资标的的，从纯粹的投资角度出发，标金和纯金币才是投资黄金的主要标的。如果对邮币卡市场行情比较熟悉，则也可以将纪念金币纳入投资范围，因为纪念金币的市场价格波动幅度和频率远比标金和纯金币大。

（四）要基本懂得黄金交易的规则和方法

个人投资者有一个选择委托哪家银行进行代理黄金买卖的问题，而银行的实力、信誉、服务以及交易方式和佣金的高低将成为个人投资者选择时的重要参考因素。在具体的交易中，既可以进行实物交割的实金买卖，也可以进行非实物交割的黄金凭证式买卖，两种方法各有优缺点。实物黄金的买卖由于要支付一定的保管费和检验费等，其成本要略高于凭证式黄金买卖。另外，黄金交易的时间、电话委托买卖、网上委托买卖等都有相关的细则，投资者都应该在买卖前搞清楚，以免造成不必要的损失。

第八节　银行理财产品投资

一、银行理财产品的定义

银行理财产品是指商业银行在对潜在目标客户群分析研究的基础上，针对特定目标客户群开发设计并销售的资金投资和管理计划。在理财产品这种投资方式中，银行只是接受客户的授权管理资金，投资收益与风险由客户或客户与银行按照约定方式承担。

表 6 - 6 列示了 1995—2009 年我国商业银行理财业务发展历程。

表 6 - 6　　　　1995—2009 年我国商业银行理财业务发展历程

年份	银行	主要事件
1995	招商银行	推出集本外币、定活期存款集中管理及代理收付功能为一体的"一卡通"
1996	中信实业银行广州分行	率先在国内银行界成立了私人银行部，客户只要在私人银行部保持最低 10 万元的存款，就能享受该行的多种财务咨询

年份	银行	主要事件
1997	中国工商银行上海市分行	推出了理财咨询设计、存单抵押贷款、外汇买卖、单证保管、存款证明等12项内容的理财系列服务
1998	中国工商银行上海市分行等5家分行	进行"个人理财"业务的试点
1999	中国建设银行	在北京、上海等10个城市的分行建立了个人理财中心
2000	中国工商银行上海市分行	首次出现以银行员工姓名作为服务品牌的理财工作室
2001	中国农业银行	推出"金钥匙"金融超市，为客户提供"一站式"理财服务
2002	招商银行	在全国推出"金葵花"理财，为高端个人客户提供高品质、个性化的综合理财服务，内容包括"一对一"理财顾问服务、理财规划等专业理财服务
2003	中国工商银行	实施个人理财中心核心竞争力开发及管理项目，显著提升了网点的综合服务功能和竞争能力
2004	中国光大银行	在国内银行中率先推出的外币理财产品——阳光理财A计划和人民币理财产品——阳光理财B计划
2005	交通银行总行	对其个金产品进行了套餐化，分别推出了学生族"志学理财"、年轻一族（新就业者）"菁英理财"、两人世界"伉俪理财"、创业族"通达理财"等套餐
2006	花旗银行、巴黎银行、德意志银行	宣称在上海发展私人银行
2007	中国银行	成立私人银行部，并在北京、上海两地设立了私人银行
2008	各大银行	遭遇寒冬，零收益、负收益现象普遍
2009	各大银行	共发行6 000多款理财产品，同比增长了10.5%，年均收益率在3%以上

二、银行理财产品的种类

（一）按标价货币分类

银行理财产品的标价货币，即允许用于购买相应银行理财产品或支付收益的货币类型。如外币理财产品只能用美元、港元等外币购买，人民币理财产品只能用人民币购买，而双币理财产品则同时涉及人民币和外币。

1. 外币理财产品。外币理财产品的出现早于人民币理财产品，结构多样，创新能力很强。外资银行凭借自身强大的海外投资能力，在这一领域表现极其活跃，并提供了多种投资主题，如新兴市场股票、奢侈品股票篮子、水资源篮子股票等，帮助投资者在风险相对较低的情况下，把握资本市场的投资热点。

2. 人民币理财产品。伴随近年来银行理财市场的蓬勃发展，在基础性创新方面，各家银行将投资品种从国债、金融债和中央银行票据，延伸至企业短期融资券、贷款信托计划乃至新股申购等方面；在差异性创新方面，流动性长短不一而足，风险性则由保最低收益到保本再到不保本，品类齐全。从投资方向分，最常见有债券型、信托型、新股申购型和QDII型。

（1）债券型，主要投资于国债、中央银行票据、政策性金融债等低风险产品，是风险最低的银行理财产品之一。比起购买短期国债来说，这类理财产品通过各种债券搭配来提高收益率，投资期限短，因此更具投资价值。

（2）信托型，投资于商业银行或其他信用等级较高的金融机构担保、回购的信托产品或商业银行优良信贷资产收益权信托产品。

（3）新股申购型，集合投资者资金，通过机构投资者参与网下申购提高中签率。

（4）QDII 型，取得代客境外理财业务资格的商业银行接受投资者的委托，将人民币兑成外币，投资于海外资本市场，到期后将本金及收益结汇后返还给投资者。

3. 双币理财产品。根据货币升值预期，将人民币理财产品和外币理财产品进行组合创新。

（1）投资本金由本外币两种货币组成，以人民币理财产品和外币理财产品的模式运作，到期后分别以原币种支付本金及收益。

（2）以人民币作为投资本金，将此本金产生的利息兑成外币以外币理财模式运作，以外币返还本外币理财的整体收益。

（3）其他交叉投资模式。

小资料 6 - 3

招商银行理财产品

名称	招商银行"金葵花"——岁月流金系列人民币 90 天理财计划（代码：8506）
理财币种	人民币
本金及理财收益	招商银行于每个工作日 10：30 前公布本理财计划项下子计划的到期或提前终止预期年化收益率，投资者购买本理财计划项下子计划后若持有到期则招商银行承诺保证本金，预期理财收益按照投资者购买各子计划当日招商银行公布的预期年化收益率计算。详细内容见以下"本金及理财收益"
投资周期	90 天
提前终止	本理财计划项下的子计划成立 30 个工作日后，招商银行有权但无义务提前终止该子计划
认购起点	1 元人民币为 1 份，认购起点份额为 5 万份，超过认购起点份额部分，应为 1 万份的整数倍
认购开放时间	自 2010 年 3 月 11 日开始，每个自然日 10：30 到 22：30 为认购开放时间，其他时间不开放认购
登记日	各子计划认购后的下一工作日为登记日
成立日	登记日为成立日，各子计划自成立日起计算收益
到期日	成立日后的第 90 天为各子计划到期日，若到期日为节假日则顺延至下一个工作日
赎回	投资者认购本理财计划项下的子计划，且相应子计划成立后，投资者不能提前赎回该子计划
收益计算基础	实际理财天数/365
本金及收益支付	各子计划的理财本金及收益在到期日后 3 个工作日内划转至投资者指定账户

还本清算期	到期日至理财资金返还到账日为还本清算期,还本清算期内不计付利息
购买方式	在理财计划认购开放时间内,携带本人身份证件和招商银行"一卡通"到招商银行当地各营业网点办理或通过个人银行大众版、专业版、财富账户认购
节假日	中国法定公众节假日
工作日	节假日以外商业银行工作时间(最终以国务院假日办公布为准)
对账单	本理财计划不提供对账单
税款	理财收益的应纳税款由投资者自行申报及缴纳

(二) 按收益类型划分

1. 保证收益类

(1) 收益率固定。银行按照约定条件,承诺支付固定收益并承担由此产生的投资风险。若客户提前终止合约,则无投资收益;若银行提前终止合约,收益率按照约定的固定收益计算,但投资者将面临一定的再投资风险。

(2) 收益率递增。银行按照约定条件,承诺支付最低收益并承担相关风险,其他投资收益由银行和客户共同承担。若银行提前终止合约,客户只能获得较低收益,且面临高于固定收益类产品的再投资风险。

2. 非保证收益类

(1) 保本浮动收益。保本浮动收益类产品指商业银行根据约定条件向客户保证本金支付,依据实际投资收益情况确定客户实际收益,本金以外的投资风险由投资者承担的理财产品。此类产品将固定收益证券的特征与衍生交易的特征有机结合,是我们常说的"结构型理财产品"。这类产品在保证本金的基础上争取更高的浮动收益,投资者在存款的基础上,向银行出售了普通期权、互换期权或奇异期权,因此得到普通存款和期权收益的总收益。衍生部分品种繁多,所挂钩的标的物五花八门,如利率、汇率、股票波动率、基金指数、商品期货价格甚至天气等。商业银行通常通过购买零息票据或期权等保本工具来实现保本,再将剩余的钱去购买挂钩标的,这种策略以小博大,如果投资者认同挂钩产品的走势,最多也只是输掉投资期利息,以一种门槛不高的投资,可以参与诸如商品市场、海外资本市场等平日没有途径进入的领域,有较强的吸引力。保本浮动收益从收益计算方式划分,主要可以分为区间累积型、挂钩型、触发型三种。

①区间累积型:预先确定最高、最低的年收益率并设置利率参考区间,根据利率/汇率/指数等标的物在参考区间内运行的情况确定收益率。

②挂钩型:产品实际收益情况与存续期内每一天的利率等标的物成正比(反比),挂钩标的物越高(低),产品收益率越高(低)。

③触发型:为挂钩标的物设定一个触发点,在产品观察期内,触碰或突破触发点,可获得约定的投资收益。

投资者需要对挂钩标的物有一定了解和基本判断能力,如果产品设计对标的物走势情况判断失误,产品收益率有可能就大打折扣甚至颗粒无收,即使走势判断正确,收益率计算方式的选择也极为重要。拿区间累积型来说,即使产品设计者对某一挂钩市场走势判断正确，但假设参考区间设计的幅度过于狭窄，一旦投资标的物在短时间内大幅上扬（下挫），直接跳开该设定区间，则会直接影响实际投资成果。

（2）非保本浮动收益。非保本浮动收益类产品指商业银行根据约定条件和实际投资情况向客户支付收益，并且不保证本金安全，投资者承担投资风险的理财产品。非保本浮动收益理财产品是商业银行面向投资者推出的类似衍生金融产品的理财计划，目前还未形成完善的产品系统。现阶段常见的是一些"打新股"类基金等产品，但是本质上没有太大差别，更多的是要考虑此类产品的入场时间而非产品设计。

三、如何选择银行理财产品

与储蓄存款相比，理财产品因为其更高的收益而受到大众的青睐。但是，要购买一款适合自己的银行理财产品，却并非容易的事情，除了要了解这些产品的分类、收益，还要特别关注其中可能出现的风险。

（一）要了解银行理财产品的种类，选择适合自己的产品类型

如上所述，目前银行的理财产品大致分为保证收益型、保本浮动收益型和非保本浮动收益型三类。投资人要根据自身的风险承受能力选择适合的产品类型。

（二）要正确认识银行理财产品的收益率

根据规定，银行不得无条件向客户承诺高于同期储蓄存款利率的保证收益率，因此不论固定收益产品还是浮动收益产品，在购买时所看到的"收益率"其实是"预期收益率"，甚至是"最高预期收益率"的概念。只有当产品到期，银行根据整个理财期间产品实际达到的结果，按照事先在产品说明书上列明的收益率计算方法计算出来的收益率才是"实际收益率"。

（三）要对银行理财产品的风险有清醒认识

"高收益必定伴随着高风险，但高风险未必最终能带来高收益"，这是在进行任何投资活动前都必须牢记的规律。银行理财产品也遵循这一规律。也正因为理财产品的风险高于普通存款，因此能有机会获得高于存款利息的收益。一般的规律是保证收益类产品的约定收益较低，风险也较低；非保证收益类产品的收益潜力较大，但风险也较高。保证收益率产品的收益一般都会有附加条件，如银行具有提前终止权或银行具有本金和利息支付的币种选择权等，而对非保证收益类产品，就要明白任何市场的历史表现都不能代表未来的走势，银行说明的"预期收益率"或"最高收益率"可能与最终实际收益率出现偏差。

（四）投资者要正确地了解自己

投资者要认真考虑自己的理财目的、资金量、理财时间、背景知识、对风险的认识等问题，选择适合自己的产品，实现资产保值增值的目标。

（五）不要盲目跟风

尽量选择自己相对熟悉的产品购买，即使原来没有任何背景知识，也应该在购买前详细咨询独立的理财师，或要求银行专业理财人员详细解释。

（六）了解金融机构

投资银行理财产品，要事先了解哪些金融机构可以销售银行理财产品，每个银行在理财产品和配套服务方面的特色和专长，从中选择最信赖的金融机构。

理财小贴士

关于基金的一些提示

- **什么是定期定额？**

定期定额投资指投资者通过指定的销售机构提出申请，约定每期扣款日、扣款金额及扣款方式，由销售机构在约定扣款日在投资者指定银行账户内自动完成扣款及申购的一种交易方式。

- **哪些人适合做定期定额？**

1. 有固定收入的人群。各销售机构规定的定期定额最低起点仅为 100 元至数百元，有固定收入的人群，完全可以在支付每月固定支出后，将闲散资金用于投资，积少成多，获取长期投资收益。

2. 有中远期资金需要的人群。例如，您计划 15 年后送子女出国留学、30 年后退休，可以尽早开始定期定额投资。定期定额起点低，不会造成经济上的负担，通过长期投资的复利效应，有利于帮助您实现中长期的投资目标。

3. 不喜欢冒险的人群。定期定额投资在固定时间投资固定金额，相对于单笔投资，有效地平摊了投资成本和市场波动风险，是在震荡市场中投资基金的好方法。

4. 没有时间理财的人群。定期定额在您签约后自动完成每月的基金申购，不用经常到销售机构排队，节约您的宝贵时间。

- **定期定额的约定申购日选哪一天比较好呢？**

定期定额的主要优势在于通过长期的稳定投资，平均投资成本而获取长期收益。因为平均成本效应的存在，您具体选择哪天扣款不会从本质上影响您的总收益和总体投资风险，因此，您可以根据操作便利性以及资金情况来决定扣款日。例如，您使用工资账户作为约定扣款账户，建议您将能够保证工资到账的下一日作为约定扣款日，将您的资金及时投资，及时享受收益。

- **什么是基金转换？**

基金转换，是指当一家基金管理公司同时管理多只开放式基金时，基金投资人可以将持有的一只基金转换为另一只基金。即投资人卖出一只基金的同时，买入该基金管理公司管理的另一只基金。

- **为什么要做基金转换？**

通过基金转换，投资者可将持有的基金转换为该公司管理的其他基金，不需要先赎回再申购。基金转换具有以下几个好处：

1. 省钱。从基金 A 转换到基金 B，投资者通常应负担转出基金 A 的赎回费和转入基金 B 与转出基金 A 之间的申购补差费。如果转入基金 B 的申购费率低于转出基金 A 的申购费率，则申购补差费即为零。

2. 省时。办理基金转换，只需提交一次交易申请，通常在 1 个工作日后交易确认。而如果赎回基金 A 再申购基金 B，一般至少需要 4 个工作日。

3. 无缝投资。T 日将基金 A 转换为基金 B，T 日享受基金 A 的收益，T+1 日开始享受基金 B 的收益，不会把钱浪费在划款途中。

4. 规避风险。市场调整时，从高风险的股票型基金转换为低风险的债券基金或货币市场基金，能够在一定程度上规避股市风险。

● **什么是分级基金？**

分级基金是指在一个投资组合下，通过对基金收益或净资产的结构化分解与重构，形成两级或多级风险收益表现有一定差异化基金份额的基金品种。

● **分级基金的运作方式。**

分级基金有封闭式和开放式两种形式，封闭式分级基金定期封闭，子基金份额在交易所挂牌交易，不开放申购赎回；开放式分级基金的母基金份额开通申购赎回，子基金份额在交易所挂牌交易，投资者可通过分拆和合并实现母基金份额与子基金份额之间的转换。

● **分级基金的分拆与合并。**

分拆是指分级基金份额持有人将其持有的母基金份额申请转换成一定配比的子基金份额的行为；合并是指基金份额持有人将其持有的一定配比的子基金份额申请转换为母基金份额的行为。投资者提出分拆、合并申请的，统一以母基金证券代码作为申请指令的证券代码，以份额为单位进行申报。

思考题与课下学习任务

1. 如何根据家庭的特点灵活运用投资策略？
2. 家庭证券投资需要注意哪些问题？
3. 基金的优点是什么，如何选择基金品种？
4. 对银行近期推出的主要理财产品做一个统计归类，对不同类型的家庭给出不同的银行投资理财产品建议。

第七章　家庭房产规划

学习要点

1. 了解房地产投资的基础。
2. 熟悉住房抵押贷款。
3. 熟悉房地产投资基本策略。
4. 学会制订房地产规划。

基本概念

家庭房地产　商品房　经济适用房　房地产投资　住房抵押贷款　房屋保险

第一节　家庭房产基础知识

一、房产、地产及其类别

从房地产存在的自然形态来看，主要分成房产和地产两大类。房产是指建设在土地上的各种房屋，包括住宅、厂房、仓库、医疗用房等；地产则是土地和地下各种基础设施的总称，包括供水、供热、供气、供电、排水、排污等地下管线及地面道路等。

我国房地产市场形成时间不长，具有浓厚的经济转型时期的色彩，房地产按照国家政策规定有多种类型，主要有以下几种。

（一）商品房

商品房是指房地产公司在取得土地使用权后开发销售的房屋。购买商品房后拥有对住房的独立产权，土地使用权通常为70年。商品房的价格由市场供求关系决定。目前，房地产交易市场成交量最大的就是这些商品房。

（二）安居房、解困房和经济适用房

安居房是指为实施国家"安居工程"修建的住房，是政府为了推动住房制度改革，加大对低收入群体的住房保障，由国家安排贷款和地方自筹资金，面向广大中低收入家庭修建的非营利性住房。解困房是指在实施"安居工程"之前，为解决本地城镇居民的住房困难而修建的住房。经济适用房是指政府有关部门连同房地产开发商，按照普通住宅建设标准建造的，以建造成本价向中低收入家庭出售的住房。

（三）房改房

房改房是指国家机关、国有企事业单位按照国家有关规定和单位确定的分配方法，将原属单位所有的住房以房改房价格或成本价出售给职工。住房制度改革的初期，房改房有自己的一套特殊政策，随着时光的流逝，目前，加到房改房上的这些特殊政策已经不再适用，房改房已开始享有与商品房同等的待遇。

二、房地产投资

房地产投资是指投资人把资金投入到土地及房屋开发、房屋经营等房地产经济的服务活动中去，以期待将来获得收益或回避风险。它的活动成果是形成新的房地产或改造利用原有房地产，其实质是通过房地产投资活动实现资本金的增值。[①]

(一) 房地产投资的优点

1. 可观的收益率。投资房地产的收益主要来源于持有期的租金收入和买卖差价。一般来说，投资房地产的平均收益率应高于存款、股票和债券、基金等其他投资。

2. 现金流和税收优惠。在美国，人们投资房地产，取得的现金流或税后收入不仅依赖于该资产的运作升值，还依赖于相关的折旧和税收。房地产的价值一般来说会随着时间的推移而贬损，折旧费用可以作为一项现金流出，在纳税之前从收入中扣除，从而减轻税负，使得资产所有者提高了补偿这部分贬损价值的津贴。

3. 对抗通货膨胀。房地产投资能较好地对抗通货膨胀，原因在于通货膨胀时期，因建材、工资的上涨使得新建住房的成本大幅上升，居住成本及房地产价格也都会随之上涨。通货膨胀还带来有利于借款人的财富分配效应。在固定利率贷款的房地产投资中，房地产价格和租金上升时，贷款本金和利息是固定的，投资者会发现债务负担和付息压力实际上在大幅减轻，个人净资产已有相应增加。

4. 价值升值。从各国的历史来看，在 20 世纪 70 年代的大部分时间和 80 年代的一部分时间，房地产投资是很少的几项投资收益率可以持续超过通货膨胀率的投资。当通货膨胀率维持在 10% ~ 15% 时，大部分房地产投资的收益率保持在 15% ~ 20%。对某项房地产营运收益的估价，不仅应当包括现金流入的折现，还应该估计到房价本身的升值。

(二) 房地产投资的缺点

1. 缺乏流动性。一般来说，房地产属于不动产，投资的流动性相对要低。房地产交易费力费时，且不可能随时随地按照市价或接近市价的价格出售。目前我国房地产投资的最大缺陷，是缺乏流动性强、便捷有效的交易市场。这对房产投资的状况及效益等，具有相当缺陷，影响了房产交易。

2. 需要大笔投资。对房地产投资者来说，通常需要有一笔首期投资额。对大多数家庭而言，房地产投资项目规模庞大，直接进行房地产投资无法达到家庭资产多元化的目标。

3. 房地产周期带来的不利影响。房地产市场呈现明显的周期性特征，房地产投资一般能够抵御通货膨胀的风险，但在通货紧缩或经济衰退期，这类投资很可能会发生贬值。当衰退期到来时，房地产价格和租金可能会出现下降，对投资者贷款购房非常有利的财务杠杆，此时就变得非常不利。

4. 住房投资的机会成本。人们常常根据生活环境和各种财务因素决定住房类型，但应考虑相应的机会成本。住房投资的机会成本因人而异，但以下成本是普遍存在的：用于住房首期款或租住公寓押金的利息损失；郊区的住房空间大、费用低，但上班时间

---

① 韦耀莹：《个人理财》，156 ~ 161 页，大连，东北财经大学出版社，2007。

和交通成本会相应增加；在城里租住离工作地点较近的公寓时，会丧失房价增值带来的收益；廉价住房的维修和装饰要花费时间和金钱等。

5. 风险性。风险性是指房地产投资获取未来利益的不确定性。2007 年以来，美国的房价出现了大幅下跌，并由此引发了次贷危机和席卷全球的金融危机。我国某些城市的房价也因前期上升过快，出现了一定幅度的下跌，这说明房地产投资的风险还是客观存在的，需要注意并很好防范。

三、家庭房地产购置

（一）目标和需求分析

买房前要根据家庭需要和支付能力综合考虑，计算出家庭的平均月收入，包括利息收入及各种货币补贴，应主要保留两部分资金：家庭的日常开支，用于医疗保险及预防意外灾害的预备资金。在对个人资产作出认真估量后，才能把握自身的实力和购房方向，确定适宜的房价和房屋面积，从中挑选适合自己的住宅。

房地产投资规划的第一步，是明确期望的目标和需求，这需要通过数据收集和分析来明确。投资规划的最终目的，是提供平稳过渡和对资产的优化配置。由于投资者的需求和期望时常在变化，平稳过渡和对资产的优化配置比较难以达到。因此，保持房地产投资规划的灵活性应放在重要地位。

目标一：评价各种住房选择。影响选择住房的主要因素是对住房的需求、生活状况以及经济资源，应从经济成本和机会成本的角度了解各种租赁和购买住房的选择。

目标二：设计出售住房的战略。出售住房时，必须确定是否应进行某些维修和改善工程，然后确定出售价格，并在自行出售住房和利用房地产中介服务两者之间进行选择。

目标三：实施购房程序。购买住房涉及 5 个阶段：确定拥有住房的需求，寻找并评估待购买的房产，对房产进行定价，申请购房贷款，完成房地产交易。

目标四：计算与购房有关的成本。与购房有关的成本包括首期付款，交易手续费如转让费、律师费、产权保险费等，以及支付住房所有人保险和房产税的保证账户。

（二）个人投资动机分析

购买房地产的周期较长、需求资金数额大，事前需要仔细评估和计划。购买房地产是用于居住还是用于投资，或是两者兼顾，动机不同则对房屋的选择会有差别。

1. 用于居住。对一般投资者来说，投资住宅类房地产首先是满足对生活居住场所的需求，这是纯粹的消费需求。为提高居住生活质量，首先要选择已形成或即将形成一定生活氛围的居住环境和交通条件便利的住宅，其次是对住宅的具体状况进行细致选择。

2. 用于租赁。若购房的目的是为了获取租金收入，可购买容易出租给单身或者流动人口的小型住宅，或购买适宜出租给经营者的沿街店面房、商场和办公楼。

3. 用于盈利。若买房是为获取差价收入，可购买房价相对便宜，但有升值潜力的住宅或店面房来赚取买卖差价。投资者要想在房地产市场上获取价差，必须要经验丰富、决策科学，再加上行动果断。

4. 用于养老保障。用房子养老，以寻找新的养老资源，加固脆弱的养老保障体系，已经受到越来越多人的热捧。将住宅作为一种养老保障的重要工具，是对住宅功能的新开发。

5. 用于减免税收。发达国家的政府为了鼓励居民置业，通常规定购房支出可用来抵扣个人应税收入。上海市、杭州市政府也都出台了购房支出可用于抵扣应纳个人所得税基数的规定。

（三）个人支付能力评估

投资房地产前必须正确评估个人资产，再根据需求和实际支付能力，综合考虑具体选择哪一种房地产投资计划。

1. 个人净资产。估算个人支付能力的核心是审慎计算个人的净资产。这是个人总资产减去个人负债后的余额。个人资产还包括已缴纳的住房公积金。对于普通工薪阶层，实际负债额不宜超过3个月家庭日常支出总和。个人净资产即个人拥有的全部财富，包括自用住宅、家具、债券、股票等。自住性房屋属于个人资产，不属于长期投资，自住以外以赚取租金收入或买卖差价为目的购置房屋时，才算投资性房地产。

2. 个人综合支付能力评估。确定个人投资房地产的综合支付能力时，不仅要看其净资产，还要分析其固定收入、临时收入、未来收入、个人支出和预计的未来支出。

如个人净资产为正，投资者首先要确定用来投资房地产的资金数额，再根据家庭月收入的多少及预期，最终确定用于购买房地产、偿还银行按揭贷款本息的数额。基本原则仍然是量力而行，既满足个人的房地产投资需求，又不会给自己带来沉重的债务负担。

四、住房抵押贷款

房地产投资的金额大、时期长，很少有人能一次性付清所有的购房款项。为购房而抵押贷款融资，在房地产投资中具有重要意义。

（一）住房抵押与抵押贷款

抵押是一种以还贷为前提条件，从借款人到贷款人的抵押物权利的转移，该权利是对由借款人享有赎回权的债务偿还的保证。当投资者以抵押贷款形式购房时，房屋产权实际上已经转移给贷款银行，投资者只能在贷款债务全部还清后才能获得对该房屋的全部产权。这种从贷方重新获得产权的权利叫做担保赎回权。

（二）住房抵押贷款的特点

住房抵押贷款与其他贷款有着明显区别：（1）它是面向个人的贷款；（2）是与住房购买、修葺、装修等有关的贷款；（3）贷款数额大、期限长，一般可达到5~30年；（4）定价方式不同于其他贷款，既有固定利率，也有可变利率；（5）在还款方式上采用分期付款方式；（6）以所购住房为抵押是这种贷款的重要保证，是防范信贷风险的主要手段；（7）一般以各种形式的住房保险作为防范信贷风险的重要保证，以抵押二级市场等为防范流动性风险的措施；（8）得到政策和法规支持并受到政府有关部门的严格监督。由于住房抵押贷款的特殊性，其通常由专门的贷款部门管理，并形成一系列的信贷政策规定。

（三）住房抵押贷款的属性

住房抵押贷款的重要概念是抵押权，是住房抵押的法律属性。抵押权具有以下特点：（1）抵押权属于担保物权，其作用是担保债券的清偿，抵押权从属于债权而存在，并随着债券的清偿而消失；（2）抵押权担保的债权具有优先受偿权，即当同一债务有多项债权时，抵押权所担保的债权必须为优先受偿权；（3）抵押标的除完全物权及所有权外，用益物权即使用权等也可设立抵押权。

申请个人住房抵押贷款的流程见图7－1。

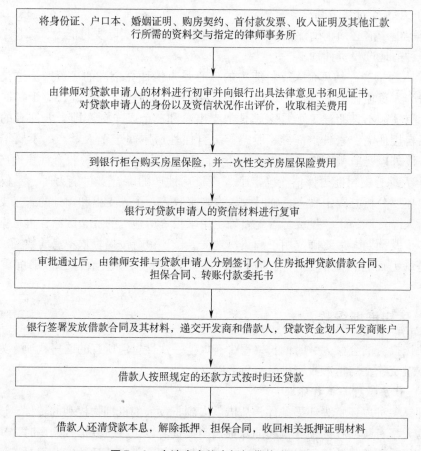

图7－1　申请个人住房抵押贷款流程图

（四）申请个人住房抵押贷款的流程

将身份证、户口本、婚姻证明、购房契约、首付款发票、收入证明及其他汇款行所需的资料交与指定的律师事务所，由律师对贷款申请人的材料进行初审并向银行出具法律意见书和见证书，对贷款申请人的身份以及资信状况作出评价，收取相关费用。到银行柜台购买房屋保险，并一次性交齐房屋保险费用。银行对贷款申请人的资信材料进行复审，审批通过后，由律师安排与贷款申请人分别签订个人住房抵押贷款借款合同、担保合同、转账付款委托书。银行签署发放借款合同及其材料，递交开发商和借款人，贷款资金划入开发商账户。借款人按照规定的还款方式按时归还贷款。借款人还清贷款本息，解除抵押、担保合同，收回相关抵押证明材料。

五、房贷还款的理性选择

贷款购房的理念已被大众接受并广为流行。目前的商业房贷还款方式有等额本息还款法、等额本金还款法、等额递减还款法和等额递增还款法四种。各种房贷还款方式并无实质性优劣之分，重要的是选择适合自己的方式。只有根据自身的预期收入流、还款需求等多种因素特点选择，才能有效节省偿还本息，同时合理应对还款压力，这才是理性选择。

对有购房打算的人，是否清楚每种还款方式，它们各自有何区别，哪种方式更适合自己，这里试予以详细解说。

（一）等额本息还款

每月还相同的数额，操作相对简单，是人们最常用的方法。

【例7-1】　李先生向银行申请了20年期30万元贷款（利率5.508%），在整个还款期内，李先生的月供均为2 065元（假设利率不变）。

适合人群：收入处于稳定状态的家庭，如公务员、教师等。这是目前大多数客户采用的还款方式。

专家点评：借款人还款操作相对简单，等额支付月供也方便安排每月收支。但这种方式由于前期占用银行资金较多，还款总利息较相同期限的等额本金还款法高。

（二）等额本金还款

每月归还的贷款本金不变，但利息随着本金的逐期偿还而逐渐减少，每月归还的本息总额也随之减少。

【例7-2】　李先生向银行申请20年期30万元的贷款（利率5.508%），采用等额本金还款。前6个月的还款额分别为2 627元、2 621元、2 616元、2 610元、2 604元、2 598元，而最后一个月（第240个月）的还款额为1 264元。

适合人群：目前收入较高但预计将来收入会减少的人群，如面临退休的人员。

专家点评：使用等额本金还款，开始时每月还款额比等额本息还款要高，在贷款总额较大的情况下，相差甚至可达千元。但随着时间推移，还款负担会逐渐减轻。

（三）等额递减还款

客户每期还款的数额等额递减，先多还款后少还钱。

【例7-3】　李先生向银行申请20年期30万元的贷款（利率5.508%），采用每6个月递减50元的等额递减还款法，其前6个月的还款额均为2 860元，第7个月开始减少50元，即每月还款2 810元，依此类推，第240个月还款额为910元。

适合人群：目前还款能力较强，但预期收入将减少，或者目前经济很宽裕的人，如中年人或未婚的白领人士。

专家点评：在等额本金还款法下，客户每个月的还款额都不相同，且是逐渐减少。而在等额递减还款法下，客户在不同时期内的还款虽然不同，但是有规律地减少，而在同一时期，客户的还款额是相同的。

（四）等额递增还款

客户每期还款的数额等额递增，先少还钱后多还款。

【例7-4】　李先生向银行申请20年期30万元的贷款（利率5.508%），采用每6个月递增25元的等额递增还款法，第1~6个月的还款额均为1 667元，第7个月开始增加25元，即7~12个月每月还款1 692元。依此类推，第240个月还款额为2 642元。

适合人群：目前还款能力较弱，但预期收入将增加的人群。

专家点评：目前收入不高的年轻人可优先考虑此种还款方式。

第二节　家庭房地产投资策略

房地产投资的成功与否，很大程度上取决于投资者的策略运用状况，需要有效运用好这些投资策略，进行有价值的房地产投资。

一、房地产投资时机的选择

（一）房地产投资时机概述

房地产投资的时机，简而言之，就是投资者选择何时投资房地产，它存在于房地产开发和经营的各个阶段。从房地产的产业周期波动来看，投资时机的选择极为重要。房地产投资受政治经济形势、整体经济情况、房地产自身的特点等众多因素的影响。时机的选择既依靠科学分析，也依靠投资决策者的智慧、方法甚至对房价波动的敏感性。

房地产投资者的不同状况、宏观经济运行的特点及经济周期性波动等，决定了房地产业的周期性，投资者要紧紧把握住投资的时机。进入和退出时机的选择决定了房地产投资的风险和收益，具体投资时机的选择则取决于投资者的实力和目标。

（二）房地产投资时机的各种影响因素

1. 投资意愿。房地产投资意愿是指投资对象的潜在意识，包括对投资收益的追求、根据以往经验产生的想法等。不同房地产投资者的投资意愿会有不同，对房地产投资的时机判断和利用也不同。

2. 开发价值。房地产开发价值是指投资者对特定房地产项目投资的价值判断，或者说是对房地产开发后的价值预期。它通常由投资者根据已知条件，经主观判断后确定。房地产开发价值与房地产投资的时机密切相关。房地产开发价值减去房地产评估价格后的余额越大，投资收益越大，越容易引来大量投资，投资成功的机会也越大。

二、房地产投资地段的选择

地段选择对房地产投资的成败有着至关重要的作用。房地产具有增值性，增值潜力大小、利用效果好坏都与地段有密切关系。从房地产投资的实践来看，即使在其他方面存在策略失误，但只要地段选择正确，在一个较长的时期内就可以弥补所发生的损失。好地段房产的流动性较好，还可以减少投资风险。

房地产投资地段的选择，不可忽视以下几个问题。

（一）对城市规划的把握

城市规划在城市建筑布局及未来发展中具有重要作用，对房地产投资有重要影响。在选择投资地段时，既要判断近期的投资热点地段，又要判断中长期的投资热点地段，还要判断隐蔽的投资地段。

（二）对投资地段升值潜力的把握

不同地段的升值潜力是不同的，房地产投资就是要尽力抓住那些升值潜力大的地段。开发中的土地因已完成了区域规划，具备了基本的交通条件和供水、供电保障，这些土地的价格适中，投资潜力大，可以作为房地产投资的首要选择。刚刚纳入规划尚未开发的地段，土地价值较低，未来升值的潜力极大，但需要冒的风险也较高。

（三）房地产投资地段选择的若干理论

掌握一些有用的地段选择理论，对于房地产投资具有重要作用。

上风口发展理论：城市的烟尘污染严重，为免受其害，人们必然涌向城市的上风口地区，从而使上风口地段成为良好的投资地段。

高走理论：城市将主要向地势高处发展，明显高于周围地区的地段是良好的投资地段。

近水发展理论：城市将主要向河、湖、海的方向发展，从市区到水边的地段是良好的投资地段。

沿边发展理论：城市将主要沿着铁路或公路两边、江河岸边、境界边发展，沿边地段是良好的投资地段。

三、期房投资的选择

期房与现房相对应，投资期房与投资现房之间有个比较选择的问题。

（一）期房投资的好处

1. 价格更便宜。房屋预售是开发商筹集资金的一个渠道，为了更多地吸引资金，在期房销售时，价格上一般会有较大的优惠。

2. 设计更新潮。期房的设计大多避开了当前市场上现房的设计弱点。

3. 选择空间更大。买期房可以在买主较少的时候介入，选定位置较好的房子。

4. 升值潜力高。期房如果买得合理、得当，其升值潜力比现房要大。

（二）期房投资的劣势

1. 资金成本。预售房屋通常要等一年半载才能建成入住，在这段时间中，由于资金占用大，利息损失也较大。

2. 不能按时交房或到期交付的住房质量、面积、配套设施不合要求。

3. 周围可能存在的贬值因素导致住房建成后贬值。

四、确定合理的投资规模

投资规模是房地产投资人为投资房产计划投入资金的数量，具体可分为项目总投资规模、年度投资规模、在建投资规模等。投资目的是为了获取利润，利润是在收益减去成本的基础上形成的。确定合理的投资规模时，不能为了投资而投资，单纯追求投资数量的多少，应该把成本、收益、利润等因素综合起来考虑。

房地产投资并不是规模越大越好。从投入和产出的关系来看，规模收益的变化存在三种情形：规模收益递增，即产出增长率大于投入增长率；规模收益不变，即产出增长率等于投入增长率；规模收益递减，即产出增长率低于投入增长率。房地产投资是在土地上投资，土地收益的变化同样存在着以上三种情形。当边际收益等于边际成本时，规模收益达到最大，实现利润最大化，此时的投资规模最佳。

上述理论对于房地产投资者确定合理的投资规模有重要作用，但在现实生活中不一定完全可行。房地产投资是分项目进行的，很难在同一项目上达到边际收益等于边际成本的状态。对每个项目来说，较为现实的合理投资规模是，在确保既定目标实现的前提下，通过降低成本，缩短投资周期，回避、排除和转嫁风险等尽量减少投资。

第三节　家庭住房规划

购房是人生大事，一般人买房大都是为了自己生活居住，房地产的购买与维护对投资者具有重要意义。随着我国住房制度改革的深化，房地产投资更多地表现为对居住用房的投资。从投资者来看，租房与购房是必须要面对的问题。购房与换房计划也需要投资者仔细考虑。自用型房贷对于投资者有如何帮助，及如何利用自用型房贷，也需要纳入投资者的视野中。投资者还要分析在房地产投资中出现的新问题。

一、适合住房的选择

（一）住房类型的选择

房子可以自己买，也可以租赁居住，可以买新房，或是买二手房，租房住也有较多的类型。住房类型的优劣如表 7 - 1 所示。

表 7 - 1　　　　　　　　　　　　　住房类型的优劣

	优点	缺点
租赁公寓	• 容易搬迁 • 维修责任小 • 财务压力小	• 改建房型有一定的限制 • 养宠物等其他活动可能受限制
租赁房屋	• 容易搬迁，维修少 • 比公寓面积大 • 财务压力小	• 公用事业费用比公寓高 • 改建房型受限制
拥有新房	• 没有旧房主 • 拥有所有者的自豪感	• 经济负担重 • 生活开支比租房高 • 流动性小
拥有二手房	• 拥有所有者的自豪感 • 邻居明确	• 经济负担重 • 可能需要维修或重置 • 流动性小
拥有共有公寓	• 税收优惠 • 维修责任比住房小 • 通常离娱乐和商业区较近 • 便于日后调整住房	• 隐私性不如住房 • 经济负担重 • 影响物业价值的需求不确定 • 可能与室友在居住生活习惯上有矛盾 • 需要评估费
拥有合伙型住房	• 非营利组织拥有产权 • 房地产价值稳定	• 出售的难度相当大，内部易于引起纠纷 • 各成员合住或产权交易时会发生矛盾，其他成员需要负担未出租单位的成本
拥有预制型住房 （流动性住房）	• 比其他住房形式便宜 • 选择住房特点和设施自由度大	• 未来出售难度较大 • 难以获得融资 • 建筑质量较差

（二）不同生命周期阶段的住房选择

不同家庭的生命周期阶段里，有着对住房类型的不同要求和选择标准，对此需要有较好的把握。不同生命周期阶段的可行住房类型如表7-2所示。

表7-2　　　　　　　　　　不同生命周期阶段的可行住房类型

青年夫妇	• 可先租赁住房，便于日后经济条件上升随时加入购房大军。住房维修应尽可能少，一旦调换工作也容易更换住房
单身父母	• 购买住房或合住公寓可获得税收和财务的优惠 • 租赁的住房提供了适合孩子成长的环境及一定的安全感
无子女的年轻夫妇	• 购买不太需要维修、能满足家人财务和社会需求的住房 • 租赁住房提供了一定的便利性，生活方式易于变化 • 购买住房以获得财务优惠，同时建立长期的理财安全感
有小孩的夫妇	• 租赁住房在各种需求和理财环境变化时能提供一定的安全性和灵活性
退休人士	• 购买不太需要维修并符合生活方式需求的住房 • 租房可满足理财、社会及生理需求，避免自己死亡后的资源浪费 • 购买交通生活便利、周边能够提供必需的护理保健服务的住房 • 在生态环境优越的郊区购买适于老年人居住的住房

二、租房与购房决策

租房与购房何者更为划算，牵涉到拥有自己房产的心理效用及对未来房价的预期。购房人可以期待房地产增值的利益，租房者则只能期待房东不要随时调涨房租。当同一幢住房可出租也可出售时，不同的人可能会在租与购之间作出不同选择。购房与租房应如何选择，我们可以用年成本法来计算。

购房者的使用成本，是首付款的资金占用造成的机会成本及房屋贷款利息；租房者的使用成本是房租，考虑因素试算如下例。

【例7-5】　程先生看上了上海静安区80平方米的一处房产，房产开发商对该住房可予出租也可出售。如是出租的话每月租金3 000元，押金预付3个月。购买时总价为80万元，首付款30万元，可获得总额50万元、利率6%的房屋抵押贷款。程先生租房与购房的成本分析如下（假设押金与首付款的机会成本是1年期的存款利率3%）。

租房年成本：$3\ 000 \times 12 + 3\ 000 \times 3 \times 3\% = 36\ 270$（元）

购房年成本：$30 \times 3\% + 50 \times 6\% = 3.9$（万元）

比较后可发现，租房比购房的年成本低2 730元，每月低227.5元，租房比较划算。不过要详细比较两者的状况，还应考虑以下因素：

1. 房租是否会每年调整。购房成本固定，且租与购的月成本只差227.5元，只有月租的7.6%，只要未来房租的调整幅度超过7.6%，则购房比租房划算。

2. 房价涨升潜力。若房价未来看涨，即使目前算起来购房的年居住成本稍高，未来出售房屋的资本利得也足以弥补居住期间的成本差异。以上例而言：

租房年居住成本率$= 3.6/80 = 4.5\%$

购房成本率 = 3.9/80 = 4.875%

两者差距只有 0.375%。若计划住 5 年，0.375% × 5 = 1.875%，只要房价在 5 年内上涨 2% 以上，购房仍然划算。如果当年房价有一定下落，大家预期房价会进一步下跌，就会宁可租房而不愿购房，则租房居住成本高于购房的情况也有可能发生。租房与购房究竟何者划算，当事者对未来房价涨跌的主观认定仍是决定因素。

3. 利率高低。利率愈低，购房的年成本愈低，购房会相对划算。如预期房贷利率会进一步降低，而房租保持不变，则租房与购房的居住成本的差异会降低。

三、购房和换房规划

对投资者来说，购房和换房也是个重要决策，两者的规划具有同等意义。如投资者在租房和购房的决策中，经仔细权衡决定购房，必须就购房作出周密规划，综合考虑房屋总价、单价和区位。

（一）购房规划的方法

1. 以储蓄及交息能力估算负担得起的房屋总价。负担首付款 = 目前年收入 × 负担首付的比率上限 × 年金终值系数（n = 离购房年数，r = 投资报酬率或市场利率）+ 目前净资产 × 复利终值系数（n = 离购房年数，r = 投资报酬率或市场利率）

可负担房贷 = 目前年收入 × 复利终值（n = 离购房年数，r = 预估收入成长率）

$\qquad$ × 负担首付的比率上限 × 年金现值（n = 贷款年限，i = 房贷利率）

$\qquad$ 可负担房屋总价 = 可负担首付款 + 可负担房贷

【例 7 - 6】 郭先生年收入为 10 万元。预估收入增长率为 3%。目前净资产是 15 万元。打算 5 年后购房，投资报酬率为 10%，贷款年限 20 年，利率以 6% 计算。郭先生一家的净资产中负担首付的比率上限为 40%。届时可以负担的房价为：

$\qquad$ 首付款部分 = 10 × 40% × 6.11 + 15 × 1.611 = 48.6（万元）

$\qquad$ 贷款部分 = 10 × 1.159 × 40% × 11.47 = 53.2（万元）

$\qquad$ 可以负担的房价 = 首付款 48.6 + 贷款 53.2 = 101.8（万元）

2. 可负担房屋总价的预测。应该买多少平方米的住房，取决于家中人数对空间舒适度的要求。若 5 年后才准备买房，以届时需要同住人数计算所需要平方米数，三室两厅是最普通的格局。若除去基本的卧室、厨房外，再加上功能性的书房或家庭影院，所需空间会更大一些。家庭成员平均每人若有 40 ~ 50 平方米的空间，就可以享受宽敞舒适的家居生活。以三口之家的郭先生为例，理想的住家是四室两厅，以 150 平方米规划。

$\qquad$ 可负担房屋总价/需求平方米 = 可负担房屋单价

$\qquad$ 可负担购房单价 = 101.8 万元/150（平方米）= 6 800（元/平方米）

若房价中还应当包含对车位的需求，车位以 10 万元估计，则：

$\qquad$ 可负担购房单价 =（101.8 万元 - 10 万元）/150（平方米）= 6 120（元）

3. 购房环境需求。房价取决于区位和面积两个主要因素。区位生活功能越佳，单价就越高；住房面积越大，总房价就越高。住房大小主要决定于居住成员的数目，及对住宅功能和生活质量的要求。需要考虑的重点包括居住社区的生活品质、距上班地点或子女就学地点的远近及学区等，否则子女读书会有交通、路途时间等额外支出。区位是决定房价的重要因素，应该考虑家庭负担能力以及时间、交通成本与房价成本间的差异进行选择。

（二）换房规划案例

换房时需要考虑旧房能卖多少钱，另外还需要计算如下数据：

首付款 = 新房净值 - 旧房净值 = （新房总价 - 屋贷款） - （旧房总价 - 旧房贷款）

【例7-7】 如郭先生出售旧房能得到60万元，尚有未归还款34万元，看中的新房价值100万元，拟贷款60万元，应该如何作换房规划？

$$应筹集首付款 = （100 - 60） - （60 - 34） = 14 （万元）$$

此时需要考虑的是，手边可变现的资产是否有14万元，未来是否有能力归还60万元房贷。以利率6%、20年本利平均摊还计算，（60万元/11.47）/12 = 4 359（元），每月要缴纳本息为4 359元，较原来的30万元贷款负担已经倍增。

换房时旧房尚剩余若干贷款余额，可以每年本金平均摊还额 × 年金现值系数（n = 房贷剩余年数，r = 房贷利率）计算。若旧房原贷款40万元，利率6%、贷款20年，每年摊还额3.5万元，经过5年后若利率不变，此时15年6%的年金现值系数为9.712，3.5 × 9.712 = 34（万元）。如首次购房时已经用尽手头现金，每月房贷额又缴纳得很辛苦，就没有加价换房的能力。

换房时新房需要多少贷款额，应考虑目前的金融资产与储蓄能力。

$$新房贷款额 = 新房总价 - 售屋净流入 - 首期付款$$

假设目前有金融资产10万元，年收入12万元，消费支出7万元。现购买房屋的价值为60万元，房贷40万元，贷期20年。若投资报酬率为8%，计划5年后再换新房。若房贷利率也是6%，每年摊还额 = $40 / a_{20 \rceil 0.06}$ = 3.5（万元），5年后剩余房贷额 = $3.5 \times a_{15 \rceil 0.06}$ = 34（万元），5年内可存入首付款 = $10 \times （1 + 0.08）^5 +$ （12 - 7 - 3.5） $\times a_{15 \rceil 0.06}$ = 14.7 + 8.8 = 23.5（万元），售屋净流入 = 60 - 34 = 26（万元）。

若新房总价为100万元，新房贷款额 = 新房总价100万元 - 售旧房净流入26万元 - 可准备首付款23.5万元 = 50.5万元。$50.5 / a_{20 \rceil 0.06}$ = 4.4（万元），仍在未考虑本金摊还前的收支余额5万元以内，表示此换房计划可行。最高换房总价 = 26 + 23.5 + $5 \times a_{20 \rceil 0.06}$ = 106.8（万元）。

若对投资报酬率高于房贷利率没有足够的把握，只想尽快把房贷还清时，则首次购房将金融资产10万元加入首付款，只要再贷款30万元即可。以年储蓄5万元来算，30/5 = 6，查年金现值系数表，$a_{7 \rceil 0.06}$ = 5.582，$a_{8 \rceil 0.06}$ = 6.210，用公式计算每年本利摊还5万元，7.66年就可以还清本息。5年后还剩下的2.66年，$5 \times a_{2.66 \rceil 0}$ = 12（万元）。届时售屋净流入 = 60 - 12 = 48（万元），以48万元作首付款，若要买100万元的房子还要贷款52万元，52/5 = 10.4，$a_{17 \rceil 0.06}$ = 10.447。表示在尽早还款的前提下，若收支余额不变，17年就可以把换房后的贷款还清。以 48 + $5 \times a_{20 \rceil 0.06}$ = 105.3（万元），最多可换

105.3 万元的房子，比上例 106.8 万元稍低，为投资报酬率 8% 与贷款利率 6% 的差距。

若离首次购房时间已久，房价有大幅增长，利率有大幅降低，储蓄增长又够快，在上述四项条件下仍有换房的较大可能性。若首次购房 30 万元，需要首付款 10 万元用积蓄支付，20 万元贷款，利率 10%，用当时的储蓄 2 000 元支付。10 年后旧房价为 50 万元，储蓄增长至每月 4 000 元，房贷利率降至 6%。此时旧房贷可以用额外的储蓄提前还清，可用卖掉旧房所剩的 50 万元作首付款，每月 4 000 元的储蓄足以支付 55 万元的贷款，来购买价值 105 万元的较大房子。

（三）购买房地产用于出租

有些人在作购房规划时，第一次买的房子并非用来自住，而是先用来出租。只要租金收入足以抵消房贷支出，就可以借此回避未来购置住宅时房价上涨的风险，此时要考虑购房总成本。

总成本 = 资金成本 + 折旧 + 修缮管理 + 换房的空置成本 + 房租所得税 + 房产税

资金的机会成本 = 房价 × 利率

房租所得税 = 房租收入 × 12%

折旧以房价的 1% 保守计算，修缮管理费与房屋的折旧有关，空置成本则要看地段的抢手程度如何。

案例分析：某人以 50 万元买一幢房子用于出租，借到 30 万元房贷。每个月可收房租 2 000 元，买房成本大致为：

资金成本 = 20 万元 × 2%（存款利率）+ 30 万元 × 5%（贷款利率）= 1.9（万元）

折旧成本 = 50 万元 × 1% = 5 000（元）

修缮管理成本以总价 0.5% 计算为 2 500 元。

空置成本为 750 元（空置一个月假设每年换一次方可）。

房租所得税 = 2.4 万元 × 12% = 2 160（元）

故总成本为 3 万元，高于年租金收入 2.4 万元，算起来每月房租要达 2 600 元以上才划算。因此，不能以表面上的房租收益率（房租/房价）高于存款利率就判断购房出租有利可图。

（四）自有资金购房与借入资金购房的决策

房地产是一种实物投资，投资者以所购房地产为抵押，借入总购房成本 70% ~ 80% 的款项。如投资总收入高于借款成本，这种杠杆投资的净收益将会远远高于未使用杠杆的同类投资。

通俗地说，财务杠杆效应就是利用别人的钱为自己赚钱。如有某处房产价值为 100 万元，年租金率 10%，如完全从银行取得贷款来购买该房屋，贷款利率为 5%，房屋年折旧率 2%，粗略估计投资人不用任何花费便可每年净赚 3 万元，这就是运用了财务杠杆的原理。实际上，即使以所投资房地产作抵押，出于安全因素考虑，银行不会为客户提供 100% 的购房贷款。通常情况下因房地产价值的相对稳定性，银行提供所购房价 60% ~ 80% 的贷款还是可行的。在上面的例子中，如银行提供 80% 的贷款，个人投入自有资金 20 万元即可，贷款利息负担减少了 1 万元，投资 20 万元的年收益就为租金收益 10 万元减去利息费用和折旧费用后剩余的 4 万元，年收益率为 20%。如果全部用自有资金投资，年收益率将下降为 8%，但仍然比储蓄存款获利多。事实上，这里尚未考虑房价的增值，一般而言，房价增值要远远超出折旧率，故投资收益率还要高出很多。

从财务学的角度来看，自有资金回报率 = 资产回报率 +（资产回报率 - 债务利息率）× 负债权益比率。如资产回报率高于债务利息率，负债权益比率（及财务杠杆率）越高，自有资金回报率也越高。房地产价值的相对稳定，使得银行愿意对房地产投资进行较高的杠杆融资，从而为房地产投资取得较高回报创造了有利条件。

投资者 A 如计划进行一项房地产投资，其成本为 100 万元。他有使用财务杠杆（以年利率 10% 借入 90 万元）或不使用财务杠杆完全用自己资金购房的两种选择。若投资息税前收入（EBIT）假定为 13 万元，适用税率为 28%，在上述两种选择下，房地产投资财务杠杆使用情况如表 7 - 3 所示。显然，投资者使用财务杠杆，投资收益率大大高于没有使用财务杠杆时的情形。

表 7 - 3　　　　　　　　房地产投资财务杠杆使用情况　　　　　　　　单位：元

	不使用杠杆	使用杠杆
所有者投入额	100 000	100 000
借款额	0	900 000
总投资	1 000 000	1 000 000
息税前收入（EBIT）	130 000	130 000
减项：利息	0	90 000（利率：10%）
税前收入	130 000	40 000
减项：所得税（税率：28%）	36 400	11 200
税收收入	93 600	28 800
投资回报率 = 税后收入/所有者投资额	9.36%	28.80%

理财小贴士

投资理财几大基本功[①]

第一是诚信。

"一个人值得很多人信赖和有很多人值得自己信赖是两笔巨大的财富"。如果这两笔财富都没有，这个人就麻烦了，他一定是不可能通过正当途径致富的，并且只能去做非常简单的和不重要的事，因为人家不相信你，怎么会把重要的事让你来做呢？

第二是财商。

如果你的财商很低，金钱就会比你更精明，你就将为之工作一生。如果你要成为金钱的主人，你就需要比金钱更精明，然后金钱才能按你的要求给你办事，这样你就成了金钱的主人，而不是它的奴隶。只有工作才能赚钱的思想在财务上是不成熟的思想。

第三是要学会推销自己和自己的产品。

---

① 整理自 http://www.china.com.cn/info/2009 - 11/03/content_ 18821075.htm。

当今世界产品太多，人才太多，相类似的产品和相当水平的人才也太多。所以，任何一个人要想使自己或自己的产品被人家重视，就要学会推销。中央电视台知名主持人白岩松说："把一条'哈巴狗'牵到中央电视台去连播30次，这条哈巴狗就变成了一条名狗。一条名狗的价值就再不是那一条哈巴狗的价值了。"所以，同样的产品，会推销的人可以销得更多甚至卖更好的价钱；同样的人才，会推销自己的人能找到更好的工作机会，并且有可能因为多次好机会的积累，使他与那些原来在同一起跑线上的人档次越拉越大，他很可能会越来越优秀。

第四是要学会用钱去赚钱的技术。

不要为了钱去拼命工作，而要学会让金钱为你拼命地去赚钱。世界上有一个非常奇怪的现象：空气对于人来说是最重要的，但空气不要钱；而人一辈子不喝啤酒也不会危及生命，但啤酒却要5元钱一瓶。主要是因为空气不稀缺，而获得啤酒却要付出代价。

投资理财就要学会把资本投资到最有效率的地方，也就是说投资到回报率最高的地方。如果自己有能力当老板，那当然是最好的；当自己没有能力单独当老板时，能与会投资的人合作当老板也是不错的选择；当这种机会也没有时，将自己的钱借给值得信赖的老板按市场行情收取利息也是一条生财之道。当以上机会都没有时，就可以学习选择股票和基金投资。但不管选择怎样的投资方式，都是有技巧的。要想赚钱，就要多学习赚钱的相关知识。

第五是要眼观六路，耳听八方，要有敏锐的市场眼光。

要赚钱就需要经常深入市场，了解价格信息，了解市场的供给和需求状况，并关心国家的政策变化，有时还得关心国际的政治动向。

市场价格千变万化，不管是做常规生意还是买房、炒股、买基金等投资理财活动，如果没有敏锐的市场眼光，那就只能靠碰运气。但谁都知道，靠碰运气是非常危险的。

第六是要学习相关的法律法规。

只有熟悉相关的法律，我们才知道能做什么，不能做什么。如果你缺乏必要的法律知识，能做的事不敢做，不能做的事做了，结果，受到法律惩罚的时候自己还不知道。在法律方面，对于投资者而言，最应该掌握的是《合同法》、《公司法》、《劳动法》和关于税收的法律，而其他的相关的法律知识，不需要花专门的时间去学习，遇到某一方面问题的时候，把相关的法律法规学习一下就可以了。通过反复的积累，你就会成为法律方面的行家里手，足以让你的投资理财能够在法律许可的范围里面进行。

投资理财成功的必备因素还包括厚实的专业基础。除了金融学方面的理论知识以外，还应懂得一点经济学、市场学、营销学、心理学等方面的基本知识，牢牢抓住可能擦肩而过的机会。尽可能练就高超的谈判技巧和书面表达能力，避免在生意场上受制于人，被对方牵着鼻子走；懂得有计划地花钱，事事会算账。

相信具备以上基本功后，对你而言，理财就会变成很容易也很快乐的事情！

思考题与课下学习任务

1. 简述房地产的种类。

2. 简述房地产投资的优缺点。

3. 简述住房抵押贷款的特点。

4. 简述住房抵押贷款的类型。

5. 论述商业性住房抵押贷款的流程。

6. 房地产投资时机受哪些因素影响？

7. 房地产投资地段的选择应考虑哪些事项？

8. 简述期房投资的优缺点。

第八章　家庭税收规划

学习要点

1. 了解与理财相关的中国税制体系。
2. 了解个人所得税的纳税确认及计算。
3. 熟悉税收筹划的原则及技术。
4. 掌握个人所得税的税收筹划的基本技巧。

基本概念

税制　个人所得税　财产税　物业税　车船使用税　印花税　契税　税收筹划

第一节　个人所得税基础知识

税收是最主要的财政收入来源，是国家加强宏观调控的重要经济杠杆，对国民经济社会的加快发展具有十分重要的影响。经过 1994 年税制改革和近几年来的逐步完善，我国已初步建立了适应社会主义市场经济体制的税收制度。它对保证财政收入，加强宏观调控，深化改革，扩大开放，促进国民经济的持续、快速、健康发展，都起到了重要作用。

目前，中国的税收制度共设有 24 个税种，按其性质和作用大致可以分为八类，如表 8 - 1 所示。

表 8 - 1　　　　　　　　　　　　中国现行税制体系

税种	内容
流转税类	增值税、消费税、营业税
所得税	企业所得税、个人所得税
资源税类	资源税、城镇土地使用税
特定目的税类	城市维护建设税、耕地占用税、土地增值税
财产税类	房产税、城市房地产税、遗产税（尚未开征）
行为税类	车船使用税、车船使用牌照税、印花税、契税、证券交易税（尚未开征）
农业税类	农牧业税、农林特产税（已停止征收）
关税	关税

个人理财规划主要涉及个人所得税的规划，故对其他税种不再赘述。个人所得税是指对个人（自然人）取得的各项应税所得征收的一种税。

一、纳税人

在中国境内有住所的个人，或者无住所而在中国境内居住满 1 年的个人，被称为居民纳税人，应当就其从中国境内、境外取得全部所得纳税。在中国境内无住所又不居住，或者无住所而在中国境内居住不满 1 年的个人，即非居民纳税人，应当就其从中国境内取得的所得纳税。

二、征税项目和应纳税额计算

我国现行个人所得税采用分项目所得税制，对工资薪金所得、个体工商户的生产经营所得、劳务报酬所得、稿酬所得、利息股息红利所得及财产租赁所得、财产转让所得、偶然所得等 11 个应税项目按所对规定的费用扣除标准和适用税率计算。

三、主要免税项目

个人所得税的应税项目不同，且取得某项所得所需的费用也不相同，计算个人应纳税所得额，需按不同应税项目分项计算。以某项应税项目的收入额减去税法规定的该项费用减除标准后的余额，为该项应纳税所得额。

四、个人所得税费用减除标准

（一）工资薪金所得计税方法

以纳税人每月取得工资、薪金收入额度减除 3 500 元起征点后的余额为应纳税所得额，按照 7 级超额累进税率计算应纳税额，个人所得税税率表如表 8 - 2 所示。

表 8 - 2　　　　　　　　　　个人所得税税率表（一）

级数	全月应纳税所得额	税率	速算扣除数
1	不超过 1 500 元的部分	3%	0
2	超过 1 500 元至 4 500 元的部分	10%	105
3	超过 4 500 元至 9 000 元的部分	20%	555
4	超过 9 000 元至 35 000 元的部分	25%	1 005
5	超过 35 000 元至 55 000 元的部分	30%	2 755
6	超过 55 000 元至 80 000 元的部分	35%	5 505
7	超过 80 000 元的部分	45%	13 505

（二）个体工商户的生产经营所得计税方法

个体工商户的生产经营所得，以纳税人每一纳税年度的生产、经营收入总额，减除与其收入相关的成本费用及损失后的余额，为应纳税所得额。按照 5 级超额累进税率计算应纳税额，相关的税率表如表 8 - 3 所示。

表 8 - 3　　　　　　　　　　个人所得税税率表（二）

	全年应纳税所得额	税率	速算扣除数
1	不超过 15 000 元的部分	5%	0
2	超过 15 000 元至 30 000 元的部分	10%	750
3	超过 30 000 元至 60 000 元的部分	20%	3 750
4	超过 60 000 元至 100 000 元的部分	30%	9 750
5	超过 100 000 元的部分	35%	14 750

成本费用是指纳税义务人从事生产经营所发生的各项直接支出和分配计入成本的间接费用，包括销售费用、管理费用、财务费用；损失是指纳税义务人在生产、经营过程中发生的各项营业外支出。上述生产经营所得，包括企业分配给投资者个人的所得和企业当年留存的所得（利润）。

个人独资企业的投资者以全部生产经营所得为应纳税所得额；合伙企业的投资者按照合伙企业的全部生产经营所得和合伙协议约定的分配比例，确定应纳税所得额。合伙协议没有约定分配比例，以全部生产经营所得和合伙人数量平均计算每个投资者的应纳税所得额。

对企事业单位的承包承租经营所得，以纳税人每一纳税年度的收入总额减除必要费用后的余额为应纳税所得额，依法计算应纳税额。

每一纳税年度的收入总额，是指纳税义务人按照承包承租经营合同规定分得的经营利润和工资薪金性的所得；所说的减除必要费用，是指按月减除 2 000 元。

（三）劳务报酬所得、稿酬所得、特许权使用费所得、财产租赁所得计税方法

每次收入不超过 4 000 元的，减除费用 800 元；超过 4 000 元的减除 20% 的费用扣除后金额在 2 万元以下的，其 20% 为应交所得税；扣除后金额在 2 万至 5 万元的，其 30% 应交 2 000 元为应交所得税；扣除后金额在 5 万元以上的，其 40% 应交 7 000 元为应交所得税。

（四）财产转让所得计税方法

财产转让所得，以纳税人转让财产的收入额减除财产原值和合理费用后的余额，为应纳税所得额，税率为 20%。

财产原值是指，有价证券为买入价以及买入时按照规定交纳的有关费用；建筑物为建造费或者购进价格以及其他有关费用；土地使用权为取得土地使用权所支付的金额，开发的土地的费用以及其他有关费用；机器设备、车船，为购进价格、运输费、安装费以及其他有关费用；其他财产参照以上方法确定。

纳税义务人未提供完整、准确的财产原值凭证，不能正确计算财产原值的，由主管税务机关核定其财产原值。合理费用是指卖出财产时按规定支付的有关费用。

（五）利息股息红利所得和偶然所得计税方法

利息股息红利所得、偶然所得和其他所得，以纳税人每次取得的收入额为应纳税所得额，税率为 20%。

个人取得应纳税所得，包括现金、实物和有价证券。所得为实物的，应当按照取得的凭证上所注明的价格计算应纳税所得额；无凭证的实物或凭证上所注明的价格明显偏低的，由主管税务机关参照当地的市场价格核定应纳税所得额。所得为有价证券的，由主管税务机关按市场价格核定应纳税所得额。

五、个人所得税税收优惠

《个人所得税法》及实施条例和财政部、国家税务总局的若干规定等，对个人所得项目给予了减税免税的优惠。了解这些政策对纳税人正确合法纳税，合法避税等，是非常有必要的。

（一）下列各项个人所得免征个人所得税

1. 省级人民政府、国务院部委和中国人民解放军军以上单位，以及国外组织、国际组织颁发的科学、教育技术、文化、卫生、体育、环境保护等方面奖金，免征个人所得税。

2. 国债和国家发行的金融债券的利息收益。根据《个人所得税法》的规定，个人投资国债和特种金融债所得利息免征个人所得税。

3. 按照国家统一规定发给的补贴、津贴。

4. 福利费、抚恤金、救济金。这里所说的福利费，是指由于某些特定事件或者原因而给职工或其家庭的正常生活造成一定困难，企事业单位、国家机关、社会团体从其根据国家有关规定提留的福利费或者工会经费中，支付给职工的临时性生活困难补助。

下列收入不属于免税的福利费范围，应当并入工资、薪金收入计征个人所得税：从超出国家规定的比例或基数计提的福利费、工会经费中支付给个人的各种补贴、补助，从福利费和工会经费中支付给单位职工的人人有份的补贴、津贴，单位为个人购买汽车、住房、电子计算机等不属于临时性生活困难补助性质的支出。

5. 达到离退休年龄，但确因工作需要，适当延长离休退休年龄的高级专家（指享受国家发放的政府特殊津贴的专家、学者），其在延长离休退休期间的工资薪金所得，视同退休工资、离休工资免征个人所得税。

6. 企业和个人按照国家或地方政府规定的比例提取并向指定金融机构实际缴纳的住房公积金、医疗保险费、基本养老保险金，不计入个人当期的工资、薪金收入，免征个人所得税。超过国家或地方政府规定的比例交付的住房公积金、医疗保险费、基本养老保险金，其超过规定的部分应当并入个人当期工资、薪金收入，计征个人所得税。个人领取原提存的住房公积金、医疗保险费、基本养老保险金免征个人所得税。

7. 对个人取得的教育储蓄存款利息所得以及国务院财政部门确定的其他专项储蓄存款或者储蓄性专项基金存款的利息所得，免征个人所得税。储蓄机构内从事代扣代缴工作的办税人员取得的扣税利息税手续费所得，免征个人所得税。保险公司支付的保险赔款，免征个人所得税。

8. 个人将其所得通过中国境内的社会团体、国家机关向教育和其他社会公益事业以及遭受严重自然灾害地区、贫困地区捐赠，捐赠额为超过纳税义务人申报的应纳税所得额30%的部分，可以从其应纳税所得额中扣除。

9. 按照国家统一规定发给干部、职工的安家费、退职费、退休费、离休工资、离休生活补助费，免征个人所得税。军人的转业费、复员费，免征个人所得税。

10. 根据国家赔偿法的规定，国家机关及其工作人员违法行使职权，侵犯公民的合法权益，造成损害的，受害人依法取得的赔偿金不予征税。

11. 个人通过非营利性社会团体和国家机关向农村义务教育的捐赠，准予在缴纳个人所得税前的所得额中全额扣除。

12. 投资基金。基金获得的股息、红利及企业债券利息收入，由上市公司向基金派发时已经代扣代缴20%的个人所得税，基金向个人投资者分配时不再代扣缴税。目前，居民投资的开放式基金主要有股票型基金、债券型基金和货币型基金等。

13. 人民币理财。目前银行发行的人民币理财产品数量不多，收益率略低于货币市场基金。国家还没有出台代扣个人所得税的政策，这类理财产品可以避税。

14. 信托产品。信托产品年收益率一般能达到 4% 以上，风险远高于储蓄、国债，但低于股票及股票型基金。国家对信托收益的个人所得税缴纳也暂无规定。

15. 我国政府参加的国际公约、签订的协议中规定免税的所得，免征个人所得税。

16. 个人购买体育彩票，凡一次中奖收入不超过 1 万元的暂免征收个人所得税，超过 1 万元的应按规定征收个人所得税。

17. 保险理财。参加保险获得的各类赔偿免税。同时，为了配合建立社会保障制度，促进教育事业的发展，国家对封闭式运作的个人储蓄性教育保险金、个人储蓄型养老保险金、个人储蓄型失业保险金、个人储蓄型医疗保险金等利息所得免征所得税。

18. 个人转让自用达 5 年以上，并且是唯一的家庭生活用房取得的所得免征所得税。

19. 按照规定，个人转让上市公司股票取得的所得暂免征收个人所得税。

20. 个人举报、协查各种违法、犯罪行为而得到的奖金，按照规定暂免征收个人所得税。

（二）下列情形可减征个人所得税

下列项目经批准可以减征个人所得税，减征的幅度和期限由各省、自治区、直辖市人民政府决定。

1. 残疾、孤老人员和烈属的所得。

2. 因严重自然灾害造成重大损失的。

3. 其他经国务院财政部门批准减税的。

4. 稿酬所得可以按照应纳税额减征 30%。

对个人从基层供销社、农村信用社取得的利息或者股息、红利收入是否征收个人所得税由省、自治区、直辖市税务局报请政府确定，报财政部、国家税务总局备案。

第二节　税 收 筹 划

一、税收筹划的概念

（一）税收筹划的定义

税收筹划就是日常所说的合理避税或节税。具体含义是指纳税义务人依据税法规定的优惠政策，采取合法的手段，最大限度地享用优惠条款，以达到减轻税收负担的合法行为。对个人来说是指根据政府的税收政策导向，通过经营结构和交易活动的安排，对纳税方案进行优化选择，对纳税地点作低位选择，从而减轻纳税负担，取得正当的税收收益。

从定义表述中，我们可以看出：税务筹划的主体是具有纳税义务的单位和个人，即纳税人；税收筹划的过程或措施必须科学，在税法规定的范围内并符合立法精神的前提下，通过对经营、投资、理财活动的精心安排才能达到；税收筹划的结果是获得节税收益。只有同时满足这三个条件，才能说是税收筹划。偷税尽管也能节省税款，但因手段违法，不属于税收筹划的范畴，被绝对禁止；不正当避税违背了国家的立法精神，也不属于税收筹划的范畴。

（二）避税与税收筹划

避税是指纳税义务人以合法或半合法的手段减轻或避免纳税义务的行为。通常人们将税收筹划与避税混为一谈，实质上两者并不完全一致。税收筹划是国家鼓励提倡的合法行为，避税的实质则在于钻税法的空子，俗称打税法的"擦边球"，对此给予必要的界定是应当的。

（三）节税与税收筹划

节税一般是指在多种盈利的经济活动方式中，选择税负最轻或税收优惠最多的而为之，以达到减税的目的。在税法中，有些规定的税额计算办法有多种，可以由纳税人自行选择，何者要以较低税率纳税，何者可以得到定期减免税优惠，投资者可以选择最为有利者。此外，企业在实际经营中，还可以通过控制所得实现时间等方法来减轻当期税负或延后纳税，延后缴纳税款就如同得到一笔无息贷款。

（四）税收筹划的分类

1. 按是否涉及不同的税境分类

（1）国内税收筹划，是纳税人利用国内税法提供的条件、减少税负的可能进行的税收筹划。

（2）国际税收筹划，是指纳税人的税收筹划活动一旦具备了某种涉外因素，从而与两个或两个以上国家的税收管辖权产生联系。它是在不同税境（国境）下的税收筹划，比国内税收筹划更复杂。

2. 按税收法规制度分类

（1）利用选择性条款税收筹划，是针对税法中某一项目、某一条款规定的内容，纳税人从中选择有利于自己的内容和方法，如纳税期、折旧方法、存货计价方法等。

（2）利用伸缩性条款税收筹划，是针对税法中有的条款在执行中有弹性，纳税人按有利于自己的理解去执行。

（3）利用不明确条款税收筹划，是针对税法中过于抽象、过于简化的条款，纳税人根据自己的理解，从有利于自身利益的角度去进行筹划。

（4）利用矛盾性条款税收筹划，是针对税法相互矛盾、相互冲突的内容，纳税人进行有利于自己的决策。

二、税收筹划原则

税收筹划是纳税人在充分了解掌握税收政策法规基础上，当存在多种纳税方案可供选择时，以税收负担最低的方法来处理财务、经营、组织及交易事项的复杂筹划活动。要做好税收筹划活动，必须遵循以下基本原则。

（一）合法性

税收筹划在合法条件下进行，是以国家制定的税法为对象，对不同的纳税方案进行精细比较后作出的优化选择。一切违反法律规定，逃避税收负担的行为，都属于偷逃税范畴，要坚决反对和制止。税收筹划必须坚持合法性原则。

坚持合法性原则必须注意以下三个方面：（1）全面、准确地理解税收条款和税收政策的立法背景，不能断章取义；（2）准确分析判断采取的措施是否合法，是否符合税法规定；（3）注意把握税收筹划的时机，要在经营、投资、理财的纳税义务发生之前，通过周密精细的筹划来达到节税的目的，不能在纳税义务已经发生，再人为地通过所谓的补救措施来推迟或逃避纳税义务。

（二）节税效益最大化

税收筹划本质是对税款的合法节省。税收筹划中当有多种纳税方案可资比较时，通常选择节税效益最大的方案作为首选方案。坚持节税收益最大化，并非单就某一税种而言，也非单是税收问题，还应综合考虑其他很多指标。不仅要"顾头"，还要"顾尾"，从而理解和把握好这一原则。

（三）筹划性

筹划性是由税收的社会政策所允许和引发的。国家贯彻社会政策，以促进国家经济发展和实施其社会目的，从而运用税收固有的调节功能，作为推进国家经济政策和社会政策的手段，税收的政策性和灵活性是非常强的。纳税人通过一种事先计划、设计和安排，在进行筹资、投资等活动前，把这些行为所承担的相应税负作为影响最终财务成果的重要因素考虑，通过趋利避害来选取最有利的方式。

（四）综合性

综合性原则是指纳税人在进行税务筹划时，必须综合规划以使整体税负水平降低。纳税人进行税务筹划不能只以税务轻重作为选择纳税的唯一标准，应该着眼于实现自身的综合利益为目标。税务筹划时还要考虑与之有关的其他税种的税负效应，进行整体筹划，综合衡量，力求整体税负和长期税负最轻。

三、税收筹划技术

税收筹划的关键是运用各种节税技术，合法地使纳税人缴纳尽量少的税收的技术手段与运作技巧。在税收筹划理论研究与时间运作的基础上，可以把节税技术归纳为免税技术、减税技术、税率差异技术、分劈技术、扣除技术、抵免技术、延期纳税技术和退税技术（以下择要介绍）。八种节税技术可单独运用，也可以联合运用。如同时采用两种或两种以上节税技术时，必须注意各种节税技术间的相互影响。

（一）免税技术

免税技术是指在合法、合理的情况下，使纳税人成为免税人，或使纳税人从事免税活动，或使征税对象免纳税负的税收筹划技术，包括自然人免税、机构公司免税等。

免税实质上相当于财政补贴，各国一般有两类不同目的的免税：税收照顾性的免税，对纳税人是一种财务利益补偿；税收奖励性的免税，对纳税人是财务利益的取得。照顾性免税往往是在非常情况或非常条件下才能取得，一般只是弥补损失，税收筹划不能利用其来达到节税目的；只有取得国家奖励性免税才能达到节税目的。

（二）扣除技术

扣除技术是指在合法和合理的情况下，使扣除额增加而直接节税，或调整各个计税期的扣除额而相对节税的税收筹划技术。在同等收入的情况下，各种扣除额、宽免额、冲抵额等越大，计税基数就会越小，应纳税额越小，所节减的税款就越多。

扣除技术可用于绝对节税，通过扣除使计税基数绝对额减少，从而使绝对纳税额减少；也可用于相对节税，通过合法、合理地分配各个计税期的费用扣除和亏损冲抵，增加纳税人的现金流量，起到延期纳税的作用，从而相对节税，与延期纳税技术原理有类似之处。扣除是适用于所有纳税人的规定，几乎每个纳税人都能采用此法节税，是一种能普遍运用、适用范围较大的税收筹划技术。扣除在规定时期相对稳定，采用扣除技术进行税收筹划具有相对稳定性。

（三）延期纳税技术

延期纳税技术，是指在合法、合理的情况下，使纳税人延期纳税而相对节税的税收筹划技术。纳税人延期缴纳本期税收并不能减少纳税人纳税总额，但等于得到一笔无息贷款，可以增加纳税人本期的现金流量，使纳税人在本期有更多的资金用于资本投资；如存在通货膨胀和货币贬值现象，延期纳税还有利于企业获得财务收益。

延期纳税技术是运用相对节税原理，利用货币时间价值来节减税收，属于相对节税型税收筹划技术，一定时期的纳税绝对额并没有减少。延期纳税技术可利用相关税法规定、会计政策与方法选择及其他规定进行节税，几乎适用于所有纳税人，适用范围较大。延期纳税主要是利用财务原理，而非相对来说风险较大、容易变化的政策，具有相对确定性。

（四）退税技术

退税技术是指在合法、合理的情况下，使税务机关退换纳税人已缴纳税款而直接节税的税收筹划技术。在已缴纳税款的情况下，退税无疑是对已纳税款的偿还，所退税额越大，相当于节税额越大。退税技术直接减少纳税人的税收绝对额，属于绝对节税型税收筹划技术；退税技术节减的税收，一般通过简单的退税公式就能计算出来，有些国家还给出简化的算式，更简化了节减税收的计算；退税一般只适用于某些特定行为的纳税人，适用范围较小；国家之所以用退税鼓励某种特定投资行为，往往是因为这种行为有一定的风险，这使退税技术的采用同样具有一定的风险性。

第三节　税收筹划策略

一、个人所得税筹划策略

随着经济发展和个人收入水平的不断提高，个人储蓄存款的增加及纳税意识的增强，投资理财在经济生活中占有越来越重要的地位，也越来越成为热门话题。在金融理财理念的驱动下，个人手中的余钱在获得投资收益的同时，如何通过合法途径合理筹划个人所得税呢？

（一）个人所得税筹划的若干规定

1. 纳税人身份的认定。一是居民纳税人与非居民纳税人的认定，二是享受附加减除费用的纳税人身份的认定。两项身份认定见于本章和前章内容，这里从略。

2. 所得来源的确定。对纳税人所得来源的判断应反映经济活动的实质，要遵循方便税务机关实行有效征管的原则。所得来源地的具体判断方法如下：

（1）工资薪金所得，以纳税人任职受雇的公司、企事业单位、机关团体等单位的所在地作为所得来源地。

（2）生产经营所得，以生产、经营活动实现地作为所得来源地。

（3）劳动报酬所得，以纳税人实际提供劳务的地点作为所得来源地。

（4）不动产转让所得，以不动产坐落地为所得来源地；动产转让所得以实现转让的地点为所得来源地。

（5）财产租赁所得，以被租赁财产的使用地作为所得来源地。

（6）利息股息红利所得，以支付利息股息红利的企业、机构、组织的所在地作为所得来源地。

（7）特许权使用费所得，以特许权的使用地作为所得来源地。

（8）境内竞赛的奖金、境内有奖活动的奖金、境内彩票的奖金，境内以图书、报刊等方式发表作品的稿酬，以其收入实现地为所得来源地。

（二）税收筹划的基本策略

税收筹划是通过各种方法，将客户的税负合法地减到最低，这些方法即构成税收筹划的基本策略。影响应纳税额通常有计税依据和税率两个因素，计税依据越小，税率越低，应纳税额就越小。税收筹划无非是从这两个因素入手，找到合理、合法的办法来降低应纳税额。税收计划的基本出发点是，在充分考虑客户风险偏好的前提下，优化客户的财务状况。下面对税收计划中可能用到的几种税收策划策略作个简单介绍。

1. 收入分解转移。所得税在大部分国家都采用超额累进税制，这意味着如能将收入和其他所得以较低的边际税率征税，就可减少税负支出，获得显著的税收利益。收入分解转移的核心，是将收入从高税率的纳税人转移到低税率的纳税人，从而使收入在较低的边际税率上征税。

我国的个人所得税对工资薪金所得适用的是 9 级超额累进税率；个体工商户的生产经营所得和对企事业单位的承包经营、承租经营所得适用的是 5 级超额累进税率；劳务报酬所得征收比例税率，但一次收入畸高的实行加成征收原则，实际适用的也是超额累进税率。超额累进税率的重要特点，是随着应税收入增加，适用税率也相应提高。对纳税人而言，收入集中意味着税负增加，收入分散便意味着税负减轻。

根据《个人所得税法实施条例》第三十七条，纳税义务人兼有《个人所得税法》规定征税范围中两项或以上所得的，应分项分别计算纳税；在中国境内两处或两处以上取得工资薪金所得，个体工商户的生产经营所得，对企事业单位的承包承租经营所得，同项所得合并计算纳税，纳税人应根据自己的实际情况，尽量将可以分开的各项所得分开计算，以使各部分收入使用较低税率，从而达到总体税负最轻的目的。除此之外，税法中还规定了一些具体做法，充分利用这些政策，会有利于纳税人的节税筹划。

2. 分次申报纳税的税收筹划。如某甲在一段时期内为某单位提供相同的劳务服务，该单位或一季，或半年，或一年一次付给某甲劳务报酬。这笔劳务报酬虽是一次取得，但不能按一次申报缴纳个人所得税。假设该单位年底一次付给某甲一年的咨询服务费 6 万元，按一次申报纳税的话，其应纳税所得额如下

$$应纳税所得额 = 60\,000 - 60\,000 \times 20\% = 48\,000（元）$$

属于劳务报酬一次收入特别高，应按应纳税额加成征收，其应纳税额如下

$$应纳税额 = 48\,000 \times 30\% - 2\,000 = 12\,400（元）$$

该个人如以每个月的平均收入 5 000 元分别申报纳税，每月应纳税额和全年应纳税额为

$$每月应纳税额 = （5\,000 - 5\,000 \times 20\%）\times 20\% = 800（元）$$
$$全年应纳税额 = 800 \times 12 = 9\,600（元）$$
$$12\,400 - 9\,600 = 2\,800（元）$$

按月纳税可规避税收 2 800 元。

3. 收入转移的税收筹划。与投资相关的收入可在家庭成员之间进行转移来获得税收利益，其中与投资相关的收入包括利息、股利、租金收入和其他业务收入。在通常情况下，为了转移与资产相关的收入，需要先将该资产的所有权转移出去。一般来说，可通过赠与和销售两种常用方法做这种转移。

（1）合伙。家庭合伙是用于减税目的的一种有效税务计划工具，大致做法是家庭成员共同进行贸易或投资合伙经营，然后将主要收入获得者的所得在家庭成员之间进行分解，这就使得收入在较低的边际税率上征税，从而达到减少税负支出的目的。

有些国家的税务机关认同家庭合伙来减少税负支出的行为。还有一些国家，税务机关已经意识到合伙经营可以被用做收入分解的工具。为抑制这种行为，当合伙人并没有对合伙实体进行实际和有效的控制或处置，税务机关将提高对合伙收入的税率，在这些情况下，所适用的税率通常是最高的边际税率。在把家庭合伙收入用于减税目的时，要充分考虑这些限制性条款。

（2）家庭信托。收入的分解转移还可以通过家庭信托进行。具体来说，可采用全权信托和单位信托等形式。单位信托是将信托财产的收益权分成一定数量的信托单位，且信托资产完全由信托单位持有者所有。单位信托形式中，信托管理人没有任何自由处置信托资本和决定收入分配的权力。在全权信托形式中，信托管理人可每年决定一次哪些信托受益人应获得收入分配权。全权家庭信托可以使家庭成员间的收入和资产分配具有更多的灵活性。家庭信托可以进行收入的分解转移，从而减少税负支出。

（3）赠与。赠与是最常用的收入分解转移法，尤其是在一些不征收赠与税的国家（如澳大利亚），赠与在税务计划中被广泛应用。赠与并不仅仅是将资产赠送给他人这么简单。成功地运用赠与进行收入分解转移，需要满足一定的条件。受赠者必须在与所赠资产相关的收入实现之前取得资产的所有权或者取得与资产相关的收益权。要使赠与有效地用于减税目的，赠与还必须是不可撤回的。如赠与双方达成一致，在未来的某个时间，受赠者要将赠与物归还给赠与者，那么从赠与物上所获得的收入仍然要计入赠与者的收入中进行纳税。此外，潜在的资本利得税也是在赠与运用中必须充分考虑的因素。

（4）销售。销售同赠与一样是常用的收入分解转移手段，通过销售盈利性的资产，可以将收入从高边际税率的个人转移到低边际税率的家庭成员（或家庭信托）手中，从而达到减少税负支出的目的。这种销售既可以用现金支付，也可以采用负债的形式。后者的债务应当是免息的，即使有利息支出也必须低于从资产上获得的收入。很多国家销售自产产品，都要征收资本利得税和印花税。

4. 收入延期的税收筹划。纳税人可以通过将本纳税年度的收入延迟到下一纳税年度，或者将以后期间的扣减额提前到本纳税年度，来减少目前的税负。假设某国的纳税年度截至每年的 6 月 30 日之前，可将奖金、利息等收入延迟到 6 月 30 日之后，从而获得减税收益。

收入延期的减税收益从两方面获得：在未来税率保持稳定的情况下，将收入延期可以获得所延期收入应纳税额的时间价值；如预计未来税率会下降，通过收入延期不仅可获得延期收入应纳税额的时间价值，还可以减少应纳税额。

5. 资本利得的税收筹划。一般来说，投资收益需要在实际获得纳税年度纳税。个人从投资中既获得利息、股利等收入，又得到投资本身的增长，即资本利得。从税收角度来看，从投资中获得利息、股利等收入，一旦获得就必须交税，而资本利得则是在最终卖出资产，实现利得时才需要缴税。由此可见，能产生资本利得的投资可以有效地延缓税收负担。在某些国家和地区，法律规定资本利得不需要交税，在这种情况下，进行此类投资对客户更有利。

6. 资产销售时机的税收筹划。在减少税负支出的各种策略中，选择资产销售时机是一种简单但十分有效的策略。所谓资产销售时机就是合理把握和控制资产销售的时机，使客户从销售资产中获得收入与客户的整体收入状况协调一致，以实现税负支出的最小化。

7. 充分利用税负抵减的税收筹划。为鼓励纳税人参与公益活动或其他特殊行为，大多数国家一般都规定了具体的税负抵减项目，允许纳税人在税前抵减这些支出。对个人理财师来说，税负抵减可帮助客户减少应纳税所得额，税务策划中应充分利用这些项目。

税务策划中可能遇到的税负抵减项目包括：慈善捐赠，指捐赠给慈善机构、教育和医疗机构及政府机关的现金及财产等；政治捐款，指捐赠给各种政治团体的资金；老人抵减额，指适用于65岁或以上年龄老人的特别抵减额；残疾人抵减额，指适用于身体或精神上有严重缺陷的个人的特别抵减额；教育培训费，指用户再教育和职业技能培训的费用；儿童保育费，指为了让大人能安心工作而发生的临时照顾、托儿所和其他的育儿费用；离婚赡养费，指根据书面协议或法院判决，由夫妻一方在离婚后支付给另一方的生活费；法律费用，指为了从雇主手中取得未支付工资、解雇费或为了保证合同的执行而发生的各种法律费用。

以上所列只是税负抵减项目中的一部分，且各国各地区的具体规定也有很大区别。因此，个人理财师在帮助客户进行税务策划时，必须认真研究所在国或地区的税负抵减的具体规定，充分利用法律条款，为客户争取最大的税收利益。

二、工资、薪金与劳务报酬的纳税筹划

(一) 收入纳税筹划

工资薪金所得应尽量平均实现，以避免高收入下要适用高税率。如某公民每期收入差异很大，1月工资薪金所得为2 800元，2月工资薪金所得为20 800元，则1月纳税为 (2 800 - 2 000) × 10% - 25 = 55 (元)，2月纳税为 (20 800 - 2 000) × 20% - 375 = 3 385 (元)，合计3 440元。若平均两个月的工资、薪金，则为11 800元，纳税 [(11 800 - 2 000) × 20% - 375] × 2 = 3 170 (元)，节税270元。

劳务报酬所得宜分次计算，避免收入畸高被加成征收。若某项劳务用时数月，可设法把按次纳税转化为按月纳税。如某项劳务服务需用时3个月，报酬为75 000元，若一次性取得收入，应纳税75 000 × (1 - 20%) × 40% - 7 000 = 17 000 (元)，若分三

个月领取收入，每次领取 25 000 元，则应纳税［25 000 × （1 - 20%）×20%］×3 = 12 000（元），节税 5 000 元。

当某月收入为 19 375 元时，按工资薪金所得计算纳税（19 375 - 2 000）×20% - 375 = 3 100（元），按劳务报酬所得计算纳税 19 375 × （1 - 20%）×20% = 3 100（元），两种情况纳税结果一样。所以，当所得少于这一数额时，应设法使之转化为工资薪金；多于这一数额时，则应设法使之成为劳务报酬。

（二）工资薪金与劳务报酬的纳税筹划

某些人同时干两份甚至三份工作，从多处取得收入就需要多处纳税。税收筹划的方法是：如两处收入都较少，可考虑都使其为工资薪金所得。但当收入较高时则要具体分析。如某人从两处取得收入，分别为 10 000 元和 20 000 元。若两处收入都为工资薪金，则纳税 5 625 元；若两处收入都为劳务报酬，则纳税 5 200 元；若 10 000 元为工资薪金，20 000 元为劳务报酬，则工资薪金部分纳税 1 225 元，劳务报酬部分纳税 3 200 元，合计 3 425 元；若 20 000 元为工资薪金，10 000 元为劳务报酬，则工资薪金部分纳税 3 225 元，劳务报酬部分纳税 1 600 元，合计 4 825 元。

如何达到最佳筹划节税效果应仔细计算。收入性质究竟是工资薪金所得还是劳务报酬所得，并非纳税人自己说了算。《个人所得税法实施条例》对工资薪金所得与劳务报酬所得的范围作了严格规定，《征收个人所得税若干问题的规定》进一步明确了其中的区别："工资薪金所得是属于非独立个人劳务活动，即在机关团体、学校、部队、企事业单位及其他组织中任职、受雇而得到的报酬；劳务报酬所得则是个人独立从事各种技艺、提供各项劳务取得的报酬。两者的主要区别是前者存在雇佣与被雇佣的关系，后者则不存在这种关系。"因此，税收筹划的关键问题是，应根据具体情况决定是否签订劳动用工合同，构成雇佣与被雇佣关系。

工资薪金所得的筹划具有一定的局限性，即纳税人必须确实处于税收法规界定的特殊情形之中，没有出现税法规定的这些特殊情形，这种筹划就失去了存在的基础。这种筹划需要按照税法规定的步骤进行。没有纳税人的申请，税务机关不会特意上门帮助解决，自己提出申请很有必要，不提出申请或未经税务机关的核准自行延期纳税，可能的后果就是遭受税务机关的严厉处罚。纳税人还要清楚个人所得税的各种计算方法，并以此计算出应税所得。权衡税负的大小，创造一定的相互转化条件，才能确保筹划成功。

（三）工资化福利的筹划

增加薪金能增加个人收入，满足其消费的需求，但由于工资、薪金个人所得税的税率是超额累进税率，当累进到一定程度，新增薪金带给个人的可支配现金将会逐步减少。把个人现金性工资转为提供必需的福利待遇，照样可以到达消费需求，却可少缴个人所得税。

1. 由企业提供员工住宿，是减少缴纳个人所得税的有效办法，即员工的住房由企业免费提供，并少发员工相应数额的工资。

王经理每月工资收入 6 000 元，每月支付房租 1 000 元，除去房租，王经理可用收入为 5 000 元。王经理应纳的个人所得税为（6 000 - 2 000）×15% - 125 = 475（元）。如公司为王经理免费提供住房，每月工资下调为 5 000 元，则王经理应纳个人所得税为（5 000 - 2 000）×15% - 125 = 315（元）。如此筹划后，王经理可节税 160 元；公司支出没有增加，还可以增加税前列支费用 1 000 元。

2. 企业提供旅游津贴。企业员工利用假期到外地旅游，将旅游发生的费用单据以公务出差的名义带回企业报销，企业则根据员工报销额度降低工资开销。企业并没有增加支出。

3. 员工正常生活必需的福利设施，尽可能由企业提供，并通过合理计算，适当降低员工的工资，企业既不增加费用支出，又能将费用在税前全额扣除，且为员工提供充分的福利设施，对外还能提高自身的形象。员工既享受了企业提供的完善福利设施，又少交了个人所得税，可实现真正意义的企业和员工双赢的局面。

企业一般情况下可为员工提供下列福利：提供免费膳食，提供车辆供职工使用，为员工提供必需的家具及住宅设备。

4. 把一次取得收入变为多次取得收入的筹划。把一次取得收入变为多次取得收入并享受多次扣除，从而达到少缴税的目的。如某专家为一上市公司提供咨询服务，按合同约定该上市公司每年付给专家咨询费 6 万元。如按一次收入申报纳税，应纳税所得额为 $60\ 000 - 60\ 000 \times 20\% = 48\ 000$（元），应纳税额为 $48\ 000 \times 20\% \times (1 + 50\%) = 14\ 400$（元）。如按每月平均 5 000 元分别申报纳税，则其应纳税额为 $(5\ 000 - 5\ 000 \times 20\%) \times 20\% = 800$（元），全年应纳税额为 $800 \times 12 = 9\ 600$（元）。两者相比节约税收 $14\ 400 - 9\ 600 = 4\ 800$（元）。

并非所有的收入都可以通过分解转移来减少税负支出。某些国家就规定工资薪酬收入不得以任何方式在个人之间进行转移。

三、稿酬所得的个人所得税筹划

（一）系列丛书筹划法

我国的《个人所得税法》规定，个人以图书、报刊方式出版、发表同一作品，不论出版单位是预付还是分笔支付稿酬，或者加印该作品再付稿酬，均应合并其稿酬所得按一次计征个人所得税。但对不同作品却是分开计税，这就给纳税人的筹划创造了条件。如果一本书可分成几个部分，以系列丛书的形式出现，则该作品将被认定为几个单独的作品，单独计算纳税，这在某些情况下可以节省纳税人的税款。

使用这种方法应该注意以下几点：该著作可以被分解成一套系列著作，且该种发行方式不会对发行量有太大影响，有时还能促进发行；该种发行方式要想充分发挥作用，最好与著作组筹划法结合；该种发行方式应保证每本书的人均稿酬小于 4 000 元，因为该种筹划方法利用的是抵扣费用的临界点，即在稿酬所得小于 4 000 元时，实际抵扣标准大于 20%。

王教授准备出版一本关于税务筹划的著作，预计将获得稿酬所得 12 000 元。试问王教授应如何筹划？

以 1 本书的形式出版该著作，则应纳税额为 $12\ 000 \times (1 - 20\%) \times 20\% \times (1 - 30\%) = 1\ 334$（元）。在可能的情况下，以 4 本一套的形式出版系列丛书，则每本应纳税额为 $(3\ 000 - 800) \times 20\% \times (1 - 30\%) = 308$（元），总共应纳税额为 $308\ 元 \times 4 = 1\ 232$（元）。王教授如采用系列丛书筹划可节省税款 112 元。

（二）著作组筹划法

如某项稿酬所得预计数额较大，可以考虑使用著作组筹划法，即改一本书由一人写作为多人合作。与上种方法一样，该筹划法是利用低于 4 000 元稿酬的 800 元费用抵扣，该项抵扣的效果会大于 20% 抵扣标准。

运用这种筹划方法应当注意，成立著作组后个人的收入会比单独创作少，虽然少缴税款，但个人的最终收益减少。这种筹划法一般用在著作任务较多，比如有一套书要出，或者成立长期合作的著作组。且因长期合作，节省税款的数额也会由少积多。

如某大学张教授准备写一本财政学教材，出版社初步同意该书出版之后支付稿费 24 000 元。如张教授单独著作，应纳税 $24\,000 \times (1-20\%) \times 20\% \times (1-30\%) = 2\,688$（元）。如张教授采取著作组筹划法，并假定该著作组共 10 人，则总共应纳税 $(2\,400-800) \times 20\% \times (1-30\%) \times 10 = 2\,240$（元）。

（三）费用转移筹划

根据税法规定，个人取得的稿酬所得只能在一定限额内扣除费用。众所周知，应纳税款的计算是用应纳税额乘以税率而得，税率是固定不变的，应纳税所得额越大，应纳税额就越大。如果能在现有扣除标准下，再多扣除一定的费用或想办法将应纳税所得额减少，就可以减少应纳税额。

一般的做法是和出版社商量，让其提供尽可能多的设备或服务，以将有关的费用转移给出版社，自己基本上不负担费用，使稿酬所得相当于享受到两次费用抵扣，从而减少应纳税额。可考虑由出版社负担的费用有资料费、稿纸、绘画工具、作图工具、书写工具、其他材料、交通费、住宿费、实验费、用餐、实践费等。现在普遍对收入明晰化的呼声较大，而且由出版社提供写作条件容易造成不必要的浪费，出版社可考虑采用限额报销制，问题就好解决了。

某经济学家欲创作一本关于中国经济发展状况与趋势的专业书籍，需要到广东某地区进行实地考察，与出版社达成协议，全部稿费 20 万元，预计到广东考察费用支出 5 万元，应该如何筹划呢？

如果该经济学家自己负担费用，则应纳税额为 $20 \times (1-20\%) \times 20\% \times (1-30\%) = 2.24$（万元），实际收入为 $20-2.24-5 = 12.76$（万元）。如改由出版社支出费用，限额 5 万元，则实际支付给该经济学家的稿费 15 万元，应纳税额为 $15 \times (1-20\%) \times 20\% \times (1-30\%) = 1.68$（万元），实际收入为 $15-1.68 = 13.32$（万元）。因此，第二种方法可以节省税收 5 600 元。

四、特许权使用费所得税务筹划

特许权使用费所得，是指个人提供专利权、商标权、著作权、非专利技术及其他特许权的使用权取得的所得。这一税收筹划对从事高科技研究、发明创造者来说会经常用到。

某科技人员发明一种新技术并获得了国家专利，专利权属个人所有。如单纯将其转让可获转让收入 80 万元；如果将该专利折合股份投资，当年及以后各个年度可获股息收入 8 万元，试问该科技人员应采取哪种方式？

方案一：将专利单纯转让，按营业税的有关法规规定，转让专利权的适用税率为

5%，应纳营业税额为 80×5% = 4（万元），缴纳营业税后的实际所得为 80 - 4 = 76（万元）。

根据《个人所得税法》的有关规定，转让专利使用权属特许权使用费收入，应缴纳个人所得税。特许权使用费收入以个人每次取得的收入，定额或定率减除规定费用后的余额为应纳税所得额。因该人一次性收入已超过 4 000 元，减除 20% 的费用后应纳个人所得税为 76×（1 - 20%）×20% = 12.16（万元），缴纳个人所得税后的实际所得为 76 - 12.16 = 63.84（万元）。将两税合计，该人缴纳 16.16 万元的税，实际所得为 63.84 万元。

方案二：将专利折合成股份，首先，按照营业税有关规定，以无形资产投资入股，参与接受投资方的利润分配，共同承担投资风险的行为，不征收营业税；其次，《个人所得税法》规定，拥有股份权所取得的股息、红利，应按 20% 的比例税率缴纳个人所得税。那么，当年应纳个人所得税为 8×20% = 1.6（万元），税后所得为 8 - 1.6 = 6.4（万元）。通过专利投资，当年仅需负担 1.6 万元的税款。如果每年都能获取股息收入 8 万元，经营 10 年就可以收回全部转让收入，还可得到 80 万元的股份，今后每个年度都可以得到一笔收益。

两个方案利弊明显，方案一没有什么风险，缴税之后的余额就实实在在地成为个人所得。但它是一次性收入，税负太重且收入固定，没有升值的希望；方案二缴税少，有升值可能性，但风险大，收益不确定。如希望这项专利能在相当长的时间持续受益，或是该科研人员想换个工作环境以追求个人价值最大化，还是选择投资经营最好。这里的投资经营又包括两种。

第一种，合伙经营，一方提供经营技术，另一方提供资金，建立股份制企业。只要双方事先约定好专利权占企业股份比重，就可根据各自占有企业股份的数量分配利润。如案例中的方案二，专利权折股 80 万元，这 80 万元将在经营期内分摊到产品成本中，通过产品销售收回。对该科技人员来讲，仅需要负担投资分红所负的税收额，股票在没转让前不需负担税收，还可以得到企业利润或资本金配股带来的收入。所需负担的税收是有限的。既取得专利收入又取得经营收入，与单纯的专利转让相比税收负担轻，收益高。

第二种，个人投资建厂经营。这种方式是通过建厂投资后，销售产品取得收入。新建企业大多可享受一定得减免税优惠，且专利权没有转让，取得收入不必单独为专利支付税收。要负担的税收仅仅是流转税、企业所得税和工薪税等。将收入与税收负担相比，必然优于单纯的专利转让收入纳税。

专利权是由国家主管机关依法授予专利申请人或其权利继承人，在一定期间内行使其发明创造的专有权。特许权使用费所得的税收筹划应从长远考虑，全方位地进行筹划。

五、个人所得税的节税要领

《税法》对应纳税所得项目概括为 11 项，并在《税法实施条例》中对 11 项应税所得的具体范围逐一作出解释。节税范围的主要几项如下。

（一）工资薪金所得节税要领

工资薪金所得指个人因任职或者受雇而取得的工资、薪金、奖金等及与任职或者受雇有关的其他所得。此项所得的节税要领是：收入福利化，收入保险化，收入实物化，收入资本化。

（二）个体工商户的生产经营所得节税要领

个体工商户的生产经营所得，必须使用5级超额累进税率，在使用该税率之前经过必要的扣除。此项所得节税要领有：收入项目极小化节税，成本、费用扣除极大化节税，防止临界点档次爬升节税。

（三）劳务报酬所得节税要领

劳务报酬所得根据应纳税额的20%比例税率征收。因此，此项所得节税要领有：大宗服务收入分散化，利用每次收税的起征点节税。

（四）稿酬所得计税方法

稿酬所得的税率为20%比例税率，再加上减征30%的优惠。因此，此项收入的节税要领为：作者将稿子转让给书商获得税后所得，作者虚拟化，利用每次收入少于4000元按800元扣除，利用每次收入超过4000元的20%扣除，利用30%折扣节税。

（五）特许权使用费所得的节税要领

特许权使用费所得的节税要领包括：将特许权使用费以捐献的名义无偿化，将特许权使用费以低价转让的形式流入，将此项收入包含在设备转让价款之中。

（六）利息股息红利所得节税要领

利息股息红利所得是指个人拥有债权、股权而取得的利息股息红利所得。此项所得的节税要领包括：利息收入国债化，股票收入差价化，红利收入送股配股化。

（七）财产租赁、财产转让所得节税要领

财产租赁所得的节税要领包括：成本扣除极大化，房产原值评估极大化，费用装饰极大化。

六、税收筹划风险

税收筹划面临着各种不确定因素，不管是个人理财师或客户在税收策划时，都必须警惕这些风险，避免对双方的利益造成损害。以下是财务筹划过程中可能会遇到的一些风险。

（一）违反反避税条款的风险

前面讲到避税、偷税与税收筹划间的区别。尽管税收筹划是完全合法的，但并不代表不需要考虑反避税条款。一般来说，各国或地区政府为规范税收的征缴，防止纳税人利用税法漏洞逃避纳税义务，都制定了相应的反避税条款，凡有违法行为者都要受到法律的制裁。个人理财师为客户指定税收筹划方案时，应充分考虑到这一点，避免提出的税收筹划建议违反法律相关条款，从而损害个人理财师自身及客户的利益。个人理财师在工作中对具体法律事宜不清楚时，应主动寻求律师或税务专业人士的帮助。

（二）法律法规变动风险

税收筹划受到法律、法规的影响，主要源自法律、法规的不确定性，尤其是关于养老金、利息费用的抵减等方面法律、法规有更加明显的不确定性。市场经济比较成熟的发达国家，法律、法规的变动一般较少。发展中国家因其整个经济体系尚不成熟，社会、政治、经济状况变动比较频繁，法律、法规的变动风险就较大。税务筹划受到法律

法规的约束，而法律、法规本身又存在变动风险，税收筹划过程中，个人理财师应当将所有可能潜在的法律、法规变动风险向客户作充分的揭示。

（三）经济风险

税收筹划是与经济状况紧密相关的，宏观或微观的经济波动都可能对客户的税负产生一定影响。采用杠杆投资策略时，客户可能会遭遇借入资金利率上升的风险，或因收入减少无法归还贷款。经济风险通常是由国家的整体经济状况决定，个人理财师个人无法改变。个人理财师在进行税收筹划时，应当对未来的经济风险有清晰的认识，避免当风险降临时手足无措，对客户的利益造成损害。

（四）资产失控风险

收入分解转移策略可通过他人的名义取得资产或将资产转移给他人、信托投资公司、合伙实体，使从资产中获得的收入在一个较低的边际税率上征税，从而减少客户的税负支出，但这种安排同时也意味着客户需要通过捐赠或转让放弃资产的所有权。

资产失控的风险是客户在决定是否转移资产及转移给何人时，必须考虑的重要因素。某些潜在的受赠者和受让人可能并不具备将这些资产管理好的能力。此外，在某些国家或地区，法律限制未成年人作为赠与程序参与者签署合同，这些转移资产上获得的收入，未成年人通常要以比较高的税率纳税。

资产所有权的变化除涉及印花税、资本利得税等税收问题外，还会引出许多家庭问题。如可能导致婚姻的破裂等。这些问题在个人理财师进行税收筹划时，很容易被忽视。

（五）婚姻破裂风险

发生婚姻破裂或其他家庭变故时，夫妻双方共同拥有的资产和承担的债务会成为关键性问题。如双方一旦离婚，一方又要求偿还大额贷款时，就会给双方共同经营的业务带来风险。因此，夫妻双方在决定运用信托或转移资产等策略减少税负支出时，都应当清楚地认识到今后一旦婚姻破裂可能带来的各种法律问题。

小资料 8 - 1

地税部门教你巧妙避税五招

2005 年 4 月 20 日《杭州日报》。

如今，老百姓投资理财的渠道越来越多。个人投资者通常不注意相关理财方式的税收规定，这就难免造成个人不必要的经济损失。地税部门提醒：如果能够巧妙利用税收成本进行个人理财规划，也许会有意想不到的收获。有以下几种个人理财方式可利用税收成本筹划。

1. 证券投资基金

据财政部、国家税务总局关于开放式证券投资基金有关税收问题的通知（财税〔2002〕128 号），对投资者（包括个人和机构投资者）从基金分配中取得收入，暂不征收个人所得税和企业所得税。建议大家不妨考虑货币市场基金，在目前股市低迷不振的情况下，它不仅收益稳定、投资风险小，而且还免收分红手续费和再投资手续费。

2. 教育储蓄

它可以享受大量优惠政策：一是利息所得免除个人所得税；二是教育储蓄作为零存整取的储蓄，享受整存整取的优惠利率。目前，多家银行都开办了教育储蓄业务，且有不同期限的储蓄种类。它适用于有需要接受非义务教育孩子的家庭。

3. 投资国债

个人投资企业债券应缴纳 20% 的个人所得税，而根据税法规定，国债和特种金融债可以免征个人所得税。因此，即使企业债券的票面利率略高于国债，但扣除税率后的实际收益反而低于后者，而且记账式国债还可以根据市场利率的变化，在二级市场出卖以赚取差价。

4. 购买保险

根据我国相关法律规定，居民在购买保险时可享受三大税收优惠：一是按有关规定提取的住房公积金、医疗保险金不计当期工资收入，免缴个人所得税；二是由于保险赔款是赔偿个人遭受意外不幸的损失，不属于个人收入，免缴个人所得税；三是按规定缴纳的住房公积金、医疗保险金、基本养老保险金和失业保险基金，存入银行个人账户所得利息收入免征个人所得税。因此，保险＝保障＋避税，选择合理的保险计划，对于大多数市民来说，是个不错的理财方法，既可得到所需的保障，又可合理避税。

5. 人民币理财

目前市场上有多家银行推出各种人民币理财产品和外币理财产品。对于人民币理财产品，暂时免征收益所得税。投资者在购买这些理财产品时要注意了解有关细则，分清收益率。

小资料 8-2

个人转让房屋需要缴纳哪些税

个人转让房屋涉及营业税、个人所得税、契税、城市维护建设税、印花税、土地增值税 6 个税种，其中契税由买房者缴纳，印花税由买卖双方缴纳。

营业税部分，现行的税收政策是：从 2006 年 6 月 1 日起，个人将购买不足 5 年的住房对外销售的，按售房收入全额缴纳营业税；个人将购买超过 5 年（含 5 年）的普通住房对外销售的，免征营业税；个人将购买超过 5 年（含 5 年）的非普通住房对外销售的，按其售房收入减去购买房屋的价款后的差额缴纳营业税，税率为 5%。

个人将购买超过 5 年（含 5 年）的符合当地公布的普通住房标准的住房对外销售，应持该住房的坐落、容积率、房屋面积、成交价格等证明材料及地方税务部门要求的其他材料，向地方税务部门申请办理免征营业税手续。

个人转让购买 5 年以内的房屋，应纳税额＝售房收入×税率；转让购买 5 年以上的普通房屋，免征营业税；转让购买 5 年以上的非普通房屋，应纳税额＝（售房收入－购房价格）×税率。

个人所得税部分，个人转让住房，以其转让收入额减除财产原值和合理费用后的余额为应纳税所得额，缴纳个人所得税，税率为 20%。

住房转让所得，以实际成交价格为转让收入。纳税人申报的住房成交价格明显低于市场价格且无正当理由的，征收机关依法有权根据有关信息核定其转让收入。

对转让住房收入计算个人所得税应纳税所得额时，纳税人可凭原购房合同、发票等有效凭证，经税务机关审核后，允许从其转让收入中减除房屋原值、转让住房过程中缴纳的税金及有关合理费用。

房屋原值具体为：商品房房屋原值是指购置该房屋时实际支付的房价款及交纳的相关税费。自建住房房屋原值是指实际发生的建造费用及建造和取得产权时实际交纳的相关税费。经济适用房（含集资合作建房、安居工程住房）房屋原值是指原购房人实际支付的房价款及相关税费，以及按规定交纳的土地出让金。已购公有住房房屋原值是指原购公有住房标准面积按当地经济适用房价格计算的房价款，加上原购公有住房超标准面积实际支付的房价款以及按规定向财政部门（或原产权单位）交纳的所得收益及相关税费。城镇拆迁安置住房房屋原值有以下四种情况：（1）房屋拆迁取得货币补偿后购置房屋的，为购置该房屋实际支付的房价款及交纳的相关税费；（2）房屋拆迁采取产权调换方式的，所调换房屋原值为房屋拆迁补偿安置协议注明的价款及交纳的相关税费；（3）房屋拆迁采取产权调换方式，被拆迁人除取得所调换房屋，又取得部分货币补偿的，所调换房屋原值为房屋拆迁补偿安置协议注明的价款和交纳的相关税费，减去货币补偿后的余额；（4）房屋拆迁采取产权调换方式，被拆迁人取得所调换房屋，又支付部分货币的，所调换房屋原值为房屋拆迁补偿安置协议注明的价款，加上所支付的货币及交纳的相关税费。

转让住房过程中缴纳的税金是指纳税人在转让住房时实际缴纳的营业税、城市维护建设税、教育费附加、土地增值税、印花税等税金。

合理费用是指纳税人按照规定实际支付的住房装修费用、住房贷款利息、手续费、公证费等费用。

纳税人能提供实际支付装修费用的税务统一发票，并且发票上所列付款人姓名与转让房屋产权人一致的，经税务机关审核，其转让的住房在转让前实际发生的装修费用，可在以下规定比例内扣除：已购公有住房、经济适用房最高扣除限额为房屋原值的15%；商品房及其他住房最高扣除限额为房屋原值的10%。

纳税人出售以按揭贷款方式购置的住房，其向贷款银行实际支付的住房贷款利息，凭贷款银行出具的有效证明据实扣除。

纳税人按照有关规定实际支付的手续费、公证费等，凭有关部门出具的有效证明据实扣除。

例如，某人转让自用5年以内住房，应纳税所得额＝住房转让收入－原值－规定比例内可扣除的装修费用－支付银行的住房贷款利息－缴纳的销售税金－合理费用；应纳税额＝应纳税所得额×20%。

纳税人未提供完整、准确的房屋原值凭证，不能正确计算房屋原值和应纳税额的，税务机关可以对其实行核定征税，具体比例由省级地方税务局或者省级地方税务局授权的地市级地方税务局根据纳税人出售住房的所处区域、地理位置、建造时间、房屋类型、住房平均价格水平等因素，在住房转让收入1%～3%的幅度内确定。

纳税人出售自有住房并拟在现住房出售1年内按市场价重新购房，出售现住房所缴纳的个人所得税，先以纳税保证金形式缴纳，根据重新购房的金额与原住房销售额的关系，全部或部分退还纳税保证金。

个人转让自用 5 年以上，并且是家庭唯一生活用房取得的所得，免征个人所得税。

土地增值税部分，在中国境内出售或以其他方式有偿转让国有土地使用权、地上建筑物及附着物（以下简称转让房地产）的个人以转让房地产的增值额作为计税依据，缴纳土地增值税。土地增值税实行 4 级超额累进税率。增值额未超过扣除项目金额 50% 的部分，税率为 30%；增值额超过扣除项目金额 50%、未超过扣除项目金额 100% 的部分，税率为 40%；增值额超过扣除项目金额 100%、未超过扣除项目金额 200% 的部分，税率为 50%；增值额超过扣除项目金额 200% 的部分，税率为 60%。应纳税额 = $\sum$（增值额度 × 适用税率）。

居民个人转让普通住房以及个人互换自有居住用房地产免征土地增值税。个人在原住房居住满 5 年转让住房，免征土地增值税；居住满 3 年，不满 5 年的，减半征收土地增值税。

契税部分，个人购买商品住房以购房价格为计税依据缴纳契税，税率为 3% ~ 5%。契税应纳税额 = 计税依据 × 税率。

对于拆迁房，房屋被县级以上人民政府征用、占用后，重新承受土地、房屋权属的，是否减征或免征契税，由省、自治区、直辖市人民政府确定。对拆迁居民因拆迁重新购置住房的，对购房成交价格中相当于拆迁补偿款的部分免征契税。对于购买经济适用住房，目前无特别优惠规定。对于个人购买自用普通住宅，暂减半征收契税。

例如：某人以 100 万元价格购得一处面积为 90 平方米的普通住宅，住宅所在地的契税税率为 3%，其契税应纳税额 = 100 万元 × 3% = 3 万元。由于该居民购买的是普通住宅，符合个人购买普通住宅减半缴纳契税的规定，因此其实际应缴纳的契税为 3 万元 × 0.5 = 1.5 万元。

印花税部分，个人购买商品房，买卖双方应缴纳印花税 = 购房金额 × 适用税率。

城市维护建设税部分，城市维护建设税随营业税征收，计税金额为营业税的实际缴纳税额。外籍个人暂不征收城市维护建设税、教育费附加。

理财小贴士

怎样识别发票的真伪

鉴别发票真伪有多种方法，既可人工识别，也可以借助一定的技术手段鉴别。常用的鉴别方法是：（1）查看发票监制章。套印发票监制章是合法发票的主要标志之一，纳入税务部门管理的发票必须套印有"××税务局监制"字样的监制章方为合法。（2）查看发票纸质。发票作为一种特殊的商事凭证，其印制所用纸张一般为防伪专用。如正反面都有细小彩色纤维的彩纤纸、彩色的干式复写纸、对着光线看能看到水纹的水印纸等，没有使用这些防伪纸印制的就可能是假发票（印有税控防伪码的税控发票除外）。（3）拨打税务机关查询电话，提供发票代码和发票号码，由人工查询或通过查询系统自动查询真伪。（4）用紫外线灯光照发票，能看到发票监制章、发票号码明显变色就是真发票。（5）印有防伪码的税控发票可以通过税控扫描仪扫描税控码鉴别真伪。

思考题与课下学习任务

1. 简述中国目前的税收体系。
2. 简述税收筹划的基本原则。
3. 论述税收筹划的基本策略。
4. 结合假期社会实践活动，到税务部门了解我国目前正在实施的"金税"工程。

第九章　择业与家庭福利规划

学习要点

1. 理解职业生涯规划的含义、意义及步骤。
2. 认识职业生涯规划与理财规划之间的关系。
3. 了解员工福利及其规划内容。

基本概念

职业生涯规划　职业发展的阶段　薪酬　员工福利

第一节　职业生涯规划

理财规划的指导思想是"先理人，后理财"。理人就是根据个人的天然禀赋、兴趣爱好、知识结构、潜在特质以及个人对理财的兴趣愿望等，对人生的各个阶段应确立的目标与相应的资源配置作出全面的筹划。不管个人现实财富多寡，每个人都是自己人生经营的"董事长"。任何人的人生发展状况和前景，除了客观的限制条件，更主要地取决于个人的理财理念、眼界与胆略思路。

一、职业生涯规划的基本知识

（一）职业生涯规划的含义

职业生涯规划是指个人在单位和社会的大环境下，自我发展与组织培养相结合，对决定一个人职业生涯的主客观因素进行分析、总结和测定，确定个人的事业奋斗目标，并选择实现这一事业目标的职业，编制相应工作、教育和培训的行动计划。计划中应对整个生命历程每一步骤的实施时间、顺序和方向都作出合理安排。

职业选择是生涯规划中很重要的事项，是人生中较重大的抉择。对那些刚毕业的大学生来说更是如此。选择职业需要做到：

1. 正确评价自己的性格、能力、爱好和人生观，确定自己的人生目标，适合向哪些方向发展，也准备向哪些方向发展。

2. 对社会经济的大环境给予明晰的考察和把握，自己拥有的知识技能应如何适应社会的需要，把握社会前进的脉搏。

3. 收集大量有关工作机会、招聘条件等信息，对这些信息资料组织整理分析，选择对自己最适合的职业信息。

4. 确定自己的工作目标，为实现这个目标制订相应的工作计划，然后按照计划行事。随着形势的发展对计划进行必要的修订。

（二）职业生涯规划的特征

良好的职业生涯规划应具备以下特征：

1. 可行性。规划并非美好的幻想或不着边际的梦想，要有事实依据，否则将会延误生涯良机。

2. 适时性。规划是预测未来的行动，确定将来的目标，人生的各项主要活动何时实施、何时完成，都应有时间和顺序上的妥善安排，作为检查行动的依据。

3. 适应性。未来的职业生涯目标的实现，牵涉到多种可变因素，规划应有一定的弹性，增加其适应性。

4. 持续性。人生的每个发展阶段都应是整个人生过程的一部分，应给予有机连接并能保持连贯和相应衔接。

（三）职业生涯规划的期限

职业生涯规划的期限，可划分为短期规划、中期规划、长期规划和终生规划。

1. 短期规划，为1年以内的规划，主要是确定近期目标，规划近期内准备完成的任务。

2. 中期规划，规划时间一般为1~5年，或是从事某一较大的独立事项。应在远期目标的基础上设计中期目标，并进而指导短期目标。

3. 长期规划，规划时间是5~20年，主要是设定人生中较长的目标，如购买住房的资金筹措及还款付息等。

4. 终生规划，对自己整个生命周期的各个事项给予全面的规划安排，重点是职业和养老退休等。

职业发展的阶段、特征与注意事项如表9-1所示。

表9-1　　　　　　　　　　　职业发展的阶段、特征与注意事项

阶段	特征	注意事项
事前准备和求职阶段	评估个人的兴趣，确定职业目标，得到必需的培训，找到工作	将兴趣与工作能力相结合
建立事业与职业发展关系	获得经验、职位及同事尊重，着重于某专业领域	开发各种职业关系，避免过度劳累和投入过大
事业进展以及中期调整阶段	继续积累经验和知识以获得升值，寻找新调整，扩大职权	寻找持续的满足感，保持对同事和下属的关心
事业后期和退休前阶段	退休理财规划和个人计划，帮助训练继承人	决定退休后继续工作的时间，策划参加各种社区活动

二、职业生涯项目目标与规划

（一）职业生涯项目目标

目标一：介绍与事业规划和进步相关的活动。

个人事业规划和进展将要经历以下活动和阶段：（1）评价和研究个人目标、能力及事业领域；（2）评价就业市场，寻找特定的就业机会；（3）准备简历、自荐信以申

请相关职位；（4）为相关职位进行面试；（5）对得到的职位的经济状况和其他因素进行合理评价；（6）规划并实施事业发展目标。

目标二：评价影响就业机会的因素。

择业时要考虑个人能力、兴趣、经验、培训以及目标；影响就业的社会因素，例如劳动力就业趋势、经济状况变化以及工业和技术的演进趋势。

目标三：实施择业计划。

要进行成功的事业规划和进步，应考虑做好以下工作：通过兼职工作或参加社区和校园活动获得就业或相关的经验；利用各种职业信息了解就业领域并寻找工作机会，为某个特定就业职位提供相关信息；练习面试技巧，展示自己对职业的热情和工作能力。

目标四：评价与获得职位有关的经济和法律因素。

评价潜在职位的工作环境和薪酬组合，从市场价值、未来价值、应税性质及个人需求和目标的角度评价雇员福利。

目标五：分析事业成长和进步的技巧，加强职业进步，为更换工作做好准备，寻找各种正规和非正规的教育和培育机会。

（二）职业生涯项目规划

1. 事业发展规划，如就业岗位抉择、工资晋升、职务晋级的规划安排等。

2. 收入财富规划，准备将来实现的收入及财富的拥有状况及准备达到的目标等，如拥有别墅、轿车等。

3. 子女培养规划，如将子女培养到大学本科或研究生毕业等。

4. 婚姻家庭规划，如自己结婚、成家、生育的时间及相应资金费用的筹措等。

（三）职业生涯规划制定应遵循的原则

1. 清晰性原则。考虑目标的措施是否清晰、明确，实现目标的步骤是否直截了当。

2. 挑战性原则。目标是具有挑战性，还是仅仅保持原来状况而已。正确的目标应当是"跳一跳，够得着"。

3. 变动性原则。目标应具有弹性或缓冲性，能因环境的变化作出相应调整。

4. 一致性原则。主目标与分目标是否一致，目标与措施是否衔接，个人目标与组织目标是否协调。

5. 激励性原则。目标是否适合自己的性格、兴趣与特长，能否对自己产生一种内在激励的作用。有无激励作用，对目标的实现而言至关重要。

6. 协调性原则。个人的目标与他人的目标、与整个社会的大目标是否协调一致。一般情况下，个人面对社会发展进程，只能是随波逐流并争取做个好的弄潮儿，但不可能逆社会潮流而动。

7. 全程原则。拟定职业生涯规划时必须考虑人生发展的整个历程，做好人生全程的考虑，在全程考虑的同时也应拟定阶段性目标。

8. 具体原则。生涯规划各阶段的路线划分与安排必须既有远大理想，又具体可行。

9. 客观性原则。实现生涯目标的途径有很多，在作规划时必须考虑到自己的特质、社会环境、组织环境及其他相关因素，选择确定可行的途径。

10. 可评量原则。规划的设计应有明确的时间限制或标准，以便评量、检查，使自己随时掌握执行情况，并为规划的修正提供参考依据。

三、择业应考虑因素

个人作为劳动者，目前在选择职业方面已经有了前所未有的权利。个人可以根据自己的兴趣爱好、意愿选择自己乐意从事的职业。同时，寻找较为理想的工作也成为人生的一大难题。择业中需要考虑的因素较多，包括以下内容。

（一）目前的收入与福利待遇

工资收入与福利待遇的高低，是选择职业首先要关注的指标。它直接关系到个人在社会中的经济地位，并影响到理财规划的层次、标准与内容。在对工资与福利待遇的选择上，工资经常被置于第一位，其实福利待遇的优厚与否，也是需要给予关注的重要内容。

（二）工作环境的满意度

工作环境的状况如何，是否对此很满意，或是很不满意，是大家找工作要重点考虑的，如环保部门、殡仪馆、矿业等，很难引起大家的青睐；而当白领坐办公室，到政府部门当公务员则往往被视为首选。

（三）人际关系处理的复杂程度

人际关系处理已是工作中不可避免的热点话题，员工在工作中接触的密切程度、相互关系协调的复杂程度，也成为择业的一条理由。

（四）职业的社会定位与声望

某个职业是否在社会中具有较高的定位和声望，是大家非常关注的。在某次职业信誉度和声望的调查中，高校的教授曾经荣列榜首，超出企业家和政府官员。我国的高校教授受尊敬的状况，并非其拥有的钱财、权利资源要超过政府官员和企业家，只能说是教授的社会声望使然。农民、个体户的社会声望则要低得多。

（五）未来职业发展

年轻人在寻找职业时，对未来的职业发展及能否得到较多的培训进修的机会非常关注，甚至超出了对工资收入的关注。

（六）职级、职称的晋级

职级晋级、职称晋级是大家关心的。有的单位这种机遇很多，有的单位则很少有这种机会和运气。在选择职业时，这是应予考虑的一个方面。

（七）职业的稳定性

人们喜欢当公务员，其中一个重要缘由是公务员职业稳定，单位不会破产，人员不会下岗。到企业工作，哪怕是相当不错的企业，对此也无法作出完全保障。

（八）退休后养老是否有足够保障

人们寻找工作希望得到较高的收入待遇，但不应仅限于此。国外有种流行的观点，是人们不仅要注意当前收入的最大化，还希望终生收入的最大化，希望在晚年退休时有足够的养老保障。

（九）处理好职业与事业的关系

职业是个人取得收入报酬、养家的饭碗，事业则是个人特长得到发展并积极努力的所在。两者最好达到一致，否则本职工作搞不好，事业也会受到时间、精力、物力资源条件制约难以顺利运行。

四、自我经营成功的要素

是否拥有某种资源就肯定能取得成功，并非如此。它只是具备了成功的基础和前提，而非是成功的全部必备要素。这些必备要素包括：

（1）是否认识或发现自己拥有的这种特殊资源。

（2）对自己拥有的资源是否予以特别的开发、利用，实现其最大的价值。

（3）拥有的资源是否为社会所认识并注重，并名重一时。

（4）对自身拥有资源的状况、开发的特点和方式、由谁来开发等，要有足够的了解和把握。

（5）对自身拥有资源的价值给予准确定位，是否为优势特色资源，并具有某种不可替代性。

（6）自我经营，首先要对自己作出深刻的剖析，认清自己在社会中的位置，认清自己真正的需要。自我经营的关键，是自己有权决定以何种方式度过自己的人生。

总之，自我经营看似复杂，实质内容却很简单，就是要将自己作为一种资源，经营、宣传、推介等，最终在这个市场经济社会里"作为一种商品出售个好价钱"。

五、职业生涯规划流程

步骤1：开始编织美梦，包括自己想拥有的、想做的、想成为的、想体验的。

步骤2：选出在这一年里对自己最重要的四个目标。建议明确、扼要、肯定地写下自己实现它们的真正理由，告诉自己能实现目标的把握和它们的重要性。

步骤3：审视自己所写的内容，预期希望达到的时限。有时限的才可能叫做目标，没时限的只能叫做梦想。

步骤4：核对自己所列出的四个目标，是否与以下五大规则相符：用肯定的语气来预期自己的结果，说出希望的而非不希望的；结果要尽可能具体，还要明确订出完成的期限与项目；事情完成时要能知道已经完成；要能抓住主动权，而非任人左右；这些目标要对社会和他人有利，而非仅仅对自己有利，而对社会和他人有害。

步骤5：针对提出的四个重要目标，订出实现目标的每一步骤，列出自己为实现目标已经拥有的各种重要资源。

步骤6：当自己做完这一切，回顾过去，看看有哪些自己所列的资源已经运用得很纯熟。

步骤7：当做完前面步骤后，写下要达成目标本身所具有的条件，写下不能马上达成目标的原因。

步骤8：为自己找一些值得效仿的典范，使目标多样化且有整体意义。

步骤9：经常反省自己所做的结果，为自己创造一个适当的环境。

步骤10：列一张表，写下过去曾是自己的目标而目前已实现的一些事。从中看看自己学到了什么，有哪些特别成就。有许多人常常只看到未来，却不知珍惜和善用已经拥有的。成功要素之一就是要存一颗感恩的心，时时对自己的现状心存感激。

第二节 员 工 薪 酬

工资是工业革命和劳动关系的产物，是雇主对员工作出贡献的酬报，或是说对员工付出劳动的补偿。工资的理论和实践主要经历了如下阶段：

第一，生命工资，其意义在于维持劳动者的生命和劳动力的再生产。

第二，基本工资，其意义在于保障工人及其家庭的基本生活。

第三，劳动工资，其意义在于根据工人劳动的时间和责任提供小时工资和月工资。

第四，补偿工资，其意义在于根据生产要素在经营活动中的投入与贡献给予相应补偿。

20 世纪末，在西方工业发达国家，工资的概念逐渐被薪酬（Compensation）这一概念覆盖，这是时代变革的缩影。薪酬即按照生产要素投入，尤其是劳动、技术、知识等人力资源的投入与贡献等，进行全面补偿。在知识经济时期，信息传播多元化，竞争更加激烈，提供了机会也增加了风险。理智的劳动者应当对未来生活可能遇到的各种风险具有较清楚的认识。收入期望值可用式（9－1）表示：

$$收入期望值 = 当期收入最大化 + 未来收入最大化（风险最小化） \quad （9－1）$$

这一公式即适当的工资水平和各项社会保险及企业福利的结合。伴随时代变革，分配制度也发生了变化，日趋多元化和弹性化，以满足各类岗位和多种生产要素的需要。工资演变成为包括各类当期支付和延期支付的一揽子计划，其定义被薪酬取代，即全面补偿计划，见式（9－2）：

$$一揽子薪酬计划 = 当期分配 + 延期分配 \quad （9－2）$$

一、当期分配

当期分配即当前承诺的按时间支付的薪酬，通常按月、季度和年进行支付。包括以下几部分内容：（1）基本工资，是员工的固定收入；（2）奖金，是与企业员工的业绩直接相关的奖金收入，使员工能够在岗位业绩的改善中获得自己应得的报酬；（3）福利和津贴，包括带薪休假、由企业购买的保险等；（4）年薪制，是根据企业员工的生产经营成果和所承担的责任、风险支付其工资收入的工资分配制度。

年薪由基础年薪和风险收入组成，基础年薪用于解决员工的基本生活问题，主要取决于员工的岗位责任和工作制度，与其工作业绩没有关系，确定基本工资的主要依据是企业的资产规模、销售收入、职工人数等指标，体现了企业对员工身份、角色的认可，因此这部分收入基本上属于固定收入；风险收入以基础年薪为基础，根据企业本年度经济效益的情况、生产经营责任的轻重、风险程度等因素确定，要考虑净资产增长率、利润增长率、销售收入增长率、职工工资增长率等指标，严格与工作业绩挂钩。

当期分配的主要特征是：（1）当期兑现，属于即时权益；（2）基于交易和贡献原则进行分配，以满足员工当前生活及个人发展的需要；（3）是对员工工作贡献的直接补偿，补偿形式主要是现金。

二、延期分配

延期分配，即按照预期承诺的时间延期支付的薪酬，通常在法定和约定条件发生时进行支付。延期分配的主要特征是：（1）预期兑现，属于既定权益；（2）基于劳动力折旧和风险补偿原则进行分配，以补偿员工未来风险和保障其个人和家庭基本生活需要；（3）是对员工工作贡献的间接补偿；（4）补偿形式多样化，包括现金、物质和服务行为。

延期分配的主要形式包括社会保障、员工福利计划、股权期权计划等。

所谓动态薪酬体系有以下两层含义：一是根据公司生产经营和发展情况对薪酬制度及时更新、调整和完善；二是根据调动各方面员工积极性的需要随时调整各种薪酬在薪酬总额中的比重，适时调整激励对象和激励重点，以增强激励的针对性和效果。

现行动态薪酬体系包括以下 6 项：

1. 基本薪酬。保持相对稳定，体现劳动力的基本价值，保证员工家庭基本生活。

2. 自动性退休金。1996 年建立，员工缴纳费用，相当于基本薪酬的 2%；滞后纳税，交由基金公司运作，确保增值。

3. 奖金。1997 年建立，包括人均奖（具有保底奖励的作用）和绩效奖金（起增强激励力度作用）。它使员工能分享公司的新增效益和发展成果。

4. 有价证券。1998 年建立股票期权。

5. 员工持股计划。1999 年建立，体现员工的股东价值。

6. 企业补充养老保险。2001 年建立，设立了养老基金，相当于总薪酬的 5%。

组织风格与薪酬组合如表 9 - 2 所示。

表 9 - 2　　　　　　　　　　　　　组织风格和薪酬组合

组织类型	工作环境	现金报酬	非现金报酬	
		基本薪水短期激励	水平	特点
成熟行业业务水平等	平稳	中等	中等	中等
发展中行业短期定位	成长，有创造性	中等	高	低
保守资金长期安全定位	安全	低	低	高
非营利组织短期安全定位	社会影响，个人履行	低	无	低到中等
销售短期定位	成长，动作自由	低	高	低

资料来源：Jerry S. Rosenbloom：《美国员工福利手册》（第五版），McGraw - Hill，2001。

在现代企业制度所有权和经营权相分离的情况下，股权期权激励计划在缓解委托代理矛盾、降低代理成本、吸引稳定优秀人才和抑制经理人短视行为等方面，发挥着越来越重要的作用。

第三节　员工福利与福利规划

一、员工福利概述

（一）员工福利的定义和特征

1. 员工福利的定义。员工福利（Employee Benefit）是指员工的非工资性收入。员工福利首先是雇主责任的产物，伴随企业文化的进化而发展。狭义员工福利仅指雇主提供的福利，如补充养老金和医疗保险等；广义员工福利则包括社会福利和企业福利两部分。

2. 员工福利的特征。员工福利具有如下特征：是劳动关系的产物，属于员工所有，通过企业集体协议或个体协商来决定；是薪酬计划中带有补充意义的部分；以延期支付为主，当期表现为一种承诺，属于既定受益权益；具有补偿未来社会风险的风险保障和长期激励员工生产积极性的作用；依托企业分配计划正在制度化、福利项目和支付形式多样化，目前正日趋完善。

（二）员工福利计划

员工福利计划即企业规定和管理非工资性薪酬的具体安排，主要包括两类内容。

1. 强制性社会福利。强制性社会福利是国家依法建立的基本保障计划，包括养老保险、医疗保险、失业保险、工伤保险、生育保险和住房公积金等。企业和员工负有纳税或缴费义务，员工是最终受益人。

2. 补充性企业福利。补充性企业福利是企业建立的补充性保障计划。在国家基本保障计划缺位和资金不足的情形下，企业福利计划属于基本保障计划。企业福利的主要形式包括以下几种：

（1）风险保障项目。这是为保障或提高员工社会风险补偿而建立的福利项目，如覆盖老年和健康风险的福利项目。这类福利包括养老金、牙科治疗费、死亡抚恤、法律费、残障收入、不动产损失、医疗支出和责任判决等。

（2）增加激励项目。这是为增强人力资源制度长期激励性而建立的独立项目，主要包括：①时间奖励，包括带薪和不带薪的休假、孕产休假、病假、公休假、陪审义务休假等；②现金奖励，包括教育资助、搬迁费用补助、节日奖金、住房补助、交通补助、老幼扶助补助等；③服务奖励，如自助计划资助、娱乐项目、旅游项目、健康项目、服装项目、托儿所、财务和法律咨询等。

（三）员工福利的价值取向

员工福利具有物质激励、风险保障和成本抵减三大价值，可以根据企业动机和员工需要进行计划设计，以实现不同的企业发展和个人生活改善的目标。

1. 物质激励。员工福利以其丰富灵活的表现形式、公平与效率有效组合的运作计划，可以极大地发挥对员工的物质激励作用。欧美企业员工和国际组织员工的福利费已经占到薪酬总收入的1/3以上，平均每个员工福利总额超过14 000美元。

2. 风险保障。员工福利以其人性化的设计和兑现方式，极大地发挥出对员工基本生活的保障作用，甚至有改善生活的作用。

3. 税前利润抵减。提供员工福利对雇主来说是划算的。员工福利以延期支付为主，可为企业节约现金支付；很多国家激励雇主提供各项福利计划，企业可因福利费用允许税前列支的制度规定得到税收优惠。

（四）员工福利的社会意义

1. 保障功能。员工福利与退休计划通过给员工提供各种福利、援助，有助于员工及其家庭生活质量的提高。企业为员工提供的各种风险防范措施，为员工在疾病、退休和可能遭受的各种身体意外伤害和经济损失时提供了保障，有利于员工及其家庭的发展。如员工有疾病时，医疗健康保险就能有效减轻员工及其家庭的经济压力，尽快加以救治；养老保险则为员工的老年生活提供了基本保障。

2. 激励功能。员工福利不仅给员工提供了经济保障，而且作为企业薪酬体系的重要部分，使企业在人才市场上具有吸引和留住人才的凝聚力。员工福利能充分调动员工的积极性，为企业创造更多价值。西方国家员工福利的形式多样，服务于员工的中介市场非常发达。

3. 稳定社会。员工福利提高了员工及其家庭的基本生活的保障力度，促进了企业的经营发展，并由此具有稳定社会和推进社会进步的功能。员工失业时，员工及其家人会面临收入锐减的情况，如果没有失业保险，他和家人就会成为社会负担和潜在风险。如员工发生重大疾病甚至残废，则不仅要失去经济收入还要耗尽原有积蓄。员工福利计划为员工提供了意外事故、疾病、失业时的经济补偿，使员工及其家庭生活得以维持。这在经济衰退期、重大灾难发生时尤为重要。

二、假期福利

休假即经过批准的非工作时间，休假福利即带薪或其他待遇的休假。

（一）带薪休假

带薪假期具有两个特征：经过批准的非工作时间，工资和协议的薪酬待遇继续支付。带薪假期的主要形式包括节假日、个人带薪假、临时事假、奖励假。设计假期福利主要考虑员工工龄、企业职位、何时休假及休假处理办法等。

带薪休假上对国家下对职工个人都大有裨益。在中国就业压力日益加大的形势下，还能够缓解社会就业的压力。有调查显示，若一单位实行每年两周带薪休假制度，其就业人数可相应增加4%左右。带薪休假还可以分散"黄金周"过分集中的旅游人流，调整旅游休闲的淡季旺季。目前，中国推行带薪休假的时机已经成熟，通过国家意志将带薪休假制度化，将会强制单位保证员工利益，也减少单位与员工的摩擦，使得休假有章可循。国家目前正尽快研究出台关于带薪休假的具体办法，改变长期以来带薪休假制度有名无实的现状。

（二）无薪休假

无薪假期即经过批准的非工作时间，并且不支付薪酬，保留劳动关系的持续性。许多工业化国家允许员工在不影响工作的情况下延长个人假期。为解决企业富余人员的分流，雇主也欢迎这一法律，开始自愿允许员工无薪休假。为保护企业利益和维护员工权益，这类休假需要有法律依据或集体协议，经劳动关系双方协商同意。

三、企业专项服务福利

（一）免费服务

在许多服务性行业中，雇主常向雇员提供免费或打折的服务，如电话公司向员工提供的免费通话服务，航空、铁路公司向员工提供的免费航班、火车客运服务等。但是应当注意，这类免费服务如运用过度，会损害一般消费者的利益。

（二）免税折扣

在商品制造和零售行业，员工免税折扣也是一项重要福利。折扣可以由出售服务的其他行业提供，如保险公司或经纪公司提供的手续费减免等。

免税折扣的规模是受到限制的。对于商品而言，折扣不能超过该商品向消费者销售时的毛利率。如雇主销售特定商品的毛利率是40%，员工得到50%的折扣，超出的10%折扣对员工来说是应税所得。在出售服务的情况下（包括保险保单），免税折扣不能超过该企业在正常情况下向非雇员消费者收取价格的20%。

不能享有免税政策的服务折扣有金融机构以优惠利率提供给雇员的贷款等。

（三）税收待遇

员工折扣适用的税收条例与免费服务相似。只要员工折扣是在非歧视的基础上提供的，并且是对员工从事工作对应的商品和服务提供的折扣，均不计入应纳税所得。但存在一些额外条款，不动产折扣及个人理财物品（如金币、证券）的折扣，不能享受免税优惠。

（四）亲属护理

双职工和单亲家庭的增多，使家属护理的需求增多起来。这种人口结构的改变给雇主带来较多问题，如照顾家属可能会因缺勤、怠工、家庭事务请假而带来时间耗费。雇主如果对员工的家庭责任漠不关心，会丧失在员工中的威信。提供家属护理福利计划减轻了上述问题，且更容易吸引新员工的加入。家属护理福利计划主要包括儿童看护计划和老人护理计划等。

（五）健康计划

旨在帮助提高员工甚至是家属健康状况的计划，在近几年来日益盛行。这些计划主要包括：尽早发现和治疗员工的病症，以防病情恶化而导致巨额的医疗支出、残疾或死亡；改变员工的生活习惯，减少发生健康问题的可能性；向员工提供预防医疗服务，如给员工接种流感疫苗。这类计划通过提高员工的健康状况、工作态度和家庭关系而提高了生产效率。这些计划既可以提供给任何感兴趣的员工，也可以提供给那些经过检查发现已经处于心脑血管病高危群体等，职业病群体中的员工更应优先享有这一计划。

（六）员工援助

越来越多的雇主建立了员工援助计划。提供这种计划的目的在于帮助员工解决个人问题：酗酒和吸毒的治疗，精神问题和压力的咨询，家庭和婚姻问题的咨询，儿童及老人护理的仲裁，急难援助等。大量的研究表明，此类问题的恰当解决能有效节约成本并可节省医疗支出、伤残申请、病假天数和旷工。个人问题得到较好的关注，员工的士气和生产率就会有较大提高。

过去，员工援助计划是基于员工的工作表现而展开。一般来说，员工会被告知他们的工作没有达到标准，并被询问他们是否有某些个人麻烦需要帮助。如员工给予肯定回答，将推荐给其合适的顾问和中介机构。员工的上司并不试图诊断员工的特殊问题。

新员工援助计划已经超越了这种模式，它允许有问题的员工直接向员工援助计划寻求帮助。员工家属也可以使用这一计划，在员工不知情的情况下直接申请帮助。员工援助计划的实施需要有顾问服务。顾问可以是公司自身的员工，也可以是专门从事这类计划的专业组织的专家。

（七）理财规划服务

向高层管理人员提供理财规划服务的观念已实行多年，作为提前退休咨询计划的一部分，理财规划已经提供给许多员工。任何全面的理财规划均可以考虑获得福利和潜在的福利。公司已经将这种福利看成是高管人员的必需福利，来吸引和挽留那些将财务计划看成是现有报酬增值途径的高管人员，以便使高管人员能充分发挥他们的才智，为公司的重大决策献计献策。

有些公司通过雇员自身来完成理财规划，多数公司则从律师、注册会计师、保险代理人和股票经纪人等外部专家或专门从事全面财务计划的公司和个人那里购买理财规划。只要理财规划项目对雇员是非歧视性的，为理财规划支付的咨询费就是可以扣税的。雇主付给理财公司的咨询费则形成应纳税所得。

（八）退休咨询

在发达国家，越来越多的企业在员工退休前就向员工提供退休咨询计划。这些计划有效地减轻了员工因退休而引起的恐慌感，使他们了解到，有了合适的退休计划，不但可以享受舒适的财务条件，还能度过有意义的晚年。退休咨询计划主要包括以下几个方面：

1. 退休后的财务计划。合适的退休后财务计划，必须在实际退休前许多年就开始筹划。有些退休前咨询计划，利用至少一半的时间开展退休以后财务计划方面的咨询。这类计划可以帮助员工确定退休后的财务需求，并从公司福利和社会保障中得到资源来实现这些需求。如退休后的财务需求不能通过这些途径实现，员工将会被告知怎样才能通过投资或储蓄的办法增加退休后的收入。

2. 其他退休前咨询计划。除了财务需求外，退休咨询计划还注重员工在退休后所要面对的其他问题，如住房安排、健康计划，改变生活方式使退休生活更健康，空闲时间安排，退休后适合参加的休闲和社区活动，如何利用退休后的闲暇时间，通过什么途径寻找义工、兼职和再教育的机会。研究文献表明在退休者人群中，酗酒、离婚和自杀行为更容易发生，很大意义上，是因为缺少有意义的活动来充实空闲时间。

3. 税收待遇。只要退休咨询计划没有向员工提供特殊的、以个人为基础的特殊福利，员工不会因为参加退休咨询计划而增加应纳税所得。

（九）交通补助

有些雇主向员工提供长期的交通福利作为额外的福利项目。这种福利有很多形式，包括交通费补助、班车、免费停车、提供公司用车等。

（十）就餐设施

雇主常常设有向员工提供全额或部分补助的食堂。这种食堂给员工提供了方便就餐和讨论问题的场所，减少了员工因外出就餐而拖延的时间。提供给员工的伙食补助可以从员工的应纳税所得中扣除。

四、自助员工福利计划

自助计划是允许员工用雇主提供的福利资金，选择福利种类和程度，以达到最佳安排的计划。很多公司建立了弹性福利计划，允许员工根据雇主事先设定的支付限额来选择自己需要的福利项目，这一举措达到了一举两得的效果，既满足了员工的需求，又合理控制了雇主成本。如今，人们开始关注自助计划控制健康成本的作用，为员工提供了一系列补偿选择，如健康维护组织、优先选择提供者组织以及其他管理医疗计划，使自助计划变得愈加复杂。

（一）　自助员工福利计划的产生

20 世纪 70 年代中期，自助员工福利计划在美国稳步增长。特别是 1978 年《税收法》（IRC）规定这类计划的税收优惠后，自助福利计划更是备受欢迎。有的计划允许员工免税缴纳一定金额的医疗保险费，或允许员工建立灵活的开支账户（FSA），还有些计划二者兼顾。虽然雇主们认为建立这类计划可减少员工应纳税额以增加他们的可消费收入，更好地满足员工们的各种需求，但其主要动机还在于这类计划能享受税收优惠。随着自助计划的逐渐普及，员工能选择的福利项目也越来越多。这无疑增加了雇主招聘新员工的优势，营造了良好的劳动关系。

（二）　自助员工福利计划的特征

自助计划可从福利内容和福利选择两方面显示出自己的特征。

1. 自助福利计划的内容。福利内容不仅包括医疗支出福利、伤残福利、意外死亡抚恤、休假、家属护理援助，还包括奖学金、研究基金、交通补助、教育资助、免费服务、员工折扣和附加福利等，附加福利通常包括一定金额的家属人寿保险。

2. 自助福利计划的选择。福利选择一般在计划年度的年初举行，除非满足一定的特殊条件，这些选择不能更改。在下列情形，福利选择可以更改：

（1）家庭状况发生变化，如员工结婚或离婚、配偶或家属去世、生育或收养小孩、配偶开始工作或终止工作、员工或其家属从兼职工作到全职工作等重大变化。

（2）工作变化，在一定时间内工作发生变化的雇员，可以撤销对该福利的选择。

（3）计划收费变化，如保险公司或第三方福利提供者增加或减少了自助计划的收费，自助计划允许员工调整支付。如费用发生重大变化，也允许员工撤回或选择其他具有相似保障的计划。

（4）保障范围改变，在计划年度过程中，如第三方福利提供者缩减或终止福利保障，员工可以选择相似的保险计划。

（三）　自助员工福利计划的实现方式

1. 薪金扣缴。许多自助计划都建立在薪金扣缴的基础上。在建立了福利计划的企业中，员工通过税前薪金扣缴向计划缴费，这与传统福利计划的缴费不同。常见的例子是医疗计划，员工每月都可以在缴纳社会保障税之前，从工资中扣出部分资金用于医疗计划缴费，这称为"薪金扣缴"。工资扣缴在许多自助计划中意义重大，是医疗计划的主要资金来源。在完全通过工资扣缴而建立的灵活开支账户中，情况更是如此。

2. 灵活开支账户。灵活开支账户即允许员工通过税前扣薪的方法筹集资金，通常用于支付雇主计划没有覆盖的医疗保险和受供养人的长期护理保险，被扣减的薪金记入员工补偿账户，当员工适时提出补偿申请时，这部分资金就用于购买福利项目，但必须在年初指定用于哪些福利项目。福利项目一旦指定，就只有在某些特定条件下才可以改变。

（四）　自助计划的主要种类

1. 核心—附加计划。最常见的自助计划是对所有员工提供一组核心福利，再加上某些可选择的次级福利计划。这些可选择的福利作为员工"福利包"的一部分，允许员工根据他们的意愿用现金或信用来购买，加入到核心福利。如果信用不足以购买期望的福利，员工可以用税后收入支付。

2. 套餐式自助计划。在套餐式自助计划中，员工可以在许多事先安排的福利计划包中进行选择，通常至少有一个福利包可以免费获得。如员工选择了价值更高的福利包，则应为此额外付费。福利包的项目或免费或要付费，或者还意味着选择它的员工可据此得到一定的现金补偿。福利包收费取决于两个因素：福利选择是否包括家属医疗保险；是否可以选择健康维护组织和优先医疗服务组织。

套餐式自助计划的优势在于：相对于核心—附加计划，套餐式自助计划更容易控制逆向选择，更易于管理和交流。如某大型金融机构的员工自助计划是套餐式自助计划。在这个计划中，共有 7 个事先安排的福利包，每个福利包都是专门为特定的员工人群设计的，每个福利包都包含一种医疗保险计划和不同数额的团体人寿保险，员工可以在这 7 个福利包中自主进行选择。

3. 灵活开支可购买的福利项目。灵活资金可用于支付下列福利项目：医疗补偿计划，包括那些拥有优先提供者组织（PPO）的计划；健康维护组织；牙科计划；视力保护计划；灵活开支账户；团体定期寿险，包括意外事故和假肢保险、短期病残保险、现金给付计划、度假或其他休假、收养补助计划。

灵活资金（免税）不能用做奖学金或研究奖金、交通运输福利、教育福利、长期护理保险计划。因资金来源渠道灵活和支出渠道多元化，将灵活资金给予不同形式的组合，就能设计出各种各样的计划。

（五）自助福利计划设计

在实行自助福利计划前，雇主必须对现有的福利计划进行分析。如员工对现有计划强烈不满，正确的解决办法是查清不满的原因。如雇员的不满来自福利需要的多样化，实行自助计划就是恰当选择。

1. 自助计划的福利构成。实行自助福利计划时，首先要考虑计划包中都包括了哪些福利项目。需要考虑的因素有：雇主的承受能力；员工的福利需求；保障员工的主要个人风险，如人寿保险、伤残收入保险、医疗支出保险等；提供额外休假和子女看护等非传统型项目。

2. 雇主资助的程度。在员工自助计划中，雇主可依据员工的工资、年龄、家庭状况和工龄等因素，决定用来购买员工福利的支出。如企业可用于员工福利的资金有限，自助计划应该首先考虑员工的基本福利保障。如用于员工福利的资金较为充裕，自助计划就应该提供较多选择。

3. 保费税前转付计划和弹性支付账户选择权。自助计划中，保费税前转付和弹性支付账户选择权可以降低员工的税负，增加可支配收入，公司没有道理不向员工提供这种福利选择权。

4. 自助计划的改变。员工的需求是不断改变的，自助计划也会随之发生改变。两个情况会影响福利选择权改变的频率：（1）在费用作出调整时和保险合同更新时，员工可以改变福利选择。（2）雇主为员工提供的福利，如是根据员工工资的高低而定，员工工资调整时可以改变选择。在多数自助计划中，用来购买福利的费用是按年度计算。通常在新福利年度开始前，福利选择的改变必须完成。在一个计划年度期间，任何家庭财务状况的改变都不能引起福利的重新选择，直到下一个福利年度。

小资料

案例：某公司的员工福利计划

广州某公司的员工福利制度健全、完善、充满人情味。公司高度重视员工的薪资与福利管理，力求在提供良好的可持续平台基础上形成劳资双方对奋斗目标的一致认同，实现企业与员工的共同发展。

法定假日。每周双休日制，所有公司员工都可享有国家规定的每年11天法定带薪假，妇女节妇女放假半天。

带薪年假。公司为员工提供带薪年假，员工在公司工作满一年后，即可享受带薪年假5天。工作满3年，每增加一年，其带薪休假日增加一天，最多不超过15天。

公假。员工参加相关社团活动时，经公司批准可以取得有薪假期。

特别休假。员工试用期结束后，按国家有关规定享有婚假、丧假、分娩假等有薪假期。

社会保险。公司根据广州市有关规定为员工办理"养老、生育、工伤、失业、基本医疗"五项社会保险，为满足员工退休、生育、看病等不同需求提供了基本的社会保障。

商业保险。公司为员工办理了包括综合意外险、住院保险、门诊医疗保险在内的商业保险，以保证员工可以享受完整的医疗保险，保证发生意外时可以获得赔偿。

住房公积金。公司根据广州市有关规定为员工缴存住房公积金，为员工购房提供保障。

工作餐。公司向员工按标准提供工作餐。如因市内出差误餐的员工可报销误餐费，外埠出差或驻外人员享受出差补贴。

员工业余生活。该公司成立了工会，隶属于广州经济技术开发区工会的统一管理，工会不定时组织员工的文娱体育竞赛或其他活动，丰富了员工的业余文化生活。

理财小贴士

成功的职业生涯规划有哪些要素

成功的职业生涯规划应包括如下要素：

能在许多环境下与他人共事；

渴望将工作完成得更出色；

有广泛阅读的兴趣；

愿意应对矛盾，适应变化；

了解会计、金融及市场营销、法律等现代社会所必须具备的知识；

掌握新技术以及计算机软件，例如文字处理、工作表、数据库、网络搜索和图形工具；

富有创新精神，能够创造性地解决问题；

较好的书面和口头交流的能力；

在团队中富有合作精神，能带动大家共同做好工作。

这些能力能够使人们拥有求职的较大自由，而且能够很方便地从一个机构跳到另一个机构，成功地转换职业。

思考题与课下学习任务

1. 简述职业生涯项目目标与规划。
2. 制定职业生涯规划应遵循哪些原则？
3. 论述职业生涯规划的步骤。
3. 简述员工薪酬的含义。
4. 结合本人的理财目标，拟定一份职业生涯规划。

第十章 婚姻、生育与家庭教育规划

学习要点

1. 了解"婚姻经济"与结婚预算。
2. 理解子女生育规划的内容及程序。
3. 认知个人教育投资规划工具及技术。

基本概念

结婚预算 子女生育与抚养 劳动力再生产 教育投资 子女教育规划

第一节 婚姻规划与结婚预算

在市场经济社会里，随着社会公众经济意识的增强，商品、价值、核算、效益的观念深入人心，经济核算意识开始渗透一切乃至经济领域，婚姻家庭生活组织、夫妻亲子人际关系调适等也不例外。

一、结婚预算

（一）结婚费用预算的含义

结婚费用预算是为结婚费用的资金筹集和计划使用而编制的，最适于已确定爱情关系、准备结婚成家的男女青年使用。编制目的则在于为筹措结婚费用、物品购置，计划婚事和新家庭建设费用，以量入为出、加强对结婚费用的计划管理、提高结婚费用的使用效益。

（二）结婚费用预算的编制

结婚费用预算是对结婚预算管理的一种科学方法和有效手段。为此，首先要编制"结婚费用预算表"，格式如表 10-1 所示。

表 10-1　　　　　　　　　　结婚费用预算表　　　　　　　　　　单位：元

结婚费用来源	结婚费用运用								
	新婚家庭建设费用			婚礼筵席与馈赠费用					
	男方	女方	项目	单位	金额	备注	项目	金额	备注
个人积蓄			住房				婚礼筵席费用		
父母代为积蓄			轿车				筵席费用		
父母资助			彩电				烟酒糖费用		
亲友馈赠			……				其他招待费用		
……			家具用具				……		
礼金收入			衣物及床上用品				旅游结婚费用		

续表

结婚费用来源	新婚家庭建设费用			婚礼筵席与馈赠费用					
	男方	女方	项目	单位	金额	备注	项目	金额	备注
礼品收入			生活用具				……		
对外借款			日常生活用品				馈赠父母费用		
其他收入			其他				其他馈赠费用		
……									
合计	合计						合计		

　　预算编制时首先预算收入，然后再量入为出预算支出。预算收入时，应该先预算确定性项目；预算支出时，首先应预算必需品支出的数额，如生活日用品、必需的家具、家用电器、床上用品，都是建设一个家庭不可或缺的。还有一定分量的婚礼招待用的烟酒糖果、婚礼筵席、婚后走亲访友的礼品馈赠等，也要事先预备。预算收入数减除必需性花费后，得到一个可随意支配的数额，用来购置那些不大急需，但也为一般家庭组建离不开的各类物品。许多新婚青年计划蜜月旅游，相关费用也要事先考虑，并根据可支配钱财的数额，计划旅游的路线、日程、行期等。

　　编制结婚费用预算要量入为出，留有余地，宽打窄用，建立一定数额的预备金。举办婚事，无论事先考虑再周详，总会出现某些事先无法预料但又必需的开销。有了预备金，就不至于临期捉襟见肘，窘迫不堪。预算编制好以后，在具体执行过程中，根据情况可能发生变化作出若干调整和充实。原计划筹款额未能达到，就应削减支出项目，减少支出额；原计划购置小轿车，但目前轿车价高不中意或是缺货，也可以将钱留着以后买，不必要为了在结婚时"好看"而急匆匆将不合心意的东西买回来。

（三）结婚费用预算编制的原则

　　结婚费用预算表的编制和执行过程中，应当遵循以下原则：

　　1. 收入正当。结婚费用筹集，自然多多益善，但更应来路正当，取之有道。有些青年为筹集资金，不惜以身试法，悔之莫及；有的青年为筹建自己的安乐窝，勒索父母、强拿硬要，娶了媳妇忘了爹妈，有了自己的小家庭，却使大家庭利益遭到了损害。

　　2. 量入为出。以收计支，量入为出，适当留有余地。收入多者多花些钱，自是正当行为。大家生活水平提高，经济有余力，结婚费用增加，这也是一件好事。但是，有些人收入少、经济状况差，就不应盲目攀比、打肿脸充胖子，应当有多少钱办多少事，根据收入额来编制预算、计划费用项目、选择最佳物品购置计划。

　　3. 计划购买。编制预算，计划购置，保证家用无短缺，又不重置双份。一般来说，结婚费用预算越早越好，如双方开始筹办婚事时，就应确定基本目标。结婚费用是新婚家庭建设的物质基础，对婚后开始的长时期的小家庭生活也将有显著影响，应慎重对待，并力求对婚后小家庭生活有个长期打算。

　　4. 财务公开。结婚是两人的事务，编制预算也应由双方共同编制，同时再听取父母亲友的意见。这里有个财务公开、民主管理、平等协商的问题。只有这样，预算才能编制好，才能执行有效。

　　5. 比例性。家庭各类物品购置自应有一定比例关系，以满足多种用途的需要，物品准备不足影响生活是必然的，但过多的物品除占用地方外也无多大作用。耐用品与必需品、固定资产与流动资产、财产与现金存款、吃穿住用行等之间，都应有个比例协调。

6. 核算与效益。新婚用品的购置一般总是要讲究装饰美观，对实用效益不大考虑，但也应讲究经济核算，争取用较少的钱办较多的事。

二、结婚费用结构分析

（一）结婚费用来源结构分析

通过对结婚费用筹集渠道的分析，探求它对家庭各方面关系的影响，如男女双方的关系、男女双方家庭的关系等。通过这种分析，还可进一步探索结婚费用来源结构对婚后小家庭的夫妻经济关系以及财务支配权的影响。

（二）结婚费用投向理论的分析

相关研究者可以通过对结婚费用运用投向的分析，通过对结婚费用的具体花费状况概况的了解，可为有关消费品的生产经营部门组织相关的决策提供宝贵的资料；同时，也能够分析小家庭的财产结构及对其经济生活、收支的影响，为研究家庭的经济决策提供依据。

（三）结婚费用与当事人状况的分析

通过结婚费用状况与当事人收入、年龄及其父母家庭状况的对照分析，可为探索不同地区、收入、家庭状况的结婚费用情况提供资料依据，以便具体情况具体分析。

（四）结婚费用运用去向情况的分析

依据结婚费用的去向，可以将其分为三大类：（1）物品购置费，形成家庭财产；（2）婚礼筵席、蜜月旅游，不构成家庭财产；（3）馈赠支出，不构成家庭财产，只是物质钱财在人际间的一种转移。前两类支出绝大部分是商品性支出，是一笔巨大的社会购买力，且又集中于为数不多的某几种消费品，形成一个结婚用品的专门市场。

第二节　生育子女规划

一、生育子女与抚养

（一）生育子女与抚养的含义

子女的生育抚养纯属于家庭自然属性的活动，是家庭得以存在并永续延存的必要前提，家庭作为一个人口再生产单位，其特有的繁衍后代和子女抚育的职能自然形成，以保证家族的烟火承继、宗嗣不断。同时，子女生育和抚育又是建筑在一定的经济物质活动的基础之上，同家庭经济密切相关。

生育子女同劳动力培育有关，需要有较多的费用，若将这笔费用视为投资，既有劳动力体质保健、缺损修复及营养健康的投资，又有今天大家普遍看重的人力资本增进、素质提高的教育投资等。

生育子女直接影响到家庭人口数额、供养与被供养人口的比例，对家庭经济生活、经济状况带来显著的变化。人力资源的研究中，首要考虑的是人力资源的数量与质量，这是决定人力资源的开发利用的两大基本要素。数量取决于家庭生育子女的数量；质量包括劳动者的身体健康、劳动技能具备和思想文化素质三方面内容，又与家庭对子女的抚育、培养、教育等有很密切的关系。

（二）家庭人口经济功能

家庭是个多功能的社会单位，在多功能活动中，生育子女、繁衍后代的功能与组织生产经营、运用生活消费的功能，应是处于基础位置的。生育使家庭成为一种特殊的两性结合单位，奠定了家庭关系的自然基础。生产经营与生活消费则使家庭成为一种经济组织。在长期的小农经济时代，它还使家庭成为社会基本的生活组织形式。

家庭两大基本功能活动中，经济活动是生育子女与劳动力再生产的物质基础，否则生育抚养就没有必要的经济条件而难以实现；一定的人口生育、抚养又是家庭经济运行的重要目的所在，否则家庭就不会如此长久、稳固地永存于社会。经济功能相较生育抚养活动，不能不居于支配性位置。不同经济性质、经济状况的家庭，生育率和子女的培育质量有着显著的差异。经济性质决定着人口活动的性质，经济状况则影响着生育率的高低和子女培育的质量。

二、生育子女的成本与收益

（一）家庭养育孩子的成本

家庭是孩子的生育抚养单位，孩子不仅要生，还要养育教育，要付出相应的抚养教育费用。如今，这笔费用经有关专家的测算，已高达 40 万 ~50 万元之多。孩子的养育花费既有社会公共负担，又包括个人家庭负担。这笔花费从个人投资的角度看，可称为家庭人口投资，具体内容如下：

1. 生活费，指从孩子出生到成长为劳动力时为止，家庭为之用于吃穿住行用、文娱、医疗的全部费用。

2. 教育费，指家庭为培养孩子成为一个具有较高文化水平的劳动者，必须接受的中小学义务教育、职业技术教育或高等教育的费用。家长给孩子购买的书籍、智力玩具、钢琴等物品的花费，也可归入这一类。

3. 医疗保健费，指孩子从出生到长大成人，由家庭开支的用于医疗卫生、保健的费用。这笔费用目前已在逐步增多。

4. 婴幼儿夭折费。夭折的婴幼儿存活期的花费虽为个别家庭承负，也应均摊到全体婴幼儿身上。

5. 父母工时劳务损失费，指从母亲怀孕到父母把孩子养育成人所花费的时间、精力，以及付出的劳务所折算的费用。这项劳务付出是巨大的，但又是毫无报酬的，这笔无形费用远远超出货币财物的有形花费。

（二）家庭养育子女的收益

父母养育子女虽然有巨额的费用支出，但可以由此获取相应的收益。家庭人口投资的收益，是指家庭通过子女养育花费而形成的劳动力，在整个工作期间，可以为家庭带来的纯收益。这项人口投资效益可表现为如下内容：

1. 家中新增劳动力参加社会性生产或家庭个体生产，获取的工资、奖金、津贴及个体经营收益。

2. 家中新增劳动力参加社会性生产或家庭个体生产而获取的其他各种形式的收入。

3. 家中新增劳动力为家务劳动、赡养老人、抚育子女等生活起居方面提供的无偿劳务服务，也可折算为收入。

将上述各项收入汇总，即得家庭人口投资的收益，将其扣除该劳动者一生劳动期间和非劳动期间的各项生活费开销，剩余部分可称为家庭人口投资的纯收益。

三、家庭人口经济目标对家庭生命周期的要求

家庭的人口经济目标应当是：计划生育一胎化，优孕、优生、优育，提升子女养育质量，提高家庭的经济收入水平和财产拥有，最大限度地满足家庭不断增长的物质文化生活需要。家庭人口经济目标的提出，要求每个家庭在安排其各项活动时，首先能选择较合理的家庭生命周期的活动模式。这一模式的合理与否，直接影响到家庭生活、家庭关系的各个方面。且又是一种长时期、显著的影响。怎样来合理选择家庭生命周期的活动模式呢？可根据生命周期的各个阶段提出具体目标并实施。

（一）晚婚，推迟家庭生命周期的开始

结婚是一件大事，应当慎重考虑。青年人应当实行晚婚，这不仅因晚婚可带来晚育，有利于实现计划生育，晚婚也有利于男女青年婚前就能对即将到来的小家庭生活在经济物质、心理素质、生活技术等方面都有清晰、充分的准备。

（二）晚育，相对延后育婴期

实行晚育，延后育婴期，对新婚期家庭很有好处。物质上可对新到来的小生命有个充分准备。另外，从夫妻情感关系建立来看，男女青年建立小家庭后，往往需要有段时间适应新环境，一般说有了孩子后，夫妻间的感情互动会相对减弱。这就需要适当晚育，多发展夫妻感情，为家庭的精神伦理生活打下坚实的基础。

（三）实行节育一胎化，缩短育婴期

少生节育，只生一胎，对家庭的好处非常明显。孩子少，家计负担系数低，生活水平就会相应高一些。子女少，家长就有可能在子女身上多花费时间和精力，提高子女的思想文化素质。子女少，育婴期缩短，还可使妇女从繁重的生育操劳和家务劳动中得到解脱。

（四）赡养好老人，尽量避免"空巢"期

"空巢"是形容父母历经千辛万苦，把子女抚养成人，子女相继结婚、工作或外出学习等，又都离开父母的家庭独自生活，家中只留下老夫妻两个。事实上，这一年龄段的老人也可以做很多事情，如三代同堂的家庭里，父母帮助子女料理家务、安排生活。这种家庭只要处理好代际关系，老人可以帮助子女把家庭组织得很好，子女也尊敬老人，使老人有舒适和谐的生活环境。但是，还是应尽量避免"空巢"家庭的出现。

（五）延年益寿，延长家庭生命周期

延年益寿在如今已经成为广泛的现实。新中国成立以来，我国人口的平均寿命越来越高。人口寿命不断增高，使家庭的生命周期大大延长。

四、人口经济理论与实践运用

（一）家庭人口投资与收益的经济分析

用成本收益分析的方法，研究家庭养育子女的成本与收益问题，以期对家庭的子女

生育给予深层次的论证，是很有必要的。美国著名经济学家加里·贝克尔的一部被称为划时代的著作《家庭经济分析》中谈到，"对孩子的需求将会取决于孩子的相对价格和全部收入。假定家中的实际收入不变时，孩子的相对价格上升，则对孩子的需求减少，对其他消费品的需求增加。"

贝克尔认为生育子女的经济分析理论，有两个前提条件。

1. 人们的经济行为，要遵循"效用最大化"的原则行事。孩子是一种特殊的消费品，且为耐用消费品，应纳入家庭的收支预算和决策安排。而家庭拥有资源又是有限的，大家需要在"购买彩色电视机，还是生养孩子"之间作出行为决策，考虑何者能给家庭带来更多的效用。

2. 家庭不仅是个生活消费单位，还是个生产组织。家庭成员在户主的组织下，将有限的资源进行合理配置来满足人们物质、精神上的需要，从而使家庭成员的效用最大化。[①]

贝克尔关于子女养育成本与收益的比较分析的理论，是有现实意义的。如解释子女生育率随着人们生活水平的提高而降低时，贝克尔认为，父母考虑生育子女时，只是在预期孩子的效用大于成本的前提下，才会作出生育的决定。这种理论把成本与收益比较的经济核算、效益提高的理论推广于一切领域。

（二）"是否生育孩子"的抉择

家庭考虑是否生育孩子，要对孩子的成本和效用予以比较，效用大于成本或至少相等于成本时，就安排生育，否则就决定不生育孩子。

孩子的养育成本包括生活费、教育费、医疗保健费等。这在不同经济性质、经济状况的家庭是有区别的。城市家庭抚育孩子的成本是昂贵的，父母对孩子的期望值要远远高于农村家庭。农村的孩子养育成本则相对较低，父母对孩子的期望值也低得多。

养育孩子的收益，即孩子成长为一个劳动力时，可以为家庭带来的种种经济物质和精神情感的收益，这在不同类型家庭也是有区别的。城市的孩子投资多，收益也多，但投资时间长、费用大，初始就业时劳动报酬还不高，收益很难体现出来，而且父母大多有经济收入和养老保险，养儿防老的功能不是很有必要。城市家庭的子女养育投资不是很合算，一般被称做"父母投资，儿女受益"。

农村的孩子投资少，收益也少，但孩子很小就帮家劳动，20 岁时劳动所得补偿其生活费开销还有相当剩余，可交回父母作为投资收益，且农村的养老保险事业还比较落后，养儿防老还是必要的。因此，父母养育儿女的投资是合算的，有利于家庭经济利益的扩大化。

城乡家庭的这种子女养育投资及收益的差异是明显的，反映在家庭的生育行为上，就是城市家庭生育子女少，花费大，培养质量相对高一些；农村家庭生育子女多，花费少，培育质量也相对低一些。

（三）"应该生育几个孩子"的抉择

家庭应该生育几个孩子，需要作出成本收益的分析与抉择。其公式如下。

---

① 王淑娴：《家庭金融理论与实务》，2～6 页，北京，经济管理出版社，2003。

$$\frac{第一个孩子的效用}{第一个孩子的成本} : \frac{第二个孩子的效用}{第二个孩子的成本} : \frac{第三\cdots\cdots}{第三\cdots\cdots} : \cdots\cdots$$

在今日实行计划生育的状况下，家庭有没有必要生育第二个孩子乃至更多孩子。最简捷的方法，就是计算经济收益账和精神收益账。如首先计算生育第一胎的费用与收益，再计算生育第二胎的费用与收益，加以比较并最终决策。

今日的父母生育子女，所谓的生育投资收益的"严重倒挂"，主要是从情感需要的满足来说的。经济动因不能说完全消失，但也很薄弱了。情感需要的满足考虑的不是子女数量的多少，而是能否成才自立等素质的高低。父母为生育第一个孩子要付出巨大的物质和精神的代价，又可以视其为第一个孩子为父母带来的无法衡量的精神收益。但父母是否能为第二个孩子的出生与健康成长，付出同样巨大的代价呢？未必。边际收益递减的规律在子女生育问题上同样发挥着作用。当然，父母养育第二个孩子，在费用开销尤其是照料子女的经历、时间的耗费，由于经验的积累，会大大低于第一个孩子。但这种节约同其带来收益的减少相比较，还是大为逊色的。

我国的生育政策是一胎奖，二胎（计划外）罚，多胎重罚，这就大大增加了家庭养育二胎至多胎的成本，使其在经济上更不合算，以杜绝计划外生育行为。

（四）"早生与晚生"的抉择

新婚初始，大多要安排婚后小家庭活动与发展的长远规划，即家庭生活各方面要达到的目标，如生育培养目标等。如计划何时生育子女，生一个还是两个，早生还是晚生等，同样需要有经济抉择与精心筹划。

目前婚育行为的特点是晚婚快育，这种婚育方式实质上还是向"适龄结婚、较晚生育"过渡为好。结婚早，青年人尽早建立对社会、家庭的责任感，心理上也有归属感；较晚生育，即婚后三四年再考虑生孩子，从新婚期到育婴期就有较大的缓冲余地。推迟生育期的最大好处：（1）推迟家务高潮期的到来，以期早日在事业上取得成就；（2）推迟经济开销高潮期的到来，促使家计宽裕，养育孩子也更有物质保障；（3）使夫妻婚后的相互适应期尽量延长，减少人际矛盾摩擦。

（五）"生男孩与生女孩"的抉择

据人口学家对亚洲若干国家的调查，认为男孩的价值在于传宗接代，提供物质收入和父母晚年养老的物质保障；女孩的价值在于从生活起居和精神心理上照料和慰藉父母，并扩大家庭的社交圈和亲戚网络。

鉴于许多父母晚年时，已很少需要来自子女的物质资助，大量需要的是子女的精神慰藉。男孩在这方面显然不如女孩感情细腻、体贴入微，因此，男孩对父母的价值在变小，女孩的价值在变大。目前的城市青年夫妇之家，愈益增多的是"女掌柜"，男子主持家政的权力减弱了。做妻子的是家务主管，钱财支配花销方便，自然会亲近娘家，疏远公婆。做丈夫的有心给父母赡养费，因不掌握财政大权而受到相当限制。今日出现的一个新说法是："女儿终身都是女儿，儿子只是在结婚前才是儿子。"这种现象对生育儿女的性别偏好与抉择有一定影响。

应当说明，运用成本收益分析法是可以说明家庭的子女生育行为，并对子女生育的各个方面作出相关解释的。只是作出这种分析时，除主要考虑经济物质的成本收益外，还必须对其精神、情感的收益与成本给予相应的注重。另外，在分析小家庭的生育经济行为时，还应注意将其与国家、社会对家庭生育行为的要求结合考虑。

第三节 家庭教育投资

家庭是孩子们得以出世、成长的摇篮，又是重要的教育场所。今日的家庭教育行为，不只是大规模的学校教育与社会教育的辅助与补充，除了使孩子成为对社会有用的人，还表现为家长为上学的子女提供学习费用，供养子女读书等。家庭教育规划主要是从后者的角度来说的。

一、家庭教育投资概述

（一）家庭教育投资的含义

人们将父母对子女教育的花费，以及受教育者本人在学习过程中的各项金钱、时间及精力等投入，作为一种智力投资看待。这种观念说明精神文化消费已在家庭消费结构中日益占有重要地位，反映了商品经济时代对家庭教育功能的新认识，同时也是人们思想观念的一大进步。智力投资不仅是对教育费用名称的简单改变，还反映了人们的消费与效益观念的转变。家庭用于文化教育、智力培育提高的费用，不仅是一种支出消费，还是一种能取得相应报酬的投资。[①]

教育投资相较一般的物力投资，具有期限长、回收慢、额度大、效益难以测定且不够明显等特点。家庭投资不同于一般的物质资本投资，决策时应考虑以下几个因素：(1)父母期望与子女的兴趣能力可能有差距；(2)利用子女教育年金或多年储蓄来准备子女教育经费；(3)宁滥毋缺，届时多余的部分可留做自己的退休金；(4)退休金与子女教育年金统筹兼顾。

既然将培养子女成才视为一种投资，而非认为是纯花费，就表明人们会期望从这种花费中获取一定的投资收益。投资能否得到补偿并获取收益，或说受教育者上学数年的花费能否在就业后工资收入的增长中收回，又必然会影响到人们的投资决策。预期投资能得到补偿且受益匪浅，人们就乐于投资或多投资；预期收益很低或是负收益，人们就不愿意投资或少投资。物质资料生产、基本建设项目的进行，要组织可行性分析，计算投资与收益，然后作出投资与否及投资多少的决策；人口、劳动力的生产、培育及受教育等，同样要分析论证，计算投资与收益，然后作出上学与否、学到何种程度的决策。

1963年，舒尔茨运用美国1929—1957年的统计资料，计算出各级教育投资的平均收益率为17.3%，教育对国民经济增长的贡献为33%。舒尔茨的人力资本理论和实证研究得到了世界各国学者的认同，并荣获1979年的诺贝尔经济学奖。由此看来，教育投资是个人财务规划中最富有回报价值的。

（二）家庭教育投资与遗产传承

父母在对待与子女的关系上，是不遗余力地为子女遗留尽量多的遗产，还是应当减少这笔遗产的馈赠，而将其尽早用于培养子女上，对子女的教育和技能增进等进行投资？贝克尔认为后者对父母及子女双方的利益维护都是有利的。如就此简单予以评析的

---

① 王健：《家庭理财新概念》，168～171页，北京，中国华侨出版社，2009。

话，父母可以就如下两方案予以选择：

1. 给子女留下一笔遗产，足以其维持一生的小康生活水平，但子女的文化程度却仅仅是初中或小学文化程度。这种父母偏重于物质财富积聚，却对子女的智力投资持无所谓态度。

2. 父母没有给子女留下任何遗产，但却将子女培养到大学、研究生毕业，使子女有着较好的谋生技能和较高的社会地位，这种谋生技能同样可以保障子女终生有较高的经济收入和社会地位。

人们的智力素质与非智力的素质技能，像拥有的财富一样，同样会通过遗传的方式传给下一代。父母的教育水平高，其子女的先天智力水平也会比较高，这已为科学家的无数实验所证实。物力资本投资的收益仅限于经济物质方面，人力资本投资的收益还广泛见之于社会、文化、精神面貌、社会地位等诸多方面。人力资本投资的收益率要高于物力资本投资的收益率，且发挥作用更为持久。

二、家庭如何应对教育投资

（一）家庭教育投资适度

家庭教育投资的重点，一是呼唤家庭对此事项的真正重视，在对家庭资源做有效配置之时，将对人的投资置于首位并给予某种程度的倾斜；二是教育投资中的具体状况，钱财投资与人力投资的份额比例，父母对子女的教育投资是否适度等，应当引起相应的重视。首先应界定何为投资适度，判断是否适度，可从以下三个方面予以考量：（1）从绝对指标界定投资额度的大小；（2）从相对角度界定投资额度占据家庭收入、支出的比例；（3）家庭生存需要、享受需要及发展需要各自占据的份额，是否能满足最低限度的生存需要等。

家庭资源在合理运用以满足各项生活享受的需要中，应当有个基本的界定标准和先后顺序：（1）满足最起码的生存需要；（2）满足学习基本生存技能和知识的需要；（3）满足学习中等层次的生存需要和知识技能的需要以及一般性享受的需要；（4）满足接受高等教育、掌握复杂知识技能的需要，满足享受较好生活的需要；（5）满足享受高档次生活的需要。

这里将生存需要分为初级和中级生存需要，将发展需要分为具备中等和高等知识技能的需要，将初级生存需要则归之为基本生存需要，应当是有相当道理的。吃穿住行用等基本生存条件的满足，与学习初级生存知识技能的需要，两者是有区别的。前者用于满足眼前每日每时的需要，后者则对终生的生活会派上大用场。家庭为自己的长远作出打算等，是非常必要的。但如某位已婚男子，对家中孩儿的嗷嗷待哺不管不顾，每日将大量的时间与钱财、精力放到求学受教育之中，这种状况也需要考虑是否合适。也就是说，尽力而为与量力而行都是必要的。

（二）家庭教育投资应考虑的内容

家庭教育投资的内容，应当包括以下方面：

1. 何为家庭教育投资，具体内容与表现形式为何。

2. 家庭教育投资的意义，这种投资对家庭的直接收益与间接收益、经济收益与非经济收益有何影响。

3. 家庭教育投资将对家庭经济生活乃至其他非经济生活的全面整体的影响。

4. 家庭教育投资需要的数额有多大，投资总额的变动状况及其原因探求。

5. 家庭教育投资的现状及未来演变趋向，目前在此方面出现的新动向。

6. 家庭教育投资应当投向何处，投资的额度、状况等。

7. 家庭教育投资的意愿和能力，家庭是否乐意从事这项投资，是否有能力参与这一投资，投资意愿和参与能力的强度如何。

8. 家庭教育投资对家庭经济生活的影响有多大，不同收入、财产、支出状况及类型的家庭的教育投资总额及其影响因素。

9. 家庭中大量经济与非经济资源用于知识学习和就业技能时，对其赚取收入的就业活动将会有多大影响。

10. 教育投资后的结果会是如何，如学历、就业、职业文化，对其择偶、婚配及未来子女生育、智力发展、教育环境的影响。

11. 家庭教育投资的收益率，预期收益率与现实收益率的差异。

12. 家庭教育投资中存在的某些问题，如投资比重是过高、过低或是中等，对不重视者应当区分具体原因，如经济条件不许可，条件不具备，投资的意愿不够强烈。

13. 家庭生命周期阶段与家庭教育投资的影响，新婚期、子女抚养教育期等需要资金的预先筹措，积蓄款项。

14. 家长自身的终身持续教育及相应资金的筹措问题。

15. 家庭教育投资在家中可支配收入和支出消费中的比重，不同类型家庭这一比重的差异及其影响。

三、家庭教育投资收益

家庭教育投资后，所取得的收益较多。投资的形式有金钱物资投资、心理情感投资等内容，投资收益也同样包括物质钱财增长、精神文化心理素质提高、社会阶层向上流动、个人家庭社会地位层次上升等收益。

家庭对教育投资的额度、状况及方式，在某种程度上显示了将来对某类报酬优厚、社会地位高的职业的期望。个人在接受教育期间要放弃的收入——机会成本，也必然要考虑将来会否得到相应的补偿。

物质钱财的收益包括：（1）经济收入、待遇报酬的增长；（2）就业门路、机遇的增多，可借以取得较好职业的能力；（3）社会流动及职业流动较容易，可在本职工作以外从事第二职业收入或业余兼职取得劳动报酬；（4）经济意识增强，可以随时寻找有用的商机为我所用，经济活动的能力有所增强；（5）个人家庭持家理财能力、购物消费的能力意识有较大增强；（6）可保持较好的身体和身心健康，从而能工作较长时间，体力劳动者很早就退休或过早出现老态，劳动能力大为降低，知识分子到六七十岁仍能保持较敏捷的思考能力，可工作较长时间。

这种收益还可包括：父母为子女提供较优越的社会、家庭生活环境，并在较优的人际关系群体中生活，从而吸收到高层次思想意识，为其将来顺利步入"上流社会"打下良好基础。它虽然不能为子女提供较好的先天遗传智商，但能够为子女提供更加良好的后天培育环境，从而使其后代能力在较高的起点步入人生历程。

　　教育投资收益还表现在对其家族的光宗耀祖、显亲扬名等内容，各种社会心理情感的收益也是较高的。或者具有较好的精神心理素质，比如对世间的各种竞争抱有与世无争的境界，对生活抱有乐观的意识和心态，面对各种生活困境能坦然乐观面对，等等。这样，子女在社会人际交往中也能得到较多的尊敬，具有较高的社会地位。

四、家庭教育投资成本与收益比较

　　家庭为接受教育的成本与收益进行一定程度的核算分析，是有客观存在的理由的。许多家长算账后，认为子女高中毕业后，如能找到工作或有较好的就业机遇时，应当先就业取得工资收入，就业期间再通过参加自学考试，或单位组织的培训考试效果最好，既可取得学历，增长知识，经济上最合算，成本方面也最为节约；而高中毕业上大学，四五年后大学毕业还不一定能找个像样的工作，且又多支出、少收入 10 万元或更多。

　　再如，大家经计算后，认为同样是读职业技术类学校，高中毕业后读两年高职就不如初中毕业后读几年中职合算。前者高中 3 年、高职 2 年共花费 5 年光阴，高中阶段还不能享受助学金待遇；后者只要读 3 年即可，且有助学金、奖学金等优惠。家长们还计算，同样是上大学，读财经、政法毕业后出路宽广，可以到各种财经管理部门、企业或金融保险部门就业，待遇好，收入高，发展前途要广得多；而读中文、哲学、数学、历史等科目，毕业后只能到学校当教师，日子会过得很清贫，日后职业发展前景也不佳。这些核算都有着很实在的现实背景和利益诉求。

　　受教育者个人及家庭的这种成本收益的核算，是很现实的。随着商品经济的活跃，经济核算、追求效益的观念深入人心。人才市场的激烈竞争，使得人们在教育方面不断增加投入。人们在考虑自己的一切经济或非经济行为，包括上学受教育、学知识等时，都要在商品等价交换的指示器面前仔细核算一番。如上数年学要花费多少，少收入多少，损失为多大，学业完成拿到文凭、学位后，工资、住房、职称、职务方面又会得到多少好处。如此这般的损益计算之后，再决定是否上学，学到何种程度，以及上什么学，学什么内容等。

第四节　　家庭教育规划

一、教育规划的含义

　　子女教育规划是指为筹措子女教育费用预先制订的计划。教育费用持续上升，家长为子女筹措未来教育经费时，需要个人理财师提供教育财务的建议。父母把独生子女视为掌上明珠，强烈的择校愿望和日渐增加的教育支出的矛盾，使教育规划成为个人理财的基本内容，在整个理财规划中占有重要地位。

　　教育规划的好处有以下几点：（1）帮助家长在未来的日子里，不用担心子女因支付不起账单而无法满足上大学的愿望；（2）家长不会为子女受教育筹措资金而被迫推迟退休；（3）减少家长因子女教育费而负债的可能性；（4）使子女不必在就学期间因考虑还贷而影响对自己的学业、课程选择等；（5）使子女不必在就业初期为偿还大学贷款而拼命工作。

教育规划的绩效取决于投资工具的选择，除常用的财务投资工具外，教育规划还有很多特有工具。与其他投资计划相比较，教育规划更重视长期工具的运用和管理。家长如果较早进行教育投资规划，财务负担和风险都较低。

二、教育投资工具

教育投资工具有长期工具和短期工具两种，前者又分为传统教育投资工具和其他教育投资工具，以下逐一介绍。

（一）传统教育投资工具

传统教育投资工具主要包括个人储蓄、定息债券和人寿保险等。这些投资工具的优点是风险相对较低，收入较为稳定。

1. 定期投资基金。在所有传统的教育投资工具中，定期投资基金是相对而言回报率较高的一种，家长每期投资一定的资金，当子女上大学的时候，就能有一笔钱财用来支付教育费用。若年利率为5%，则家长在子女出生时，每年只需要购买定期投资基金2 400元，以复利计算，就可以在18年后获得80 000元的教育投资基金。

2. 定息债券。定息债券同样能帮助家长完成教育投资规划目标。家长定期（每月或每年）购买一定数额的定息债券，然后在需要时卖出债券，就可以获得资金。这种投资工具不仅节约时间，且能持之以恒。定息债券以单利计算，投资成本要高于个人储蓄。

3. 保险公司提供的子女教育基金。参与保险可视为一种投资，家长也将人寿保险作为教育投资规划的工具之一。子女幼小时，父母只要按月购买一定金额的教育保单，就可以保证子女在读大学时有足够的资金支付学费和生活费。这一做法的缺点是资金缺乏流动性，要10多年后才可以提取；优点是对子女有较好保障，即使自己有什么不测，也可以为子女留下一笔教育基金，以尽为人父母之责任。

4. 教育储蓄。家庭教育储蓄是国家联合银行合作开办的一种高收益免税的储蓄品种，个人在银行和其他金融机构为本人或其子女为未来接受高等教育而办理储蓄，并利用储蓄的本金或利息为受教育者支付教育服务费用。

建立教育储蓄金制度的根本目的在于，将金融手段用于家庭的教育投入，促使每个家庭在学生上大学之前，逐步准备好应当由个人承担的高等教育成本，从而将家庭储蓄与子女以后接受高等教育的学费支付相联系。

（二）其他教育投资工具

传统教育投资工具虽然具有稳定的收益，但却没有将通货膨胀考虑在内。实际情况中，通货膨胀率对教育规划这类长期投资有着很大影响，尤其是在目前通货膨胀预期较高的时期，选择教育规划工具时应该考虑到这一因素。下面介绍几种可以减少通货膨胀影响的投资产品，主要有政府债券、股票、公司债券和教育投资基金等。这些产品的价格随着供求关系和通货膨胀的变化而变化，能够为家长提供一定的保障。

1. 政府债券。此类债券一般由所在国中央政府或地方政府发行，收益的稳定性和安全性使其成为教育规划的主要工具。政府债券可分为短期、中期和长期三种，具有无违约风险、易于出售转让和流动性高等特点，十分适合教育投资。在债券价格发生变动时，可以及时调整计划，还可以利用组合将投资的收回期固定在需要支付大学学费之前，保证投资收益的最大化。

2. 股票与公司债券。一般而言，教育投资规划并不鼓励家长采用股票这类风险太高的投资工具，但如教育规划的期限较长，个人投资股票的技能把握较好时，这些工具也可以灵活采用。相对较高的回报率可以帮助家长更好地完成教育规划。

3. 大额存单。大额存单作为子女的教育基金，通常可以用来延迟家长的收入。如果在每年的 1 月购买一年期的大额存单，则存单的利息收益应支付的税额可以延迟到第二年，直至存单到期获得一定的税收减免。

4. 教育信托基金。教育投资的另一工具是信托基金。这类基金由家长购买，收益人是其子女。尽管子女在成年之前对资金没有支配权，但许多国家都规定该基金的收益可以享受税收优惠。家长在投资此类基金之前，先按照有关法规将资金的收益转到子女名下，这样才能保证将来基金的收益用于子女的教育。如子女未能考上大学，基金的收益则按照合同规定转为该子女的房地产购置资金或其他资产。总体来说，用信托基金作为教育投资的工具，可以使家长对资金的用途有一定的控制权。

5. 证券投资基金。这种投资方式的最大优点是投资的多样化和灵活性，可以在需要时将资金在不同基金间随意转换，如随着子女年龄增长和税收政策的变化而变化。子女的年龄越小，家长承受风险的能力越强，选择证券投资基金就可以更好地抗御风险。使用这种投资方式，需要了解家长的风险承受能力和投资期限的长短。距离子女上大学的时间越近，家长的风险就越低。

三、教育规划的步骤

（一）估计接受大学教育的费用

教育规划的首要步骤，是帮助希望子女接受大学教育的家长，了解实现该目标目前所需的费用，这也是整个教育规划的基础。现在，许多投资基金和保险公司都有若干大学教育的投资策划方案，并附有不同通胀率下计算现值的贴现因子。通过计算投资总额的终值和现值，我们可以得出一次性投资计划所需的费用，或是分析投资计划每月所需支付的费用。

（二）明确子女上哪类大学

教育投资的具体数额，首先取决于所上大学的种类。专业型的大学与综合性大学的教育费用有较大差别，公立学校和私立学校的学费也有不同。并非学校的费用越高，教育质量就越好。学校的教育质量需要从多方面评价，更重要的是根据子女的实际情况选择学校，要考虑的因素有学校的特点和地理位置、师资力量、学费标准，子女年龄、子女兴趣爱好和学习的能力等。

（三）了解大学的收费情况，预测未来学费增长

了解教育投资规划的时间和大学类型后，就需要明晰该大学的收费情况和预测未来相应的增长率。这两个数据都得到确认后，才可以进行计划安排。就大学的收费情况而言，许多大学都会提供这方面的资料，家长只需要和学校的招生办公室联系，就可以免费获取这些数据。

要预测未来的大学教育收费情况，一是明晰目前的收费标准，二是预测未来的通货膨胀率，计算未来子女入学时所需要的费用。要准确地预测未来的通货膨胀率并不容

易，一般情况下，该数据每年都会发生变化。但教育规划的目标只是投资的收益能够保证子女未来的教育支出，并不需要非常精确的数值。可以把近年来的通货膨胀率进行平均，再结合未来的经济发展趋势和大学收费标准的变化，对未来教育规划期内的通胀率作出合理预测。

总的来说，对大学费用增长率的预测越高，子女的教育资金筹措就越有保障。当然，过高的预测会增加家长的负担，从而使得整个教育投资规划变得不切实际。

（四）确定家长在未来必须支付的投资额度

确定有关的教育费用和年增长率后，就可以确定家长在未来必须支付的教育投资额度。教育规划的下一步，是采用一次性投资计划所需要的金额现值，采用分期投资计划每月需要支付的金额现值。可结合家长现时和未来的财务状况，分析计划期间每期（月或年）需要的投资金额和投资方式。一般而言，教育费用不变时，投资工具的回报率越高，每期所需的投资金额就越少；回报率越低，则需要的投资金额就越高。当然，投资工具的回报率越高，通常风险也会越大。家长的财务情况如只能承担较低的投资额度，则必须选用回报率较高的投资工具；在进行该投资的风险管理时，要投入更多的精力和时间。

在确定了教育投资规划的基本数据，即该计划所需的资金总额、投资计划时间（初始投资距离子女上大学的时间长短）、家长可以承受的每月投资额、通货膨胀率和基本利率之后，就可以制定教育投资规划了。

四、教育规划编制实例

（一）规划编制实例一

为了更好地说明问题，我们可以用表 10 - 2 为例来列出不同情形下家长选择不同大学时的每月投资额度。假设：

1. 预测子女将在 18 岁上大学，有专科大学和综合大学两类高校可做选择；

2. 家长选择的教育规划方式是定期投资基金，年税后利率为 9%，即每月利率为 0.75%；

3. 家长每个月存入一笔固定存款用于该教育投资计划；

4. 该项投资的利息是每月支付的，并且和原投资额一起用于下一期的投资；

5. 每年大学教育费用的预计增长率约为 6%（不包括通货膨胀率，只考虑大学学费的实际增长率），且保持不变；

6. 如果现在入学，4 年大学需要的生活费用与学费合计，以入学第一年年初值计算，专业型大学为 3 万元，综合型大学为 4 万元。

根据上述条件与表 10 - 2 的数据估算有关费用。

表 10 - 2　　　　　　　大学教育成本一览表（四年费用总额）　　　　单位：元

目前子女年龄	15 岁	12 岁	8 岁	4 岁	1 岁
距离上大学尚余年数	3 年	6 年	10 年	14 年	17 年
按预计增长率计算，在入学年所需的教育总费用（专科大学）	35 730	42 556	53 725	67 827	80 783

续表

目前子女年龄	15 岁	12 岁	8 岁	4 岁	1 岁
就读专业型大学每月需要投资基金的金额	862	445	276	201	167
按预计增长率计算，在入学年所需的教育总费用（综合大学）	47 461	56 741	71 634	90 436	107 711
就读综合型大学每月需要投资基金的金额	1 149	593	367	268	223

表 10 - 2 假设了子女年龄的五种情况。现以第二种情况为例说明具体的计算方法。有某子女刚 12 岁，预计 6 年后上大学，按照教育费用预计增长率计算，6 年后所需教育费用总额分别为

$$30\ 000 \times (1 + 0.06)^6 = 42\ 556\ 元（专科）$$

$$40\ 000 \times (1 + 0.06)^6 = 56\ 741\ 元（本科）$$

将此项未来按 0.75% 的月折现率为复利现值（期初现值），得到每月应投资基金的额度分别为

$$42\ 556 \times （72\ 期复利期初年金系数） = 445\ 元（专科）$$

$$56\ 741 \times （72\ 期复利期初年金系数） = 593\ 元（本科）$$

其中，期初年金现值系数可由专用的年金现值表查得，或者通过 Excel 等软件计算。采用 72 期复利，是因为未来 6 年投资基金是按月计算复利，6 年相当于 72 个月。其余四种情况的计算方法相仿，不再赘述。

从表 10 - 2 中可以看出，未来大学教育费用所需的储蓄额，如子女的岁数越小，将来要支付的教育费用总额（不考虑通货膨胀率的名义数额）就越高，但每个月的支付金额却相对要低一些。未雨绸缪，细水长流，对一般家庭而言负担将相对减轻。在家庭财务状况允许的情况下，尽早为子女进行教育投资是明智之举。如希望目前已 15 岁的子女接受综合型大学的教育，则从现在起，家长必须每月存入 1 149 元，才能保证子女入学时无后顾之忧。如子女现在只有 8 岁，则从现在开始每月只需存入 367 元，在子女年满 18 岁的时候就可以有 71 634 元的资金供其读完综合型大学。

当然，以上金额不是固定不变的，如通货膨胀率、利率或其他投资收益率发生了变化，总体情况也将发生相应变化，但上述费用与储蓄联动的大致趋势则是基本定型，尽早为子女教育作规划是极其必要的。更为理想的是，子女还能凭借自己的努力获得数额不菲的奖学金和勤工助学金，或者申请国家助学贷款，这笔教育基金就可以作为子女接受更高层级教育的费用了。

（二）规划编制实例二

家庭做财务策划前，已经开始教育规划并储蓄了一笔教育基金，则可以采用类似表 10 - 3 的方式来计算每月所需的储蓄额。

表 10 - 3　　　　　　　　　　**教育投资计划每月储蓄金额调整表**　　　　　　单位：元

规划前家长所有的教育基金	8 000
目前子女年龄	8 岁
距离上大学尚余年数	10 年
目前综合型大学 4 年的教育费用	40 000

续表

规划前家长所有的教育基金	8 000
按预计增长率6%计算，10年后综合型大学所需的4年教育费用总额	71 634
规划前所有的教育基金10年后的复利终值（按月率0.75%、120个月计算）	18 936
10年后需要补充教育费用	52 698
自规划年份起每月所需的储蓄额（按0.73%的月折现率折算的复利现值）	289.05

已经有8 000元教育基金的家长，今后每月所需的储蓄额可调整为289.05元，就可以保证10年后子女教育所需要的资金。但需要说明的是，这一数据是假定教育基金未来10年的年复利率为9%，一般情况下，要达到如此之高的复利率，必须对所有资本进行很好的运作。否则，从规划年份起每个月的基金投入额就远非289元可以满足。家长需要知道，已经拥有的教育基金也需要通过储蓄或其他投资以取得收益，在教育计划结束的时候所有的本息总额，才能满足教育计划的需要。

（三）规划编制实例三

1. 预计某子女将在18岁上大学，有普通大学和重点大学两种类型的高校可以选择，本科毕业后希望继续深造攻读硕士学位。假设从24岁开始，一共3年，有两种类型的深造方案可供选择：（1）国内竞争异常激烈的重点大学的研究生院；（2）到国外一般大学自费留学。

2. 家长选择的教育投资规划方式是基金产品，年税后利率为10%。

3. 家长拟每个月存入一笔固定存款用于教育投资规划。

4. 该项投资的利息是按月计息，并且和原投资额一起用于下一期的投资。

5. 每年大学教育费用的预计增长率约为5%（包括通货膨胀率和大学学费的实际增长率），并保持不变。

6. 如现在入学，4年大学需要的生活费、住宿费与学费合计，普通大学共为10万元（平均每年2.5万元），重点大学共为6万元（平均每年1.5万元）。

7. 如现在入学，能够考入国内一流大学的研究生院，2年硕士研究生需要的生活费、住宿费与学费合计共需要3万元左右（平均每年1.5万元。国内目前很多学校的研究生教育收费较低，住宿收费也较为优惠，每月还有国家补助的生活费三五百元不等，加上担任助教、助研的收入，参加导师课题和项目的收入，平均每年花费1万多元是高估）。到国外自费留学，只要有钱，有很多学校可以选择，但费用昂贵，不算办理出国的各种中介费用、语言学习、考试费用，3年毕业的生活费、住宿费与学费，保守估计共需要20万元左右。

根据上述条件，该家长估计子女考上重点大学的希望不大，为谨慎起见，还是选择价格较贵的普通大学作为教育金规划的对象。对于本科以后的深造计划，由于国内考研竞争激烈，家长决定让子女到国外自费留学。根据表10-4估算子女教育的整笔投资及储蓄组合的具体数额。

表 10 - 4 　　　　　　　子女教育投资估算表

项目	代号	公式	
子女目前年龄	A		6 岁
几年后上大学	B	$= 18 - A$	12 年
几年后深造	C	$= 24 - A$	18 年
目前大学学费	D	以四年估计，普通大学学费，含住宿费用和基本生活费	10 万元
目前深造费用	E	初步以三年估计，目前出国攻读硕士生的学费，含住宿费和基本生活费	15 万元
学费增长率	F	假设为 3% ～ 10%	5%
届时大学学费	G	$= D \times (1 + r)^n$（复利终值系数）（$n = B$，$r = F$）	18 万元
届时研究生费用	H	$= E \times (1 + r)^n$（复利终值系数）（$n = C$，$r = F$）	36.1 万元
教育资金投资报酬率	r		10%
目前教育准备金	J	目前自有储蓄额中预留给子女的	5 万元
教育资金至深造时累计额	K	$= J \times (1 + r)^n$（复利终值系数）（$n = C$，$r = I$）	27.8 万元
尚需准备深造额	L	$= H - K$	8.3 万元
准备子女攻读研究生资金的月投资	M	$= L / \overrightarrow{S_{\text{nlr}}}$（年金终值系数）［（$n = C - B$，$r = I$）/12I］	896 元
准备子女大学费用的月投资	N	$= G / \overrightarrow{S_{\text{nlr}}}$（年金终值系数）［（$n = B$，$r = I$）/12］	702 元

　　教育投资规划的编制中，首先要看目前拥有资产中可预留给子女作为教育资金的数额，再设定有可能达到的长期平均投资的报酬率，然后选择合适的投资工具。若目前有净资产 5 万元可用做教育投资，预期年平均报酬率约为 10%，5 万元 × （1 + r)ⁿ（复利终值系数）（$n = 18$ 年，$r = 10\%$） = 5 万元 × 5.56 = 27.8 万元。36.1 万元 - 27.8 万元 = 8.3 万元，上大学后有 6 年时间为子女准备留学基金的差额 8.3 万元，8.3 万元/$\overrightarrow{S_{\text{nlr}}}$（年金终值系数）（$n = 6$ 年，$r = 10\%$） = 8.3 万元/7.72 = 10 800 元，10 800 元/12 = 896 元，在子女 18 ～ 24 岁每月要拨付约 900 元投资基金准备子女攻读研究生的经费。大学学费方面，18 万元/$\overrightarrow{S_{\text{nlr}}}$（年金终值系数）（$n = 12$ 年，$r = 10\%$） = 18 万元/21.38 = 8 420 元，8 420 元/12 = 702 元，也就是说，子女 6 ～ 18 岁，每月要拨付 700 元定期定额投资基金准备读大学的费用。

理财小贴士

教育投资应注意的问题

虽然国家承担着义务教育阶段的培养费用，家长们在望子成龙的期待和社会竞争压力下，还是希望让孩子享受到更多、更丰富多元的教育服务。从幼儿园、中小学甚至到大学教育阶段，家长们持续投入大量资金用于支付孩子的多项费用，有的家庭还考虑送孩子到国外留学。由此，孩子的教育投资将是一个长期的、投入巨大的系统工程，必须纳入家庭理财长远规划之中。

理财专业人士提出，有年龄较小孩子的家庭、准备养育孩子的准父母们，要做好准备在一个相对较长的周期里开展教育投资理财。由于教育投资周期长但承受风险能力一般不强，多数家长可以注意选择一些相对保守型的长期理财工具。

例如，"保守型"且不熟悉理财工具的家长可以将部分资金以零存整取等方式存入商业银行的教育存款作为稳定投资，享受优惠利率、免征利息税等优惠；收入有限的年轻父母还可以通过定期定额申购基金，并通过不同品种的组合来组合投资或适时转换来均衡风险。此外，存款、基金、保险等有效的组合投资也比较适合教育投资的低风险要求。

业内人士提醒，家长在努力为孩子创造良好的学习条件时，要将教育投资和家庭整体的投资理财规划（例如本人的退休养老规划）协调一致。同时，家长要注意引导孩子学会勤俭节约、有规划地生活，用精神和物质层面的投入，组合成足以影响孩子一生的教育投资。

思考题与课下学习任务

1. 结婚费用预算编制需要遵循哪些原则？
2. 如何评价家庭教育投资是否适度？
3. 家庭教育投资应考虑哪些内容？
4. 谈谈你对"裸婚"的看法。
5. 试着为自己编制一份符合当前实际情况与家庭经济基础的结婚预算。

第十一章 退休与养老规划

学习要点

1. 了解退休养老规划的步骤及具体策划。
2. 了解退休养老规划的步骤及具体规划。
3. 了解养老保险的含义、分类及意义。

基本概念

老龄化 养老金制度 退休计划 年金保险 企业补充养老保险 储蓄性养老保险

第一节 退休规划

一、退休规划的重要性

随着社会经济的发展和人民生活水平的提高，国人的平均寿命正在不断延长。我国目前已经进入老龄化社会，老龄化速度快，老年人口规模大。预计到2045—2055年，我国的老龄人口将达到全部人口的40%～50%之多。退休养老问题已经很现实地摆在大家面前，对退休养老规划的关注也与日俱增。

就大多数国家的情况来说，居民退休金的来源主要有3个层次：

1. 社会基本养老制度提供的退休金；
2. 企事业用人单位、雇主提供的企业年金或团体年金；
3. 个人参与养老储蓄和商业性年金保险。

就我国当前的情况来说，基本养老金制度只能保证居民晚年基本生存对退休金给付的需要，还不能满足居民晚年幸福生活的要求。我国的企业年金制度才刚刚起步，还相当不成熟，居民目前很难通过这一途径获得退休后的坚实保障，约有30%～50%的退休金还需要居民自己筹集。国人素有"养儿防老"的传统，但随着计划生育的实施，"四二一"家庭的大量出现，未来子女的养老负担将越来越重，在赡养父母方面逐渐变得"心有余而力不足"。如期望退休后能安享天年，过上财务自主、独立、有尊严的生活，退休规划就应该得到足够的重视。①

二、退休收入规划

一旦确定了未来退休后的大概开支，就需要对退休收入的来源和数量进行测算。许多退休人士的收入主要来自社会保险、其他公共养老计划、雇主养老金计划、个人退休

---

① 袁志刚、宋锋：《人口年龄结构、养老保险制度与最优储蓄率》，载《经济研究》，2000（11）。

计划以及年金保险。

（一）退休收入的主要来源及优缺点

退休收入的主要来源及优缺点，如表 11-1 所示。

表 11-1　　　　　　　　　　退休收入的主要来源及优缺点

收入来源	优点	缺点
社会保险		
退休前	强制储蓄与雇主分担成本　更换工作时可携带入新单位	随着人口老龄化，对社会保险体系的经济压力增加
退休后	存活配偶的权利（但要考虑通货膨胀导致险金缩水）	规定最低退休年龄 退休后如果仍有工作收入可能导致部分社保福利被抵消
员工养老计划		
退休前	强制储蓄 雇主分担或完全承担成本	不可携带 无法控制资金的投资方向
退休后	存活配偶的权利	不定期提供与生活成本上升挂钩的优惠
个人储蓄和投资（包括住房、个人退休账户）		
退休前	当期有税负优惠（如个人退休账户） 容易与家庭需求结合起来（如住房） 可灵活管理，能控制资金的投资方向	当期需求与未来需求有冲突 提前支取会受到一定惩罚
退休后	可抵御通货膨胀的影响 通常可在需要时随时支取所需资金	一些收入需纳税 个人退休账户强制最低支出限制
退休后就业		
退休前	可以使用自身具备的特别技能	就业需要的劳动技能变化迅速，不能跟上时代步伐
退休后	可抵御通货膨胀的影响	身体状况不佳不利于该收入来源

（二）退休收入规划的目标

目标一：认识退休规划的重要意义。

退休后要度过较漫长的岁月，应该成为生命中的丰收阶段，但快乐而成功的退休岁月不会自动出现，必须进行规划并不断进行评估。社会保险和私人养老金可能不够支付退休后的生活开销，通货膨胀会削弱退休储蓄的购买力。因此，提前打算退休养老规划具有重要意义，提前考虑退休生活能很好地预测预期变化并掌握未来。

目标二：分析当前的资产和负债情况。

分析当前的资产和负债，资产和负债之差就是资产净值，检查所拥有的资产状况，确保退休时所拥有的资产足够退休需求。如有必要，应根据经济社会环境调整相应的投资和财产。

目标三：预测退休后的消费需求。

退休人士的消费习惯会发生变化，要准确预测退休后需要的资金是不可能的。但可以大致估计未来的支出。

目标四：明确退休后的住房需求。

退休后的居住环境将影响到对资金的需求，只有自己才能决定退休后适合养老居住的环境和住房。如是安于现状还是要搬家到更适于居住的场所，要仔细考虑搬家的各种因素。

目标五：确定退休收入的计划。

估计退休后的开支，在开支中加入通货膨胀的相应影响。如拥有自己的住房，住房就是最大的单项资产，但房费可能超出退休收入可支付的水平，大家可能更想出售现有房产，买个便宜点的住房，选择面积小、维护方便的住房能降低住房维护费用，节约的资金可以存到储蓄账户或投资其他生息品种。如已付清了大部分或全部购房费用，可选择购买年金保险，退休时就可以有额外收入了。

目标六：根据退休收入建立收支平衡预算。

将预测总退休收入与总退休开支（含通货膨胀因素）进行比较。如两者相似，证明财务状况是健康的。如总开销大于总收入，则必须寻找其他收入来源，如尽早参与人寿保险等。大家可能购买了为子女提供教育资助的人寿保险，或希望将部分寿险资金收回，或通过降低寿险投保金额减少保费支出，这就能有额外资金支付生活费用或组织其他投资项目。

三、退休计划模型

（一）退休计划模型的一般状况

我们迄今为止学习的全部知识均适用于退休计划。为了对退休生活进行科学规划，人们需要明确退休生活的目标，合理预算退休后直至个人最终死亡时的收支状况，认真考虑相关的税收、风险和投资问题，甚至还需要考虑所欠债务的偿还等。关键之处在于，当退休那一天到来时，大家已经没有任何机会再犯错误，这时只能依靠退休前积累的财富养老，而不会再有其他额外新增的收入。

这里用几个基本符号模拟个人财务要素的基本退休计划。t 代表未来的某年，n 是指距离退休还有几年，d 是指从退休到死亡间的年数，0 代表现在计划的起点，W_n 是指退休生活所需的财富总额，W_0 是指目前拥有并可用于退休消费的货币总数，K 表示贴现率，E_t 是第 t 年不含投资收益的收入所得，C_t 即第 t 年的消费支出，不含可实现为退休金的投资消费。

下面的公式概括了退休计划的有关数据计算的全部内容。公式左边是目前的收入和未来每年的消费结余随着一定利率增长的混合值，中间部分的 W_n 是指退休养老生活所需要的全部金钱，公式右边是退休后为维持一定生活水平而必要的支出：

$$W_0(1 + K) + \sum_{t=1}^{n} \left[(E_t - C_t)(1 + k)^{n-t} \right] = W_n = \sum_{t=n+1}^{d} \frac{C_t}{(1 + k)^{t-n}}$$

使用模型前，要清楚贴现率、余存寿命和退休金计划三个基本概念，它们将贯穿于整个退休规划的设计之中。

（二）通货膨胀率、税率及贴现率

税率和通货膨胀率都将影响贴现率。对此作如下标记：

K_n 为税前名义贴现率，K_r 为税前实际贴现率，$K_{n,AT}$ 为税后名义贴现率，$K_{r,AT}$ 为税后实际贴现率，T 为税率，L 为通货膨胀率。

1. 通货膨胀。通货膨胀会导致购买力发生变化，使未来消费标的不同于货币现值，也无法将未来的财富与现在财富作有益比较。因退休计划要跨越较长时间，通常我们会按照目前的生活支出思考问题，并借助通胀率用当前货币代替未来的名义货币来衡量一切，并尽量使用长期平均通胀率。我们知道，实际货币的贴现运用实际贴现率，名义货币的贴现运用名义贴现率。名义折扣率和实际折扣率间的关系为：$1 + K_n = (1 + K_r)(1 + i)$。本等式最先由经济学家 Fisher 推出，因此被命名为 Fisher 等式。

2. 所得税。税后贴现率公式为

$$K_{r,AT} = K_n(1 - T)$$

其中，$K_{r,AT}$ 为税后名义贴现率，K_n 为税前名义贴现率，T 为税率。适用于该公式存款部分即公式左边的税率是边际税率，储蓄收入是家庭正常收入的主要部分。边际税率因取决于储蓄，投资收益因项目的免税或非免税，故不易计算。公式消费部分即公式右边的税率是平均税率。在这种情况下，投资收入是退休后的全部收入。为获取准确的税率，可根据未来的情况设计税务计划模型，计算边际税率和平均税率。

所得税按名义收入而非实际收入计算，这意味着要按受通货膨胀影响的收入来纳税，尽管这不大令人愉快。我们用 $K_{r,AT}$ 表示所有的现金流。为能准确反映通货膨胀下的实际税率，必须用税收因素将税前名义利率转化为税收实际利率，即

$$K_{r,AT} = \frac{k_n(1 - T)}{1 + i}$$

3. 生命预期。在上面建立的模型里，假设退休到死亡间的年数 d 是已知的，但实际上人去世的时间是不确定的，因此，不得不对预期寿命与实际寿命作出大致估计，对此可以查询我国所在地域的任何年龄段死亡的生命统计概率和死亡率标准表。

为编制退休计划，需要得到某一特定年龄累计生存的概率。累计概率包括每一年直到某一特定日期所发生的一切。这个概率对起始的年龄有条件限制。在养老规划里，我们期望知道为退休收入着想，从退休到死亡多少年，即 d 的大小，而这个数值就需要利用概率来推算。例如，一名女性已 65 岁，她活到多少岁时死亡的概率会达到 50%，或者说她活到某一年龄的概率有多大，具体如表 11 – 2 所示。

表 11 – 2　　　　　　　　　　　65 岁的人活到某一指定年龄的可能性

概率/%	年龄		概率/%	年龄	
	女	男		女	男
50	85	80	20	92	88
40	88	83	10	96	91
30	90	85			

4. 需求分析。

（1）机械方式的运算。把不同的范例放到数字案例中去，可以看到它们是如何发挥作用的。如有张平和李静夫妻同岁，计划一同工作到 65 岁退休，他们希望退休后的收入能达到 3 万元。考虑到所得税因素收入将划分为几个等额部分。假设他们设立养老金，也不情愿透支退休收入，准备将一半资金用于长期储蓄存款，期限从 1 年到 5 年，另一半资金投资股票，股票的预期投资回报率为每年 4%，退休时他们应该有多少储蓄额呢？

对此我们需要计算如下数据（折现率是给定的）：①折现现金流的时间跨度；②他们退休时的平均税率及由此产生的税前现金流；③退休金要求的现金流的现值。

预期张平可能工作 30 年，李静可能工作 25 年。这里分别按照 25 年和 30 年计算终生收入的现值。假定他们每人年收入为 33 000 元，并支付平均税率为 7% 的所得税，税后收入为 30 690 元。取 16 500 元的 4% 做退休年金现值，可看到 30 年（或 25 年）后他们退休时已积攒了约 570 637 元（515 529 元）的储蓄。

假设张平和李静希望退休后每年能从养老金中领取 22 000 元的现金，如贴现率为 4%，他们需要攒下多少钱，才能使退休后的税前实际收入达到 33 000 元呢？

按照实际税前收入，我们把养老金从预期消费中扣减出去。假定养老金与通货膨胀有一定的指数关系，当贴现率为 4% 时 30 年（或 25 年）后每年获得 11 000 元的现金值为 190 212 元（或 171 843 元），这是为满足退休后的收入水平，现在就应积攒的金额。

（2）退休后需求的确定。个人期望目标决定了为退休养老应积攒的具体钱数，精细的财务策划可以将个人目标转化为财务目标，并计算为达到此目标还应该做些什么以及做到什么程度。首先需要知道退休后将需要多少收入，如按照现在收入标准的 70% 而定（高收入者的退休可定位在当前收入的 50% 左右，低收入家庭则比这个比率要高一些）。没有住房的家庭应提高收入中储蓄的比例，一旦发生了通货膨胀，没有住房这个保护伞，养老生活就会陷入窘境。

决定退休收入目标的更为准确的方法，是估算为实现这个目标所必需的消费水平。最好的起始点是检测当前年度的支出。大家不会期望退休后比退休前生活得更好，却可以期望退休后的消费支出会按照表 11-3 的内容及水准部分发生改变，并非每个人都会改变生活方式。如退休后仍然居住在目前的房子里，住房支出就不会有大的减少；如工作时经常自己带午餐，食物成本也不会减少太多。

表 11-3   退休后费用变化情况表

费用减少：
食品——年龄越大，消费越少
在外就餐应酬——次数减少甚至没有
衣服和清洁——不再需要业务套装
房屋清洁（对住房生活质量不再做过多讲究）
住房——会搬入较小的房屋
按揭偿还——按揭贷款已全部付清
费用增加：
医疗保健——身体状况变差，医疗保健开始受到关注，相关费用大幅增加
雇主提供的福利——健康计划，牙科计划，团体计划等
家务——根据年龄，需要大量借助于社会服务，能够自己做得越来越少
娱乐——加大旅游的力度，越来越多地享受娱乐保健活动
住房——可能会搬入地段更适合养老的房屋

退休金的来源包括住房资产和储蓄存款，是家庭的重要财富，也是退休后养老的重要资金来源。工作期间参与的养老保障金同样是老人拥有财富的一部分，可用简单的方法把养老金并入养老规划，并用于养老规划和每年所需的支出消费。养老金不能满足消费需要的部分，则依靠养老储蓄存款的提取和住房资产的特殊变现予以弥补。

实施目标计划时所处的人生阶段会影响消费的数额。如某个年轻的家庭正抚养着一两个孩子，还有大额住房按揭贷款需要偿付，现在的支出就会比退休后期望的支出大得多。而一对快退休的夫妇，住房贷款已全部付清，孩子已长大成人并结婚成家，当前的实际支出和退休后期望的支出，就会比较接近，不会有较大改变。

理财需求不仅仅是退休需求筹划。许多人已工作多年，行为习惯已根深蒂固，老年人退休会使日常生活发生显著改变，没有人再用大部分时间工作，自己也不再把自己视为单位的一分子。对这些人说，退休是对自我的突然打击，无法从退休生活中享受到快乐。退休后的精神需求如何处理，这里不予讨论。需要提醒的是，这些与财务需求同等重要，应该为退休后的闲暇生活作详细打算。

5. 收入确定。家庭收支平衡表为退休计划提供了基础。可以作为永久退休收入保留和投资的净流动资产，是计划等式中的 W_0，净值是收支平衡表中必不可少的数值，但和 W_0 不同，它不只和提供退休收入的资产有关，而是和所有资产有关。

6. 资金分配。这里我们着重介绍计算 W_n 时间价值的方法和退休积累的税务和投资方面的内容。某个家庭的年收入为 W_0，希望在退休时能得到更多的退休金。但 W_0 是否能产生足够的金额弥补退休金消费的不足呢？如不能，这个家庭还需要再储蓄多少款项呢？这里通过实例计算来阐述。

还以张平和李静为例，他们55岁了，除了前面提到的养老金，还将1万元投资到政府债券，1万元投资到证券投资基金，除此之外还有一处价值11万元的房子，他们用房子作了2.5万元的抵押贷款，并希望能在退休前还清。他们的银行账户有1.5万元储蓄，用于为小儿子支付大学学费。他们有自己的住房，但该套住房不会带来额外的现金流入。抵押贷款要由退休前的储蓄收入支付，所以此收入没有扣除。为小儿子的教育准备金已经交付。

张平和李静希望从退休金得到的保障还差190 212元。如果他们按计划在10年后退休，目前的积累能弥补这个差额吗？如不能，10年中每年应存多少钱在退休储蓄计划里？假设目前证券收入的边际税率是20%，其他收入的边际税率是30%。政府债券的利率是2.5%，证券的收益率是6.1%。如保持投资方案不变，在真实税前收益的情况下计算现行退休储蓄的现值。

（1）1万元十个人储蓄养老金计划。按政府债券利率2.5%复利计算，10年得到12 801元，免税。

（2）1万元证券投资基金。按税后真实资产税后收益率 $0.061 \times (1 - 0.2) = 4.9\%$，复利计算得到16 134元。为和其他计算结果一致，需要该数据的税前值。因为税已经被包括在内，退休税率较低，税前值和税后值的差异不大，这里粗略估计为5%。因 $16\ 134 \div (1 - 0.05) = 16\ 983$，得到退休日积累总值为29 784元，190 212 - 27 984 = 160 428（元）为养老不足的额度。

如投资退休储蓄计划，按税前真实收益率6.1%算，需要每年再多储蓄12 114元。

退休储蓄计划的存款税率较低，减少消费的程度也较轻，他们每年应存入 480 元。

如张平和李静将存放到退休储蓄计划的钱转投到证券，就可以更多地减少最初投入。如 1 万元投放到证券，按 6.1% 的复利计算，10 年可得到 18 078 元。按上面同样的步骤计算，存入养老储蓄的金额就可以降为 11 716 元。

第二节　养老规划

在通货膨胀率、税率、生命预期、收入确定、需求等因素的影响下，退休收入模型对如何做好退休规划有比较细致的阐述。现在根据这个模型，在退休规划步骤层面提出更一般性的方法——"四步法"来制定养老规划。

一、养老规划的制定——"四步法"

养老是整个人生理财规划中的关键部分，为了晚年能过上体面、尊严的生活，每个人都应该及早制订养老筹划方案。制订养老规划方案的过程较为复杂，为能迅速掌握其核心内容，我们将这个过程简化为 4 个步骤。

（一）估算养老需要费用

估算养老所需要的费用既包括每年度需要支付养老费用的额度，也包括预期存活年龄，预期存活年龄是难以估计的，每年度的养老费用尤其是重病医疗费用也是难以预测的。实际上，要准确地预计养老究竟需要多少费用是做不到的，它受到寿命、通货膨胀、存款利率变动、个人和家庭成员的健康状况、医疗和养老制度改革等各种因素的影响。国外的个人理财师在为客户作养老规划时，常常会按照客户目前的生活质量、需求偏好进行预算。

首先看"养老金替代率"这个指标，这是国际通用的衡量劳动者退休前后养老保障水平差异的基本标准，通常以"某年度新退休人员的平均养老金与上年度在职职工的平均工资收入的比例"获得。我国如今已退休的老职工，养老金替代率通常在80% ~ 90%，有人会盼着提前退休，退休后他们仍能维持过去的生活水准甚至还有所提高。但对 35 岁以下的青年人来说，鉴于老龄化危机的日益严重，未来的养老金替代率将会下滑到 50% ~ 60%，保障程度将远远低于父辈。针对这一现象，各大商业保险公司已经开始作准备，纷纷推出了自己的养老产品。针对年轻高收入的白领阶层，保额高达千万元的富人险种也纷纷问世。

（二）估算能筹措到的养老金

如果我们处在一个静态的经济环境，估算能筹措的养老金会简单得多。现实情况是个人财务预算和财务状况受到不断变化的经济环境影响，包括薪资水平变化、投资市场行情变化等。只有把问题和困难考虑得多一些，作最坏的打算，才能争取到最好的结果。

（三）估算养老金的差距

如能科学合理地估算出养老需要的费用和自己能筹措到的养老金，寻找两者之间的差距就比较容易了。

（四）制订养老金筹措增值计划

人们拥有养老金的数额，直接以收益增长速率为依据，在不同的投资收益率下，资金增值的速度有较大差别。根据我国有关部门提供的"十一五"和"2006—2015 年经济发展报告"预测，2006—2015 年每年至少会有 3% ~ 4% 的通胀率，按此水平计算，2015 年的 200 万元只相当于 2006 年 108 万元的购买水平。如某个家庭每年需要支出60 000 元才能维持现有生活水准，200 万元也只能支撑 18 年光阴，这还不包括随时可能发生的需要应急的支出。

只有持续性投资才可以让退休金账户不断升值，从而减轻自己的养老负担。用于养老金的投资应当以稳健为主，有较大风险承受能力的低龄老人也可以尝试股票、外汇等风险大收益也相对较高的投资，但需要在投资前做好详细的规划。有个方法可作出较好的目标设定，就是在记录本上明确写下理财目标表，如表 11 - 4 所示。

表 11 - 4　　　　　　　　　　　　　　　理财目标表

1. 目标	2. 达成时间	3. 所需年数	4. 所需金额	5. 现有金额	6. 现有金额以 8% 增长	7. 尚需金额	8. 每年需存金额（利率 8%）
退休养老规划	2021 年年底	12 年	25 000 元	1 500 元	4 000 元	21 000 元	1 100 元

表 11 - 4 中的百分比都以年率表示，其中第 5 项"现有金额"是指现有已准备好要在将来用做退休金的金额，第 8 项是依据复利表从第 7 项估算，第 6 项则依据第 5 项计算。

必须强调的是，每个人想追求的退休生活和自身所处情况（像年龄、工作及收入、家庭状况等）都有较大不同，不同的人群设定的目标会有较大差异。即使同一个人的理财目标也会有长期、中期和短期之分，不论目标期限如何，设定时都必须明确而不含糊。

二、养老基金安排

（一）养老基金的一般状况

社会养老保障虽然可以为客户退休后的生活提供一定保证，但它的数额较小，一般只够支付客户的基本生存费用。若客户希望提高退休后的生活质量，则需要另作财务上的妥善安排。基于这一需要，许多国家的保险公司或基金管理机构为居民提供各种养老基金。这类养老基金安排和政府提供的社会保障有所不同，它的数额可以由客户根据自己的需要和财务状况随意购买。

2004 年 5 月 1 日，劳动和社会保障部颁布的《企业年金试行办法》出台，我国很多企业和职工在依法参加基本养老保险的基础上，自愿建立了由企业资助职工参加的企业年金，作为对基本养老金的有益补偿，将会成为我国居民养老金来源的重要补充。

（二）参与养老基金的数据调查表

养老基金的安排中，有关状况的数据调查十分必要。数据调查的项目如表 11 - 5 所示。

表 11 - 5   养老金安排调查表

养老金	本人		配偶	
	个人退休投资	单位退休投资	个人退休投资	单位退休投资
项目名称				
面值总额				
现值总额				
成员、单位				
基金名称、种类				
收益初始日期				
保险种类				
投资种类				
保险数额				
死亡赔偿				
伤残赔偿				
收入保障				
公司承担金额				
个人承担金额				
支付方式				
每年收益（年金支付）				

注："支付方式"填"一次性支付"或"年金支付"，请选择所有适合的选项。

本人：该计划已考虑通货膨胀，或只有_____%收益考虑了通货膨胀。

如配偶死亡，养老金收益将支付给本人；一次性支付方式下，本人获得总额_____%的收益；年金支付方式下，本人每年获得原年金_____%的收益。

配偶：该计划已考虑通货膨胀，或只有_____%的收益考虑了通货膨胀。

如配偶死亡，养老金收益将支付给本人；一次性支付方式下，本人获得总额_____%的收益；年金支付方式下，本人每年获得原年金_____%的收益。

养老基金安排的特点是，当购买该安排的居民去世后，该安排的补偿将支付给去世者的配偶，但不会全额支付，客户需要填写补偿的比例及客户已收到的养老金，如表11 - 6 所示。

表 11 - 6   客户已收到的养老金

	本人	配偶
每年支取额		
收款人		
付款人		
服务起始日期		
支付日期		
收益构成		
收入总计		

三、案例分析：40 岁养老规划——增值和稳健并重

（一）40 岁养老规划的一般情形

经过 20 岁的"初涉养老"、30 岁的"未雨绸缪"，40 岁步入不惑之年的人开始进入养老规划的攻坚阶段。这时候家庭一般都处于成长期，工作和生活已步入正轨。"上有老"，夫妻双方需要赡养四位老人；"下有小"，子女通常处于中学教育阶段，教育费用和生活费用猛增。在这种情况下，40 岁的家庭与年轻家庭相比往往要承受较大的风险和动荡。

随着子女的自理能力不断增强，父母精力充沛，时间又相对充裕，再加积累了一二十年的社会经验，工作能力大大增强，家庭收入进入高峰期，现金流比较好。这一时期是家庭重要的资产增值期。

40 岁的家庭应该是投资理财的主体，努力通过多种投资组合使现有资产尽可能增值，不断充实自己的养老金账户。但养老规划总的来说应该以稳健为主，稳步前进。

对于此前已通过投资积累了相当财富，净资产比较丰厚的家庭来说，不断增长的子女培养费用不会成为生活负担，一般性家庭开支和风险也完全有能力应付，可以抽出较多的余资发展大的投资事业，如再购买一套房产或尝试投资实业等。

对那些经济不甚宽裕的家庭，夫妇两人的工作收入几乎是唯一的经济来源，一旦两人中有一方下岗或发生伤残等意外，家庭财务状况很可能急剧下滑。对这样的家庭，夫妇两人的自身保障就显得更为重要。这就需要将部分收入用于商业保险，具体来说，可以购买低额终身寿险加上较便宜的定期寿险，再搭配最需要的医疗险、意外险等，如条件允许，再搭配重大医疗险。购买商业保险后，多余的资金可考虑做其他方面的投资。

（二）案例背景

43 岁的王先生和同龄的王太太收入丰厚，年薪加起来 26 万元有余，年终还有总共50 万元的奖金。女儿现在读初中，准备 6 年后出国深造。家庭每月开支在 8 300 元左右。夫妻俩分别投有寿险和意外险，为女儿也投有一份综合险，加上家庭财产险等，每年的保费总支出为 3 万元。除去其他各种不确定费用 3 万元左右，每年约有 44 万元的现金结余。

王先生夫妻有一套现值 150 万元的房产，用于自己居住。夫妻俩没有炒过股，也没有买过基金或债券，余钱基本都存入银行，现有活期存款 5 万元，定期存款 40 万元。夫妻俩对养老生活要求较高，希望至少不低于现在的生活质量，且因两人身体状况都不太好，希望 10 年后能提前退休。

（三）养老规划

第一步：估算养老所需要的费用。

日常开支：王先生家庭目前每月的基本生活开支为 8 300 元。假定通胀率保持年均3% 的幅度，按年金终值计算法，退休后王先生家庭要保持现在购买力不降低的话，总共需要准备 167 万元的费用。

医疗开支：王先生夫妇两人身体都不好，又没有购买任何商业医疗保险，医疗保健开销将是最重要的一项开支。假定两人退休后平均每人每年生病 4 次，每次平均花费3 000 元，27 年看病的总花销就是 64.8 万元。每月的护理更是少不了，假定每人每月护

理费为 1 000 元，27 年需要的护理费总共是 64.8 万元。如此一来，王先生夫妇的养老生活仅医疗需求就达到 130 万元。

旅游开支：假如前 15 年平均一年旅游 2 次，每次平均花销 1.5 万元，后 12 年每年旅游 1 次，每次平均花销 3 万元，总共需要旅游费用为 81 万元。

王先生家庭需要养老费用大约是 378 万元，如表 11 - 7 所示。

表 11 - 7　　　　　　王先生家庭 20 年总共需要的养老金　　　　　单位：万元

现有家庭资产			未来 35 年获得收入			20 年养老金需求				
存款	房子	总计	工资收入	存款收入	总计	充实养老金账户资金	日常开支	旅游开支	医疗开支	总开支
45	120	165	764	134	898	283	167	81	130	378

第二步：估算能够筹措到的养老金。

我们看看王先生和王太太从现在起到 80 岁总共能拥有多少资金用做养老。

王先生夫妇的收入来源比较简单，主要来源于以下两个方面：

工资收入。王先生和王太太目前离退休还有 10 年，10 年中能积累的工资收入为 264 万元，加上 10 年的年终奖金 500 万元，总共是 764 万元。

存款收入。假定年平均利率为 3%，按复利计算，王先生的定活期存款 45 万元存 37 年后本息总计为 134 万元。王先生夫妇的收入虽然比较高，但支出也较大，还有女儿留学等大笔资金需要支付。假定上述共计 898 万元的总收入中有 30% 可留存用做养老，夫妇两人能够为自己积累的养老金是 269.4 万元。

第三步：估算养老金的差距。

需要储备的养老金减去能够积累的养老金，得出的结果是相差 95 万元。

第四步：制订养老金筹措增值计划。

首先，王先生家所有的结余基本上都沉睡在银行里，如此丰厚的收入却不让钱为自己"打工"实在可惜。假如从现在起到退休前每年从结余中提取 10 万元用于投资，收益率为 7%，10 年后便能拥有 138 万元的金融资产。如在以后的年月里继续追加投资，王先生的资产将会达到很高的数字。

其次，王先生如对金融产品不感兴趣，建议王先生做一些房产投资。从长期来看，房产投资比较稳健，收益率也较好，退休后"以房养老"是一个很好的选择。

（四）点评

所谓"量入为出"，就是有什么样的收入水平就有什么样的支出水平。从上述的案例中可以看出，王先生一家虽然资产雄厚，但要高质量养老，仍有不小的资金缺口。这就提醒我们，无论目前的家庭财务状况多么好，但如不能做一些提前规划的话，仍可能达不到真正的"财务自由"境界。

第三节　养 老 保 险

一、养老保险的概况

所谓养老保险，是指国家和社会根据一定的法律和法规，为解决劳动者在达到国家规定的退休年龄，或因年老丧失劳动能力退出劳动岗位后的基本生活而建立的一种社会保险制度。

养老保险的产生与发展，是与国家的政治经济和社会文化紧密结合在一起的，是社会化大生产的产物和社会进步的标志。养老保险是社会保障制度的重要组成部分，是社会保险五大险种中最重要的险种之一。

（一）养老保险的特点

1. 国家立法强制实行，企业单位和个人都必须参加，符合养老条件的人可向社会保险部门领取养老金。

2. 养老保险费用的来源，一般由国家、单位和个人三方或单位和个人双方共同负担，并实现广泛的社会互济。

3. 养老保险具有社会性，影响大，涉及人员多，花费时间长，费用支出庞大，必须设置专门机构实行现代化、专业化、社会化的统一规划和管理。

（二）养老保险的类型

1. 现收现付制和基金积累制。这是根据养老基金的筹资方式对养老保障模式进行的分类。基金积累制又分为完全基金制和部分基金制。

2. 公共体系和民营体系。根据养老基金的管理方式，可分为政府管理的公共体系和民间管理的民营体系。

3. 国家出资、单位出资和个人出资。根据资金的主要来源，可分为国家出资的普遍保障、社会救助和主要由企事业单位和个人共同缴费的社会保险。

4. 确定受益型和缴费确定型。根据养老金的待遇是否确定，可分为确定受益型和缴费确定型等。由此相互交叉又可以形成许多种类型的养老保险项目。

5. 投保资助型、强制储蓄型和国家统筹型。目前世界上实行养老保险制度的国家，可分为投保资助型（也叫传统养老保险）、强制储蓄型（也称公积金模式）和国家统筹型。

6. 社会基本养老保险、企业补充性养老保险和个人储蓄性养老保险三个层次的保险制度。这是国家根据不同的经济保障目标，在传统的单一社会养老保险模式的基础上，综合运用各种养老保险形式构成的现代养老保险体系。

二、基本养老保险

多层次养老保险的体系中，基本养老保险是我国养老保险制度的第一层次。

（一）基本养老保险的概况

基本养老保险也称国家养老保险，是按国家统一政策规定强制实施的，由雇主、雇员共同缴费，并由政府或公共机构经办，国家立法强制执行，为保障广大退休人员基本生活需要的一种养老保险制度。这一层次的覆盖面是全部就业者，主要目的是保障老年退休人员的收入能相当于或略高于贫困线水平，保持基本生活的需求。国外称这种制度为"政府提供的社会安全网"，主要是一种政府行为。

在我国实行养老保险制度改革以前，基本养老金也称退休金、退休费，是一种最主要的养老保险待遇。国家有关文件规定，劳动者年老或丧失劳动能力后，根据他们对社会作的贡献和具备的享受养老保险的资格或退休条件，按月或一次性以货币形式支付保险金，主要用于保障职工退休后的基本生活需要。我国是一个发展中国家，经济不发达，养老保险既能发挥保障个体和安定社会的作用，又能适应不同经济状况的需要，有利于劳动生产率的提高。

基本养老金的主要目的，在于职工退休时能在规定的相关部门按月领取基本养老金保障，保证退休后的基本生活需要。值得注意的是，基本养老金只是保障广大退休人员的晚年基本的生活，而不能保证他们过较高水平甚至是奢侈性退休生活的要求。

（二）基本养老保险筹资

在人口老龄化加速、退休人员不断增多的背景下，养老保险基金支付压力越来越大。为确保基本养老金按时足额发放，要通过多种渠道筹集基本养老保险基金。

1. 企业和职工共同缴费。企业缴费一般不超过企业工资总额的20%，具体比例由省、自治区、直辖市人民政府确定；职工个人按本人工资的8%缴费。城镇个体工商户和灵活就业人员参加基本养老保险，由个人按当地社会平均工资的18%左右缴费。2006年，国家劳动和社会保障部发布养老金交纳的新办法，规定职工个人仍按本人工资的8%缴费，企业不再为职工个人账户交费。

2. 财政补助。国家规定，各级政府都要加大调整财政支出结构的力度，增加对社会保障的投入。

3. 建立全国社会保障基金。2000年，中国政府决定建立全国社会保障基金。基金来源包括国有股减持划入资金及股权资产、中央财政拨入资金，以及经国务院批准以其他方式筹集的资金及其投资收益。全国社会保障基金按照《社会保障基金投资管理暂行办法》规定的程序和条件实行市场化运营，是养老保险等各项社会保障事业得以实施的重要财力储备，截至2008年年底已积累资金5 600多亿元。

（三）基本养老保险的资金发放额度计算

按照国家对基本养老保险制度的总体思路，未来基本养老保险目标替代率确定为58.5%。

人们在工作期间因从事工作不同而有不同收入，为保证低收入者在退休后都能得到必要的生活保障，必须在建立养老保险制度时对此作出充分考虑。我国现在退休职工基本养老金的领取方法是：基本养老金由基础养老金和个人账户养老金组成。退休时的基础养老金月标准为省、自治区、直辖市或地（市）上年度职工月平均工资的20%，个人账户养老金月标准为本人账户储存额除以120。现举例说明社会保障的再分配功能如何在养老保险中得以体现。

假设A职工所在企业由于效益很差，退休前的月工资仅为350元。当地上年度的社会平均工资为1 000元，A的个人账户储蓄总额从其开始参加养老保险到退休时所缴纳的养老保险金总额为24 240元，则该职工在退休后所领取的基础养老金为200元，个人账户养老金为202元，两者之和为402元。对这位职工来说，养老金已高于退休前收入。

另有B职工，退休前的月收入为1 500元，个人账户的积累总额为96 960元（B退休前的工资多，其个人账户积累总额多于A职工），则B的基础养老金为200元，个人账户养老金为808元，合计为1 008元，低于退休前的工资水平，但又高于A职工的退休待遇。这里能够明显地看出社会保障再分配功能的作用。鉴于B退休前的工资远高于社会平均工资，他可以通过其他途径，如参加商业性保险来提高退休生活水平。

（四）退休费用社会统筹，推进养老保险管理服务社会化

职工退休费用社会统筹是养老保险制度的重要内容，是由社会保险管理机构在一定范围内统一征集、统一管理、统一调剂退休费用的制度，具体办法为：改变企业各自负担本企业退休费的办法，改由社会保险机构或税务机关按照一定的计算基数与提取比例向企业和职工统一征收退休费用，形成由社会统一管理的退休基金。企业职工的退休费用由社会保险机构直接发放或委托银行、邮局代发及委托企业发放，以达到均衡和减轻企业退休费用负担的目的，为企业的平等竞争创造条件。随着社会化程度的提高，退休费用不仅可以在市县范围内的企业间进行调剂，还可以在地区间进行调剂，并逐步由市、县统筹过渡到省级统筹。

三、企业补充养老保险制度（企业年金）

（一）企业补充养老保险制度概述

企业补充养老保险制度也称企业年金或私人年金，是以企业为主体建立的补充养老保险，由雇主一方缴费或由雇主和雇员共同缴费，保障覆盖面低于基本养老保险，用于保障该企业职工。保险金的筹集和支付方式因国家和企业而异。建立保障的目的主要是减轻国家层面的负担，保证为退休者提供基本养老金以上的收入，从性质看主要是一种企业行为。

企业补充养老保险，是指由企业根据自身经济实力，在国家规定的实施政策和条件下为企业职工建立的一种辅助性的养老保险。它居于多层次的养老保险体系中的第二层次，由国家宏观指导、企业决策执行。企业补充养老保险是现代社会保障多层次体系的组成部分，它的发展和完善有利于社会保障功能的进一步发挥，对现代企业制度的建立和发展有积极的促进意义。

（二）企业年金市场

企业年金计划管理市场化，促进形成了企业年金市场，即养老金产品的投资市场和养老金产品的消费市场。企业年金市场与金融市场就中介服务而言，具有互动发展的客观要求和可能，企业年金计划需要依托中介服务市场进行计划管理，依托金融市场进行基金管理。反之，企业年金计划也具有促进中介市场发展壮大和走向成熟的积极作用，具有促进金融市场混业经营、完善法人治理结构和推动资金市场发展的积极作用。

1. 企业年金与商业保险互动发展。企业年金和商业保险具有互动发展的客观要求。商业保险为企业年金的运营创造市场条件，商业保险公司可以为企业年金账户管理和投资产品提供服务。同时，企业年金是商业人寿保险的主要市场和主体产品。可以说，没有商业保险产品，企业年金计划账户管理主体和投资产品是无法完善的；没有企业年金，团体寿险类产品和市场就不能成熟壮大。

2. 企业年金与商业银行互动发展。企业年金和商业银行具有互动发展的客观要求和可能性。商业银行是企业年金账户资产的托管机构。在金融混业经营的条件下，实行集团化改造的商业银行还可以是企业年金的账户管理人、投资管理人以及退休人员年金账户的受托人。企业年金的养老功能决定其具有价格锁定的必要性，因而成为银行的主

要储蓄资金来源。

3. 企业年金与资本市场互动发展。养老基金需要通过资本市场保值增值。养老基金一旦进入资本市场便产生以下3种影响：（1）企业年金计划的安全性，要求促进资本市场的机构投资者治理结构走向规范，人力资源成熟发展；（2）企业年金计划的长期储蓄性，可以衍生新的金融工具；（3）企业年金计划的资产规模巨大，可以壮大资本市场的规模和效率。

4. 企业年金与中介市场互动发展。企业年金计划需要通过中介市场进行管理和资金运作，依法建立受托人、资产托管人、账户管理人、投资管理人和各项风险项目的服务市场，如医疗保险经办机构、养老和育幼服务机构、理财服务机构、法律服务和救助机构等，这不仅可以避免回到"企业办社会"和"企业保障"的老路上去，还可以为自助式养老金计划提供服务。

（三）企业补充养老保险制度的状况

我国根据国情，创造性地实施了"社会统筹与个人账户相结合"的基本养老保险模式，经过10年来的探索与完善，已逐步走向成熟。随着时间的推移，这一模式必将在世界养老保险发展史上成为具有相当影响力的基本类型。

企业补充养老保险由劳动保障部门管理，单位实行补充养老保险，应选择经劳动保障行政部门认定的机构经办。补充养老保险的资金筹集方式有现收现付制、部分积累制和完全积累制三种。企业补充养老保险费可由企业完全承担，或由企业和员工共同承担，承担比例由劳资双方协议确定。按国家有关通知的规定，"企业缴费在工资总额4%以内的部分，可从成本列支"。由此可知，我国的企业年金制度是由国家确定的一种养老保险方式。上海、四川、江苏、辽宁和深圳等省市地区已出台相应的政策，经营业绩较好的金融、电力、邮电等行业已建立了有关的制度并开始具体运营，但大部分地区到目前为止还没有对此作出积极和有效的反应。

四、个人储蓄性养老保险

个人储蓄性养老保险是由个人自愿向商业性保险机构投保养老寿险、向商业银行储蓄养老金等，借以在晚年养老金不足使用时，作为补充。职工个人储蓄性养老保险是我国多层次养老保险体系的第三层次，由社会保险机构经办，由社会保险主管部门制订具体办法，职工个人根据自己的工资收入情况，按规定缴纳个人储蓄性养老保险费，计入养老保险个人账户，并应按不低于或高于同期城乡居民储蓄存款利率计息，本息一并归职工个人所有。职工达到法定退休年龄经批准退休后，凭个人账户将储蓄性养老保险金一次总付或分次支付给本人。职工跨地区流动，个人账户的储蓄性养老保险金应随之转移。职工未到退休年龄而死亡，计入个人账户的储蓄性养老保险金由其指定人或法定继承人继承。

实行职工个人储蓄性养老保险的目的，在于扩大养老保险经费来源，多渠道筹集养老保险基金，减轻国家和企业的负担；同时，有利于消除长期形成的保险费用完全由国家"包下来"的观念，增强职工的自我保障意识和参与社会保险的主动性，有利于对社会保险工作实行广泛的群众监督。个人储蓄性养老保险可以实行与企业补充养老保险挂钩的办法，以促进和提高职工参与的积极性。

五、基本养老金缴纳标准的变动与影响

目前我国企业职工养老保险系统由个人账户和社会统筹基金账户组成，个人账户主要由单位缴费与个人缴费共同组成。目前全国各地单位缴费的标准并不一样，北京单位缴费比例为工资的20%。

全国的养老保险个人账户为本人缴费工资的11%，其中个人缴费8%，其余3%由单位缴费的部分资金划转。2009年实行新的政策后，原来由单位缴纳的3%不再放在个人账户，而是放在统筹基金部分；养老保险账户中的个人账户将全部由个人缴费形成，即个人缴费8%不变，个人缴费不会因此增加而减少；单位缴费计入个人账户的3%从个人账户转移到社会统筹基金账户，未来将和个人账户中的资金一同成为被保险人退休后养老金发放的来源。这项政策的调整不会影响目前职工和单位的基本养老保险缴费，对被保险人的利益没有任何损害。以北京的单位为例，以前单位为职工要缴纳工资的20%，其中3%计入个人账户，17%计入社会统筹基金账户；实行新政策后，单位缴纳的20%将全部计入社会统筹基金账户。

基本养老金的计算公式如下：

基本养老金 = 基础养老金 + 个人账户养老金 + 过渡性养老金

= 退休前一年全市职工月平均工资 × 20%（缴费年限不满15年的按15%）

+ 个人账户本息和 ÷ 120 + 指数化月平均缴费工资

× 1997年年底前缴费年限 × 1.4%

为便于计算，设王先生平均月薪4000元，养老保险缴费期限为10年，退休前一年北京市职工月平均工资是3000元，王先生退休后，在政策变化前后能领到多少养老金呢？

按现行的养老金制度，王先生退休后每月可领到的养老金 = 3000 × 15% + 4000 × 11% × 12 × 10 ÷ 120 = 890（元）（"指数化月平均缴费工资 × 1997年年底前缴费年限 × 1.4%"部分忽略不计，下同）。

个人养老账户的规模由本人缴费工资的11%调整为8%后，王先生退休后每月可领到的养老金 = 3000 × 15% + 4000 × 8% × 12 × 10 ÷ 120 = 770（元），比较前者减少了120元，初步来看，影响程度是很大的。但若考虑减少的部分投入了社会养老金账户，由社会发放，王先生每期应当领取的养老金数额实际并没有减少，只是在账面上有所不同。

理财小贴士

养老保险的一些投保技巧

及早筹划个人商业养老保险不可忽视。业内专家建议，购买商业养老保险所获得的补充养老金以占未来所有养老费用的25%～40%为宜。

● **商业养老保险分两种**

个人商业养老保险主要有两种：一种是固定利率的传统型养老保险，根据保监会规定，目前预定利率最高为2.5%，这类养老金从什么时间开始领、领多少钱都是预先计

算好的；另一种是分红型的养老保险，即养老保险金的多少和保险公司的投资收益有一定关系。

保险专家建议，在低利率时代，购买养老保险这样一种长期储蓄险种，以选择有分红功能的产品为佳，以便将来市场利率上升后，投保者能够在一定程度上得到保险公司的补偿。

● 保费趸缴更省钱

养老保险缴纳期限越短，缴纳的保费总额越少。因此，在经济宽裕的情况下，缩短缴费期限是比较划算的。目前保险公司的养老保险有多种缴费方式，除了一次性趸缴外，还有 3 年缴、5 年缴、10 年缴、20 年缴等，投保人可以根据自身的具体情况作出选择。不过，对于手头没有大笔余钱的工薪阶层来说，选择期缴的负担会轻松些，但也可以相应缩短缴费期，如选择 10 年期缴。

● 早投保一年省保费 2%

和重大疾病保险一样，养老保险也是越早投保保费越便宜。保险专家解释，保险公司给付被保险人的养老金是根据保费复利计算产生的储蓄金额，因此，投保人年龄越小，储蓄的时间越长，相同保额不管期缴还是趸缴，缴纳的保费额都相对较少，因此买养老保险是早比晚好。

保险专家介绍，投保养老保险，早投保一年，保费就要少缴 2% 左右，因此即使投保人选择生日前几天投保，与过了生日再投保，保费也会有所差别。据了解，目前市场上的养老保险的可保年龄通常以 16 周岁或 18 周岁为起点。

思考题与课下学习任务

1. 退休收入规划的目标是什么？
2. 谈谈如何科学制订养老规划。
3. 简述养老保险的特点和类型。
4. 试着设计一个养老规划的方案。

第十二章　遗产规划

学习要点

1. 了解遗产的概念、分类以及范围。
2. 了解遗产规划的概念、特征及工具。
3. 了解遗产规划的步骤。

基本概念

遗产　积极遗产　消极遗产　遗产关系人　遗产继承法定顺序

第一节　遗产概述

一、遗产的概念

遗产是指公民死亡时遗留的可依法转移给他人所有的个人合法财产，也可能是尚未归还的遗留债务。遗产包括当事人持有的现金、证券、公司股权、汽车、家具、债券、房地产和收藏品等，及因死亡而带来的死亡赔偿费、寿险公司支付的赔偿费等财产。负债则包括生前所欠未清偿的消费贷款、抵押贷款，应付医疗费用和税收支出等。作为遗产的财产是一个总体，即一定财产权利和财产义务的统一体，不但包括所有权、债权、知识产权中的财产权等"积极财产"，也包括债务那样的"消极财产"。遗产是死者遗留的个人合法财产，继承则是依照法律规定，把死者的遗产转移给继承人，这是因人的死亡而产生的继承人与被继承人的一种法律关系。

遗产是自然人死亡时遗留的个人合法财产。根据《继承法》第三条的规定，遗产具有以下特征：

（1）遗产是已死亡自然人的个人财产，具有范围限定性，他人的财产不能作为遗产。

（2）遗产是自然人死亡时尚存的财产，具有时间的特定性。

（3）遗产是死亡自然人遗留的合法财产，具有合法性。

（4）遗产是死亡自然人遗留下来能够依法转移给他人的财产，具有可转移性。不能转移给他人承受的财产不能作为遗产。

（5）遗产作为一种特殊的财产，只存在于继承开始到遗产处理结束这段时期。公民生存时拥有的财产不是遗产，只有在该公民死亡，民事主体资格丧失，遗留的财产才能成为遗产。遗产处理后即转归承受人所有，也不再具有遗产属性。

二、遗产关系人

（一）遗嘱订立人

遗嘱订立人是制定遗嘱的人，他通过制定遗嘱将自己的遗产分配给他人。在遗产规划中，个人理财师将客户假定为遗嘱订立人，通过对客户财务状况和目标的分析，为其提供遗产规划服务。在西方国家里，对立嘱人的资格要求不尽相同，但一般均有以下要求：（1）年龄，一般规定只有成年人才有立嘱资格；（2）精神状态，法律要求立嘱人在立嘱时应清楚地知道他所从事事务的意义及其后果；（3）环境要求，法院否认在立嘱人受威胁的条件下所立遗嘱的合法性。

（二）受益人

受益人是指当事人在遗嘱中指定的接受其遗产的个人和团体。受益人一般是遗嘱订立人的配偶、子女、亲友或某些慈善机构等。

（三）遗嘱执行人

遗嘱执行人是负责执行遗嘱指示的人，也称为当事人代表，通常由法院指定，代表遗嘱订立人的利益，按照遗嘱的规定对其财产进行分配和处理。其主要责任是管理遗嘱中所述的各项财产。遗嘱执行人在遗嘱兑现中的责任重大，立嘱人须慎重抉择。立嘱人如生前没有指定遗嘱执行人，则由法庭指定。执行人的佣金一般由法律规定。在必要时，遗嘱执行人可聘请律师协助其办理有关事宜，律师费用从遗嘱订立人的遗产中扣除。

三、遗产范围

我国《继承法》第三条规定了遗产的范围，主要包括以下事项：

（1）公民的收入，主要包括劳动所得、劳务报酬、法定孳息所得、财产借贷或财产租赁所得、特许权使用费所得、受奖励所得。

（2）公民的房屋、储蓄和生活用品。

（3）公民的林木、牲畜和家禽。

（4）公民的文物、图书资料。

（5）法律允许公民所有的生产资料。

（6）公民的著作权、专利权中的财产权利。

（7）公民的其他合法财产。根据《最高人民法院关于贯彻〈继承法〉的意见》第三条规定，公民可继承的其他合法财产包括有价证券和履行标的为财物的债权等。

四、遗产除外规定

根据有关法律、法规和司法解释的规定，下列标的不能作为遗产：

（1）复员、转业军人的回乡生产补助费、复员费、转业费、医疗费。

（2）离退休金和养老金。这些费用的领取权只有离退休人员和有关组织成员享有，不得转让，亦不得在他们死亡后由继承人继续行使。

（3）工伤残抚恤费和残废军人抚恤费不能视为遗产。

（4）人身保险金。

（5）与被继承人人身密不可分的人身权利。

（6）与公民人身有关的专属性的债权、债务。

（7）国有资源的使用权。

（8）自留山、自留地、宅基地的使用权。

五、遗产转移的方式

遗产转移方式是指公民死亡后，其遗留财产转归亲属、非亲属或国家，或生前所在单位所有的方式，具体包括的方式有以下几种：

（1）法定继承，指公民死亡后，由法律规定的一定范围的亲属，依法承受死者的财产权利和财产义务。

（2）遗嘱继承，被继承人在遗嘱中指定具体应由哪些人继承遗产，不必受继承顺序的限制，可由法定继承人继承，也可以由其他指定人员继承。

（3）遗赠扶养协议，协议中的扶养人也就是受遗赠人，只能是法定继承人以外的公民或集体所有制组织。

（4）无人继承又无人受遗赠的遗产，归国家或死者生前所在组织所有。

遗产转移方式的法定程序为：有遗赠扶养协议的，首先按遗赠扶养协议办理；无遗赠扶养协议有合法遗嘱的，按遗嘱办理；没有遗赠扶养协议又无遗嘱的，按法定继承办理；无人继承又无人受遗赠的遗产归国家所有，死者生前是集体所有制组织成员的，归所在集体组织所有。

第二节　遗产规划工具

一、遗产规划的概念

遗产规划是当事人在生前有意识地通过选择遗产规划工具，制订遗产计划，将拥有的各种资产和负债进行妥当安排，确保在自己去世或丧失行为能力时，遗留的财产能够按照自己的愿望作出有效分配，以尽可能实现个人为家庭（或相关的他人）所确立目标的安排。遗产规划又可称为人们为使其遗产继承人在未来能从遗产中享受到最大经济利益，而在生前对其未来遗产的分配与管理作出适当安排的过程。

遗产规划是理财规划不可分割的一部分。在某种程度上来说，理财规划由两部分组成：一部分是通过储蓄、投资和保险建立自己的财产基础，满足自己生前的各方面生活消费的需要；另一部分是在自己死亡后根据生前的详细指令转移遗留财产。

遗产规划在理财规划中相当重要，但因价值观的不同，不少客户会忌讳谈及这一话题，潜意识中不愿意提前考虑与死亡有关的事宜。个人理财师对客户进行遗产规划咨询时，要注意语言的选择和表达，并根据客户的情况对遗产规划的概念和作用进行解释。

二、制订遗产规划的必要性

对每个人而言，死亡都是不可避免的，死亡时间往往又难以预测。若在生前未能对遗产作出妥善安排，死亡发生时，就可能因税收、管理费、诉讼费等原因把遗产耗尽，或使遗产落入不当继承人之手。为避免这种现象的发生，事先的遗产规划是很有必要的。

（一）使遗产分配符合自己的心愿

许多人生前制订了遗产计划，明确个人的遗产分配方案，以使其符合自己的意愿。个人理财师全面了解客户的目标期望、价值取向、投资偏好、财务状况和其他有关事宜，应当是进行遗产规划和制订计划的最佳人选。

每个国家对居民遗产的分配都有相应的法律规定，一般而言，如果居民没有在遗嘱中特别指定，其财产将平均分配给子女和配偶。但在现实生活中，遗产分配和多数客户的期望相距甚远。例如某客户的财产高达 500 万元，有个不满 5 岁的女儿，他担心自己去世后，女儿没有能力管理和支配这笔财产，希望能指定监护人，在照顾其女儿的同时管理好这笔遗产，等到女儿成年后再将遗产转交给她。如果客户没有遗产规划，未把监护人继承遗产列入合法程序，他的上述愿望就将难以实现。

（二）有遗产计划和无遗产计划的差异

有遗产计划和没有遗产计划的差异是很大的，一个精心策划的遗产规划至关重要。遗产规划是用最佳的方式来保护遗产，并最终最大可能地按自己的心愿对遗产组织分配。[①] 表 12 – 1 是对有无遗产规划的利弊比较，结果是一目了然的。

表 12 – 1　　　　　　　　　有无遗产计划的差异

有遗产计划	无遗产计划
由您亲自决定谁来继承遗产	由法庭判决遗产继承人，但这可能违背您的心愿
由您亲自决定何时并以哪种方式分配遗产	法律规定何时继承，继承人可能无法控制您的遗产
您亲自决定由谁来管理您的遗产	由法庭任命执行人员，他的安排可能与您的设想不完全相同
您本人可能设法减少遗产税的交纳，减少遗产执行费	某些不必要的花费和纳税，遗嘱执行费用和遗产税可能很高
由您本人挑选子女的监护人	由法庭来为您的子女任命监护人
您可以有条不紊地把家庭经营投资事项安排妥当，或者将其出售	因缴纳高额遗产税不得不廉价变卖财产，导致家庭财产损失

（三）减少遗产税缴纳

在征收遗产税的国家和地区，人寿保险在缴纳遗产税和保全遗产方面起着重要的作用。美国联邦政府规定，当遗产超过规定金额后需要征收遗产税。死者的遗产中没有足够的现金支付这些费用和税收时，遗嘱执行人必须变卖部分遗产以满足现金需求。这种被迫变卖的价格可能远低于市场价值，使遗产继承人的利益受损。降低遗产处置的费用和应纳税金额，可以增加实际获取遗产的价值。

目前，我国大多数人的收入还相对较低，遗产数额不大，政府对遗产税的征收尚未开始。

---

① 北京金融培训中心：《金融理财原理》，583～585 页，北京，中信出版社，2007。

（四）适当的遗产规划能够惠及家人

当某人身故后，遗嘱执行人或遗产管理人会负责清理死者的所有财产及负债，并将剩余资产分配给死者的继承人。法律程序上的安排只是遗产规划具体行为的落实，从财务角度进行的合理规划才是遗产规划的核心内容。遗产规划涉及的内容很多，在个人理财师的帮助下通过制订和执行遗产规划，不但可以帮助当事人实现遗产的合理分配，还可以减少客户的亲人在面对其死亡时的不安情绪，降低当事人亲友的心理和财务负担。缺少完善的遗产规划会直接影响事业、家庭、退休计划，可能导致个人一生的积蓄被纳税、诉讼费及继承人以外的他人侵吞。适当的遗产规划能够使家人在个人的有生之年及去世后都能受到很好地照顾。

三、遗产规划工具

（一）遗产规划工具的一般解说

遗产规划涉及许多专业术语，或是遗产规划的基本概念，或是制订遗产规划时需要使用的各种专门工具。个人理财师在和客户沟通时，应首先对这些术语加以详细解释，使客户能真正理解这些术语的确切含义。

个人理财师在进行遗产规划时，除了需要客户填写有关个人资料外，还应该要求客户准备各种相关文件。这是因为该客户去世时，如这些文件齐全，将有利于其亲友办理有关手续。一些常见的必需文件包括：（1）出生证明和结婚证明；（2）姓名改变证明；（3）保险单据、保险箱证明和记录；（4）银行存款证明；（5）社会保障证明；（6）有价证券证明；（7）房产证；（8）购车发票及其他证明；（9）养老金文件；（10）遗嘱和遗产信托文件。在这些文件中，最为复杂是遗嘱和遗产信托文件，下面我们将会介绍它们的定义和适用范围。

（二）遗嘱

1. 遗嘱的含义。遗嘱是人们对其死亡后欲行事务提出的一种具有法律效力的、强制性的声明，它是遗产规划中最重要的工具，但又常常被客户所忽视。许多客户由于没有制定和及时更新遗嘱而无法实现其目标。订立遗嘱文件并不困难，客户只需要依照一定的法律程序在合法的文件上明确写明如何分配自己的遗产，然后签字认可，遗嘱即可以生效。一般来说，客户需要在遗嘱中指明各项遗产的受益人。

遗嘱给予客户分配遗产的权力很大。客户的部分财产，如共同拥有的房产等，需要客户与其他持有人共同处置，但这类财产在客户的遗产中通常只占很小比例。客户可以通过遗嘱来分配自己独立拥有的大部分遗产。现实社会中，多数客户的遗产规划目标都是通过遗嘱实现的。法律通常规定，居民的遗产应平均分配给去世者的配偶和子女。但如果客户比较疼爱妻子，且子女已经成年，就可以在遗嘱中将妻子指定为大部分遗产的受益人。

2. 遗嘱的类型。遗嘱可以分为正式遗嘱、手写遗嘱和口述遗嘱3种。

（1）正式遗嘱是具有书面文字，由立嘱人签名，由两个或两个以上证人签字的一种遗嘱。正式遗嘱最为常用，法律效力也最强。它一般由当事人的律师办理，要经过起草、签字和遵循若干程序后，由个人签字认可，也可由夫妇二人共同签署生效。遗产受益人不能充当遗嘱证人。

（2）手写遗嘱是指由当事人在没有律师的协助下手写完成，并签上本人姓名和日期的遗嘱。由于此类遗嘱容易被人伪造，在相当一部分国家较难得到认可。由立嘱人亲笔起草、签名的遗嘱，如经过适当的公证，也可以成为正式遗嘱。

（3）口述遗嘱是指当事人在病危的情况下，向他人口头表达的关于遗产分配的声明，这种遗嘱仅在特定的条件下才有效。除非有两个以上的见证人在场，否则多数国家不承认此类遗嘱的法律效力。

为了确保客户遗嘱的有效性，个人理财师应该建议客户采用正式遗嘱的形式，并及早拟定有关的文件。如果客户确实留下了有效的遗嘱文件，对遗产的处置将根据遗嘱进行。

3. 遗嘱的内容。遗嘱的重要内容是规定遗嘱遗产。遗嘱遗产是在所有者死亡时，由遗嘱执行人或管理人处理并分配的遗产。它包括：（1）以已故者自己的名义直接拥有的财产；（2）作为共同拥有者所持有的财产权益；（3）在死亡时，应支付给已故者遗产的收入或受益金；（4）共同体财产中属于已故者的那一部分。遗嘱的具体内容如表 12 - 2 所示。

表 12 - 2　遗嘱的具体内容

一般条款	订立该条款的目的
身份和取消条款	当事人的身份和住址，声明这是最新的遗嘱，以前的全部取消
指定执行人	指明指定的执行人（个人或者机构）及其执行人的报酬
债务支付	指示执行人支付所有债务，如抵押、贷款及葬礼和遗产管理费
税费支付	授权执行人缴纳所得税和其他税费
特定遗产	列示特定遗产（如珠宝古玩、汽车等）的分配方式
遗赠	指明需要特别支付的金额
剩余财产	列示所有具体财产分配后剩余财产的分配方式
信托	列明遗嘱中所设信托的条款
权利条款	授权执行人在管理财产时执行各项权利，而不必经过法院的同意
生活利益条款	用于将某项资产的收入或者使用权留给某人，而不是资产本身
一般灾难条款	列示当某个受益人与当事人一起死亡时遗产的分配方式
监护人条款	指定当事人幼小子女的监护人，同时指明幼小受益人应分得财产
证书证明条款	在遗产的最后列出，以确保遗嘱有效执行

4. 遗嘱检验。遗嘱检验是法庭验证立嘱人最后订立遗嘱或遗言有效性的一种法律程序。遗嘱检验首先是由遗嘱执行人向法庭递交有关文件，要求法院确认遗嘱的有效性。法庭收到申请后，通知所有的有关利益主体，在规定时间到法庭听证。在听证会上，遗嘱证明人要出庭作证，并出示有关材料。如遗嘱证明人已经死亡，或因其他原因无法到庭作证，在对遗嘱有效性不存在任何疑义的条件下，法庭仍可以允许遗嘱通过检验。完成了听证程序，在各方均无异议的条件下，法庭即可确认遗嘱的合法性。

5. 遗嘱争议。人们对遗嘱的合法性可能会提出争议，遗嘱听证会是提出遗嘱争议的较好机会，是证明遗嘱无效性的法律程序。从法律角度看，人们对遗嘱提出争议的焦点主要集中在以下方面：（1）遗嘱手续不当，如没有足够证人；（2）立嘱人没有立嘱能力；（3）立嘱人在受威胁环境下立嘱；（4）遗嘱具有欺诈性质；（5）遗嘱已经由立嘱人修改，修改前或修改后难以认定；（6）立遗嘱人先后立了多份内容相互矛盾的遗嘱，最终难以认定先后真伪。

6. 个人理财师的义务。个人理财师需要提醒客户在遗嘱中列出必要的补遗条款。借助这一条款，客户在希望改变其遗嘱内容时不需要制定新的遗嘱文件，只要在原有文件上进行修改即可。在遗嘱的最后，客户需要签署剩余财产条款的声明，否则该遗嘱文件将不具有法律效力。

需要说明的是，尽管个人理财师不能直接协助客户订立遗嘱，但仍有义务为客户提供有关信息，如在遗嘱订立过程中可能出现问题时需要的文件。这需要个人理财师对遗嘱术语、影响遗嘱的因素和有关法规等有充分了解。这些知识不仅能帮助个人理财师拟订遗产规划，还能促进个人理财师和有关人士如会计师和律师等之间的沟通。

（三）遗产委托书

遗产委托书是遗产规划的工具，它授权当事人指定的一方在一定条件下代表当事人订立遗嘱，对当事人遗产进行分配。客户通过遗产委托书，可以授权他人代表自己安排和分配其财产，而不必亲自办理有关遗嘱的手续。被授权代表当事人处理遗产的一方称为代理人。在遗产委托书中，当事人一般要明确代理人的权利范围，后者只能再此范围内行使权利。

遗产委托书有普通遗产委托书和永久遗产委托书两种。如果当事人已去世或已丧失了行为能力，普通遗产委托书就不再有效。当事人可以拟定永久遗产委托书，以防范突发意外事件对遗产委托书有效性的影响。永久遗产委托书的代理人在当事人去世或丧失行为能力后，仍然有权处理当事人的有关遗产事宜。所以，永久遗产委托书的法律效力要高于普通遗产委托书。许多国家对永久遗产委托书的制定有严格的法律规定。

（四）遗产信托

遗产信托是一种法律契约，当事人通过遗产信托指定自己和他人管理自己的部分和全部遗产，从而实现与遗产规划有关的各种目标。遗产信托的作用有很多，它可以作为遗嘱的补充规定遗产的分配方式，用于回避遗嘱验证程序，增强遗嘱计划的可变性。采用遗产信托进行分配的遗产称为遗产信托基金，被指定为受益人管理遗产信托基金的个人称为托管人。

根据遗产信托的制定方式，可将遗产信托分为生前信托和遗嘱信托。生前信托是指当事人仍然健在时设立的遗产信托，这种信托可认为是可取消的信托，即授予者可在任何时候改变或终止的信托，也可以认为是不可取消的信托，即授予者不能依法改变或终止的一种信托。遗嘱信托是指在死者遗嘱中确立的，并在遗嘱受检后生效的一种信托。它是指根据当事人的遗嘱保管设立，是在当事人去世后成立的信托。信托的托管人不可能是当事人本身。这种信托的授予者为已死亡的人，故不可取消。

（五）人寿保险

人寿保险在遗产规划中受到个人理财师和客户的重视，客户如果购买了人寿保险，在其去世时就可以现金的形式获得大笔赔偿金，增加遗产的流动性。然而，人寿保险赔偿金和其他遗产一样，要支付遗产税。此外，客户购买人寿保险，需要每年支付一定的保险费。如果客户在规定的期限内没有去世，可以获得保险费总额和利息，但利率通常低于一般的储蓄利率。如客户在年纪较大时才购买人寿保险，保险费会很高，客户应大致估计自己的生存时间，再作出选择。

（六）赠与

赠与是人们在生存期间把自己的财产转赠给社会或他人的一种行为，是当事人为了实现某种目的将某项财产作为礼物送给受益人，而该项财产不再出现在遗嘱中。赠与的主要动机在于减轻税负。许多国家对捐赠财产的征税要远低于对遗产的征税。根据美国税法，任何人每年赠与他人价值低于 10 000 美元的现金或财产，可免征赠与税。夫妻之间、父母与子女之间的赠与也可免征赠与税。另外，一旦财产已被赠与，即不属遗产范畴，故在赠与者死亡时就可减少其遗产量。再如某些财产未来会有大幅升值，现在赠与因其价值较低，可付较少的税，避免未来因资产升值而增加税负。

赠与这种方式也有缺点，财产一旦赠给他人，当事人就不再对该财产拥有控制权，将来情况有变故时也无法将其重新收回。有的老年父母为了使子女能很好地赡养自己，往往在生前就与子女签订房产赠与合同，并办理房产过户手续，但最终导致的结果却可能是不孝儿孙们凭借对房产的合法权利，将老父母从该住房中"扫地出门"。

（七）最后指令书

最后指令书是帮助遗产管理人更好地管理遗产，在遗嘱之外另行起草的一种文件。这种文件的主要内容是立嘱人希望其死后别人按其意志去执行的，但又不便在遗嘱中写明的各种事项，主要包括：（1）遗嘱存放处；（2）葬礼指示；（3）其他有关文件存放处；（4）企业经营指令；（5）没有给予某继承人某项遗产的原因说明；（6）对遗嘱执行人有用但又不便或不愿意在遗嘱中公开的有关私人隐秘；（7）推荐有关会计、法律事务服务机构等内容。最后指令书一般在立嘱人即将死亡时开出。它不是一种法律性文件，不可用来取代遗嘱。

第三节　遗产规划及程序

一、遗产规划概况

遗产规划的目的是让自己原有的财富可以顺利转移到亲属或指定的受益人手中。遗产规划其实是以遗产传承为目的的财务安排，可能包括留下教育基金给子女们完成高等教育，或留下一笔"安家费"以备身故后作为支付家中各项支出，让仍在世之亲人多点积蓄以备不时之需等。[①] 所以，客户手中拥有的一切财产的继承人，都是遗产规划的对象。

遗产规划的主要步骤具体包括以下内容：（1）把所有遗产集中起来，编制遗产目录；（2）对各项遗产进行估价；（3）填制遗产税表格；（4）处置各种对遗产的要求权；（5）执行遗嘱中所有的指示；（6）管理遗产；（7）保管遗产交易记录；（8）把剩余财产分配给有关受益人；（9）向法院与受益人递交遗产最终结算报表等。

---

① 北京金融培训中心：《金融理财原理》，529～530 页，北京，中信出版社，2007。

二、计算和评估客户的遗产价值

(一) 个人情况记录的准备

个人理财师在进行遗产管理时，除了需要客户填写有关的个人资料外，还要求客户准备个人情况记录条件。当客户去世时，这些齐全的文件资料有利于亲友办理相关手续。

个人记录应包括如下信息：(1) 原始遗嘱和信托文件的放置位置；(2) 顾问名单；(3) 孩子监护人的名单；(4) 预先计划好的葬礼安排信息；(5) 出生和结婚证明；(6) 保险安排和养老金计划；(7) 房地产权证；(8) 投资组合记录、股票持有证明；(9) 银行账户、分期付款/贷款和信用卡等。

(二) 计算评估遗产价值的作用

遗产规划的第一步是计算和评估客户的遗产价值，它的作用有以下几点：

1. 通过计算客户的遗产价值，可帮助其对资产的种类和价值有个总体了解。

2. 可使客户了解与遗产有关的税收支出。由于不熟悉遗产税的有关规定，客户最终的税收支出常常会高于预期，如果数额巨大，会影响到遗产规划的实施。在制定遗产规划之前，有必要对应纳税额进行计算。

3. 遗产的种类和价值，是个人理财师选择遗产工具和策略时需要考虑的重要因素之一。

(三) 遗产种类与价值的计算

对于客户的遗产种类和价值，个人理财师可以在收集客户财务数据时获得，然后通过报表进行归纳和计算。表 12 – 3 为遗产规划中遗产种类与价值的计算表。

表 12 – 3 遗产规划中遗产种类与价值计算表

资产		负债	
种类	金额	种类	金额
现金及等价物、储蓄账户		贷款	
银行存款		消费贷款、一般个人贷款	
人寿保单赔偿金额		投资贷款（房地产贷款等）	
其他现金账户		房屋抵押贷款、人寿保单贷款	
小计		小计	
股票、债券、证券投资基金等投资		费用	
合伙人投资收益		预期收入纳税支出	
其他投资收益		遗产处置费用	
小计		临终医疗费用	
退休基金		葬礼费用	
养老金（一次性收入现值）			
配偶年金收益现值		小计	
其他退休基金		其他负债	
小计		负债总计	

资产		负债	
种类	金额	种类	金额
主要房产及其他房产			
收藏品、珠宝和贵重衣物			
汽车、家具、其他资产		资产总计（+）	
小计		负债总计（-）	
资产总计		净遗产总计	

表 12 - 3 的格式类似于一般的资产负债表，只是在普通资产负债表的基础上增加了某些和遗产规划相关的项目，如人寿保单赔偿金额、临终医疗费用、遗产处置费用和葬礼费用等。

个人理财师可以从表 12 - 3 中的单个项目了解到客户的遗产种类，将资产总额与负债额度相比较得到遗产净值；再根据有关规定，计算出遗产的纳税金额。个人理财师和客户对有关的资产负债有了清晰的认识后，才能够决定客户的遗产规划目标。此种遗产验证是必要的，这是当事人去世后，有关部门对其遗嘱进行检查并指定遗嘱执行人的法定过程。在进行遗嘱验证后，遗嘱执行人将根据有关条款对遗产进行处理。

（四）遗产种类与价值计算中的注意事项

在填写表格时要注意以下 3 点：

1. 资产价值计算的依据是该财务目前的市场价值，而非其当初购买时支付的价格。这一点对房地产的价值估算特别重要。房地产的价格每年都有较大幅度变化，其市场价值和历史成本通常相差甚远。对股票、债券等投资也需要准确估计其当前价值和相关收益。

2. 不要遗漏某些容易被忽略的资产和负债项目。很多客户对自身的财务状况并非十分了解，填写有关内容时容易遗漏掉一些重要项目，从而高估或低估遗产的价值。如资产项目中的个人的无形资产（如著作权等）、负债项目中的临终医疗费用等，都是容易被忽略的项目，这些项目对客户编制遗产规划有着重要影响。

3. 不必事无巨细，全部如流水账一般统统开列，如锅碗瓢盆、日用器物等价值低、繁杂琐碎的物品，大致区分即可，不必作为遗产规划的重心。

三、制订遗产分配方案

（一）制订遗产分配方案的目标

1. 分析遗产规划的个人因素；
2. 确定遗产规划的法律成本；
3. 理清不同种类、不同形式的遗嘱；
4. 对信托和遗产的不同类型进行评价；
5. 估计遗产税对遗产分配方案的影响。

（二）不同类型客户的遗产规划

制订遗产分配方案是遗产规划的关键步骤。客户的具体情况各不相同，每个客户的遗产规划使用的工具和策略选择，也有很大差别。这里仅针对几种不同客户的基本遗产分配方案做个简单介绍。

1. 客户已婚且子女已经成年。这类客户的财产通常与其配偶共同拥有，遗产规划一般将客户的遗产留给其配偶，待其配偶将来去世，再将遗产留给客户的子女或其他受益人。采用这一计划时要考虑：（1）客户财产数额大小；（2）客户是否愿意将遗产交给其配偶继承。有些国家对数额较大的遗产征税很重，如客户很富有时可考虑采用不可撤销性的信托或捐赠的方式减少税负。如客户不愿意遗产由其配偶继承，则可选择其他适合的方案。

2. 客户已婚但子女尚未成年。和第一类客户对比，因其子女未成年，这类客户的基本遗产规划要加入遗嘱信托工具。如客户的配偶也在子女成年前去世，遗嘱信托可以保证由托管人管理客户的遗产，并根据其子女的需要分配遗产。如客户希望由自己安排遗产在子女之间的分配比例，则可以将遗产加以划分，分别委托几个不同的信托基金管理。

3. 未婚/离异客户。对于这类客户，遗产规划相对简单。如客户的遗产数额不大，而其受益人已经成年，直接通过遗嘱将遗产留给受益人即可。如客户的遗产数额较大，也不打算将来更换遗产的受益人，则可以采用不可撤销性信托或赠与的方式来减少纳税金额。如果客户遗产受益人尚未成年，则应使用遗产信托工具进行管理。

（三）制订遗产分配方案的原则

在制订遗产分配方案时，个人理财师需要注意以下几个原则：

1. 保证遗产规划的可变性。客户的财务状况在不断变化之中，遗产规划目标必须具有可变性。个人理财师在制订遗产分配方案时，要保证它在不同时期都能满足客户的需要。遗嘱可撤销性信托是保证遗产规划可变性的重要工具，可以随时修改和调整。客户可借此控制自己名下的所有财产，将财产指定给有关收益人，同时尽量减少纳税金额。客户还可以在信托资产中使用财产处理权条款，授予指定人在当事人去世后转让财产的权利。被指定人可以在必要时改变客户在遗嘱中的声明，将遗嘱分配给他认为有必要的其他受益人。

值得一提的是，下面3种情况将会降低遗产规划的可变性：

（1）遗产中有客户与他人共同拥有的财产。客户没有完全拥有此项财产，不享有完全的财产处置权，除非持有财产的其他各方授权给客户，否则不能擅自改变原先约定。

（2）客户将部分遗产作为礼物捐赠给他人。客户可以在其生前将财产作为捐赠物而非在死后将遗产交给受益人，这样做能大幅降低遗产税收支出。这种方式一旦被采用，就不能随意撤销。为适应环境和客户意愿的改变，应慎重选用捐赠的形式分配遗产。

（3）客户在遗产规划中采用不可撤销性信托条款。这种信托条款可以减少客户的纳税金额，但因它是不可撤销的，就降低了遗产规划的可变性。客户可以限制这一条款的使用范围，从而保留对有关遗产的部分处置权。

2. 确保遗产规划的现金流动性。西方国家的税法对遗产继承有严格规定，个人遗产有很大部分要用于缴纳遗产税。此外，客户死亡时，家人还要为其支付如临终医疗费、葬礼费用、法律和会计手续费、遗嘱执行费、遗产评估费等资产处置费用。在扣除这类费用支付并偿还其所欠债务后，剩余部分才可以分配收益。如遗产中的现金额不足，反而会导致其家人陷入债务危机。要避免这种情况的发生，个人理财师必须帮助客户在遗产中能提供足够的现金以满足所需要的支出，确保遗产规划执行的现金流动性。

现金收入来源通常有以下方式：（1）支付给客户配偶的社会保障金；（2）银行存款；（3）存单；（4）人寿保险赔偿金额；（5）可变现的有价证券；（6）职工福利计划收益；（7）其他收益型资产。

如客户是某公司的合伙人，也可以签署出售协议，在其去世后将本人在公司所持有的股份出售给他人。这样既可保障持续的现金收入，又可将公司的控制权转让给其信任的人，保证经营的持续性。

为了保证遗产规划中现金的流动性，客户应尽量减少遗产中的诸如房地产、长期债券、珠宝和收藏品等资产。这些资产不仅无法及时提供所需的现金，还会增加遗产处置费用。客户应尽量将其出售或捐赠给他人，从而降低现金支出。

3. 减少遗产纳税的金额。多数客户都希望能尽可能地留下较多的遗产。然而，在遗产税很高的国家，客户尤其是遗产数额较大的客户都要支付很高的遗产税。遗产税不同于其他税种，受益人在将全部遗产登记后，必须先筹集现金把税款交清，才可以继承遗产。减少税收支出是遗产规划中的重要原则之一。一般而言，采用捐赠、不可撤销性信托和资助慈善机构等方式，可以减少纳税金额。

这里需要强调的是，尽管遗产纳税最小化在遗产规划中相当重要，但它并不适于所有的客户。像我国目前并未开征遗产税，即使将来开征税率也不会很高，个人理财师在制订遗产分配方案时，首先要考虑如何将遗产正确地分配给客户希望的受益人，而非首先减少纳税。即使在遗产税较高的国家，个人理财师也不能过于强调遗产税的影响，因为客户的目标和财务状况在不断变化，如单单为了降低纳税额而采用某些遗产规划工具，可能会导致客户的目标最终无法实现。

（四）定期检查和修改遗产分配方案

客户的财务状况和遗产规划目标往往处于变化之中，遗产规划必须能满足其不同时期的需要，对遗产规划的定期检查修订是必需的，这样才能保证遗产规划的可变性。个人理财师应建议客户每年或每半年对遗产规划进行重新修订。下面列出了一些常见的事件，当这些事件发生时，客户的遗产规划需要进行调整。

这些事件包括：（1）子女的出生或者死亡；（2）配偶或其他继承人死亡；（3）结婚或离异；（4）本人或亲友身患重病；（5）家庭成员成年或成家；（6）继承遗产；（7）出售房地产；（8）财富变化；（9）有关税制和遗产继承法变化。

个人理财师需要按照以上几个步骤，同时结合好有关遗产规划工具的内容，对客户的遗产分配方案提出合理建议，取得认同后作出遗产规划。

四、遗产规划风险与控制

相对其他金融财务规划，遗产规划的风险要低一些。但这类风险一般都在客户去世后才发生，无法为此采取补救措施。制订遗产规划时，需要尽量避免相关风险的发生。

（一）常见的遗产规划风险

1. 客户没有留下遗嘱或遗嘱无效。在这种情况下，如继承人就遗产分配事生发纠纷，这时已不可能有当事人在场，将不得不报经有关部门出面，根据有关法律处理当事人的遗产分配，但其结果很可能背离当事人的初衷。

2. 客户未能将有效的遗产委托书授权他人。这一风险在客户突然生病或去世时经常发生。此时客户已经签署了有关文件如遗产委托书，却没有委托代理人经管此事，或代理人持有的只是普通的遗产委托书。在这种情况下没有客户信任的人选为其处理遗产，客户原有的遗产规划目标就可能落空。

3. 遗嘱中未能全面反映客户实际资产的种类和价值。客户的资产状况一直处在变动之中，遗嘱中对资产和债务的安排也需要定期加以修改。一旦客户由于某些原因未能及时调整遗嘱，其原先的期望就可能无法充分满足。

4. 客户购买的保单中，保险条款未能保障当事人的利益。这种现象有两种情况：（1）保单的条款过于严格，当事人去世时赔偿金额低于期望值，影响了遗产规划的实施；（2）保单中对受益人的安排不恰当，导致收益额下降和税收支出增加。当事人在指定保单受益人时应该慎重选择，决定是将保险赔偿金额直接交给受益人，还是先将该金额并入遗产中一起分配。

在上述几种情况中，缺乏有效遗嘱或遗产委托书的风险，可能导致客户完全无法控制遗产的分配。个人理财师有必要帮助客户制定和完善相关文件，并定期检查，确保这些文件的有效性和及时性。

（二）遗产规划的产权问题

遗产规划中，客户对财产的持有形式十分重要。财产持有形式的不同直接影响着客户对财产的分配权利。然而在很多情况下，客户并不十分清楚自己是完全拥有某项资产，还是只拥有该项资产的一部分。

根据客户对个人财产持有形式的不同，可分为个人持有财产和共同使用财产，后者又可分为联合共有财产、合有财产和夫妻共有财产3种。

1. 个人持有财产。在这种财产持有状况下，客户对一项资产拥有全部的所有权和处置权。无论客户希望何时、以何种形式安排该项财产，都受到法律保护和认可。这类财产可以由其持有人作为遗产，也可不受其他任何人限制，按自己的意愿分配给受益人或继承人。

个人理财师需要帮助客户分析何种财产才属于客户个人持有。一般而言，如果财产持有书上只有客户一个人的名字，就可以认为该客户是该项财产的独立持有人，该项财产属于个人持有财产。但已婚客户的情况则有不同。如财产是婚后取得的，并且取得时客户的固定住所是他与配偶的共有财产，即使持有证明上只登记了该客户的名字，客户也不是该财产的独立持有者，他只是共同持有人之一，和其配偶共同拥有该项财产。

2. 联合共有财产。这是共同持有财产最为常见的形式。在这种形式下，共同持有财产的双方对被持有财产拥有相同的权利。一方去世时，该财产的所有权将无条件转归另一方所有。这意味着如将该资产作为遗产，既无须考虑当事人的遗嘱，也无须办理烦琐的转移手续和支付费用，就可以将其留给受益人。在许多遗嘱程序烦琐的国家，尤其是美国，这一点对客户十分方便，可以大幅度节约时间并降低遗产处置费用。

客户在某种程度上，可以采用联合共有财产的形式来代替遗嘱使用。但如使用不当，也会影响客户对财产的控制权，且会增加受益人的纳税金额。各国法律对该工具的使用有一定的限制。

3. 合有财产。合有财产是另一种财产持有形式。它和联合共有财产的相似之处在于，持有财产的各方对被持有财产有相同的管理权利。区别则在于，合有财产的一方去世后，在该财产上拥有的权利不会无条件地转移给他方，而是根据去世者的遗嘱进行处理。合有财产的持有人可以是两个或多人，个人在该财产上拥有的份额无须相同。

合有财产适用于那些不愿意将财产转移给其他持有人的客户。如客户与他人共同拥有和管理公司，他希望在去世后将公司的合伙份额留给配偶而非合伙人，就可以使用合有财产的形式。对合有财产进行处置时，要进行遗嘱检验并支付有关费用，客户如愿意将合有财产留给持有的其他方，为减少遗产费用起见，就不应该选择这种工具，而改用联合共有的形式。

4. 夫妻共有财产。除以上两种方式外，已婚客户还常常使用夫妻共有财产的形式来拥有财产。它与合有财产的处理方式类似，持有一方去世后，他在该财产上的所有权同样不会无条件地传递给另一方，也要根据去世者的遗嘱进行处理。与合有财产不同的是，夫妻共有财产的形式仅限于客户与配偶之间，且双方各占有该项财产的一半份额。由于同样要涉及遗嘱检验和支付税金及手续费用，所以只有当遗产数额不大时，个人理财师才可以建议客户使用这种方式。遗产数额较大的客户可以考虑选择联合共有财产的形式。客户在填写自己的财产数据时，应该将有关财产的性质加以说明，保证个人理财师充分了解客户的真实财务状况，从而在合理判断的基础上制定满足客户需要的遗产规划。

小资料

案例：继承遗产也可以税收筹划

李家兄妹孝敬久病的父亲被当地传为佳话，为给父亲治病，这对兄妹不仅耗尽了全家的所有积蓄，还找亲戚借了 3 万多元。其父临终前对子女留下遗嘱：你们祖父留给我那 4 间平房，由你们兄妹二人商量处理。

据父亲交代：4 间平房对外出租，每月可收取房租 1 600 元，缴纳营业税 48 元、城市维护建设税及教育费附加 4.8 元，缴纳城镇土地使用税、房产税、印花税及扣除在计算个人所得税时应扣除的费用外，主管税务机关核定其应纳税所得额为 610 元，父亲每月缴纳房屋出租收入应纳的个人所得税为 61 元。应纳税费均委托当地税务师事务所代为办理。

办理完父亲的后事，兄妹二人商量，想卖掉两间平房还债。在征求亲戚的意见时，大家体谅李家兄妹的困难并达成共识：平房不用卖，用收取的房租分期还债，李父留下的家产由李家兄妹平分继承。受委托的税务师事务所建议李家兄妹平分父亲留下的 4 间平房，并依法分别办理房屋产权证和土地使用证，分别与承租人签订房屋租赁合同，兄妹二人分别缴纳出租房屋应纳税费。这样一来，在收取房租合计金额不变的情况下，兄妹二人均可依法免缴营业税（当地规定按期纳税的营业税的起征点为月营业额 1 000

元）、城市维护建设税、教育费附加和个人所得税。

假定4间平房每月对外出租的收入合计金额仍为1 600元，则兄妹二人每月分别取得房屋出租收入为800元（未达到营业税的起征点），在依法缴纳城镇土地使用税、房产税、印花税和减除800元的费用后，其兄妹二人的应税所得均为负数。因此，兄妹二人均可依法免缴个人所得税。也就是说，在4间平房出租，每月收取出租收入不变的情况下，兄妹二人每月合计应纳税费，比其父亲在世时要少缴113.8元（48元＋4.8元＋61元）。

兄妹二人必须按主管税务机关的要求，如实提供主管税务机关需要的涉税材料，经主管税务机关审核、认定后，方可依法免缴营业税、城市维护建设税、教育费附加和个人所得税。

理财小贴士

遗产税起源与发展

最早的遗产税征收行为可追溯到古埃及时期，虽然关于当时遗产税具体的法律无从考证，但就所掌握的资料来看，古埃及有遗产税是无疑的。最早的遗产税成文法律文件形成于古罗马。近代最早的遗产税是荷兰人于1588年开征的，但当时的制度极不规范，变化也较频繁，并无明确的标准。具有现代意义的遗产税制度是1696年在英国诞生的，这一制度确定了遗产税的适用范围、课征对象及具体的征收办法，成为后来各国遗产税政策的模本。

世界性的遗产税制度是自18世纪以后才开始在各国设立的，如法国于1703年开征，德国于1900年开征，而比较贫困的亚洲和非洲地区是在第二次世界大战以后开征的。

谈到我国至今未能开征遗产税的原因，有专家认为，相关配套工作和制度的不完善是主要原因。遗产税的出台还面临三道坎：政府职能部门对居民财产状况，即使是易于识别的不动产状况也知之甚少；相关的公民财产申报登记制度很不完善；在财产评估方面，其评估方法和程序也有待规范。

我国虽然在2000年4月1日开始实行个人存款账户实名制，客观上为日后遗产税的开征奠定了基础，但目前也存在一些问题。由于身份证件管理系统尚未达到全国联网，各金融机构都没有专门鉴别证件真伪的设备，也没有对工作人员进行过这方面的培训，工作人员难以确认储户提供的证件的真实性、合法性。

至于个人收入申报制度，则只在很有限的范围内实行。1995年5月25日，中共中央办公厅、国务院办公厅联合发布了《关于党政机关县（处）级以上领导干部收入申报的规定》（以下简称《规定》），在我国初步确立了国家工作人员家庭财产申报登记制度。但由于《规定》本身还存在一些缺陷和不足，家庭财产申报效果不佳。最突出的是，财产申报受理机构缺乏监管力度，受理的组织人事部门一般只对干部的工资性收入进行登记，而对工资以外的其他收入和财产，由于缺乏相应的职权和手段，难以真正承担起财产申报登记的稽核职能。假设遗产税开征，要求对包括政府高级官员在内的所有公民的财产进行监控，其难度可想而知。

据专家介绍，目前在我国开征遗产税的必要性主要体现在：调节社会财富分配，缓解贫富悬殊的矛盾；通过开征遗产税和相应的免税措施，达到鼓励公益性捐赠，限制不劳而获行为，促进社会进步的目的；遗产税是财产税的重要组成部分，开征遗产税对我国现行的税制结构也是一个完善。

思考题与课下学习任务

1. 简述遗产的特征。
2. 简述遗产的关系人及其之间的关系。
3. 简述遗产的范围。
4. 简述遗产规划的必要性。
5. 利用假期社会实践活动时间，调研了解我国遗产税相关法规制定的进程。

参 考 文 献

[1]（美）卡普尔等：《个人理财》，上海传神翻译服务有限公司译，上海，上海人民出版社，2011。

[2] 柴效武、孟晓苏：《个人理财规划》，北京，清华大学出版社，北京交通大学出版社，2009。

[3] 闻景：《个人理财》，上海，上海财经大学出版社，2010。

[4]（美）苏瑞什·M. 桑德瑞森：《固定收益证券市场及其衍生品》，北京，中国人民大学出版社，2008。

[5] 中国金融教育发展基金会金融理财标准委员会（FPCC）：《金融理财原理》，北京，中信出版社，2009。

[6] 中国银行业从业人员资格认证办公室：《个人理财》，北京，中国金融出版社，2008。

[7] 中国就业培训技术指导中心：《理财规划师基础知识》，北京，中国财政经济出版社，2007。

[8] G. 维克托·霍尔曼、杰利：《个人理财计划》，北京，中国财政经济出版社，2003。

[9] 刘伟：《个人理财》，上海，上海财经大学出版社，2005。

[10] 谢怀筑：《个人理财》，北京，中信出版社，2004。

[11]（美）弗兰克·K. 赖利、埃德加·A. 诺顿：《投资学》，李月平等译，北京，机械工业出版社，2005。

[12] 杰弗里·萨克斯、菲利普·拉雷恩：《全球视角的宏观经济学》，费方域等译，上海，上海人民出版社，2005。

[13] 夸克·霍、克里斯·罗宾逊：《个人理财策划》，北京，中国金融出版社，2003。

[14] 巴曙松、雷筱、王超等：《2007 年中国金融理财市场报告》，北京，中国人民大学出版社，2007。

[15]（德）迪特尔·巴特曼：《零售银行业务创新》，舒新国译，北京，经济科学出版社，2007。

[16] 陈湛匀：《商业银行经营管理学》，上海，上海立信会计出版社，2008。

[17] 黄家：《中国居民投资行为研究》，北京，中国财政经济出版社，1999。

[18] 陈工孟、郑子云：《个人财务策划》，北京，北京大学出版社，2003。

[19] 黄载曦、连建辉：《家庭金融投资组合》，成都，西南财经大学出版社，2007。

[20] 方伟文、许星期：《管好你的钱》，北京，中信出版社，2007。

［21］（德）索斯顿·亨尼格－索罗：《关系营销：建立顾客满意和顾客忠诚赢得竞争优势》，罗磊译，济南，山东科学技术出版社，2003。

［22］吴勇、车慈慧：《市场营销》，北京，高等教育出版社，2001。

［23］（英）J. 布莱思：《消费者行为学精要》，丁亚斌译，北京，中信出版社，2003。

［24］辛树森：《个人理财》，北京，中国金融出版社，2007。

［25］中国银行业从业人员资格认证办公室：《风险管理》，北京，中国金融出版社，2007。

［26］中国银行业从业人员资格认证办公室：《个人理财》，北京，中国金融出版社，2007。

［27］陈晓明、周伟贤、林鸿：《零售银行服务品质管理》，北京，企业管理出版社，2007。

［28］郝渊晓：《商业银行经营管理学》，北京，科学出版社，2004。

［29］辛树森：《个人客户经理》，北京，中国金融出版社，2007。

［30］辛树森：《个人金融业务创新》，北京，中国金融出版社，2007。

［31］连建辉、孙焕民：《走近私人银行》，北京，社会科学文献出版社，2006。

［32］窦荣兴：《零售银行客户理财规划》，北京，企业管理出版社，2007。

［33］黄祝华、韦耀莹：《个人理财》，大连，东北财经大学出版社，2010。

［34］国研网金融研究部：《个人理财业务发展现状及存在问题分析》，载《金融中国》，2006（4）。

［35］李丽娟：《理财趋势不减谨慎操作为先》，载《科学时报》，2008（2）。

［36］李萍：《中国人应该如何投资理财》，载《工业审计与会计》，2007（5）。

［37］李彦丽：《浅议个人理财业务》，载《经济视角》，2007（3）。

［38］廖佳馨：《我国私人理财业务的现状及发展对策》，载《海南金融》，2005（4）。

［39］陆海燕：《影响我国城镇居民个人理财需求的因素》，载《重庆工学院学报》，2008（4）。

［40］石晓燕：《家庭理财的目标管理与风险控制》，载《山东商业职业技术学院学报》，2006（6）。

［41］宋丽敏、陈学鑫：《国内主流家庭理财软件面面观》，载《统计理财》，2004（3）。

［42］孙潇汪：《如何盘活客户的理财思维资本》，载《经济师》，2006（8）。

［43］吴育华、李关贺：《我国金融理财市场发展趋势的探讨》，载《辽宁工学院学报》，2007（3）。

［44］魏信德：《观念更新话理财》，载《价格月刊》，2005（2）。

［45］王聪、于蓉：《关于金融委托理财业演变的理论研究》，载《金融研究》，2006（5）。

［46］王汪、王瑞梅：《基于生命周期理论的个人理财策略分析》，载《消费导刊》，2007（4）。

[47] 严继莹、孙卫芳：《混业经营：中国金融业发展的必然趋势》，载《经济与管理》，2008（6）。

[48] 树蓓：《个人理财业务：现状、问题与发展建议》，载《特区经济》，2005（2）。

[49] 于斐：《浅析居民理财：理论学习》，载《金融时报》，2005（4）。

[50] 于凌波：《理财规划等于人生规划》，载《证券时报》，2004（9）。

[51] 翟立宏：《个人金融产品的特性：不同角度的考察及启示》，载《经济问题》，2005（2）。

[52] 赵立航：《个人理财的逻辑基础与历史发展》，载《学术交流》，2004（5）。

[53] 赵越：《浅谈中国金融理财及金融理财师事业的发展思路》，载《云南财经大学学报》，2006（3）。

[54] 张九龄：《对拓展个人理财业务的思考》，载《甘肃金融》，2004（2）。

[55] 张艳、丁扬：《我国进入个人理财时代的现状及其发展前景分析》，载《时代经贸》，2007（1）。

[56] 张小平：《家庭投资理财应具备什么样的金融意识》，载《价格月刊》，2007（9）。

[57] 祝文峰：《发达国家个人理财业务发展历程综述》，载《市场周刊》，2008（2）。

[58] 吴雪、温洵：《中国商业银行个人理财业务的思考》，载《全国商情经济理论研究》，2007（4）。

[59] 姜利群：《拓展我国商业银行个人理财业务的思考》，载《财经界》，2008（4）。

[60] 吴洪涛：《基于供求视角的中国商业银行理财业务创新》，载《广东金融学院学报》，2008（6）。

[61] 邹亚生、张颖：《个人理财：基于生命周期理论和现代理财理论的分析》，载《对外经济贸易大学学报》，2007（7）。

[62] 常雯：《中外银行业个人理财业务的发展比较分析》，载《合作经济与科技》，2008（3）。

[63] 李晶：《中外商业银行个人理财业务比较与借鉴》，载《科技信息》，2007（2）。

[64] 牟建华：《商业银行个人理财业务中存在的问题及对策》，载《浙江金华学报》，2007（3）。

[65] 胡亚林：《构建个人理财业务新体系》，载《农村金融研究》，2006（2）。

[66] 任媛媛：《商业银行个人金融业务的发展和风险调控》，载《金融观察》，2007（4）。

[67] 李国锋、刁恒波：《私人银行业务未来新靓点》，载《农村金融研究》，2006（2）。

[68] 孙飞、陈兵：《美国个人理财业的发展及其启示》，载《金融管理与研究》，2005（5）。

［69］胡云祥：《商业银行理财产品性质与理财行为矛盾分析》，载《上海金融》，2006（9）。

［70］李新荣：《从金融生态的角度分析国内个人理财业务的发展》，载《中国科技信息》，2006（4）。

［71］赵建兴：《生命周期理财理论与实践的新发展》，载《经济师》，2003（10）。

［72］陈厚桦：《我国个人理财发展研究》，载《云南财经大学学报》，2010（9）。

［73］秦向宏：《呼和浩特市居民个人理财需求研究》，载《西南财经大学学报》，2010（3）。

［74］徐升：《中国个人理财的现状分析》，载《复旦大学学报》，2010（2）。

［75］刘小书：《个人理财与个人人寿保险规划研究》，载《西南财经大学学报》，2010（4）。

［76］刘冉：《基于客户需求的商业银行个人理财市场细分研究》，载《西南财经大学学报》，2010（4）。

［77］孙海军：《国有商业银行个人理财产品营销策略研究》，载《西南大学学报》，2010（2）。

［78］谷亮：《个人在商业银行个人理财业务中的风险管理》，载《安徽大学学报》，2011（9）。

［79］王菲菲：《银行信托类个人理财产品的法律规制研究》，载《中国政法大学学报》，2010（7）。

［80］王妍妍：《商业银行个人理财产品信息披露制度研究》，载《中国政法大学学报》，2011（9）。

［81］王彬：《我国商业银行个人理财产品法律问题研究》，载《华东政法大学学报》，2011（6）。

［82］周润书：《商业银行个人理财问题的研究》，载《会计之友》，2008（8）。

［83］毕立民：《对发展个人理财业务的几点思考》，载《合作经济与科技》，2008（9）。

［84］曹琦：《推进个人理财业务发展的理性思考》，载《山西财经大学学报》，2006（2）。

［85］陈兵、孙桂芳、胡云祥等：《2005个人理财专业设置及课程体系的构建》，载《金融教学与研究》，2008（2）。

［86］陈乃华：《我国的个人理财业务》，载《当代经理人》，2008（6）。

［87］陈婷文：《家庭理财方法研究》，载《广西工学院学报》，2005（9）。

［88］陈媛媛：《浅谈个人投资理财》，载《贵州工业大学学报》，2005（3）。

［89］董雪梅：《家庭投资理财之我见》，载《哈尔滨金融高等专科学校学报》，2003（4）。

［90］顾勇华、胡静：《关于加强银行个人理财业务发展的探讨》，载《金融实务》，2007（8）。

［91］何景蕾、陈庆明：《关于发展个人理财业务的思考》，载《新疆金融》，2007（1）。

[92] 黄浩：《个人理财概念及理论基础浅议》，载《科技情报开发与经济》，2005 (4)。

[93] 姜晓兵、罗剑朝、温小霓：《个人理财业务的发展现状，前景与策略分析》，载《生产力研究》，2007 (6)。

[94] 姜学文：《浅析低收入阶层个人理财风险及防范》，载《金融经济》，2006 (4)。

[95] 蒋正华：《发展个人理财市场是构建和谐社会的需要》，载《大众理财顾问》，2006 (8)。

[96] 柯建华、章敏之、龙治泽：《重庆市居民个人理财现状及发展对策研究》，载《会计之友》，2008 (3)。

[97] 贾秀妍：《新形势下个人理财问题研究》，载《中国农业会计》，2008 (7)。

[98] 乐砚仲：《理财是幸福指数的重要部分》，载《卓越理财》，2008 (5)。

[99] 沈军：《商业银行个人理财研究》，载《中国农业银行武汉培训学院学报》，2006 (5)。

[100] 王亚娟、陈希敏：《大中型城市居民个人理财需求的经验研究》，载《济南金融》，2007 (2)。

[101] 宗学哲：《银行理财产品误区多》，载《理财杂志》，2007 (3)。

[102] 翟立宏、李要深、包明铭：《商业银行理财业务：年度回顾与展望》，载《经济问题》，2008 (2)。

[103] 王兴锋、李艳丽：《我国商业银行开展理财业务的风险管理问题》，载《金融与保险》，2008 (6)。

后　记

　　讲授这门课程至今已有 8 个年头了，在不断积累教学经验的过程中，觉得有必要将自己的一些思路观点和方法做一小结，体现于本人使用的教材之中。2012 年上半年，结合国家级特色专业建设的工作，我在系列主编杨华老师的组织与策划下，鼓起勇气，与同行们一道，在繁重的教学工作之余，编写了这本教材。

　　本教材得以成稿，是团队合作的结果。对于本书提纲的拟订、初稿的修改，系列主编杨华老师都提出了建设性意见，在此表示衷心感谢。

　　在本书编撰过程中，李笑、闫盼盼做了大量技术与校对修订工作，关雅鑫、毛瑞静、常远、王冰、赵媛媛、李婧在打字环节付出了辛勤劳动，在此深表谢意。

　　感谢中国金融出版社在本书出版过程中给予的大力帮助和支持！

　　感谢所有支持、关注本书撰写、出版的同仁！

　　感谢所有关注本系列教材编写、本课程建设的同行！